CÁLCULO DIFERENCIAL E INTEGRAL

VOLUME 2

Paulo Boulos
Zara Issa Abud

PEARSON

Cálculo Diferencial e Integral — Volume 2 — 2ª edição

Produtora Editorial: Salete Del Guerra
Capa: Marcelo da Silva Françozo
Diagramação: ERJ Composição Editorial Ltda.

Dados Internacionais de Catalogação na Publicação (CIP)
(Câmara Brasileira do Livro, SP, Brasil)

Boulos, Paulo; Abud, Zara Issa
Cálculo Diferencial e Integral - Volume 2
São Paulo, Pearson Education do Brasil, 2002

ISBN 978-85-346-1458-0

Outubro 2013
Direitos exclusivos para a língua portuguesa cedidos à
Pearson Education do Brasil Ltda.,
uma empresa do grupo Pearson Education
Rua Nelson Francisco, 26
CEP 02712-100 – São Paulo – SP – Brasil
Fone: 11 2178-8686 – Fax: 11 2178-8688
e-mail: vendas@pearson.com

CÁLCULO DIFERENCIAL E INTEGRAL

VOLUME 2

Ao Marcelo e à Cris, com afeto.
Paulo Boulos

À minha querida mãe, Dalel, com amor.
Zara Issa Abud

Sumário

Prefácio

Este segundo volume procura manter as características de simplicidade e rigor de idéias do primeiro. Nele são apresentadas as idéias fundamentais do Cálculo Diferencial e Integral para funções de mais do que uma variável. A julgar pelos temas, parece uma repetição do que foi estudado no volume anterior. No entanto, a consideração de funções de mais do que uma variável inclui dificuldades adicionais. Procuramos, sempre que possível, fazer uso de situações geométricas ou físicas para justificar um conceito novo ou um resultado aparentemente pouco intuitivo. Não tivemos grandes preocupações em demonstrar todos os teoremas – tal tarefa estaria fora de nossos objetivos. Entretanto, procuramos manter o rigor das idéias e a correção nas definições e propriedades.

O conteúdo compreende 27 parágrafos (§29 a §55), distribuídos em seis capítulos (Capítulo 6 a Capítulo 11). As propriedades relativas à diferenciabilidade encontram-se no Capítulo 7, enquanto a integração é tratada nos Capítulos 8 e 11. No Capítulo 11, são vistas algumas noções de análise vetorial, particularmente os teoremas de Green, Stokes e Gauss, tão importantes na Física e Engenharia. No Capítulo 9 é feita uma introdução às equações diferenciais ordinárias e, no Capítulo 10, um estudo de séries de números e de potências, incluindo cálculos aproximados acompanhados de estimativa de erros.

Os exercícios distribuem-se no decorrer do texto, com respostas ao final do parágrafo correspondente – uma estratégia didática que se revelou bastante eficiente. Ao fim de cada capítulo, são oferecidos exercícios suplementares, cujas respostas figuram após o enunciado do último deles. O sinal $\prec$ aparece indicando uma resposta de um exemplo ou o seu término.

Queremos agradecer, de maneira especial, à professora Márcia Boulos, cujo apoio foi essencial.

Os autores

Capítulo 6

Noções Básicas

§29- COORDENADAS NO ESPAÇO

Para começar, lembramos que $\mathbb{R}$ indica o conjunto dos números reais. No primeiro volume, usamos a noção de par ordenado (a,b) de números reais. O conjunto de tais pares ordenados é indicado por $\mathbb{R}\times\mathbb{R}$ ou $\mathbb{R}^2$. Necessitaremos agora do conceito de **terna ordenada de números reais**, indicada por (a,b,c), que é o conjunto formado pelos números reais a, b e c, considerados na ordem de escrita: primeiro a, depois b, depois c. A igualdade entre ternas ordenadas é dada pela seguinte condição:

$$(a,b,c) = (a',b',c') \qquad \text{se e somente se } a = a',\ b = b',\ c = c'.$$

O conjunto das ternas ordenadas de números reais será indicado por $\mathbb{R}\times\mathbb{R}\times\mathbb{R}$ ou $\mathbb{R}^3$. De modo análogo, introduz-se a noção de ênupla ordenada de números reais, indicada por $(a_1, a_2,\ldots,a_n)$, e do conjunto delas, indicado por $\mathbb{R}\times\mathbb{R}\times\ldots\times\mathbb{R}$ ($\mathbb{R}$ escrito n vezes) ou $\mathbb{R}^n$.

(A) Sistema cartesiano de coordenadas

No espaço (da Geometria Euclidiana), consideremos três eixos, dois a dois perpendiculares no ponto O, origem comum deles. Cada eixo será referido como **eixo coordenado**. Na Figura 29-1(a) mostra-se como serão escolhidos os nomes dos eixos: temos o **eixo das abscissas**, ou **eixo dos x**, ou **eixo Ox**; o **eixo das ordenadas**, ou **eixo dos y**, ou **eixo Oy**; e o **eixo das cotas**, ou **eixo dos z**, ou **eixo Oz**. Os três planos determinados por cada par de eixos são referidos como **planos coordenados**, e são chamados de **plano *xy*** (determinado por Ox e Oy), **plano *xz*** (determinado por Ox e Oz) e **plano *yz*** (determinado por Oy e Oz).

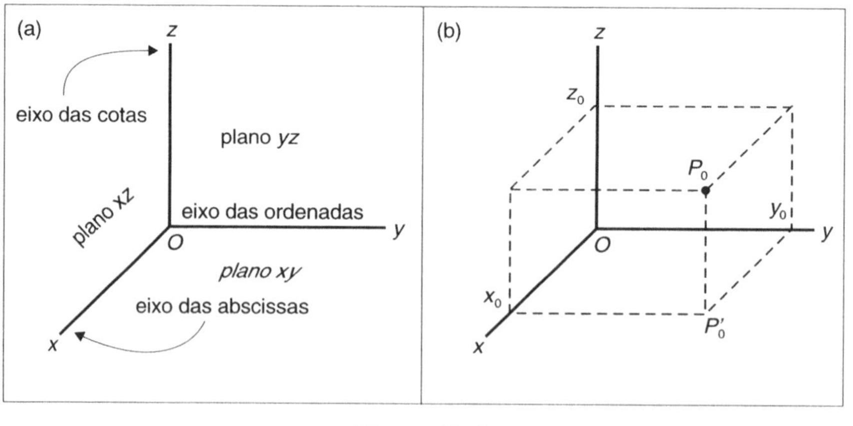

Figura 29-1

Vamos ver agora que, uma vez fixados os eixos como acima, dado um ponto P_0 do espaço, ele determina uma terna ordenada (x_0,y_0,z_0) de números reais. Traçando por P_0 uma reta paralela a Oz, ela determina um ponto P_0' do plano xy, o qual determina um par ordenado (x_0,y_0). Traçando o plano por P_0 paralelo ao plano xy, ele determina um ponto sobre Oz, de coordenada z_0. Se você olhar para a Figura 29-1(b), entenderá facilmente o que dissemos. Os números x_0,y_0 e z_0 são chamados de **coordenadas** de P_0: x_0 é chamado de **abscissa** de P_0, y_0 de **ordenada** de P_0, e z_0 de **cota** de P_0. Reciprocamente, dada a terna (x_0,y_0,z_0) de números reais, existe um único ponto do espaço que tem x_0 como abscissa, y_0 como ordenada e z_0 como cota. Fica, assim, estabelecida uma correspondência que a um ponto do espaço associa sua terna de coordenadas e que permite identificar o ponto com a terna. É por isso que, embora P_0 e (x_0,y_0,z_0) sejam entes distintos, permitimo-nos escrever

$$P_0 = (x_0,y_0,z_0)$$

(melhor seria escrever, por exemplo, $P_0 \equiv (x_0,y_0,z_0)$, ou $P_0(x_0,y_0,z_0)$). A correspondência acima é chamada de **sistema cartesiano** (ou **retangular**) de coordenadas.

Exemplo 29-1 Na Figura 29-2 mostramos a representação dos pontos $A = (2,3,2)$, $B = (2,3,-2)$, $C = (2,3,0)$, $D = (-1,-1,1)$, $E = (1,-2,0)$, $F = (1,2,0)$, $G = (0,1,0)$, $H = (1,0,0)$.

Detalhemos a representação do ponto $A = (2,3,2)$. Considere a primeira coordenada (a abscissa), que, no caso, é 2. Partimos então da origem O e caminhamos 2 unidades sobre Ox, no sentido positivo de Ox. Aí consideramos a ordenada, que é 3. Então, caminhamos paralelamente a Oy, a partir do ponto obtido anteriormente, 3 unidades no sentido positivo do eixo Oy. A partir do ponto alcançado, vamos nos deslocar verticalmente o quanto nos indica a cota, que é 2. Por ser esta positiva, o deslocamento deve ser de duas unidades para cima (sentido positivo de Oz). O trajeto descrito, desde O até A, está indicado na Figura 29-2.

Para o ponto $B = (2,3,-2)$, basta notar que o caminho, nas duas primeiras etapas, é o mesmo que para o caso de A; só que, na terceira etapa, devemos nos deslocar verticalmente 2 unidades para baixo, já que a cota de B é -2.

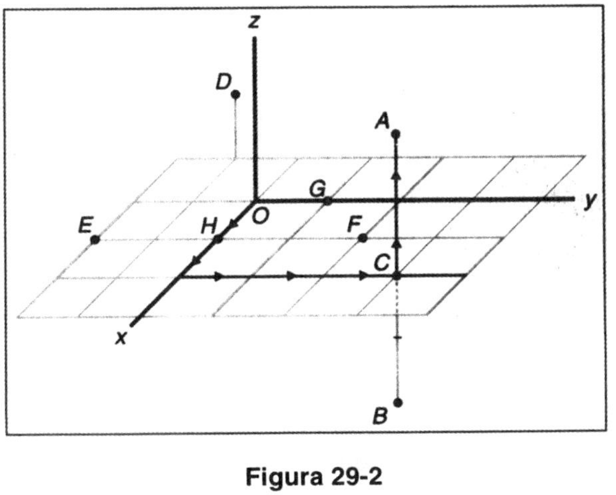

Figura 29-2

Mais um detalhamento. Vamos ver como representar o ponto $G = (0,1,0)$. Partimos de O. Como a abscissa é 0 (siga na Figura 29-2), permanecemos em O. Como a ordenada é 1, caminhamos uma unidade no eixo Oy no sentido positivo. E como a cota é 0, este é o ponto de chegada, ou seja, G.

Exercício 29-1 Represente os pontos:

$A = (1,1,1)$. $B = (1,1,-1)$. $C = (-1,1,1)$.
$D = (1,3,2)$. $E = (1,-3,2)$. $F = (0,0,1)$.
$G = (-1,0,2)$. $H = (-2,0,1)$. $I = (-2,-2,-2)$.

Os planos coordenados dividem o espaço em oito regiões, cada uma delas referida como **oitante**, e a única a receber nome especial é a formada pelos pontos (x, y, z) tais que $x \geq 0$, $y \geq 0$, $z \geq 0$, chamada de **primeiro oitante**.

(B) Simetrias em relação a um plano coordenado e em relação à origem

(1) Simetria em relação a um plano coordenado. Observe, na Figura 29-2, as representações dos pontos $A = (2,3,2)$ e $B = (2,3,-2)$. Eles são simétricos em relação ao plano xy. Em geral:

Os pontos (x,y,z) e (x',y',z') são simétricos em relação ao plano xy se e somente se $x = x'$, $y = y'$, $z = -z'$ (Figura 29-3(a)).

Exercício 29-2 Verdadeiro ou falso?

(a) $A = (-1,3,5)$ e $B = (-1,3,-5)$ são simétricos em relação ao plano xy.
(b) $A = (-1,-2,-3)$ e $B = (-1,3,3)$ são simétricos em relação ao plano xy.
(c) $A = (0,0,-3)$ e $B = (0,0,3)$ não são simétricos em relação ao plano xy.

Exercício 29-3 Dê o simétrico de P em relação ao plano xy, nos casos:

(a) $P = (0,0,1)$. (b) $P = (3,-7,-4)$. (c) $P = (-3,-3,1)$.
(d) $P = (-10,0,51)$. (e) $P = (0,5,1)$. (f) $P = (-1,-5,-1)$.

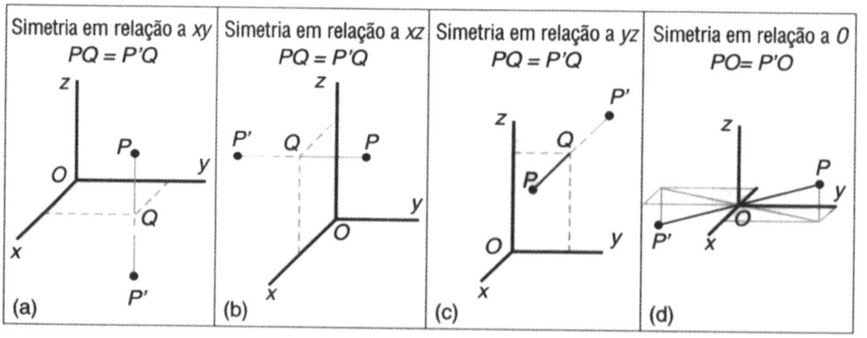

Figura 29-3

Observando a Figura 29-3(b) e a Figura 29-3(c), fica evidente que:

- Os pontos (x,y,z) e (x',y',z') são simétricos em relação ao plano xz se e somente se $x = x'$, $y = -y'$, $z = z'$.
- Os pontos (x,y,z) e (x',y',z') são simétricos em relação ao plano yz se e somente se $x = -x'$, $y = y'$, $z = z'$.

Observação. Note: na simetria em relação ao plano xy, as coordenadas x e y dos pontos devem ser respectivamente iguais, enquanto para a restante coordenada, a de um ponto deve ser oposta da do outro. Esta regra prática vale para as simetrias em relação aos outros planos.

Exercício 29-4 Dê o simétrico de P em relação aos planos coordenados, nos casos:
(a) $P = (1,-7,-4)$. (b) $P = (-3,-5,-5)$. (c) $P = (3,7,4)$. (d) $P = (2,7,-8)$.

(2) Simetria em relação à origem. Dizer que os pontos A e B são simétricos em relação à origem O é o mesmo que dizer que as coordenadas de um são respectivamente opostas às coordenadas do outro. Se $A \neq B$, isto significa que O é ponto médio do segmento AB (Figura 29-3(d)). Assim, $(2,-3,4)$ e $(-2,3,-4)$ são simétricos em relação a O, bem como $(4,9,1)$ e $(-4,-9,-1)$.

Exercício 29-5 Dê o simétrico do ponto dado, em relação à origem, nos casos:
(a) $(2,2,3)$. (b) $(2,-2,5)$. (c) $(0,-4,-1)$. (d) $(0,-3,6)$. (e) $(0,0,1)$. (f) $(-3,0,-2)$.

(C) Distância entre pontos

A fórmula que dá a distância entre os pontos $P_1 = (x_1,y_1)$ e $P_2 = (x_2,y_2)$ de um plano (§1), dada por $d(P_1,P_2) = \sqrt{(x_1 - x_2)^2 + (y_1 - y_2)^2}$, se generaliza naturalmente para o caso de pontos do espaço:

Se $P_1 = (x_1,y_1,z_1)$ e $P_2 = (x_2,y_2,z_2)$, então:

$$d(P_1,P_2) = \sqrt{(x_1 - x_2)^2 + (y_1 - y_2)^2 + (z_1 - z_2)^2}$$

Exemplo 29-2 Calcule a distância entre $P_1 = (1,-2,3)$ e $P_2 = (2,-4,0)$.

Resolução. Temos:

$$d(P_1,P_2) = \sqrt{(1-2)^2 + (-2-(-4))^2 + (3-0)^2} = \sqrt{14}$$

Exercício 29-6 Calcule a distância entre os pontos dados, nos casos:
(a) $(1,2,3)$ e $(-1,-2,3)$. (b) $(-1,2,3)$ e $(1,-2,-3)$. (c) $(2,-1,2)$ e $(-2,2,1)$.

(D) Conjunto-solução de uma equação em x, y e z

Dada uma equação em x, y e z, o conjunto A dos (x,y,z) que verificam a equação é chamado **conjunto-solução** dela. Nesse caso, diz-se que tal equação é **equação de A.**

Muitas vezes temos interesse em representar o conjunto-solução de uma equação em x, y e z (ou mesmo uma parte significativa dele, que nos dê uma idéia de como ele é). Antes de examinar alguns exemplos, destacaremos as seguintes equações em x, y e z:

$x = x_0$; neste caso, o conjunto-solução é representado pelo plano paralelo ao plano yz cujos pontos têm abscissa x_0 (Figura 29-4(a)).

$y = y_0$; agora,o conjunto-solução é representado pelo plano paralelo ao plano xz cujos pontos têm ordenada y_0 (Figura 29-4(b)).

$z = z_0$; o conjunto-solução é representado pelo plano paralelo ao plano xy cujos pontos têm cota z_0 (Figura 29-4(c)).

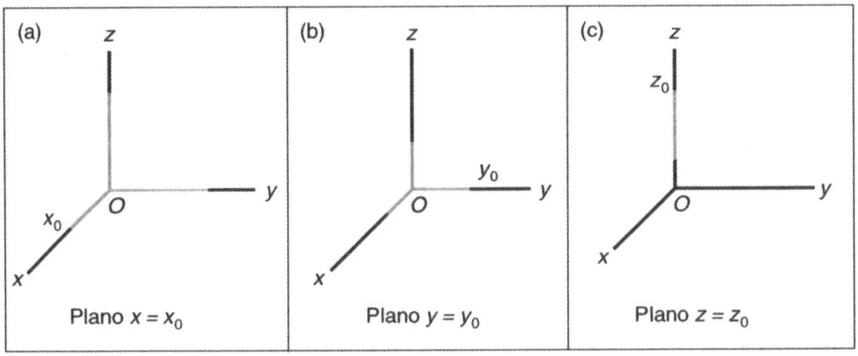

Figura 29-4

(1) Equações em x, y e z onde uma variável não comparece. Para fixar idéias, considere a equação $x^2 + y^2 = 1$. No plano xy, ela é equação de uma circunferência de centro O e raio 1. Um ponto (x,y,z) do espaço verifica esta equação se e somente se as duas primeiras coordenadas verificam a equação dada, ou seja, se e somente se sua projeção (ortogonal) sobre o plano xy está na circunferência. Então o conjunto-solução é formado pela reunião de retas paralelas ao eixo Oz e que passam pela circunferência (Figura 29-5(a)). Usando um argumento semelhante, tem-se:

Para representar o conjunto-solução de uma equação em x, y e z na qual z não comparece, represente no plano xy o conjunto-solução da equação dada considerada nas variáveis x e y (suposto não-vazio); depois trace retas paralelas ao eixo Oz por cada ponto representado do conjunto-solução. Regras análogas valem quando uma das demais variáveis não comparece na equação.

Exemplo 29-3

(a) Represente o conjunto de equação $4x + 2y = 8$.

(b) Represente o conjunto de equação $\dfrac{y^2}{4} + \dfrac{z^2}{9} = 1$.

Resolução.

(a) De acordo com o que foi dito, consideramos a equação dada como equação em x e y, que é equação de uma reta. Fazemos a representação dessa reta no plano xy, e depois traçamos por ela retas paralelas a Oz. O resultado está mostrado na Figura 29-5(b). Trata-se de um plano.

(b) Você tem de lembrar, da Geometria Analítica, que a equação dada, considerada como equação em y e z, é equação de uma elipse. Uma vez feita sua representação no plano yz, traçamos por ela retas paralelas a Ox. O resultado está na Figura 29-5(c).

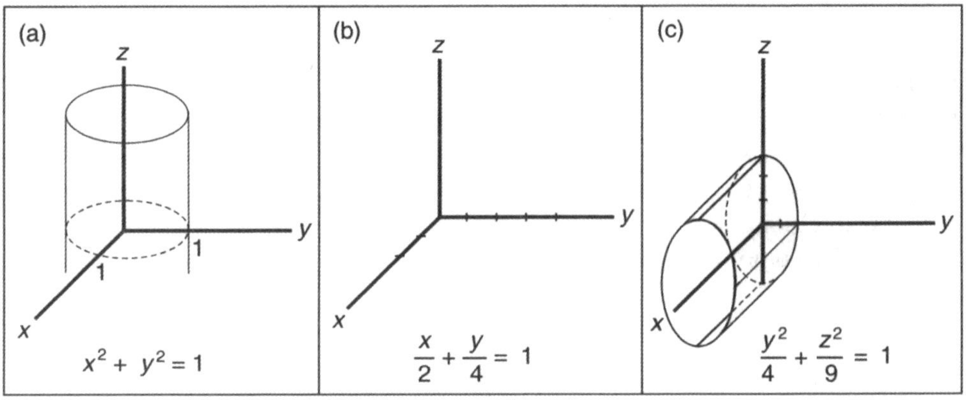

Figura 29-5

Observação. É oportuno lembrar o seguinte:

Se dividirmos a equação da reta da parte (a) membro a membro por 8, obtemos $\dfrac{x}{2}+\dfrac{y}{4}=1$. Nessa forma (chamada de equação na forma segmentária), fica simples desenhar a reta. Basta marcar o ponto no eixo Ox de abscissa 2 (denominador relativo à variável x) e o ponto no eixo Oy de ordenada 4 (denominador relativo à variável y).

No caso da elipse de equação referida na parte (b), escrevendo-a na forma $\dfrac{y^2}{2^2}+\dfrac{z^2}{3^2}=1$, marcamos, no eixo Oy, os dois pontos que distam 2 de O e, no eixo Oz, os dois pontos que distam 3 de O. Estes são os vértices da elipse.

Exercício 29-7 Represente o conjunto de equação dada, nos casos:

(a) $x^2+\dfrac{y^2}{4}=1$. (b) $x^2+\dfrac{z^2}{4}=1$. (c) $y+z=2$. (d) $2x+y=2$.

(e) $x^2+y^2=4$. (f) $2x=4$. (g) $y=-1$. (h) $z-3=0$.

(2) Equação afim completa em x, y e z. Sabemos, da Geometria Analítica, que a equação em x, y e z da forma $ax+by+cz+d=0$, onde os números a, b e c não são simultaneamente nulos, é equação de um plano. Analogamente ao caso da reta, quando temos a equação na forma $\frac{x}{m}+\frac{y}{n}+\frac{z}{p}=1$, a representação fica sugestiva se utilizarmos os pontos sobre os eixos Ox, Oy, Oz, respectivamente de abscissa m, ordenada n e cota p, os quais pertencem ao plano (por exemplo: fazendo $x=0$ e $y=0$, resulta da equação que $z=p$, ou seja, o ponto $(0,0,p)$ está no plano). Tais pontos são vértices de um triângulo contido no plano. A representação desse triângulo dá uma boa idéia da representação do plano (Figura 29-6(a)).

Exemplo 29-4 Represente o plano de equação dada, nos casos:

(a) $x+\frac{y}{2}+\frac{z}{3}=1.$ (b) $5x-10y+5z=10.$

Resolução.

(a) O plano está representado pelo triângulo, contido nele, mostrado na Figura 29-6(b), construído de acordo com o que foi dito acima, ou seja: no eixo Ox marcamos o ponto de abscissa 1 (é o ponto $(1,0,0)$); no eixo Oy marcamos o ponto de ordenada 2 (é o ponto $(0,2,0)$); no eixo Oz marcamos o ponto de cota 3 (é o ponto $(0,0,3)$).

(b) Para proceder como no caso anterior, dividimos ambos os membros da equação dada por 10:

$$\frac{x}{2}-y+\frac{z}{2}=1$$

A representação é feita na Figura 29-6(c).

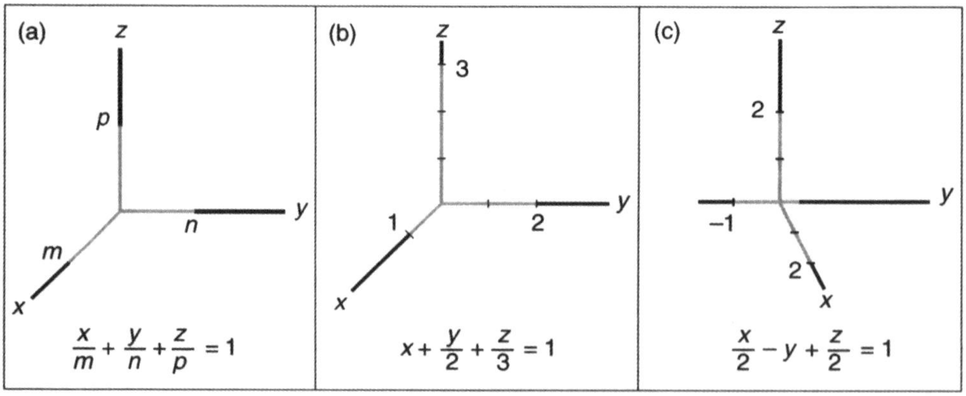

Figura 29-6

Exercício 29-8 Represente o plano de equação dada, nos casos:

(a) $x+\frac{y}{2}+z=1.$ (b) $x+y+z=1.$ (c) $-x+y+z=1.$ (d) $x+\frac{y}{2}+z=2.$

(e) $x+y-z=-2.$ (f) $x+y+z=3.$

(3) Equação de superfície esférica. Um ponto $P = (x, y, z)$ pertence à superfície esférica de centro $C = (x_0, y_0, z_0)$ e raio r se e somente se $d(P,C) = r$, o que equivale, por ser $r > 0$, a $[d(P,C)]^2 = r^2$, ou seja, a

$$(x - x_0)^2 + (y - y_0)^2 + (z - z_0)^2 = r^2$$

Em particular, se o centro está na origem, temos $C = O = (0,0,0)$, e a fórmula acima fica

$$x^2 + y^2 + z^2 = r^2$$

Exemplo 29-5 Escreva uma equação da superfície esférica de centro C e raio r, nos casos:
(a) $C = (-2,4,7)$, $r = 2$. (b) $C = (0,0,0)$, $r = 1$.

Resolução.
(a) Temos $(x - (-2))^2 + (y - 4)^2 + (z - 7)^2 = 2^2$, ou seja:

$$(x + 2)^2 + (y - 4)^2 + (z - 7)^2 = 4 \qquad \blacktriangleleft$$

(b) Temos imediatamente $x^2 + y^2 + z^2 = 1^2$, ou seja:

$$x^2 + y^2 + z^2 = 1 \qquad \blacktriangleleft$$

Exercício 29-9 Escreva uma equação da superfície esférica de centro C e raio r, nos casos:
(a) $C = (3,-5,2)$, r = 5. (b) $C = (3,-5,0)$, r = 5. (c) $C = (0,0,0)$, r = 5.

Exemplo 29-6 Represente o conjunto de equação dada, nos casos:
(a) $x^2 + y^2 + z^2 = 1$. (b) $(x - 2)^2 + y^2 + z^2 = 4$.

Resolução.

(a) Reconhecemos imediatamente tratar-se de uma superfície esférica de centro na origem e raio 1. Sua representação é dada na Figura 29-7(a).

(b) Escrevendo a equação na forma $(x - 2)^2 + (y - 0)^2 + (z - 0)^2 = 2^2$, vemos que se trata de uma superfície esférica de centro $C = (2,0,0)$ e raio 2, representada na Figura 29-7(b).

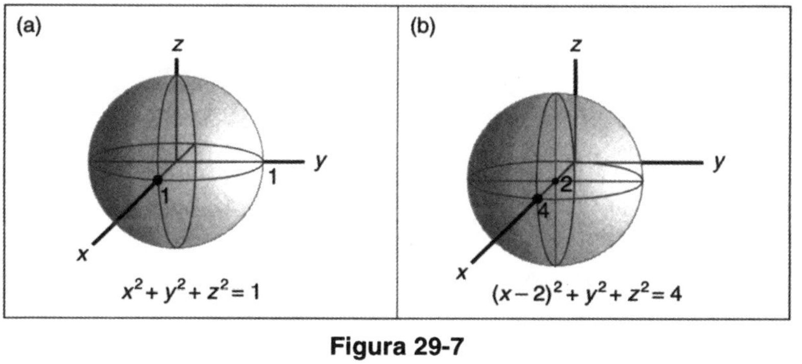

Figura 29-7

Exercício 29-10 Represente o conjunto de equação dada, nos casos:

(a) $x^2 + y^2 + z^2 = 9$. (b) $x^2 + y^2 + z^2 = 2$. (c) $x^2 + (y-1)^2 + z^2 = 1$.

(d) $x^2 + y^2 + z^2 - 2x - 2y - 2z + 2 = 0$.

Exercício 29-11 No exercício anterior, diga quais conjuntos são simétricos em relação à origem O.

Observação complementar. O conjunto-solução de uma equação em três variáveis é um subconjunto de $\mathbb{R}^3$. Se uma representação sua no espaço dos pontos da Geometria Euclidiana tem nome, ele receberá este nome. Assim, falaremos em plano (de $\mathbb{R}^3$), superfície esférica (de $\mathbb{R}^3$) etc. Note que cada sistema cartesiano de coordenadas dá origem a uma representação, e quaisquer duas delas são congruentes.

Respostas dos exercícios do §29

29-1 Figura 29-8.

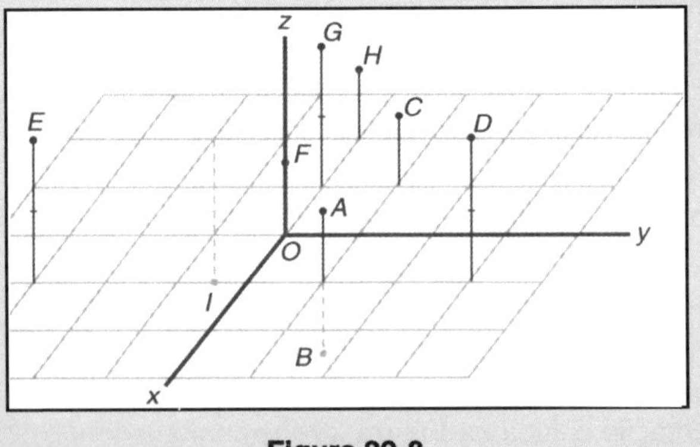

Figura 29-8

29-2 (a) V. (b) F. (c) F.

29-3 (a) (0,0,–1). (b) (3,–7,4). (c) (–3,–3,–1).
(d) (–10,0,–51). (e) (0,5,–1). (f) (–1,–5,1).

29-4 Simétricos em relação aos planos xy, xz e yz, respectivamente:
(a) (1,–7,4); (1,7,–4);(–1,–7,–4). (b) (–3,–5,5); (–3,5,–5); (3,–5,–5).
(c) (3,7,–4); (3,–7,4);(–3,7,4). (d) (2,7,8); (2,–7,–8); (–2,7,–8).

29-5 (a) (–2,–2,–3). (b) (–2,2,–5). (c) (0,4,1).
(d) (0,3,–6). (e) (0,0,–1). (f) (3,0,2).

29-6 (a) $2\sqrt{5}$. (b) $2\sqrt{14}$. (c) $\sqrt{26}$.

29-7 Figura 29-9.

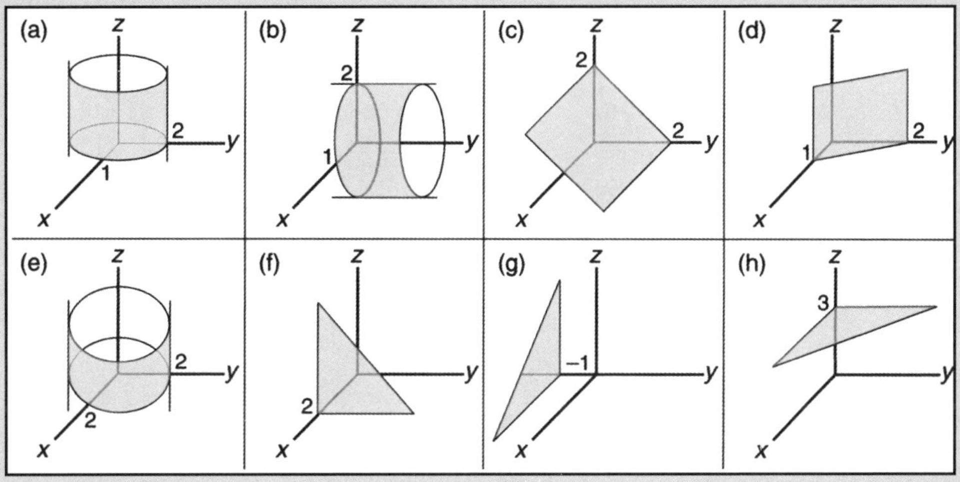

Figura 29-9

29-8 Figura 29-10.

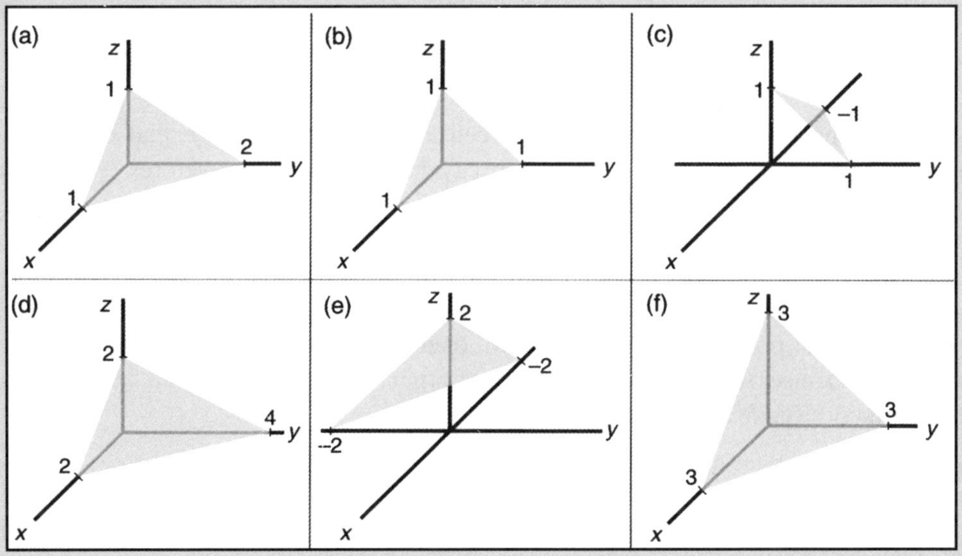

Figura 29-10

29-9 (a) $(x-3)^2+(y+5)^2+(z-2)^2=25$. (b) $(x-3)^2+(y+5)^2+z^2=25$.

(c) $x^2+y^2+z^2=25$.

29-10 Figura 29-11.

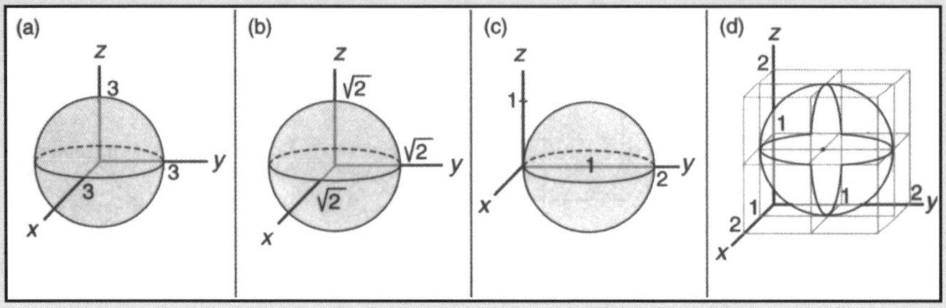

Figura 29-11

29-11 (a) e (b).

§30- VETORES E CURVAS PARAMETRIZADAS

(A) Vetores

Uma das ferramentas que facilitam a compreensão do Cálculo Diferencial de funções de várias variáveis é a noção de vetor. Você provavelmente já estudou vetores em Geometria Analítica. Aqui vamos falar o mínimo necessário para que você possa seguir a exposição do Cálculo.

Um vetor em Matemática é simplesmente um elemento de um espaço vetorial, que é um conjunto sobre o qual está definida uma operação de adição e uma outra de multiplicação de número real por elemento do conjunto, operações estas que devem satisfazer certas propriedades. O nosso conhecido $\mathbb{R}^3$ pode se tornar um espaço vetorial através das seguintes definições (onde a é um número real):

$$(x,y,z)+(x',y',z')=(x+x',y+y',z+z') \qquad a(x,y,z)=(ax,ay,az)$$

Indicaremos por uma letra em negrito um elemento desse espaço vetorial, por exemplo, **u**. Alternativamente, usa-se $\vec{u}$.

Se $\mathbf{u}=(x,y,z)$, o **oposto de u** é $-\mathbf{u}=(-x,-y,-z)$; $\mathbf{0}=(0,0,0)$ é chamado de **vetor nulo**.

Valem as seguintes propriedades (são estas que caracterizam um espaço vetorial), onde **u**, **v** e **w** são elementos de $\mathbb{R}^3$ e a e b são números reais:

$(\mathbf{u}+\mathbf{v})+\mathbf{w}=\mathbf{u}+(\mathbf{v}+\mathbf{w})$	$(ab)\mathbf{v}=a(b\mathbf{v})$
$\mathbf{u}+\mathbf{v}=\mathbf{v}+\mathbf{u}$	$(a+b)\mathbf{v}=a\mathbf{v}+b\mathbf{v}$
$\mathbf{u}+\mathbf{0}=\mathbf{u}$	$a(\mathbf{u}+\mathbf{v})=a\mathbf{u}+b\mathbf{v}$
$\mathbf{u}+(-\mathbf{u})=\mathbf{0}$	$1\mathbf{v}=\mathbf{v}$

Define-se $\mathbf{u}-\mathbf{v}=\mathbf{u}+(-\mathbf{v})$

Exercício 30-1 Sendo u = (4,–2,8), v = (–1,–2,0), w = (7,–9,–6), calcule:

(a) $2\mathbf{u}-3\mathbf{v}-\mathbf{w}$. (b) $5(2\mathbf{w}-2\mathbf{v})+\mathbf{v}$. (c) $-\mathbf{w}+\mathbf{0}-4\mathbf{u}$. (d) $0(5\mathbf{u}+\mathbf{v})-3\mathbf{w}+\mathbf{u}$.

Note que, com as definições das operações acima, podemos escrever:

$$\mathbf{u}=(x,y,z)=(x,0,0)+(0,y,0)+(0,0,z)=x(1,0,0)+y(0,1,0)+z(0,0,1)$$

Introduzindo os vetores:

$$\mathbf{i}=(1,0,0),\quad \mathbf{j}=(0,1,0) \quad \text{e} \quad \mathbf{k}=(0,0,1)$$

temos então:

$$\mathbf{u}=(x,y,z)=x\,\mathbf{i}+y\,\mathbf{j}+z\,\mathbf{k}$$

ou seja: qualquer vetor se exprime em termos de **i**, **j** e **k** na forma acima, dita uma **combinação linear** desses vetores. É fácil mostrar que tal combinação é única. Esta condição especial desses vetores nos leva a chamá-los, considerados nessa ordem, de **base canônica** de $\mathbb{R}^3$ (aqui, canônica está no sentido de ser natural).

Exercício 30-2

(a) Sendo u = (−3,4,5), exprima u como combinação linear dos vetores da base canônica.

(b) Escreva v = 5i + j −3k e w = i −2j como ternas ordenadas.

Agora vamos a importantes interpretações. Tomando um sistema cartesiano de coordenadas no espaço, vimos que a cada (x, y, z) de $\mathbb{R}^3$ corresponde um único ponto P e, reciprocamente, a cada ponto corresponde um único elemento de $\mathbb{R}^3$. Dessa forma, podemos pensar em um elemento de $\mathbb{R}^3$ como sendo um ponto, que é o que temos feito. Por outro lado, $\mathbf{u}=(x,y,z)$ pode ser pensado como um vetor. Nesse caso, para representar **u**, supondo $\mathbf{u}\neq\mathbf{0}$, consideramos, no espaço, a flecha que vai da origem O até o ponto P que tem x como abscissa, y como ordenada e z como cota. Mas não é só esta flecha que representa **u**: qualquer outra de mesmo comprimento, paralela e de mesmo sentido que ela é uma representação de **u** (Figura 30-1(a)). Com tal interpretação, pode-se verificar que a soma **u** + **v** e a diferença **u** − **v** podem ser obtidas usando a regra do paralelogramo, ilustrada na Figura 30-1(b).

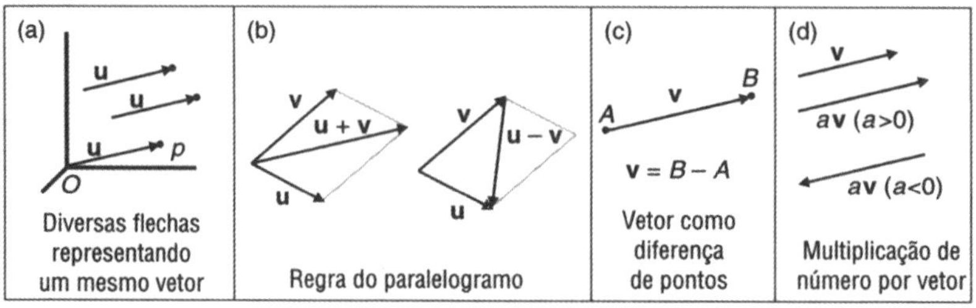

Figura 30-1

Dados os pontos $A = (x_A, y_A, z_A)$ e $B = (x_B, y_B, z_B)$ nessa ordem, fica determinado um vetor **v**, obtido subtraindo as respectivas coordenadas de B das de A, o qual se indica sugestivamente por $B–A$ ou por $\overrightarrow{AB}$ (Figura 30-1(c)):

$$\mathbf{v} = B - A = (x_B - x_A, y_B - y_A, z_B - z_A) = (x_B - x_A)\,\mathbf{i} + (y_B - y_A)\,\mathbf{j} + (z_B - z_A)\,\mathbf{k}$$

Para interpretarmos a operação de multiplicação de número real por vetor, introduzimos o comprimento de um vetor:

O **comprimento** (ou **norma**) de $\mathbf{v} = (x, y, z)$ é o número $\|\mathbf{v}\| = \sqrt{x^2 + y^2 + z^2}$.

A norma de um vetor é o comprimento de qualquer flecha que representa esse vetor. Note que $\|\mathbf{0}\| = 0$; aliás, é o único vetor de comprimento nulo. É fácil verificar que

$$\|a\,\mathbf{v}\| = |a|\,\|\mathbf{v}\|$$

Então, supondo a e **v** não-nulos, o vetor $a\,\mathbf{v}$ é representado por uma flecha de tamanho $|a|\,\|\mathbf{v}\|$, paralela a uma que representa o vetor **v**, ambas de mesmo sentido ou sentido contrário conforme seja $a > 0$ ou $a < 0$ (Figura 30-1(d)).

Um vetor é chamado de **versor** se tem comprimento 1.

Os vetores **i**, **j** e **k** são versores, como um cálculo simples mostra.

Exercício 30-3 Calcule $\|\mathbf{v}\|$, nos casos:

(a) $\mathbf{v} = (3,4,0)$. (b) $\mathbf{v} = (1,4,-1)$. (c) $\mathbf{v} = (\frac{1}{3}, \frac{2}{3}, \frac{2}{3})$. (d) $\mathbf{v} = (-1,-7,1)$.

Exercício 30-4

(a) Mostre que se $\mathbf{v} \neq \mathbf{0}$, então $\dfrac{\mathbf{v}}{\|\mathbf{v}\|}$ é um versor, que é chamado de **versor do vetor v**.

(b) Calcule o versor de $\mathbf{v} = (-2,2,-1)$.

Uma noção bastante útil é a de produto escalar.

O **produto escalar** dos vetores **u** e **v** é um número real, indicado por $\mathbf{u} \bullet \mathbf{v}$, definido do seguinte modo: se um dos vetores é **0**, o produto escalar é 0; caso contrário,

$$\mathbf{u} \bullet \mathbf{v} = \|\mathbf{u}\| \, \|\mathbf{v}\| \cos\theta \qquad (\clubsuit)$$

onde θ é a medida em radianos, $0 \leq \theta \leq \pi$, do ângulo formado por flechas que representam, respectivamente, **u** e **v** (Figura 30-2(a)). Tal θ é chamado medida do ângulo entre **u** e **v**.

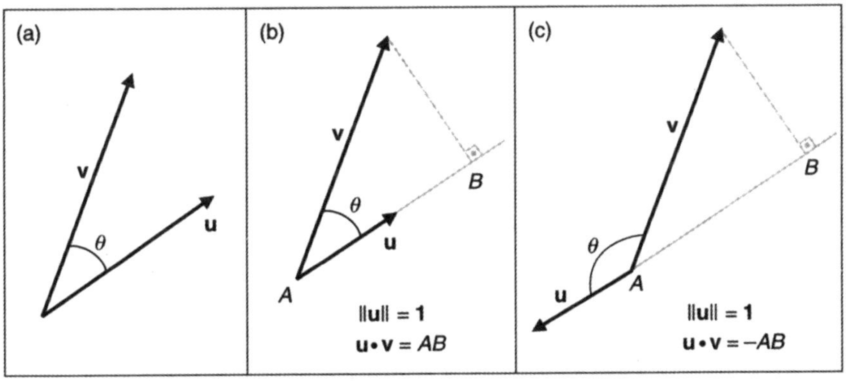

Figura 30-2

Em particular, se **u** é um versor, ($\clubsuit$) fica $\mathbf{u} \bullet \mathbf{v} = \|\mathbf{v}\| \cos\theta$. Observando o triângulo retângulo da Figura 30-2(b), vemos que o segundo membro é a medida do cateto AB. Você pode verificar que, no caso da Figura 30-2(c), o segundo membro é menos o tamanho do cateto AB. Portanto, temos:

Interpretação geométrica do produto escalar. Se **u** é um versor e $\mathbf{v} \neq \mathbf{0}$, $\mathbf{u} \bullet \mathbf{v}$ é o tamanho da projeção de **v** sobre uma reta paralela a **u**, com sinal positivo, se $0 \leq \theta \leq \pi/2$, e negativo se $\pi/2 \leq \theta \leq \pi$, θ sendo a medida do ângulo entre **u** e **v**.

O seguinte resultado nos permite calcular facilmente o produto escalar:

Se $\mathbf{u} = (x, y, z)$ e $\mathbf{v} = (x', y', z')$, então $\mathbf{u} \bullet \mathbf{v} = xx' + yy' + zz'$. Em particular, $\mathbf{u} \bullet \mathbf{u} = \|\mathbf{u}\|^2$.

Exemplo 30-1 Sendo $\mathbf{u} = (0,3,3)$ e $\mathbf{v} = (-2,2,1)$, dê a medida em radianos do ângulo entre **u** e **v**.

Resolução. Temos:

$$\mathbf{u} \bullet \mathbf{v} = (0,3,3) \bullet (-2,2,1) = 0.(-2)+3.2+3.1 = 9$$

$$\|\mathbf{u}\| = \sqrt{0^2 + 3^2 + 3^2} = 3\sqrt{2} \qquad \|\mathbf{v}\| = \sqrt{(-2)^2 + 2^2 + 1^2} = 3$$

Substituindo na expressão que define o produto escalar, vem:

$$9 = 3\sqrt{2}\,.3.\cos\theta \quad \therefore \quad \cos\theta = \frac{\sqrt{2}}{2} \quad \therefore \quad \theta = \frac{\pi}{4} \quad \prec$$

Exercício 30-5 Dê a medida em radianos do ângulo entre **u** e **v**, nos casos:
(a) u = $(\sqrt{3},1,0)$, v = $(\sqrt{3},1,2\sqrt{3})$. (b) u = (3,3,0), v = (−2,−1,2).
(c) u = (2,3,5), v = (−2,−2,2). (d) u = (2,1,−1), v = (−1,−1,0).

Valem as seguintes propriedades (a é um número real):

(**u**+**u'**) • **v** = **u** • **v** + **u'** • **v** $\qquad$ **u** • (**v**+**v'**) = **u** • **v** + **u** • **v'**
a(**u** • **v**) = (a**u**) • **v** = **u** • (a**v**)
u • **v** = **v** • **u**
u • **u** ≥ 0; **u** • **u** = 0 se e somente se **u** = **0**

Se dois vetores não-nulos, têm flechas representativas ortogonais, é natural dizer que eles são ortogonais, não? Nesse caso, $\theta = \pi/2$, logo, $\cos\theta = 0$, o que equivale, pela fórmula (♣), a **u** • **v** = 0. Eis a definição que adotaremos:

Dizemos que **u** e **v** são **ortogonais** se **u** • **v** = 0.

Note que, de acordo com a definição, o vetor **0** é ortogonal a qualquer vetor.

Observação. Encontramos motivação para a definição de ortogonalidade de vetores na geometria. Tal situação se repete nas outras definições. Sempre consideramos a representação geométrica, e o que acontece lá dita a definição. Por exemplo: os vetores não-nulos **u** e **v** são ditos paralelos se flechas que respectivamente os representam são paralelas (vetor **0** é considerado paralelo a qualquer vetor). Isto se traduz analiticamente dizendo que existe um número real a tal que um deles é a vezes o outro; se $a > 0$, dizemos que eles têm mesmo sentido, e se $a < 0$, que eles têm sentidos contrários. Outro exemplo: um vetor não-nulo **v** é ortogonal ao plano (em $\mathbb{R}^3$) dado por $ax + by + cz + d = 0$ se, em uma representação geométrica desses elementos, uma flecha que representa **v** é ortogonal à representação geométrica do plano (plano da Geometria Euclidiana). Explicando melhor: tomando um sistema cartesiano de coordenadas no Espaço dos pontos da Geometria Euclidiana, a equação acima é a de um plano e, como vimos, **v** é representado por uma flecha. Se ela for ortogonal ao plano, dizemos que **v** é ortogonal ao plano de $\mathbb{R}^3$. Não explicitaremos mais definições dessa natureza, confiando que você entendeu o raciocínio. No entanto, destacaremos o seguinte resultado, provado no curso de Geometria Analítica:

Um vetor ortogonal ao plano $ax + by + cz + d = 0$ é **v** = (a, b, c).

Exercício 30-6 Determine os vetores ortogonais ao plano $-3x - 2y + z + 1 = 0$.

Observação. Tudo o que fizemos para o $\mathbb{R}^3$ pode ser repetido para o $\mathbb{R}^2$, a nomenclatura sendo análoga. Assim, por exemplo, se $\mathbf{u} = (x, y)$ e $\mathbf{v} = (x', y')$, temos $\mathbf{u} \bullet \mathbf{v} = xx' + yy'$. Usaremos a notação $\mathbf{i} = (1,0)$, $\mathbf{j} = (0,1)$, que formam a base canônica de $\mathbb{R}^2$, confiando que você não vai confundir com $\mathbf{i} = (1,0,0)$ e $\mathbf{j} = (0,1,0)$, pois o próprio contexto indicará se estamos em $\mathbb{R}^2$ ou em $\mathbb{R}^3$.

Para finalizar, definiremos o produto vetorial:

O produto vetorial de $\mathbf{u} = (x, y, z)$ e $\mathbf{v} = (x', y', z')$ é um vetor, indicado por $\mathbf{u} \wedge \mathbf{v}$, e definido por:

$$\mathbf{u} \wedge \mathbf{v} = \begin{vmatrix} \mathbf{i} & \mathbf{j} & \mathbf{k} \\ x & y & z \\ x' & y' & z' \end{vmatrix} = \begin{vmatrix} y & z \\ y' & z' \end{vmatrix} \mathbf{i} - \begin{vmatrix} x & z \\ x' & z' \end{vmatrix} \mathbf{j} + \begin{vmatrix} x & y \\ x' & y' \end{vmatrix} \mathbf{k}$$

O determinante simbólico que aparece é desenvolvido segundo a primeira linha, como indicado acima. Lembramos que o coeficiente de **i** é obtido eliminando-se a linha e a coluna às quais ele pertence, ou seja, a primeira linha e a primeira coluna; o de **j** se obtém com o mesmo procedimento, colocando o sinal menos, e o de **k** só eliminando a linha e a coluna às quais ele pertence. Lembramos também que:

$$\begin{vmatrix} a & b \\ c & d \end{vmatrix} = ad - bc$$

Destacaremos que:

- $\mathbf{u} \wedge \mathbf{v}$ é ortogonal a **u** e a **v**.
- $\|\mathbf{u} \wedge \mathbf{v}\|^2 = \|\mathbf{u}\|^2 \|\mathbf{v}\|^2 - (\mathbf{u} \bullet \mathbf{v})^2$
- $\|\mathbf{u} \wedge \mathbf{v}\| = \|\mathbf{u}\| \|\mathbf{v}\| \operatorname{sen} \theta$, θ sendo a medida do ângulo entre **u** e **v**.

A demonstração da última, usando a penúltima, é simples:

$$\|\mathbf{u} \wedge \mathbf{v}\|^2 = \|\mathbf{u}\|^2 \|\mathbf{v}\|^2 - (\mathbf{u} \bullet \mathbf{v})^2 = \|\mathbf{u}\|^2\|\mathbf{v}\|^2 - (\|\mathbf{u}\| \|\mathbf{v}\| \cos\theta)^2$$
$$= \|\mathbf{u}\|^2\|\mathbf{v}\|^2(1 - \cos^2\theta) = \|\mathbf{u}\|^2\|\mathbf{v}\|^2 \operatorname{sen}^2\theta$$

Se **u** e **v** determinam um paralelogramo, $\|\mathbf{u} \wedge \mathbf{v}\|$ é interpretado como sua área. De fato, observando a Figura 30-3, temos, no triângulo retângulo ABC, que $h = \|\mathbf{v}\| \operatorname{sen} \theta$.

A área do paralelogramo é "base vezes altura"; logo, vale:

$\|\mathbf{u}\|\, h = \|\mathbf{u}\| \|\mathbf{v}\| \operatorname{sen} \theta = \|\mathbf{u} \wedge \mathbf{v}\|$. Destaquemos:

Interpretação geométrica da norma do produto vetorial. Se $\mathbf{u} \neq \mathbf{0}$ e $\mathbf{v} \neq \mathbf{0}$ não são paralelos, $\|\mathbf{u} \wedge \mathbf{v}\|$ é a área de qualquer paralelogramo determinado por esses vetores.

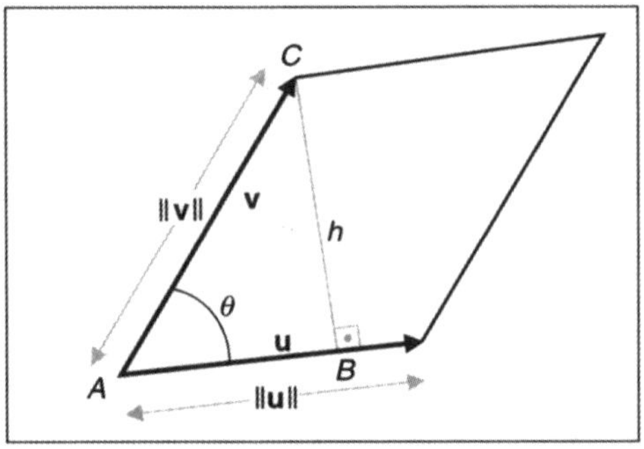

Figura 30-3

Exemplo 30-2 Determine um vetor ortogonal aos vetores $\mathbf{u} = (1,-2,4)$ e $\mathbf{v} = (3,-3,1)$ e a área de um paralelogramo determinado por **u** e **v**.

Resolução. Um vetor como o requerido é $\mathbf{u} \wedge \mathbf{v}$. Temos:

$$\mathbf{u} \wedge \mathbf{v} = \begin{vmatrix} \mathbf{i} & \mathbf{j} & \mathbf{k} \\ 1 & -2 & 4 \\ 3 & -3 & 1 \end{vmatrix} = \begin{vmatrix} -2 & 4 \\ -3 & 1 \end{vmatrix} \mathbf{i} - \begin{vmatrix} 1 & 4 \\ 3 & 1 \end{vmatrix} \mathbf{j} + \begin{vmatrix} 1 & -2 \\ 3 & -3 \end{vmatrix} \mathbf{k}$$

$$= [(-2).1-(-3).4]\mathbf{i} - [1.1-3.4]\mathbf{j} + [1.(-3)-3.(-2)]\mathbf{k} = 10\mathbf{i} + 11\mathbf{j} + 3\mathbf{k}$$ ◄

A área pedida é:

$$\|\mathbf{u} \wedge \mathbf{v}\| = \sqrt{10^2 + 11^2 + 3^2} = \sqrt{230}$$ ◄

Exercício 30-7 Calcule $\mathbf{u} \wedge \mathbf{v}$, e, quando for o caso, ache a área do paralelogramo determinado por **u** e **v**.

(a) $\mathbf{u} = (1,-2,3)$, $\mathbf{v} = (3,-2,1)$.
(b) $\mathbf{u} = (-1,-5,0)$, $\mathbf{v} = (1,-2,-1)$.
(c) $\mathbf{u} = (3,-5,1)$, $\mathbf{v} = (3,3,-1)$.
(d) $\mathbf{u} = (3,-5,1)$, $\mathbf{v} = (-6,10,-2)$.

Exercício 30-8 Calcule:

(a) $i \wedge i$. (b) $i \wedge j$. (c) $i \wedge k$. (d) $k \wedge j$.

Valem as seguintes propriedades (a é um número real):

- $\mathbf{u} \wedge \mathbf{v} = \mathbf{0}$ se e somente se **u** e **v** são paralelos
- $\mathbf{u} \wedge \mathbf{v} = -\mathbf{v} \wedge \mathbf{u}$
- $(\mathbf{u} + \mathbf{u}') \wedge \mathbf{v} = \mathbf{u} \wedge \mathbf{v} + \mathbf{u}' \wedge \mathbf{v}$; $\mathbf{u} \wedge (\mathbf{v} + \mathbf{v}') = \mathbf{u} \wedge \mathbf{v} + \mathbf{u} \wedge \mathbf{v}'$
- $a(\mathbf{u} \wedge \mathbf{v}) = (a\mathbf{u}) \wedge \mathbf{v} = \mathbf{u} \wedge (a\mathbf{v})$

Um resultado que usaremos no §54 é o seguinte:

O volume de qualquer paralelepípedo determinado pelos vetores não-nulos e não paralelos a um mesmo plano **u**, **v** e **w** é $|\mathbf{u} \wedge \mathbf{v} \bullet \mathbf{w}|$.

Isto é fácil de ver. Observe a Figura 30-4. O volume V em questão é igual à área da base $ABCD$, que é, como vimos acima, $\|\mathbf{u} \wedge \mathbf{v}\|$, multiplicada pela altura h relativa a essa base. Esta altura é o tamanho da projeção de **w** sobre o versor (ortogonal à base) $\mathbf{u} \wedge \mathbf{v}/\|\mathbf{u} \wedge \mathbf{v}\|$, ou seja, pela interpretação geométrica do produto escalar,

$$h = \left|\mathbf{w} \bullet \frac{\mathbf{u} \wedge \mathbf{v}}{\|\mathbf{u} \wedge \mathbf{v}\|}\right| \quad \therefore \quad V = \|\mathbf{u} \wedge \mathbf{v}\|\, h = \|\mathbf{u} \wedge \mathbf{v}\| \left|\mathbf{w} \bullet \frac{\mathbf{u} \wedge \mathbf{v}}{\|\mathbf{u} \wedge \mathbf{v}\|}\right| = |\mathbf{w} \bullet \mathbf{u} \wedge \mathbf{v}| = |\mathbf{u} \wedge \mathbf{v} \bullet \mathbf{w}|$$

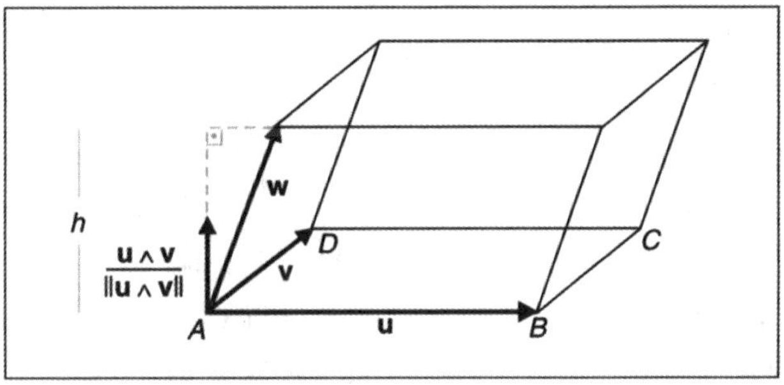

Figura 30-4

(B) Curvas parametrizadas

Se uma partícula, assimilável a um ponto, está em movimento, então suas coordenadas x, y e z variam com o tempo t. Por exemplo, $x = t$, $y = t^2$, $z = t^3$. Os matemáticos pensam no movimento como uma função **r**, que a cada t de um intervalo I associa a terna (t, t^2, t^3) de $\mathbb{R}^3$.

Considere uma função **r** que a cada número real t associa $(x(t), y(t), z(t))$ de $\mathbb{R}^3$. Se $\mathbf{r}(t)$ é pensado como vetor, escreve-se:

$$\mathbf{r}(t) = x(t)\,\mathbf{i} + y(t)\,\mathbf{j} + z(t)\,\mathbf{k}$$

caso em que **r** é chamada **função vetorial de variável real**. As funções $x(t), y(t)$ e $z(t)$ são referidas como **funções componentes**.

Funções vetoriais de variável real são definidas, em geral, com valores em $\mathbb{R}^n$.

O limite da função **r** para $t \to t_0$ é obtido simplesmente tomando o limite das funções componentes:

$$\lim_{t \to t_0} \mathbf{r}(t) = \lim_{t \to t_0} x(t)\,\mathbf{i} + \lim_{t \to t_0} y(t)\,\mathbf{j} + \lim_{t \to t_0} z(t)\,\mathbf{k}$$

Dizemos que **r** é **contínua em t_0** se $\lim_{t \to t_0} \mathbf{r}(t) = \mathbf{r}(t_0)$ (o equivalente a dizer que as funções componentes são contínuas em t_0).

Definimos $\mathbf{r}'(t)$, a derivada de **r** em t, também indicada $\frac{d\mathbf{r}}{dt}(t)$, por

$$\mathbf{r}'(t) = \lim_{\Delta t \to 0} \frac{\mathbf{r}(t + \Delta t) - \mathbf{r}(t)}{\Delta t}$$

caso em que se diz que **r** é derivável em t.

É fácil verificar que:

Se **r** é derivável em t_0, então **r** é contínua em t_0.

A nomenclatura vista para função real de variável real que estudamos no volume 1 se transpõe para o caso de função vetorial de variável real.

A função **r'**, que a cada t onde **r** é derivável associa $\mathbf{r}'(t)$, é chamada de (**função**) **derivada de r**. Se **r** tem por domínio um intervalo aberto, que também é o domínio de **r'**, e esta é contínua, dizemos que **r** é de **classe C^1**.
Se o domínio de **r** não é um intervalo aberto, dizer que **r** é de classe C^1 significa que **r** tem uma extensão de classe C^1 no sentido acima (ou seja, existe uma função de classe C^1, cujo domínio é um intervalo aberto que contém o domínio de **r**, e que coincide com **r** no domínio desta).

Quando **r** é pensada como movimento, é chamada **função vetor de posição**, e **r'** de **velocidade vetorial**, tradicionalmente indicada por **v**. A **trajetória** é o conjunto descrito pela partícula, ou seja, o conjunto das ternas ordenadas $(x(t), y(t), z(t))$. Os físicos dizem:

A velocidade vetorial é tangente à trajetória.

O argumento usado é o seguinte: O vetor $\mathbf{r}(t + \Delta t) - \mathbf{r}(t)$, representado na Figura 30-5, tende a ficar tangente à trajetória no ponto $\mathbf{r}(t) = (x(t), y(t), z(t))$ para $\Delta t \to 0$; porém, ele tende a se anular (admitida a derivabilidade de **r**). Quando o dividimos por Δt, sua direção não muda; logo, ele continua tendendo a ficar tangente, mas, desta vez, pode ser que tenda a um vetor não-nulo $\mathbf{r}'(t)$. Este é o caso representado na referida figura.

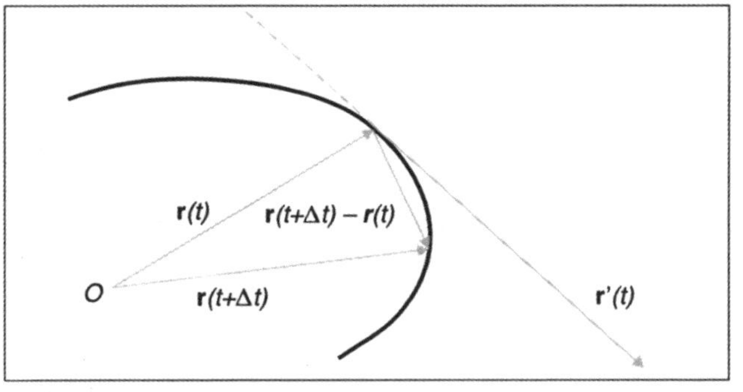

Figura 30-5

Para calcular $\mathbf{r}'(t)$, basta derivar as funções componentes. Veja as contas:

$$\mathbf{r}(t+\Delta t)-\mathbf{r}(t) = x(t+\Delta t)\,\mathbf{i} + y(t+\Delta t)\,\mathbf{j} + z(t+\Delta t)\,\mathbf{k} - [\,x(t)\,\mathbf{i} + y(t)\,\mathbf{j} + z(t)\,\mathbf{k}]$$
$$= [x(t+\Delta t)-x(t)]\,\mathbf{i} + [y(t+\Delta t)-y(t)]\,\mathbf{j} + [z(t+\Delta t)-z(t)]\,\mathbf{k}$$

Logo:

$$\frac{\mathbf{r}(t+\Delta t)-\mathbf{r}(t)}{\Delta t} = \frac{x(t+\Delta t)-x(t)}{\Delta t}\,\mathbf{i} + \frac{y(t+\Delta t)-y(t)}{\Delta t}\,\mathbf{j} + \frac{z(t+\Delta t)-z(t)}{\Delta t}\,\mathbf{k}$$

Passando ao limite para $\Delta t \to 0$, vem:

$$\mathbf{r}'(t) = x'(t)\,\mathbf{i} + y'(t)\,\mathbf{j} + z'(t)\,\mathbf{k}$$

Agora, as definições de curva parametrizada e curva:

Uma **curva parametrizada (em $\mathbb{R}^n$)** é uma função $\mathbf{r}$ de classe C^1 com valores em $\mathbb{R}^n$, tendo por domínio um intervalo I.

Uma **curva (em $\mathbb{R}^n$)** é a imagem de uma curva parametrizada, também chamada de **traço** da curva parametrizada. A curva parametrizada é referida como uma **parametrização** da curva.

Em termos físicos: a curva parametrizada descreve o movimento, cuja trajetória é a curva.

Exemplo 30-3

(a) Uma reta de $\mathbb{R}^3$ fica determinada quando se dá um ponto $A=(x_0, y_0, z_0)$ dela e um vetor não-nulo $\mathbf{v} = m\mathbf{i} + n\mathbf{j} + p\mathbf{k}$ paralelo a ela (dito **vetor diretor** da reta). Um ponto $P=(x, y, z)$ está na reta se e somente se o vetor $P-A$ é paralelo a $\mathbf{v}$ (Figura 30-6(a)), ou seja, se e somente se existe t real tal que $P-A = t\mathbf{v}$. Isto, em coordenadas, se escreve:

$$(x, y, z)-(x_0, y_0, z_0) = t\,(m, n, p)$$

ou seja:

$$(x - x_0, y - y_0, z - z_0) = (tm, tn, tp),$$

o que equivale às equações:

$$x = x_0 + tm \qquad y = y_0 + tn \qquad z = z_0 + tp$$

conhecidas como **equações paramétricas** da reta. Portanto, a reta é o traço da curva parametrizada cujo vetor de posição é dado por:

$$\mathbf{r}(t) = x(t)\,\mathbf{i} + y(t)\,\mathbf{j} + z(t)\,\mathbf{k} = (x_0 + tm)\,\mathbf{i} + (y_0 + tn)\,\mathbf{j} + (z_0 + tp)\,\mathbf{k}$$

Temos então:

$$\mathbf{r}'(t) = x'(t)\,\mathbf{i} + y'(t)\,\mathbf{j} + z'(t)\,\mathbf{k} = m\mathbf{i} + n\mathbf{j} + p\mathbf{k} = \mathbf{v}$$

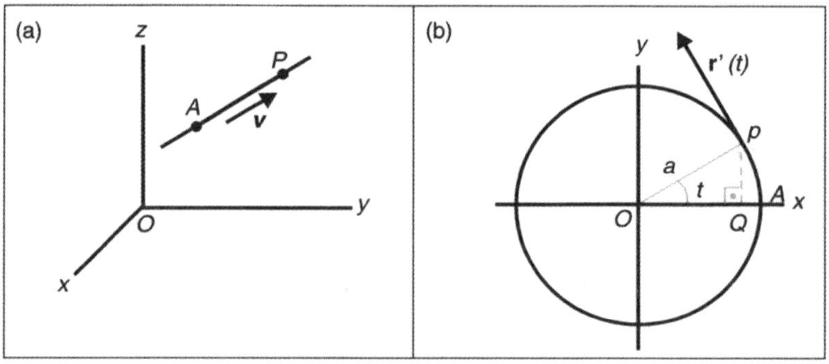

Figura 30-6

(b) A curva parametrizada em $\mathbb{R}^2$ dada por $\mathbf{r}(t) = a\cos t\,\mathbf{i} + a\,\mathrm{sen}\,t\,\mathbf{j}$ ($a > 0$), onde t é um número real qualquer, tem como traço a circunferência de raio a e centro na origem (logo, esta circunferência é uma curva). De fato, sendo $P = (x, y)$ um ponto do traço, temos, para algum t, as igualdades $x = a\cos t$, $y = a\,\mathrm{sen}\,t$, das quais resulta $x^2 + y^2 = a^2$, equação da citada circunferência. Por outro lado, pode-se provar facilmente que um ponto da circunferência pertence ao traço da curva parametrizada. Sendo $P = (x, y)$ o ponto do traço correspondente a t, podemos interpretar t como a medida em radianos do ângulo $P\hat{O}A$, o que está ilustrado na Figura 30-6(b), notando que, no triângulo retângulo POQ, tem-se $x = a\cos t$ e $y = a\,\mathrm{sen}\,t$. Com esta visualização geométrica, fica claro, por exemplo, que se t varia no intervalo $[0, 2\pi]$, o traço ainda é a referida circunferência, e se t varia no intervalo $[0, \pi]$, o traço é uma semicircunferência.

Temos:

$$\mathbf{r}'(t) = x'(t)\,\mathbf{i} + y'(t)\,\mathbf{j} = -a\,\mathrm{sen}\,t\,\mathbf{i} + a\cos t\,\mathbf{j}$$

vetor que está representado na Figura 30-6(b).

Observações.

(1) Tudo o que fizemos para curvas parametrizadas em $\mathbb{R}^2$ e $\mathbb{R}^3$ pode ser feito para curvas parametrizadas em $\mathbb{R}^n$.

(2) Pelo item (a) do exemplo anterior, uma reta é uma curva. Se você estranhou isso, ficará chocado ao saber que o conjunto formado por um ponto é também uma curva (justifique isso, por favor).

Exercício 30-9 Calcule a velocidade da curva parametrizada em $\mathbb{R}^3$, nos casos:
(a) $\mathbf{r}(t) = (\cos t, \operatorname{sen} t, t)$. (b) $\mathbf{r}(t) = (t - \operatorname{sen} t, 1 - \cos t, 0)$.

Exercício 30-10 Calcule a velocidade da curva parametrizada em $\mathbb{R}^2$, nos casos:
(a) $\mathbf{r}(t) = (e^t \cos t, e^t \operatorname{sen} t)$. (b) $\mathbf{r}(t) = (\cos t + t \operatorname{sen} t, \operatorname{sen} t - t\cos t)$.

Quando se diz "a curva $y = x^2$", isto quer dizer que está se considerando o conjunto dos pontos (x, y) de $\mathbb{R}^2$ tais que $y = x^2$, o qual é uma curva, já que é traço da curva parametrizada dada por $\mathbf{r}(t) = (t, t^2)$. Esta é obtida fazendo $x = t$ que, substituído na equação dada, fornece $y = t^2$.

Exercício 30-11 Mostre que é uma curva o conjunto dos (x, y) de $\mathbb{R}^2$ tais que $y = f(x)$, onde f tem por domínio um intervalo, sendo de classe C^1 (isto é, f' tem mesmo domínio que f, e é contínua).

Respostas dos exercícios do §30

30-1 (a) (4,11,22). (b) (79,−72,−60). (c) (−23,17,−26). (d) (−17,25,26).

30-2 (a) −3**i**+4**j**+5**k**. (b) (5,1,−3), (1,−2,0).

30-3 (a) 5. (b) $\sqrt{18}$. (c) 1. (d) $\sqrt{51}$.

30-4 (b) $(-\frac{2}{3}, \frac{2}{3}, -\frac{1}{3})$.

30-5 (a) $\pi/3$. (b) $3\pi/4$. (c) $\pi/2$. (d) $5\pi/6$.

30-6 $(-\frac{3}{\sqrt{14}}, -\frac{2}{\sqrt{14}}, \frac{1}{\sqrt{14}})$ e $(\frac{3}{\sqrt{14}}, \frac{2}{\sqrt{14}}, -\frac{1}{\sqrt{14}})$.

30-7 (a) (4,8,4); $\sqrt{96}$. (b) (5,−1,7); $\sqrt{75}$. (c) (2,6,24); $\sqrt{616}$. (d) (0,0,0).

30-8 (a) **0**. (b) **k**. (c) −**j**. (d) −**i**.

30-9 (a) $(-\operatorname{sen} t, \cos t, 1)$. (b) $(1 - \cos t, \operatorname{sen} t, 0)$.

30-10 (a) $e^t(\cos t - \operatorname{sen} t, \cos t + \operatorname{sen} t)$. (b) $t(\cos t, \operatorname{sen} t)$.

Exercícios suplementares para o Capítulo 6

1. *Represente os pontos:* $A = (0,0,2)$, $B = (1,0,2)$, $C = (1,3,2)$, $D = (0,-2,0)$, $E = (1,-2,0)$, $F = (1,-2,-1)$.

2. *Dê o simétrico de P em relação aos planos coordenados, nos casos:*
(a) $P = (1,2,-3)$. (b) $P = (-2,-1,-7)$. (c) $P = (2,-4,1)$. (d) $P = (3,3,1)$.

3. *Dê o simétrico Q do ponto* $P = (1,2,-4)$ *em relação à origem e calcule a distância entre os pontos P e Q.*

4. (a) *Calcule a distância entre o ponto* $P = (-2,1,1)$ *e o seu simétrico em relação ao plano yz.*
(b) *Calcule a distância entre o ponto* $P = (4,1,-2)$ *e o seu simétrico em relação ao plano xz.*
(c) *Calcule a distância entre o ponto* $P = (3,5,4)$ *e o seu simétrico em relação ao plano xy.*

5. *Represente o conjunto dado pela equação em x, y e z, nos casos:*
(a) $x+2y=4$ (b) $2x+3=5$. (c) $y=2$. (d) $9x^2+y^2=9$. (e) $z-1=0$ (f) $x+z=3$.

6. *Represente o conjunto dado pela equação em x, y e z, nos casos:*

(a) $\frac{x}{2}+\frac{y}{3}+z=1$. (b) $2x-y+4z=4$. (c) $x+y-z=0$. (d) $y+2z=1$.

7. *Escreva uma equação para a superfície esférica de centro C e raio r nos casos:*
(a) $C=(1,2,-1)$, $r=4$. (b) $C=(0,-2,-4)$, $r=1$.

8. *Determine o centro C e o raio r da superfície esférica dada, nos casos:*
(a) $x^2+y^2+z^2=3$. (b) $x^2+y^2+z^2-4x+6y+2z+5=0$. (c) $x^2-6x+y^2+z^2=7$.

9. *Represente o conjunto dado pela equação em x, y e z, nos casos:*
(a) $x^2+y^2+z^2=4$. (b) $(x-1)^2+(y-1)^2+z^2=1$. (c) $x^2+y^2+(z-1)^2=1$.

10. *Sendo* $\mathbf{u} = (2,1,4)$ *e* $\mathbf{v} = (-1,2,5)$, *determine o versor de* $\mathbf{w} = 3\mathbf{u}-2\mathbf{v}$.

11. *Dê a medida em radianos do ângulo entre* $\mathbf{u}$ *e* $\mathbf{v}$, *nos casos:*
(a) $\mathbf{u} = (1,2,0)$ e $\mathbf{v} = (1,2,\sqrt{5})$. (b) $\mathbf{u} = (0,0,2)$ e $\mathbf{v} = (4,4,4)$.
(c) $\mathbf{u} = (-2,-2,-1)$ e $\mathbf{v} = (1,1,-4)$. (d) $\mathbf{u} = (1,2,3)$ e $\mathbf{v} = (-2,-4,-6)$.

12. *Determine valores de* α *para que os vetores* $\mathbf{u}$ *e* $\mathbf{v}$ *sejam ortogonais, nos casos:*

(a) $\mathbf{u} = (2,4,\alpha)$, $\mathbf{v} = (1,0,-4)$. (b) $\mathbf{u} = (\alpha,5\alpha+2,4)$, $\mathbf{v} = (\alpha,-1,2)$.
(c) $\mathbf{u} = (2,\alpha,1)$, $\mathbf{v} = (\alpha^2,1,1)$.

13. *Determine uma equação do plano que passa pelo ponto* $(2,1,0)$ *e admite* $\mathbf{v} = (1,1,2)$ *como vetor normal.*

14. *Calcule* $\mathbf{u} \wedge \mathbf{v}$ *e, quando for o caso, a área do paralelogramo determinado por* $\mathbf{u}$ *e* $\mathbf{v}$.
(a) $\mathbf{u} = (-1,2,3)$, $\mathbf{v} = (2,-4,-6)$. (b) $\mathbf{u} = (1,2,-1)$, $\mathbf{v} = (1,1,1)$. (c) $\mathbf{u} = (1,1,2)$, $\mathbf{v} = (1,0,1)$.

15. *Determine o volume do paralelepípedo determinado pelos vetores* $\mathbf{u}$, $\mathbf{v}$, $\mathbf{w}$, *nos casos:*
(a) $\mathbf{u} = (1,2,-1)$, $\mathbf{v} = (1,1,1)$, $\mathbf{w} = (1,2,2)$. (b) $\mathbf{u} = (1,1,2)$, $\mathbf{v} = (1,0,1)$, $\mathbf{w} = (0,0,1)$.
(Aproveite as contas do exercício 14.)

16. *Determine equações paramétricas da reta que passa pelo ponto* $A=(-4,1,2)$ *e tem* $\boldsymbol{v}=(1,4,5)$ *como vetor diretor.*

17. *O conjunto-solução em* $\mathbb{R}^2$ *da equação* $\dfrac{x^2}{a^2}+\dfrac{y^2}{b^2}=1$, *sendo* $a>0$, $b>0$, *é uma elipse de semi-eixos a e b, e está representada na figura. Em particular, se* $a=b=r$, *temos uma circunferência de raio r.*

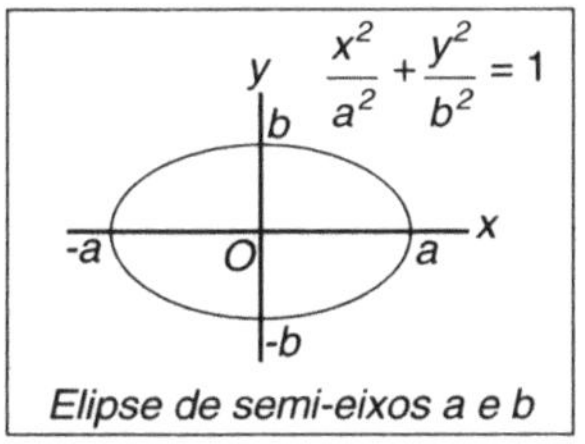

Elipse de semi-eixos a e b

Exercício suplementar 17

Sendo $X=\dfrac{x}{a}$ *e* $Y=\dfrac{y}{b}$, *a equação dada se transforma em* $X^2+Y^2=1$. *Portanto, um ponto* (x,y) *está na elipse se e somente se o ponto* $(\dfrac{x}{a},\dfrac{y}{b})=(X,Y)$ *está na circunferência. Como uma parametrização da circunferência é dada por* $X=\cos t$, $Y=\operatorname{sen} t$, *com t variando no intervalo* $[0,2\pi]$, *temos* $\dfrac{x}{a}=\cos t$, $\dfrac{y}{b}=\operatorname{sen} t$; *logo,* $x=a\cos t$, $y=b\operatorname{sen} t$, *com t variando no intervalo* $[0,2\pi]$, *equações que fornecem uma parametrização da elipse, que é, assim, uma curva em* $\mathbb{R}^2$.

Encontre uma parametrização para a elipse, em cada caso:

(a) $\dfrac{x^2}{9}+\dfrac{y^2}{4}=1$. *(b)* $2x^2+4y^2=16$. *(c)* $4x^2+y^2=4$. *(d)* $x^2+4y^2=1$.

18. *Calcule a velocidade da curva parametrizada em* $\mathbb{R}^2$, *e identifique seu traço, nos casos:*
(a) $r(t)=(\sqrt{2}\cos t,\ 2\operatorname{sen} t)$. *(b)* $r(t)=(1+\sqrt{2}\cos t,\ 2+\sqrt{2}\operatorname{sen} t)$. *(c)* $r(t)=(t,t^2)$.

19. *Calcule a velocidade da curva parametrizada em* $\mathbb{R}^3$, *nos casos:*
(a) $r(t)=(\cos t,\ \operatorname{sen} t,\ 2\cos t\operatorname{sen} t)$. *(b)* $r(t)=(3\cos t,\ 2\operatorname{sen} t,\ 4)$. *(c)* $r(t)=(t,\ t,\ t^2)$.

20. *Sendo* $\boldsymbol{r}(t)=(t-1,t+1,\sqrt{2-2t^2})$, $-1<t<1$, *mostre que a curva que tem* $\boldsymbol{r}$ *como parametrização está contida na superfície esférica de centro na origem e raio 2.*

21. *Sendo* $\boldsymbol{r}_1$ *e* $\boldsymbol{r}_2$ *funções vetoriais deriváveis de mesmo domínio, a e b números reais, valem as propriedades:*
(1) $(\boldsymbol{r}_1+\boldsymbol{r}_2)'=\boldsymbol{r}_1'+\boldsymbol{r}_2'$ *(2)* $(a\boldsymbol{r}_1+b\boldsymbol{r}_2)'=a\boldsymbol{r}_1'+b\boldsymbol{r}_2'$
(3) $(\boldsymbol{r}_1\bullet\boldsymbol{r}_2)'=\boldsymbol{r}_1'\bullet\boldsymbol{r}_2+\boldsymbol{r}_1\bullet\boldsymbol{r}_2'$ *(4)* $(\boldsymbol{r}_1\wedge\boldsymbol{r}_2)'=\boldsymbol{r}_1'\wedge\boldsymbol{r}_2+\boldsymbol{r}_1\wedge\boldsymbol{r}_2'$
(a) Demonstre (1) e (3).
(b) Sendo $\boldsymbol{r}$ *uma função vetorial de uma variável real derivável, mostre que, para todo t onde ela não se anula, tem-se:*

$$||\mathbf{r}(t)||' = \frac{\mathbf{r}(t) \bullet \mathbf{r}'(t)}{||\mathbf{r}(t)||}$$

(c) *Descubra uma fórmula para (g**r**)', g e **r** deriváveis e de mesmo domínio, **r** como no item anterior, g real de variável real.*

(d) *Mostre que uma curva parametrizada **r** com traço contido em uma superfície esférica de centro na origem tem, para cada t do seu domínio, velocidade vetorial em t ortogonal a **r**(t).*

***Ajuda** para (d): use (b).*

Respostas dos exercícios suplementares para o Capítulo 6

1.

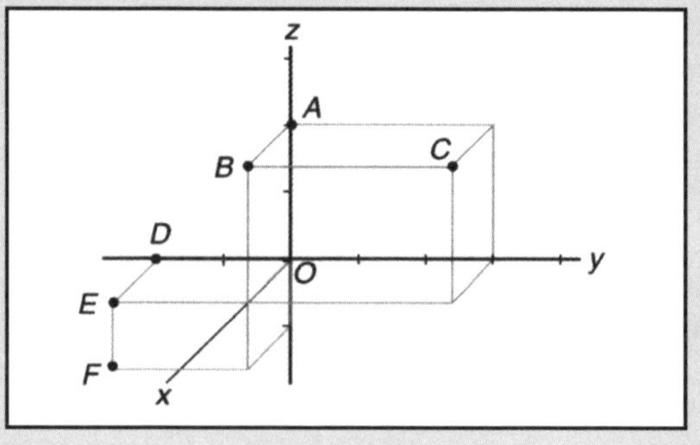

2. (a) *Em relação ao plano xy: (1,2,3); em relação ao plano xz: (1,–2,–3); em relação ao plano yz:(–1,2,–3).*

(b) *Em relação ao plano xy: (–2,–1,7; em relação ao plano xz: (–2,1,–7); em relação ao plano yz:(2,–1,–7).*

(c) *Em relação ao plano xy: (2,–4,–1); em relação ao plano xz: (2,4,1); em relação ao plano yz: (–2,–4,1).*

(d) *Em relação ao plano xy: (3,3,–1); em relação ao plano xz: (3,–3,1); em relação ao plano yz: (–3,3,1).*

3. $Q=(-1,-2,4)$; $2\sqrt{21}$.

4. (a) 4. (b) 2. (c) 8.

5.

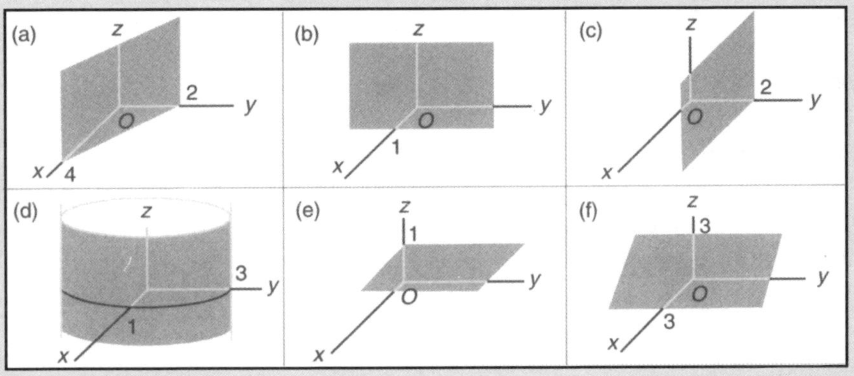

6.

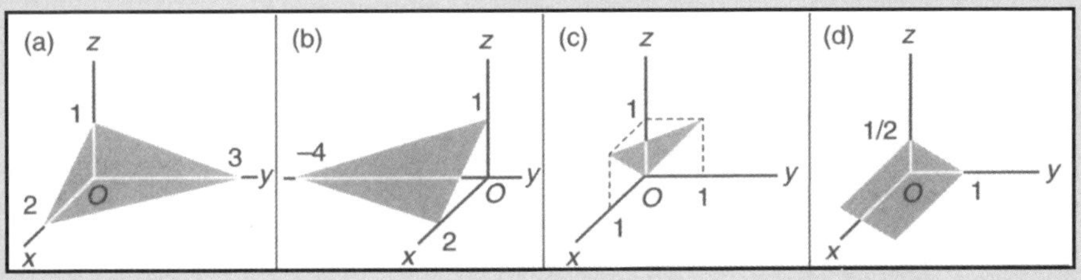

7. *(a)* $(x-1)^2+(y-2)^2+(z+1)^2=16.$ *(b)* $x^2+(y+2)^2+(z+4)^2=1.$

8. *(a)* $C=(0,0,0),\quad r=\sqrt{3}.$ *(b)* $C=(2,-3,-1),\ r=3.$ *(c)* $C=(3,0,0),\ r=4.$

9.

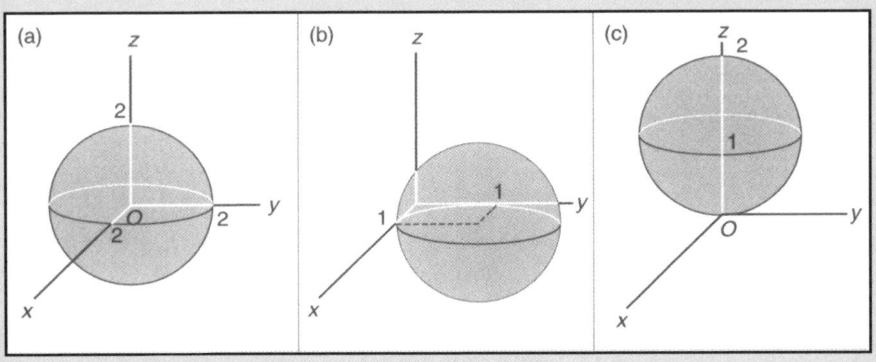

10. $\left(\dfrac{8}{\sqrt{69}},\dfrac{-1}{\sqrt{69}},\dfrac{2}{\sqrt{69}}\right).$

11. (a) $\theta = \frac{\pi}{4}$. (b) $\theta = \arccos\frac{1}{\sqrt{3}}$. (c) $\theta = \frac{\pi}{2}$. (d) $\theta = \pi$.

12. (a) $1/2$. (b) 2 e 3. (c) não existe.

13. $x+y+2z-3=0$.

14. (a) $\mathbf{0}$. (b) $(3,-2,-1)$; $\sqrt{14}$. (c) $(1,1,-1)$; $\sqrt{3}$.

15. (a) 3. (b) 1.

16. $x=-4+t$, $y=1+4t$, $z=2+5t$.

17. Em todos os casos, $0 \le t \le 2\pi$.

(a) $x=3\cos t$, $y=2\,\text{sen}\,t$. (b) $x=2\sqrt{2}\cos t$, $y=2\,\text{sen}\,t$.

(c) $x=\cos t$, $y=2\,\text{sen}\,t$. (d) $x=\cos t$, $y=(\text{sen}\,t)/2$.

18. (a) $(-\sqrt{2}\,\text{sen}\,t,\ 2\cos t)$; elipse de equação $\frac{x^2}{2}+\frac{y^2}{4}=1$.

(b) $(-\sqrt{2}\,\text{sen}\,t,\ \sqrt{2}\cos t)$; circunferência de equação $(x-1)^2+(y-2)^2=2$.

(c) $(1,2t)$; o gráfico da função $y=x^2$.

19. (a) $(-\text{sen}\,t,\ \cos t,\ 2\cos^2 t-2\,\text{sen}^2\,t)$. (b) $(-3\,\text{sen}\,t,\ 2\cos t,\ 0)$. (c) $(1,1,2t)$.

20. (b) $g'\mathbf{r} + g\mathbf{r}'$.

21. (c) $g'\mathbf{r} + g\mathbf{r}'$.

Capítulo 7

Limite, Continuidade, Diferenciabilidade

§31- FUNÇÕES REAIS DE VÁRIAS VARIÁVEIS REAIS

(A) Conceito

Uma grandeza física pode depender de diversas outras grandezas. Por exemplo: a velocidade do som em um gás ideal depende da densidade do gás e de sua pressão.

Diz-se então que tal velocidade é função da densidade e da pressão. Esta relação de dependência pode ser expressa por uma fórmula: $v = c\sqrt{p/\rho}$, onde c é uma constante (característica do gás), p é a pressão e ρ a densidade. Para um exemplo de Matemática, o volume de um paralelepípedo retângulo de comprimento x, largura y e altura z é dado por $V = xyz$. Portanto, o volume depende das dimensões x, y e z. Para estudar tais exemplos e muitos outros, introduzimos a seguinte definição (que é caso particular da noção geral de função de um conjunto A em um conjunto B, dada no §3):

> Uma **função real de duas variáveis reais** é uma correspondência f que, a cada par ordenado (x,y) de uma parte D de $\mathbb{R}^2$, associa um único número real z, indicado por $f(x,y)$. O conjunto D é o **domínio** da função; x e y são referidas como **variáveis independentes**, e z como **variável dependente**.

Definições análogas são dadas para função real de três variáveis reais e, mais geralmente, de n variáveis reais. No caso de três variáveis, usaremos, na maioria das vezes, e quando o contexto for matemático, a letra w para a variável dependente: $w = f(x, y, z)$. Por simplicidade, cometeremos o abuso de dizer "a função $z = f(x, y)$", prática também utilizada no caso de funções de várias variáveis.

Se for dada a "expressão de uma função", como, por exemplo, $z = x/y$, sem menção explícita de seu domínio, subentende-se que este é o maior possível, isto é, o conjunto formado por todas as ênuplas ordenadas para as quais tem sentido a expressão. No caso mencionado, o domínio é formado por todos os (x,y) tais que $y \neq 0$.

Exemplo 31-1 Dê o domínio das funções dadas:

(a) $z = f(x, y) = \sqrt{x - y}$. (b) $z = \ln(x^2 + y)$.

(c) $w = f(x, y, z) = \dfrac{1 - xy + z}{\sqrt{1 - x^2 - y^2 - z^2}}$. (d) $w = \dfrac{\ln(xyz) + 1}{\sqrt[5]{x - y}}$.

Resolução.

(a) Devemos impor $x - y \geq 0$, ou seja, $x \geq y$. Portanto, o domínio é $D = \{(x, y) \in \mathbb{R}^2 \mid x \geq y\}$. ◁

(b) Como o domínio da função *ln* é o conjunto dos números reais positivos, devemos ter $x^2 + y > 0$, ou seja, $y > -x^2$. Portanto, o domínio é $D = \{(x, y) \in \mathbb{R}^2 \mid y > -x^2\}$. ∢

(c) O que está dentro da raiz deve ser ≥ 0; como ela está no denominador, devemos excluir a igualdade: $1 - x^2 - y^2 - z^2 > 0$, ou seja, $x^2 + y^2 + z^2 < 1$. Portanto, o domínio é $D = \{(x, y, z) \in \mathbb{R}^3 \mid x^2 + y^2 + z^2 < 1\}$. ∢

(d) Devemos impor, devido à função *ln*, que $xyz > 0$, e devido ao denominador, que $x - y \neq 0$ (lembre-se de que a raiz quinta pode ser calculada em qualquer número real). Assim, o domínio é $D = \{(x, y, z) \in \mathbb{R}^3 \mid xyz > 0 \text{ e } x \neq y\}$. ∢

Exercício 31-1 Dê o domínio da função, nos casos:

(a) $z = xy + x^3 + y^3$.

(b) $z = \dfrac{4x}{x^2 + y^2}$.

(c) $z = \dfrac{1}{\sqrt[7]{x^4 - y^4}}$.

(d) $z = \ln(x^3 - y^3)$.

(e) $z = \dfrac{1}{\ln(xy)}$.

(f) $z = \text{arcsen}(x + y)$.

(g) $w = e^{y+z} - x\,\text{sen}(z + y)$.

(h) $w = \dfrac{\sqrt[3]{x + y + z}}{\sqrt[5]{z}}$.

(i) $w = \text{arctg}(x + y + zx^{34})$.

(j) $w = \dfrac{xyz}{x^4 + y^6 + z^8}$.

(l) $w = \dfrac{\ln(x^6 + z^{10} + 3)}{\sqrt[8]{|x - y - z| + 1}}$.

(m) $w = \dfrac{\cos(x^2 + x + z)}{\sqrt{1 - x^2 + z^4}}$.

(B) Conjuntos de nível e gráfico

O **gráfico** de uma função *f* de duas variáveis reais *x* e *y* é o conjunto das ternas ordenadas $(x, y, f(x, y))$ para (x, y) percorrendo o domínio da função.

Embora a definição se estenda para função de um número qualquer de variáveis, o nosso interesse se restringirá ao caso de duas variáveis, no qual poderemos representar o gráfico. Como no caso de função de uma variável, tal representação nos dá uma idéia do comportamento da função. Trata-se, na verdade, da representação do conjunto-solução da equação (em *x*, *y* e *z*) $z = f(x, y)$.

Exemplo 31-2

(a) Da equação de um plano $ax + by + cz + d = 0$ podemos, supondo $c \neq 0$, explicitar *z*:

$$z = -\frac{a}{c}x - \frac{b}{c}y - \frac{d}{c}$$

obtendo uma função cujo gráfico é representado pelo plano.

(b) Da equação $x^2 + y^2 + z^2 = r^2 \, (r > 0)$, que é da superfície esférica de centro na origem e raio r (Figura 31-1(a)), resulta:

$$z = \sqrt{r^2 - x^2 - y^2} \qquad \text{e} \qquad z = -\sqrt{r^2 - x^2 - y^2}$$

Obtemos, assim, duas funções, cujos gráficos são respectivamente representados pelas partes da superfície esférica acima e abaixo do plano xy (Figura 31-1(b) e (c)).

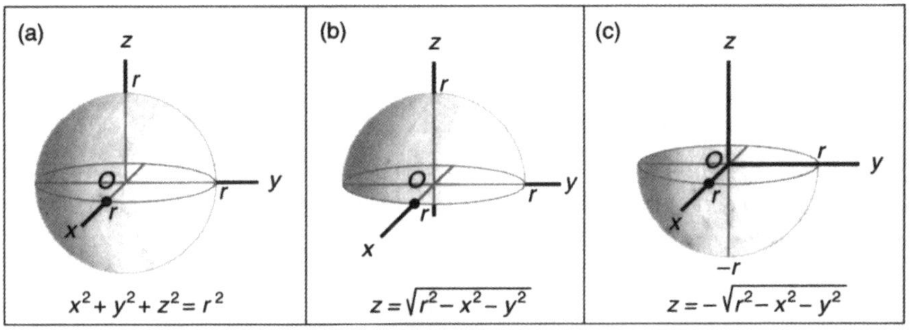

Figura 31-1

(c) O gráfico da função dada por $z = xy$ é conhecido como **sela de cavalo** (às vezes a própria função é assim referida). Este nome decorre da representação de seu gráfico, o qual vamos nos limitar a apresentar na Figura 31-2.

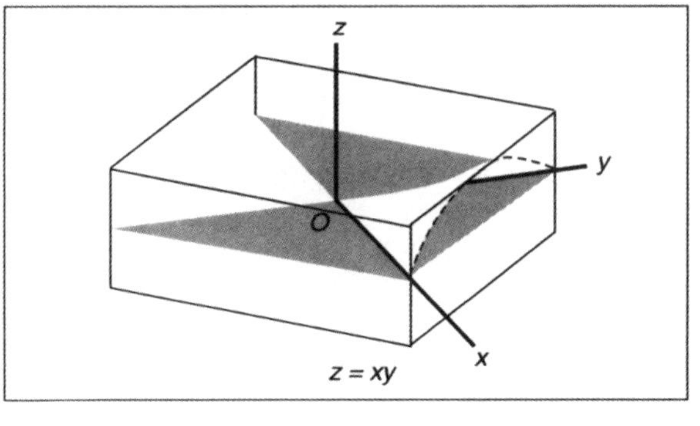

Figura 31-2

Exercício 31-2 Represente o gráfico da função, dada sua expressão:

(a) $z = 1$.

(b) $z = (6 - 2x - 3y)/6$.

(c) $z = x^2$.

(d) $z = \sqrt{1 - x^2 - y^2}$.

(e) $z = -\sqrt{1 - x^2 - y^2}$.

(f) $z = \sqrt{4 - x^2 - y^2}$.

(g) $z = 1 + \sqrt{1 - (x-1)^2 - (y-1)^2}$.

(h) $z = 1 - \sqrt{1 - (x-1)^2 - (y-1)^2}$.

Exercício 31-3 O ponto (3,−4,5) pertence ao gráfico da função $z = f(x,y)$.
(a) Dê $f(3,-4)$. (b) O ponto (3,−4,−5) pode pertencer ao gráfico de f ?

Exercício 31-4 Em uma representação do conjunto-solução S de uma equação em x,y e z, verifica-se que uma reta paralela a Oz encontra a representação em três pontos. S pode ser gráfico de uma função $z = f(x,y)$?

O conjunto dos pontos do domínio de uma função nos quais ela tem um mesmo valor k recebe o nome de **conjunto de nível k** da função.

Assim, se $z = f(x, y)$, o conjunto de nível k de f é o conjunto-solução da equação $f(x, y) = k$. Falando livremente, para obter tal conjunto, cortamos o gráfico pelo plano horizontal $z = k$ e projetamos a interseção no "chão" (Figura 31-3(a)). Seguiremos a tradição, chamando o conjunto de nível, nesse caso, de **curva de nível**, e no caso de uma função de três variáveis, de **superfície de nível** (mesmo que tais denominações possam ser inadequadas em algumas situações).

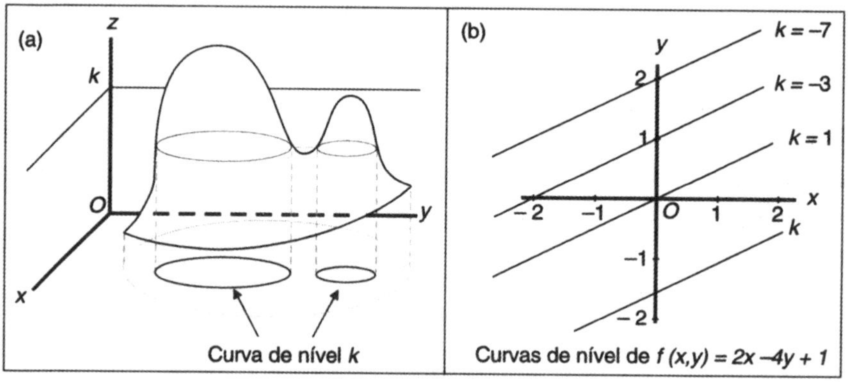

Figura 31-3

Exemplo 31-3
(a) Sendo $f(x,y) = 2x - 4y + 1$:

• A curva de nível −7 é dada por $f(x, y) = -7$: $2x - 4y + 1 = -7$, ou seja, $x - 2y + 4 = 0$. Trata-se de uma reta.

• A curva de nível −3 é dada por $f(x,y) = -3$: $2x - 4y + 1 = -3$, que equivale a $x - 2y + 2 = 0$. Trata-se também de uma reta.

Estas retas estão representadas na Figura 31-3(b), bem como a curva de nível 1. Não é difícil ver que as curvas de nível k de f são retas, paralelas entre si.

(b) Sendo $f(x,y,z)=\sqrt{x^2+y^2+z^2}$, a superfície de nível k dessa função é o conjunto dos (x,y,z) tais que $\sqrt{x^2+y^2+z^2}=k$, que é não-vazia se e somente se $k\geq 0$. Então tal superfície é dada por $x^2+y^2+z^2=k^2$, ou seja, é formada pela origem se $k=0$, e é uma superfície esférica de centro na origem e raio k se $k>0$.

Curvas de nível aparecem na prática com freqüência. Por exemplo, na Engenharia Civil, as curvas de nível de uma função que mede a altura de uma região (relativa a um plano horizontal fixo), obtidas a partir de um aparelho chamado teodolito, constituem o que se chama de carta topográfica da região, que é utilizada no projeto de estradas.

A temperatura de um ponto da superfície da Terra é uma função da latitude e da longitude do ponto. Uma curva de nível dessa função é chamada de isoterma. Quando se trata de pressão, a curva de nível se chama isóbara, e assim por diante.

Exercício 31-5 Descreva as curvas de nível não-vazias da função (equação, centro e raio no caso de circunferência, semi-eixos no caso de elipse e hipérbole). Lembramos que as equações $\frac{x^2}{a^2}+\frac{y^2}{b^2}=1$ e $\frac{x^2}{a^2}-\frac{y^2}{b^2}=1$ $(a>0, b>0)$ são, respectivamente, equações de uma elipse e de uma hipérbole de semi-eixos a e b.

(a) $z=\sqrt{4-x^2-y^2}$.
(b) $z=\frac{1}{\sqrt{x^2+y^2}}$.
(c) $z=\frac{2}{x+y}$.

(d) $z=\frac{x}{x-y}$.
(e) $z=\ln(x^2+y^2)$.
(f) $z=\frac{x^2}{4}+\frac{y^2}{9}$.

(g) $z=\frac{1}{x^2+4y^2}$.
(h) $z=\frac{x^2-y^2}{x^2+y^2}$.
(i) $z=\text{arctg }(x^2-4y^2)$.

(j) $z=x^2-y$.
(l) $z=\frac{x^2+y^2}{2y-4x}$.
(m) $z=e^{y-x-x^2}$.

Exercício 31-6 Descreva a superfície de nível k não-vazia da função.

(a) $w=x^2+y^2+z^2+1$.
(b) $w=\frac{1}{x^2+y^2+z^2-1}$.
(c) $w=(x-1)^2+y^2+(z-2)^2$.

Respostas dos exercícios do §31

31-1

(a) $\mathbb{R}^2$.
(b) $\mathbb{R}^2-\{0,0\}$.
(c) $\{(x,y)\in \text{IR}^2 \mid x\neq \pm y\}$.
(d) $\{(x,y)\in \text{IR}^2 \mid x>y\}$.
(e) $\{(x,y) \mid xy>0 \text{ e } xy\neq 1\}$.
(f) $\{(x,y)\in \text{IR}^2 \mid -1\leq x+y\leq 1\}$.

(g) $\mathbb{R}^3$. (h) $\{(x, y, z) \in \mathbb{R}^3 \mid z \neq 0\}$. (i) $\mathbb{R}^3$.

(j) $\mathbb{R}^3 - \{0,0,0\}$. (l) $\mathbb{R}^3$.

(m) $\{(x, y, z) \in \mathbb{R}^3 \mid -1 \leq x \leq 1\} - \{(-1, y, 0) \mid y \in \mathbb{R}\} \cup \{(1, y, 0) \mid y \in \mathbb{R}\}$.

31-2 Figura 31-4 e Figura 31-5.

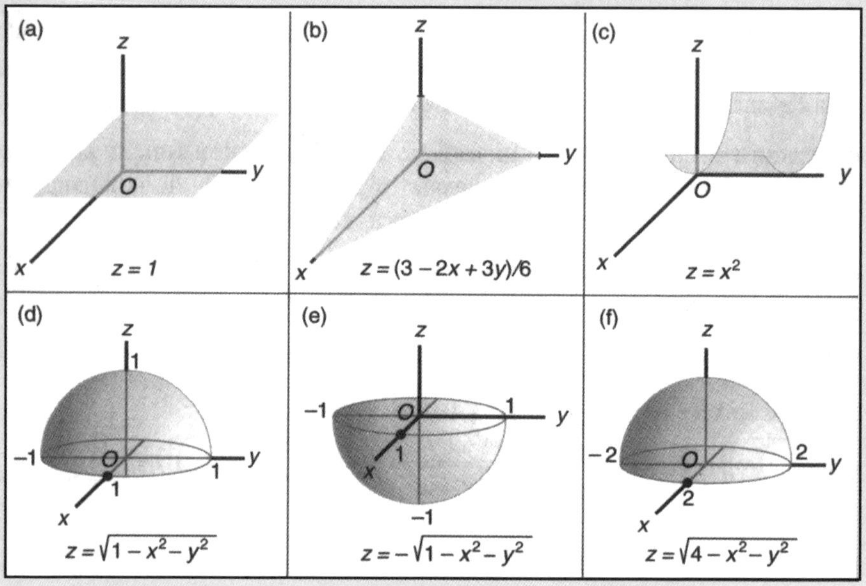

Figura 31-4

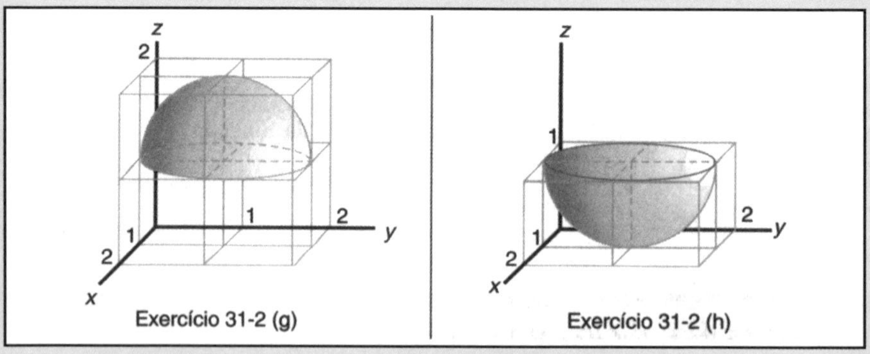

Figura 31-5

31-3 (a) 5. (b) Não.

31-4 Não.

31-5

(a) $x^2+y^2=4-k^2$, $0\le k\le 2$. Se $k=2$, temos a origem, e nos outros casos, uma circunferência de centro na origem e raio $\sqrt{4-k^2}$.

(b) $x^2+y^2=1/k^2$, $k>0$. É uma circunferência de centro na origem e raio $1/k$.

(c) $x+y=2/k$, $k\ne 0$. É uma reta.

(d) $(k-1)x-ky=0$, $(x,y)\ne(0,0)$. É uma reta por $(0,0)$, da qual se eliminou este ponto.

(e) $x^2+y^2=e^k$. É uma circunferência de centro na origem e raio $e^{k/2}$.

(f) $\dfrac{x^2}{4}+\dfrac{y^2}{9}=k$, $k\ge 0$. Se $k=0$, temos a origem, e nos outros casos, uma elipse de semi-eixos $2\sqrt{k}$ e $3\sqrt{k}$.

(g) $x^2+4y^2=1/k$, $k>0$. É uma elipse de semi-eixos $1/\sqrt{k}$ e $1/2\sqrt{k}$.

(h) Retas por $(0,0)$, das quais este ponto está excluído, dadas por $y=\pm\dfrac{1-k}{1+k}x$ se $-1<k\le 1$, e $x=0$ se $k=-1$.

(i) $x^2-4y^2=\operatorname{tg}k$, $-\pi/2<k<\pi/2$. Hipérbole de semi-eixos $\sqrt{|\operatorname{tg}k|}$ e $\dfrac{1}{2}\sqrt{|\operatorname{tg}k|}$ se $k\ne 0$, se $k=0$, temos duas retas $y=\pm x/2$.

(j) $y=x^2-k$. É uma parábola.

(l) $(x+2k)^2+(y-k)^2=5k^2$, $k\ne 0$. É uma circunferência de centro $(-2k,k)$ e raio $\sqrt{5}\,|k|$, da qual se exclui $(0,0)$.

(m) $y=x^2+x-\ln k$, $k>0$. É uma parábola.

31-6

(a) $x^2+y^2+z^2=k-1$. Origem, se $k=1$; superfície esférica de centro na origem e raio $\sqrt{k-1}$ se $k>1$.

(b) $x^2+y^2+z^2=\dfrac{k+1}{k}$, $k\le -1$ ou $k>0$. Origem, se $k=-1$; superfície esférica de centro na origem e raio $\sqrt{\dfrac{k+1}{k}}$ se $k<-1$ ou $k>0$.

(c) $(x-1)^2+y^2+(z-2)^2=k$, $k\ge 0$. Ponto $(1,0,2)$ se $k=0$; superfície esférica de centro $(1,0,2)$ e raio $\sqrt{k}$ se $k>0$.

§32- LIMITE E CONTINUIDADE

Veremos, de maneira breve, a versão para duas variáveis do conceito de limite e do conceito de continuidade, que estudamos no §13 e §14.

Definição intuitiva de limite. Se $f(x, y)$ se aproxima de um número L quando (x, y) do domínio de f se aproxima de (x_0, y_0), indicamos:

$$\lim_{(x,y)\to(x_0,y_0)} f(x, y) = L$$

(Aqui, como no caso de uma variável, subentende-se que (x_0, y_0) é ponto de acumulação do domínio de f, mas não queremos insistir nisso.) O limite "conta" o que acontece com os valores de f perto de (x_0, y_0).

Propriedades dos limites. Se $\lim_{(x,y)\to(x_0,y_0)} f(x, y) = L$ e $\lim_{(x,y)\to(x_0,y_0)} g(x, y) = M$, então:

- $\lim_{(x,y)\to(x_0,y_0)} (f \pm g)(x, y) = L \pm M$
- $\lim_{(x,y)\to(x_0,y_0)} (cf)(x, y) = cL$ (c uma constante)
- $\lim_{(x,y)\to(x_0,y_0)} (fg)(x, y) = LM$
- $\lim_{(x,y)\to(x_0,y_0)} (\frac{f}{g})(x, y) = \frac{L}{M}$ (se $M \neq 0$)

Sendo (x_0, y_0) do domínio de f, dizemos que f é **contínua em** $(\boldsymbol{x_0}, \boldsymbol{y_0})$ se

$$\lim_{(x,y)\to(x_0,y_0)} f(x, y) = f(x_0, y_0)$$

Como no caso de uma variável, a continuidade em um ponto significa que seu gráfico nesse ponto não sofre interrupção. Utilizando as propriedades citadas, facilmente se provam as seguintes:

Propriedades das funções contínuas. Se f e g são contínuas em (x_0, y_0), o mesmo sucede com $f \pm g$, cf, fg e $\frac{f}{g}$, supondo, neste último caso, que $g(x_0, y_0) \neq 0$.

Para conseguirmos exemplos de funções contínuas, isto é, contínuas em todo ponto de seu domínio, usaremos o seguinte resultado, enunciado livremente:

Se g, função da variável x, é contínua, então a função f dada por $z = f(x, y) = g(x)$ é contínua (como função de duas variáveis).

Assim, se $g(x) = x$, sabemos que g é contínua. Então podemos concluir que $f(x, y) = x$ também é contínua. Da mesma forma, usando o resultado para y em vez de x, podemos concluir que, como $g(y) = y$ é contínua, a função $f(x, y) = y$ é contínua. Usando a continuidade do produto, podemos concluir que a função $f(x, y) = xy$ é contínua. Este é um exemplo de função polinomial:

Uma função cuja expressão é uma soma de termos da forma $cx^m y^n$, onde c, m e n são números reais, sendo $m, n \geq 0$ inteiros, chama-se **função polinomial**.

Com o mesmo tipo de raciocínio que usamos no exemplo acima, podemos concluir facilmente que toda função polinomial é contínua. Por exemplo, é contínua a função $z = 3x^2y^4 - 2xy^5 + x - 6y + 3$.

Uma função que é quociente de funções polinomiais chama-se **função racional**.

Usando a continuidade do quociente, podemos dizer que é contínua toda função racional nas variáveis x e y. Assim, é contínua a função:

$$z = \frac{2x - y}{x^3 - y^3 + xy + 1}$$

Observação. A continuidade de uma função é uma propriedade referente aos pontos do seu domínio. Assim, quando dizemos que $f(x, y) = x/(x^2 + y^2)$ é contínua, estamos considerando apenas os pontos (x, y) distintos de (0,0). Não há sentido algum em falar sobre a continuidade ou não dessa função no ponto (0,0), já que tal ponto não faz parte do domínio.

Examinando a função $z = \ln(x + xy + y^5)$, vemos que ela pode ser obtida utilizando-se a função $\ln u$, que é contínua como função da variável u, fazendo $u = x + xy + y^5$. Interpretando esta última expressão como uma função polinomial nas variáveis x e y, a qual, como vimos, é contínua, podemos concluir que a função inicialmente dada é contínua, usando a seguinte propriedade, aqui apenas enunciada livremente:

Composta de funções contínuas. Se $h(u)$ é contínua, e $u = g(x, y)$ é contínua, então é contínua a função f dada por $z = f(x, y) = h(g(x, y))$.

Brevemente: composta de funções contínuas é uma função contínua.

Portanto, são contínuas as funções $z = e^{x-y}$, $z = \text{sen}(x^4 + xy - 1)$, $z = \text{arcsen}(x + y^2)$, as quais podem ser construídas da maneira exposta, através de funções contínuas.

Exercício 32-1 Justifique por que é contínua a função dada:

(a) $z = \cos(6xy - 1)$. (b) $z = tg(\dfrac{x^3}{1 - 2xy})$. (c) $z = \text{arctg}\,(\dfrac{x+3}{y-4})$. (d) $z = \text{sh}\,(\dfrac{1}{x^4 y})$.

Observação. Definições e resultados análogos valem para funções de mais de duas variáveis. Assim, a função $w = \ln(\dfrac{2xyz + x^3}{z + x})$ é contínua, pois o logaritmo neperiano é função contínua de uma variável e $\dfrac{2xyz + x^3}{z + x}$ também o é, como função de três variáveis, por ser uma função racional. A notação para o caso de n variáveis fica compacta se usarmos $\boldsymbol{p} = (p_1, \dots, p_n)$ para indicar um ponto de $\mathbb{R}^n$. Por exemplo, a notação de limite fica:

$$\lim_{\boldsymbol{p} \to \boldsymbol{p}_0} f(\boldsymbol{p}) = L$$

Resposta do exercício do §32

32-1 As funções são contínuas por serem compostas de funções contínuas h e g:

(a) $h(u) = \cos u$, $g(x, y) = 6xy - 1$. (b) $h(u) = \text{tg}\,u$, $g(x, y) = \dfrac{x^3}{1 - 2xy}$.

(c) $h(u) = \text{arctg}\,u$, $g(x, y) = \dfrac{x+3}{y-4}$. (d) $h(u) = \text{sh}\,u$, $g(x, y) = \dfrac{1}{x^4 y}$.

§33- DERIVADAS PARCIAIS

(A) Derivadas parciais de ordem 1

Considerando y constante na função $z = f(x, y)$, obtemos uma função de uma só variável, a saber, x. Derivando esta função de uma variável, o resultado é chamado de derivada parcial (de ordem 1) em relação a x da função $z = f(x, y)$, e é indicada por um dos símbolos:

$$\frac{\partial f}{\partial x} \qquad \frac{\partial z}{\partial x} \qquad D_1 f \qquad f'_x \qquad f_x$$

Por exemplo: se $z = f(x, y) = xy + \text{sen}\, x$, então:

$$\frac{\partial f}{\partial x} = 1.y + \cos x = y + \cos x$$

Considerando x constante na função $z = f(x, y)$, obtemos uma função de uma só variável, a saber, y. Derivando esta função de uma variável, o resultado é chamado de derivada parcial (de ordem 1) em relação a y da função $z = f(x, y)$, e é indicada por um dos símbolos:

$$\frac{\partial f}{\partial y} \qquad \frac{\partial z}{\partial y} \qquad D_2 f \qquad f_y^{'} \qquad f_y$$

No caso do exemplo citado, $z = f(x, y) = xy + \operatorname{sen} x$, temos:

$$\frac{\partial f}{\partial y} = x.1 + 0 = x$$

Para uma função de três variáveis, $w = f(x, y, z)$, a derivada parcial em relação a uma das variáveis se obtém considerando as demais fixas e derivando a função de uma variável resultante. O símbolo é análogo ao caso de duas variáveis. Assim, se $w = f(x, y, z) = x^3 yz^2 + x + 2y + 4$, temos:

$$\frac{\partial f}{\partial x} = 3x^2 yz^2 + 1 \qquad \frac{\partial f}{\partial y} = x^3 z^2 + 2 \qquad \frac{\partial f}{\partial z} = x^3 y.2z = 2x^3 yz$$

Observe que as derivadas parciais *f* são funções das mesmas variáveis independentes de *f*. Assim, deveríamos escrever, por exemplo:

$$\frac{\partial f}{\partial x}(x, y, z) = 3x^2 yz^2 + 1$$

sem a omissão da terna (x,y,z).

A noção de derivada parcial (de ordem 1) para uma função de várias variáveis, bem como o símbolo correspondente, se define de modo análogo.

Como você já deve ter percebido, para calcular derivadas parciais, é preciso saber derivar função real de variável real. É bom então recordar as regras de derivação que estudamos no volume 1. No exemplo a seguir, você terá necessidade de saber tais regras.

Exemplo 33-1

(a) Seja $z = x^2 \ln(y^2 x)$.

- Para calcular a derivada parcial em relação a x, devemos imaginar y fixo. A função de x resultante é um produto de funções de x; logo, devemos usar a regra do produto. Obteremos:

$$\frac{\partial z}{\partial x} = 2x \ln(y^2 x) + x^2 \frac{\partial \ln(y^2 x)}{\partial x}$$

A derivada indicada é calculada usando a regra da cadeia: a derivada do logaritmo neperiano de "alguém" é um sobre "alguém" vezes a derivada do "alguém":

$$\frac{\partial \ln(y^2 x)}{\partial x} = \frac{1}{y^2 x} \cdot \frac{\partial (y^2 x)}{\partial x} = \frac{1}{y^2 x} . y^2 = \frac{1}{x}$$

Substituindo na expressão anterior, resulta:

$$\frac{\partial z}{\partial x} = 2x \ln(y^2 x) + x^2 \frac{1}{x} = 2x \ln(y^2 x) + x \qquad \sphericalangle$$

- Para calcular a derivada parcial em relação a y, consideramos x fixo; então, na expressão $z = x^2 \ln(y^2 x)$, o fator x^2 é constante; logo:

$$\frac{\partial z}{\partial y} = x^2 \frac{\partial \ln(y^2 x)}{\partial y} = x^2 . \frac{1}{y^2 x} . \frac{\partial (y^2 x)}{\partial y} = x^2 . \frac{1}{y^2 x} . 2yx = \frac{2x^3 y}{y^2 x} = \frac{2x^2}{y} \qquad \sphericalangle$$

(na segunda igualdade, usamos a regra da cadeia).

(b) Seja $z = \operatorname{sen}(\frac{x}{x^2 + 3y})$.

- Para calcular a derivada parcial em relação a x, devemos imaginar y fixo. A função de x resultante é uma função composta (seno de "alguém"); logo, devemos usar a regra da cadeia (a derivada do seno de "alguém" é co-seno de "alguém" vezes a derivada do "alguém"). Obteremos:

$$\frac{\partial z}{\partial x} = \cos \left(\frac{x}{x^2 + 3y}\right) . \frac{\partial}{\partial x}\left(\frac{x}{x^2 + 3y}\right)$$

Agora temos a derivada de um quociente:

$$\frac{\partial}{\partial x}\left(\frac{x}{x^2 + 3y}\right) = \frac{\frac{\partial x}{\partial x} . (x^2 + 3y) - x \frac{\partial (x^2 + 3y)}{\partial x}}{(x^2 + 3y)^2} = \frac{(x^2 + 3y) - x . 2x}{(x^2 + 3y)^2} = \frac{-x^2 + 3y}{(x^2 + 3y)^2}$$

Substituindo na expressão anterior, vem:

$$\frac{\partial z}{\partial x} = \frac{-x^2 + 3y}{(x^2 + 3y)^2} \cos \left(\frac{x}{x^2 + 3y}\right) \qquad \sphericalangle$$

- Eis o cálculo da derivada em relação a y:

$$\frac{\partial z}{\partial y} = \cos\left(\frac{x}{x^2+3y}\right).\frac{\partial}{\partial y}\left(\frac{x}{x^2+3y}\right)$$

$$= \cos\left(\frac{x}{x^2+3y}\right).\frac{\frac{\partial x}{\partial y}.(x^2+3y) - x\frac{\partial(x^2+3y)}{\partial y}}{(x^2+3y)^2}$$

$$= \cos\left(\frac{x}{x^2+3y}\right).\frac{0.(x^2+3y) - x.3}{(x^2+3y)^2}$$

Logo:

$$\frac{\partial z}{\partial y} = \frac{-3x}{(x^2+3y)^2}\cos\left(\frac{x}{x^2+3y}\right)$$

(c) Seja $w = \sqrt{x^2+y^2+z^2}$. Lembrando que a derivada da raiz de "alguém" é um sobre duas vezes a raiz de "alguém", tudo vezes a derivada do "alguém", temos:

$$\frac{\partial w}{\partial x} = \frac{1}{2\sqrt{x^2+y^2+z^2}}.\frac{\partial(x^2+y^2+z^2)}{\partial x} = \frac{1}{2\sqrt{x^2+y^2+z^2}}.2x = \frac{x}{\sqrt{x^2+y^2+z^2}}$$

Analogamente:

$$\frac{\partial w}{\partial y} = \frac{y}{\sqrt{x^2+y^2+z^2}} \quad \text{e} \quad \frac{\partial w}{\partial z} = \frac{z}{\sqrt{x^2+y^2+z^2}}$$

Agora é a sua vez de trabalhar. Nos exercícios a seguir, pede-se para calcular derivadas parciais. Como pode ser visto no exemplo anterior, não adianta tentar resolvê-los se você não souber as regras de derivação de função real de uma variável real, vistas no volume 1.

Exercício 33-1 Calcule as derivadas parciais de ordem 1 da função dada:

(a) $z = 2x + y - 1$. (b) $z = 3x$. (c) $z = 3$.

(d) $z = ax + by + c$. (e) $z = 3x^2 + 2y + 4$. (f) $z = 4xy$.

(g) $z = 3x^3 - 4yx + y^4$. (h) $z = 3xe^y$. (i) $z = \text{sen}\, x.\cos y$.

(j) $z = \text{sen}(xy).\cos(x+y)$. (l) $z = y.\,\text{arctg}\,(x^2 - y^3)$. (m) $z = (3x^4 - y^2)\,e^{x+5y}$.

(n) $z = \dfrac{x+y}{x-y}$. (o) $z = \dfrac{x^2 - xy + 1}{x + y^2}$. (p) $z = \dfrac{3x - y^2}{\sqrt{x + y^4}}$.

(q) $z = \sqrt[3]{\dfrac{x}{1+xy^2}}$.

Exercício 33-2 Calcule as derivadas parciais de ordem 1 da função dada:

(a) $w = 3x + 6y - z$. (b) $w = (x^2 + y^2 + z^2)^{5/2}$. (c) $w = \ln(x + 2y^2 + 3z^3)$.

(d) $w = \sqrt[5]{xyz - xz - x^2}$. (e) $w = \dfrac{3x - y + z^3}{x - y^4}$. (f) $w = \dfrac{x\cos z}{\operatorname{sen}(x^2 + zy)}$.

Exercício 33-3 Um gás perfeito verifica $PV = nRT$ (P é a pressão, V é o volume, T é a temperatura, n é número de moles, e R é uma constante). Esta equação define cada uma das variáveis P, V e T em função das outras duas. Mostre que $(\partial P/\partial T)(\partial T/\partial V)(\partial V/\partial P) = -1$.

(B) Interpretação geométrica

Sendo $z = f(x, y)$, eis as definições precisas das derivadas parciais de f em (x_0, y_0):

$$\frac{\partial f}{\partial x}(x_0, y_0) = \lim_{h \to 0} \frac{f(x_0 + h, y_0) - f(x_0, y_0)}{h}$$
$$\frac{\partial f}{\partial y}(x_0, y_0) = \lim_{k \to 0} \frac{f(x_0, y_0 + k) - f(x_0, y_0)}{k}$$

O gráfico da função $z = f(x, y)$ é uma superfície, a qual, cortada com o plano $x = x_0$, nos dá uma curva C (Figura 33-1(a)). Esta curva pode ser pensada como gráfico da função $g(y) = f(x_0, y)$. A derivada dessa função no ponto $y = y_0$ é

$$\frac{dg}{dy}(y_0) = \lim_{k \to 0} \frac{g(y_0 + k) - g(y_0)}{k} = \lim_{k \to 0} \frac{f(x_0, y_0 + k) - f(x_0, y_0)}{k} = \frac{\partial f}{\partial y}(x_0, y_0)$$

ou seja, a derivada parcial de f em relação a y em (x_0, y_0) é a inclinação da reta tangente à curva C no ponto $T = (x_0, y_0, f(x_0, y_0))$ (Figura 33-1(a)). De modo análogo, $\partial f/\partial x$, calculada no ponto (x_0, y_0), é a inclinação da reta tangente à curva interseção do plano $y = y_0$ com o gráfico de f no ponto T (Figura 33-1(b)).

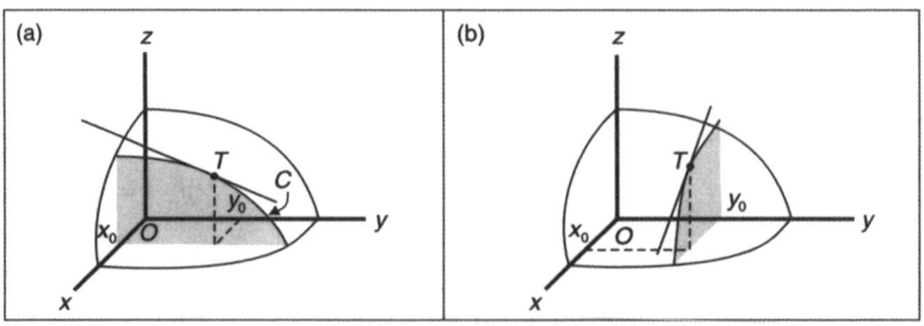

Figura 33-1

Respostas dos exercícios do §33

33-1

(a) $\frac{\partial z}{\partial x}=2;\quad \frac{\partial z}{\partial y}=1.$ (b) $\frac{\partial z}{\partial x}=3;\quad \frac{\partial z}{\partial y}=0.$ (c) $\frac{\partial z}{\partial x}=0;\quad \frac{\partial z}{\partial y}=0.$

(d) $\frac{\partial z}{\partial x}=a;\quad \frac{\partial z}{\partial y}=b.$ (e) $\frac{\partial z}{\partial x}=6x;\quad \frac{\partial z}{\partial y}=2.$ (f) $\frac{\partial z}{\partial x}=4y;\quad \frac{\partial z}{\partial y}=4x.$

(g) $\frac{\partial z}{\partial x}=9x^2-4y;\quad \frac{\partial z}{\partial y}=-4x+4y^3.$ (h) $\frac{\partial z}{\partial x}=3e^y;\quad \frac{\partial z}{\partial y}=3xe^y.$

(i) $\frac{\partial z}{\partial x}=\cos x\cos y;\quad \frac{\partial z}{\partial y}=-\operatorname{sen} x \operatorname{sen} y.$

(j) $\frac{\partial z}{\partial x}=y\cos(xy)\cos(x+y)-\operatorname{sen}(x+y)\operatorname{sen}(xy);\quad \frac{\partial z}{\partial y}=x\cos(xy)\cos(x+y)-\operatorname{sen}(x+y)\operatorname{sen}(xy).$

(l) $\frac{\partial z}{\partial x}=\frac{2xy}{1+(x^2-y^3)^2};\quad \frac{\partial z}{\partial y}=\operatorname{arctg}(x^2-y^3)-\frac{3y^3}{1+(x^2-y^3)^2}.$

(m) $\frac{\partial z}{\partial x}=e^{x+5y}(3x^4+12x^3-y^2);\quad \frac{\partial z}{\partial y}=e^{x+5y}(15x^4-5y^2-2y).$

(n) $\frac{\partial z}{\partial x}=\frac{-2y}{(x-y)^2};\quad \frac{\partial z}{\partial y}=\frac{2x}{(x-y)^2}.$

(o) $\frac{\partial z}{\partial x}=\frac{x^2+2xy^2-y^3-1}{(x+y^2)^2};\quad \frac{\partial z}{\partial y}=\frac{xy^2-2x^2y-2y-x^2}{(x+y^2)^2}.$

(p) $\frac{\partial z}{\partial x}=\frac{6y^4+y^2+3x}{2\sqrt{(x+y^4)^3}};\quad \frac{\partial z}{\partial y}=-\frac{2xy(1+3y^2)}{\sqrt{(x+y^4)^3}}.$

(q) $\frac{\partial z}{\partial x}=\frac{1}{3\sqrt[3]{x^2}\sqrt[3]{(1+xy^2)^4}};\quad \frac{\partial z}{\partial y}=-\frac{2y\sqrt[3]{x^4}}{3\sqrt[3]{(1+xy^2)^4}}.$

33-2

(a) $\frac{\partial w}{\partial x}=3;\quad \frac{\partial w}{\partial y}=6;\quad \frac{\partial w}{\partial z}=-1.$

(b) $\frac{\partial w}{\partial x}=5x\sqrt{(x^2+y^2+z^2)^3};\quad \frac{\partial w}{\partial y}=5y\sqrt{(x^2+y^2+z^2)^3};\quad \frac{\partial w}{\partial z}=5z\sqrt{(x^2+y^2+z^2)^3}.$

(c) $\frac{\partial w}{\partial x}=\frac{1}{x+2y^2+3z^3};\quad \frac{\partial w}{\partial y}=\frac{4y}{x+2y^2+3z^3};\quad \frac{\partial w}{\partial z}=\frac{9z^2}{x+2y^2+3z^3}.$

(d) $\dfrac{\partial w}{\partial x} = \dfrac{yz - z - 2x}{5\sqrt[5]{(xyz - xz - x^2)^4}}$; $\dfrac{\partial w}{\partial y} = \dfrac{xz}{5\sqrt[5]{(xyz - xz - x^2)^4}}$; $\dfrac{\partial w}{\partial z} = \dfrac{x(y-1)}{5\sqrt[5]{(xyz - xz - x^2)^4}}$.

(e) $\dfrac{\partial w}{\partial x} = \dfrac{-3y^4 + y - z^3}{(x - y^4)^2}$; $\dfrac{\partial w}{\partial y} = \dfrac{-x - 3y^4 + 12xy^3 + 4y^3z^3}{(x - y^4)^2}$; $\dfrac{\partial w}{\partial z} = \dfrac{3z^2}{x - y^4}$.

(f) $\dfrac{\partial w}{\partial x} = \cos z . \dfrac{\operatorname{sen}(x^2 + yz) - 2x^2 \cos(x^2 + yz)}{\operatorname{sen}^2(x^2 + yz)}$;

$\dfrac{\partial w}{\partial y} = -\dfrac{xz \cos z \cos(x^2 + yz)}{\operatorname{sen}^2(x^2 + yz)}$; $\dfrac{\partial w}{\partial z} = -x . \dfrac{\operatorname{sen} z \operatorname{sen}(x^2 + yz) + y \cos z \cos(x^2 + yz)}{\operatorname{sen}^2(x^2 + yz)}$.

§34- DIFERENCIABILIDADE

(A) Conceito intuitivo

A noção de diferenciabilidade de uma função real de várias variáveis reais é primordial. Infelizmente, sua definição é muito difícil de ser entendida quando colocada em termos matemáticos, razão pela qual tentaremos passar uma idéia intuitiva. Dizer que uma função é diferenciável em um ponto do seu domínio significa, falando vagamente, que existe uma função afim que é uma boa aproximação da função (em um certo sentido) em torno desse ponto. No caso de uma função de uma variável, esta aproximação afim corresponde à reta tangente. No caso de uma função de duas variáveis, tal aproximação afim corresponde a um plano, que recebe o nome de plano tangente ao gráfico da função no ponto correspondente do gráfico. Assim, a função cujo gráfico está representado na Figura 34-1(a) não é diferenciável em (x_0, y_0), pois o ponto correspondente do gráfico, que é $B = (x_0, y_0, f(x_0, y_0))$ é um "bico", não havendo plano tangente nesse ponto. Em contraposição, na Figura 34-1(b) está representado o gráfico de uma função diferenciável em (x_0, y_0), pois ele é suave em $T = (x_0, y_0, f(x_0, y_0))$, admitindo plano tangente nesse ponto. Neste caso, T é referido como **ponto de tangência**.

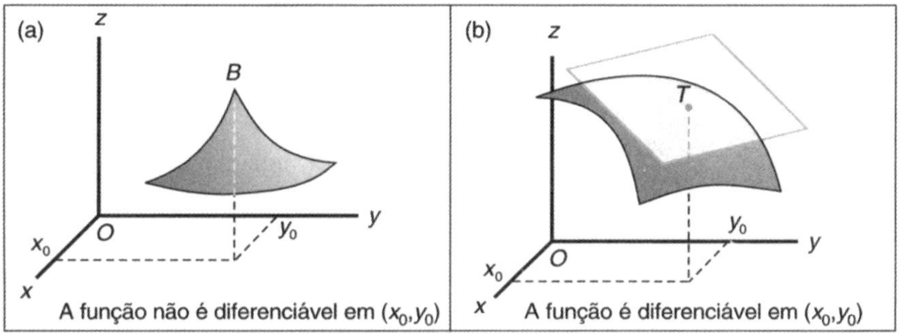

Figura 34-1

Você deve estar preocupado, e com razão, pois deverá decidir se uma função é ou não é diferenciável, e o conceito dado acima com certeza é vago. Felizmente, existe um critério de verificação simples nos casos que estudaremos e que permite concluir que uma função é diferenciável. Antes, uma definição:

Sendo $r > 0$, o conjunto dos pontos que distam de um ponto $\boldsymbol{p}$ menos do que r chama-se **bola aberta de centro $\boldsymbol{p}$ e raio $\boldsymbol{r}$** (Figura 34-2).

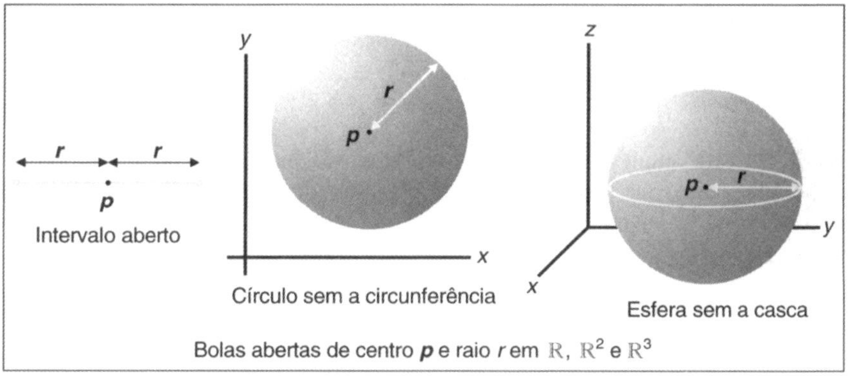

Figura 34-2

Observações.

(1) Um ponto é dito **ponto interior** de um conjunto se ele é centro de uma bola aberta contida no conjunto. Quando um conjunto é formado só de pontos interiores, ele recebe o nome de **conjunto aberto**. Uma bola aberta, ou uma reunião de bolas abertas, são exemplos de conjuntos abertos.

(2) A noção de diferenciabilidade em um ponto pressupõe que este seja interior do domínio. Quando uma função é diferenciável em todos os pontos do seu domínio, ela se diz **diferenciável**. Nesse caso, o domínio é aberto.

Critério de diferenciabilidade. Se as derivadas parciais de ordem 1 de uma função existem em uma bola aberta de centro $\boldsymbol{p}$ e são contínuas em $\boldsymbol{p}$, então f é diferenciável em $\boldsymbol{p}$.

Exemplo 34-1

(a) A função $z = f(x, y) = 7x^5 - 5xy + 3$ é diferenciável, pois:

$$\frac{\partial z}{\partial x} = 35x^4 - 5y \qquad \text{e} \qquad \frac{\partial z}{\partial y} = -5x$$

são contínuas. ◄

(b) A função $w = f(x, y, z) = e^{\text{sen}(2x+4y-z)}$ é diferenciável, pois:

$$\frac{\partial w}{\partial x} = e^{\text{sen}(2x+4y-z)}.\cos(2x+4y-z).2 \qquad \frac{\partial w}{\partial y} = e^{\text{sen}(2x+4y-z)}.\cos(2x+4y-z).4 \text{ e}$$

$$\frac{\partial w}{\partial x} = e^{\text{sen}(2x+4y-z)}.\cos(2x+4y-z)(-1)$$

são contínuas. ◄

Exercício 34-1 Mostre que a função dada é diferenciável:

(a) $f(x, y) = (x + \text{sen } y)\ln(x^2 + y^2 + 1)$. (b) $f(x, y) = \dfrac{\text{sen}(xy)}{x + y}$.

(c) $f(x, y, z) = \dfrac{2x - y + z}{x + y + z}$.

Exercício 34-2 Mostre que toda função polinomial e toda função racional é diferenciável (neste último caso, admita o fato, que pode ser provado, de que o domínio é um conjunto aberto).

(B) Plano tangente

Dada uma função $z = f(x, y)$ diferenciável em (x_0, y_0), temos, de acordo com o conceito de diferenciabilidade, uma função afim que aproxima esta função em torno do ponto. O gráfico da função é uma superfície, e o da função afim, um plano tangente à superfície no ponto de tangência $T = (x_0, y_0, f(x_0, y_0))$ (Figura 34-3).

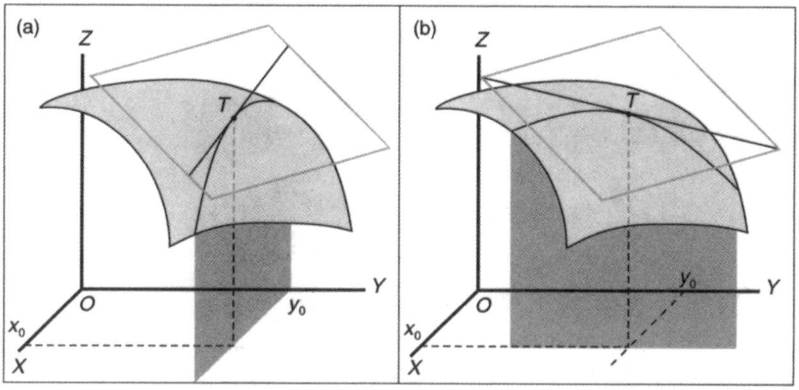

Figura 34-3

Podemos determinar a equação desse plano a partir da definição de diferenciabilidade, mas, como esta não foi dada, torna-se logicamente impossível obter tal equação. No entanto, colocando-nos de um ponto de vista intuitivo, é possível chegar a ela. De fato, o plano tangente é gráfico de uma função afim:

$$z = g(x, y) = mx + ny + p.$$

Como o plano passa por $T = (x_0, y_0, f(x_0, y_0))$, devemos ter :

$$f(x_0, y_0) = mx_0 + ny_0 + p \qquad \therefore \qquad p = f(x_0, y_0) - mx_0 - ny_0$$

de modo que a expressão de z acima fica:

$$z = g(x, y) = m(x - x_0) + n(y - y_0) + f(x_0, y_0)$$

Por outro lado, o plano $y = y_0$ intercepta o plano tangente em uma reta que deve ser tangente à curva interseção desse plano com o gráfico de f no ponto T (Figura 34-3(a)). Assim, as derivadas parciais de f e g em relação a x devem ser iguais no ponto (x_0, y_0), ou seja, $\dfrac{\partial f}{\partial x}(x_0, y_0) = m$. Com raciocínio análogo, tomando desta vez o plano $x = x_0$ (Figura 34-3(b)), concluímos que $\dfrac{\partial f}{\partial y}(x_0, y_0) = n$. Substituindo na equação anterior os valores de m e n achados, obtemos:

Equação do plano tangente ao gráfico de f em $T = (x_0, y_0, f(x_0, y_0))$:

$$z = \frac{\partial f}{\partial x}(x_0, y_0).(x - x_0) + \frac{\partial f}{\partial y}(x_0, y_0).(y - y_0) + f(x_0, y_0)$$

Exemplo 34-2 Sendo $f(x, y) = x^3 y + x - y + 1$, dê uma equação do plano tangente ao gráfico de f no ponto de abscissa 2 e ordenada 1.

Resolução. Temos $f(2,1) = 2^3.1 + 2 - 1 + 1 = 10$. Como:

$$\frac{\partial f}{\partial x}(x, y) = 3x^2 y + 1 \quad \text{e} \quad \frac{\partial f}{\partial y}(x, y) = x^3 - 1$$

então, fazendo $x = 2$ e $y = 1$, vem:

$$\frac{\partial f}{\partial x}(2,1) = 3.2^2.1 + 1 = 13 \quad \text{e} \quad \frac{\partial f}{\partial y}(2,1) = 2^3 - 1 = 7$$

de modo que, usando a equação obtida para o plano tangente, temos:

$$z = 13(x-2) + 7(y-1) + 10 \quad \therefore \quad 13x + 7y - z - 23 = 0$$

Exercício 34-3 Escreva uma equação do plano tangente ao gráfico de f, no ponto desse gráfico de abscissa e ordenada dadas:

(a) $f(x, y) = 3xy + y^2 + x^3$; $x = 1$, $y = 1$.

(b) $f(x, y) = 8x^3 y + y^2 - 1$; $x = -1$, $y = 0$.

(c) $f(x, y) = \dfrac{xy}{x + y}$; $x = 0$, $y = -1$.

(d) $f(x, y) = \sqrt{\ln(x^2 + 2y) + 1}$; $x = 1$, $y = 0$.

Observação. A equação do plano tangente pode ser escrita da seguinte maneira:

$$\frac{\partial f}{\partial x}(x_0, y_0).x + \frac{\partial f}{\partial y}(x_0, y_0).y - z + f(x_0, y_0) - \frac{\partial f}{\partial x}(x_0, y_0).x_0 - \frac{\partial f}{\partial y}(x_0, y_0).y_0 = 0$$

Portanto (§30(A)):

O vetor:

$$\left(\frac{\partial f}{\partial x}(x_0, y_0), \frac{\partial f}{\partial y}(x_0, y_0), -1\right) \qquad (\clubsuit)$$

é ortogonal ao plano tangente ao gráfico de f no ponto $T = (x_0, y_0, f(x_0, y_0))$.

Chamaremos de **vetor normal ao gráfico de *f*** (ou **vetor normal à superfície $z = f(x,y)$**) no ponto T do gráfico a qualquer vetor não-nulo ortogonal ao plano tangente ao gráfico de f em T.

Exercício 34-4 Dê um vetor normal à superfície no ponto dessa superfície de abscissa e ordenada dadas:

(a) $z = \text{sen}(2x - y^2)$; $x = 0$, $y = \sqrt{\pi}$.

(b) $z = (x + y)^3$; $x = 2$, $y = -1$.

(c) $z = (x + y)^3 \ln x$; $x = 1$, $y = -2$.

(d) $z = (x^3 - y)^{3/2}$; $x = 2$, $y = -1$.

(C) Uma regra da cadeia

Se $z = f(x, y)$, e x e y são funções da variável t, t em um intervalo I, as quais indicaremos por $x = x(t)$ e $y = y(t)$, obtemos a função Z dada por $Z(t) = f(x(t), y(t))$. Por exemplo: se $z = f(x, y) = 4xy - x^2$, $x(t) = 2t$, $y = t^2$, então $Z(t) = 4.2t.t^2 - (2t)^2 = 8t^3 - 4t^2$. A função Z assim obtida é referida como **função composta** das funções dadas. Pois bem, a regra da cadeia para o caso em questão, que enunciaremos a seguir, nos ensina como derivar a função composta $Z(t)$ em termos das derivadas das funções de partida. Naturalmente, fica pressuposto que a construção da composta pode ser feita. Enunciaremos o resultado para duas e três variáveis, deixando o caso geral de n variáveis para a sua imaginação.

Regra da cadeia (I)

- Se $z = f(x, y)$ é diferenciável, bem como $x = x(t)$ e $y = y(t)$, então, sendo $Z(t) = f(x(t), y(t))$, tem-se que Z é diferenciável e sua derivada é dada por:

$$\frac{dZ}{dt} = \frac{\partial f}{\partial x}\frac{dx}{dt} + \frac{\partial f}{\partial y}\frac{dy}{dt} \qquad (\blacklozenge)$$

onde as derivadas parciais são calculadas em $(x(t), y(t))$.

- Se $w = f(x, y, z)$ é diferenciável, bem como $x = x(t)$, $y = y(t)$ e $z = z(t)$, então, sendo $W(t) = f(x(t), y(t), z(t))$, tem-se que W é diferenciável e

$$\frac{dW}{dt} = \frac{\partial f}{\partial x}\frac{dx}{dt} + \frac{\partial f}{\partial y}\frac{dy}{dt} + \frac{\partial f}{\partial z}\frac{dz}{dt} \qquad (\heartsuit)$$

onde as derivadas parciais são calculadas em $(x(t), y(t), z(t))$.

Vamos, apenas a título de ilustração, verificar ($\blacklozenge$) no caso do exemplo anterior, em que $z = f(x, y) = 4xy - x^2$, $x(t) = 2t$, $y(t) = t^2$. Vimos que $Z(t) = 8t^3 - 4t^2$.

Portanto, temos:

$$\frac{dZ}{dt}(t) = 24t^2 - 8t$$

Para usar a fórmula da regra da cadeia, calculemos:

$$\frac{\partial f}{\partial x}(x, y) = 4y - 2x \qquad \frac{\partial f}{\partial y}(x, y) = 4x$$

Fazendo $x = 2t$, $y = t^2$, vem:

$$\frac{\partial f}{\partial x}(2t,t^2)=4.t^2-2.2t=4t^2-4t \qquad \frac{\partial f}{\partial y}(2t,t^2)=4.2t=8t$$

Como $\dfrac{dx}{dt}(t)=2$ e $\dfrac{dy}{dt}(t)=2t$, o segundo membro de (♦) fica:

$$\frac{\partial f}{\partial x}(2t,t^2)\frac{dx}{dt}(t)+\frac{\partial f}{\partial y}(2t,t^2)\frac{dy}{dt}(t)=(4t^2-4t).2+8t.2t=24t^2-8t$$

que confere com a derivada acima calculada.

Observação. Pelo exemplo anterior, você pode estar questionando a necessidade da regra da cadeia, já que pudemos calcular a derivada de $Z(t)$ diretamente. A regra da cadeia é útil justamente quando não se tem as expressões das funções envolvidas, que é o caso de desenvolvimentos teóricos (veja o próximo resultado, o Teorema de Euler) e o caso em que são dadas as derivadas que figuram no segundo membro de (♦) apenas em um ponto (os exercícios a seguir ilustram).

Exercício 34-5 Seja f diferenciável.

(a) Sendo $\dfrac{\partial f}{\partial x}(3,-1)=2$, $\dfrac{\partial f}{\partial y}(3,-1)=4$ e $Z(t)=f(3t^2,t-2t^2)$, calcule $\dfrac{dZ}{dt}(1)$.

(b) Sendo $\dfrac{\partial f}{\partial x}(0,2)=-1$, $\dfrac{\partial f}{\partial y}(0,2)=3$ e $Z(t)=f(e^{2t}+t-1,2\cos t)$, calcule $\dfrac{dZ}{dt}(0)$.

Exercício 34-6 Sendo f uma função diferenciável tal que $\dfrac{\partial f}{\partial x}(1,-1)=2$, $\dfrac{\partial f}{\partial y}(1,-1)=0$, determine a inclinação da reta tangente ao gráfico da função Z dada por $Z(t)=f(2t^2-t,-t^4)$, no ponto de abscissa 1.

Seja f uma função tendo por domínio um aberto D de $\mathbb{R}^2$. Suponha que exista c tal que para cada (x,y) de D e cada $t>0$ tais que (tx,ty) está em D se tenha $f(tx,ty)=t^c f(x,y)$. Então f se diz **homogênea de grau c**. Definição análoga é dada para o caso de n variáveis reais.

Exemplo 34-3

(a) Sendo $f(x,y)=\sqrt[7]{x^5+2x^2y^3-2y^5}$, f é homogênea de grau $5/7$ pois:

$$f(tx,ty)=\sqrt[7]{(tx)^5+2(tx)^2(ty)^3-2(ty)^5}=\sqrt[7]{t^5x^5+2t^2x^2t^3y^3-2t^5y^5}$$

$$=\sqrt[7]{t^5(x^5+2x^2y^3-2y^5)}=t^{5/7}\sqrt[7]{x^5+2x^2y^3-2y^5}=t^{5/7}f(x,y) \prec$$

(b) Sendo $f(x,y)=(x^2-y^2)/(x^2+y^2)$, f é homogênea de grau 0 pois:

$$f(tx,ty)=\frac{(tx)^2-(ty)^2}{(tx)^2+(ty)^2}=\frac{t^2x^2-t^2y^2}{t^2x^2+t^2y^2}=\frac{x^2-y^2}{x^2+y^2}=t^0\,\frac{x^2-y^2}{x^2+y^2}=t^0 f(x,y) \qquad \prec$$

(c) Sendo $f(x,y)=e^x$, f não é homogênea. De fato, a condição $f(tx,ty)=t^c f(x,y)$ neste caso é $e^{tx}=t^c e^x$. Para um ponto de abscissa 0, deveríamos ter $1=t^c$ para todo $t>0$, o que acarreta c = 0. Então $e^{tx}=e^x$, logo $tx = x$, para todo x e todo $t>0$, o que é impossível. $\prec$

Exercício 34-7 Verifique se f é homogênea, e em caso afirmativo, dê seu grau.

(a) $f(x,y)=4x^2-5y^2$. (b) $f(x,y)=\dfrac{1}{xy}$. (c) $f(x,y)=\dfrac{x^3+xy^2-y^3}{4x^3+y^3}$.

(d) $f(x,y)=\cos(xy)$. (e) $f(x,y)=x\sqrt[3]{y}+\sqrt[3]{x^4}$. (f) $f(x,y)=|x^3-6yx^2|$.

Teorema de Euler. Sendo $z=f(x,y)$, f diferenciável e homogênea de grau c, então

$$x\frac{\partial f}{\partial x}(x,y)+y\frac{\partial f}{\partial y}(x,y)=cf(x,y)$$

(vale fórmula análoga para o caso de n variáveis).

De fato, consideremos x e y fixos na relação $f(tx,ty)=t^c f(x,y)$. Derivando em t membro a membro, vem, usando a regra da cadeia anteriormente vista:

$$\frac{\partial f}{\partial x}(tx,ty)\frac{d(tx)}{dt}(t)+\frac{\partial f}{\partial y}(tx,ty)\frac{d(ty)}{dt}(t)=ct^{c-1}f(x,y)$$

ou seja:

$$\frac{\partial f}{\partial x}(tx,ty)\,.\,x+\frac{\partial f}{\partial y}(tx,ty)\,.\,y=ct^{c-1}f(x,y)$$

Basta fazer agora $t=1$.

O Teorema de Euler tem aplicação em Mecânica Analítica e em Economia.

(D) Gradiente

Vamos olhar (♥) como um produto escalar. O segundo membro pode ser escrito, de acordo com fórmula vista no §30, como:

$$\left(\frac{\partial f}{\partial x},\frac{\partial f}{\partial y},\frac{\partial f}{\partial z}\right)\bullet\left(\frac{dx}{dt},\frac{dy}{dt},\frac{dz}{dt}\right) \qquad (♥')$$

onde, insistimos, as derivadas parciais são calculadas em $(x(t), y(t), z(t))$. Introduzimos a seguinte definição:

Define-se **gradiente** da função diferenciável f, indicado por ∇f ou por **grad** f, do seguinte modo:

Se $w = f(x, y, z)$,

$$\nabla f = \left(\frac{\partial f}{\partial x}, \frac{\partial f}{\partial y}, \frac{\partial f}{\partial z}\right) = \frac{\partial f}{\partial x}\mathbf{i} + \frac{\partial f}{\partial y}\mathbf{j} + \frac{\partial f}{\partial z}\mathbf{k}$$

Se $z = f(x, y)$,

$$\nabla f = \left(\frac{\partial f}{\partial x}, \frac{\partial f}{\partial y}\right) = \frac{\partial f}{\partial x}\mathbf{i} + \frac{\partial f}{\partial y}\mathbf{j}$$

Como veremos, o gradiente de uma função desempenha um papel muito importante.

Exemplo 34-4 Calcule o gradiente de f, nos casos:

(a) $z = f(x, y) = 5x^2y + 2$. (b) $w = f(x, y, z) = x\ln y + y\ln z + z\ln x$.

Resolução. Temos:

(a) $\nabla f = \left(\frac{\partial f}{\partial x}, \frac{\partial f}{\partial y}\right) = (10xy,\ 5x^2)$ ◄

(b) $\nabla f = \left(\frac{\partial f}{\partial x}, \frac{\partial f}{\partial y}, \frac{\partial f}{\partial z}\right) = \left(\ln y + \frac{z}{x}, \frac{x}{y} + \ln z, \frac{y}{z} + \ln x\right)$ ◄

Exercício 34-8 Calcule o gradiente de f:

(a) $f(x, y) = x^2 + y^2$. (b) $f(x, y) = \text{sh}(xy^4)$. (c) $f(x, y) = \text{arcsen}(e^y)$.

(d) $f(x, y, z) = \sqrt{xy + z}$. (e) $f(x, y, z) = 1/\sqrt{x^2 + z}$. (f) $f(x, y, z) = xy/z$.

Quando supomos x, y e z dependendo de uma variável t, obtemos uma curva parametrizada $\mathbf{r}$ dada por $\mathbf{r}(t) = (x(t), y(t), z(t)) = x(t)\,\mathbf{i} + y(t)\,\mathbf{j} + z(t)\,\mathbf{k}$ (§30(B)). Como $\frac{d\mathbf{r}}{dt} = \frac{dx}{dt}\mathbf{i} + \frac{dy}{dt}\mathbf{j} + \frac{dz}{dt}\mathbf{k}$, a fórmula (♥) da regra da cadeia fica, usando a noção de gradiente introduzida:

$$\frac{dW}{dt} = \nabla f(\mathbf{r}(t)) \bullet \frac{d\mathbf{r}}{dt}(t)$$

onde, relembramos, $W(t) = f(x(t), y(t), z(t)) = f(\mathbf{r}(t))$. Em particular, se $\mathbf{r}$ toma valores em uma superfície de nível k de f, então, por definição de superfície de nível, W é constante: $W(t) = k$. Portanto, $W'(t) = 0$. A relação anterior fica:

$$0 = \nabla f(\mathbf{r}(t)) \bullet \frac{d\mathbf{r}}{dt}(t)$$

Fixemos um valor t_0 de t e seja $\boldsymbol{p} = \mathbf{r}(t_0)$. Sendo $\mathbf{v}$ a velocidade da curva parametrizada, a relação anterior nos dá $0 = \nabla f(\boldsymbol{p}) \bullet \mathbf{v}(t_0)$, o que mostra que o vetor $\nabla f(\boldsymbol{p})$ é ortogonal a $\mathbf{v}(t_0)$, este último, por sua vez, sendo tangente ao traço de $\mathbf{r}$ no ponto $\boldsymbol{p}$ (Figura 34-4(a)). Como o raciocínio vale para *qualquer* curva parametrizada com traço passando por p e contido na superfície de nível k, parece então sugestivo dizer que $\nabla f(\boldsymbol{p})$, suposto não-nulo, é ortogonal (costuma-se dizer *normal*) à superfície de nível k de f no ponto $\boldsymbol{p} = \mathbf{r}(t_0)$. Com raciocínio semelhante, diremos algo análogo no caso de curva de nível (Figura 34-4(b)):

- Se $z = f(x, y)$ é diferenciável e $\boldsymbol{p}$ é um ponto de uma curva de nível de f tal que $\nabla f(\boldsymbol{p}) \neq \mathbf{0}$, então $\nabla f(\boldsymbol{p})$, ou qualquer múltiplo não-nulo desse vetor, é dito **normal** a esta curva de nível em $\boldsymbol{p}$.
- Se $w = f(x, y, z)$ é diferenciável e $\boldsymbol{p}$ é um ponto de uma superfície de nível de f tal que $\nabla f(\boldsymbol{p}) \neq \mathbf{0}$, então $\nabla f(\boldsymbol{p})$, ou qualquer múltiplo não-nulo desse vetor, é dito **normal** a esta superfície de nível em $\boldsymbol{p}$.

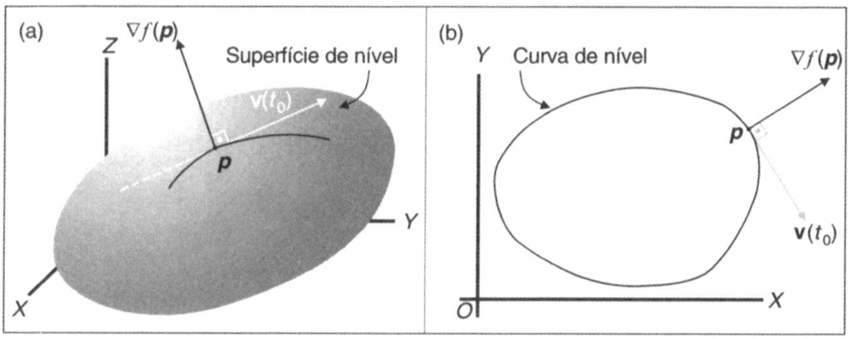

Figura 34-4

Exemplo 34-5 Ache um vetor normal à elipse $\dfrac{x^2}{4} + \dfrac{y^2}{16} = 1$, no seu ponto de abscissa 1 e ordenada positiva.

Resolução. Inicialmente determinaremos o ponto $\boldsymbol{p}$ da elipse de abscissa $x = 1$ e ordenada y positiva. Substituímos $x = 1$ na equação da elipse, para obter:

$$\frac{1^2}{4} + \frac{y^2}{16} = 1 \qquad \therefore \qquad y^2 = 12 \qquad \therefore \qquad y = \sqrt{12} = 2\sqrt{3}$$

onde levamos em conta que $y > 0$. Portanto, $\boldsymbol{p} = (1, 2\sqrt{3})$.

Vamos agora obter uma função f tal que a elipse dada seja curva de nível de f. Isto é fácil. Basta considerar o primeiro membro da equação da elipse como expressão de f: $f(x, y) = \dfrac{x^2}{4} + \dfrac{y^2}{16}$. Claramente, a elipse é curva de nível 1 de f. Portanto, um vetor normal à elipse é obtido calculando-se $\nabla f(\boldsymbol{p})$. Temos:

$$\nabla f = \left(\frac{\partial f}{\partial x}, \frac{\partial f}{\partial y}\right) = \left(\frac{2x}{4}, \frac{2y}{16}\right) = \left(\frac{x}{2}, \frac{y}{8}\right) \quad \therefore \quad \nabla f(\boldsymbol{p}) = \left(\frac{1}{2}, \frac{2\sqrt{3}}{8}\right) = \left(\frac{1}{2}, \frac{\sqrt{3}}{4}\right) \quad \blacktriangleleft$$

Observação. No exemplo citado, qualquer vetor da forma $\left(\dfrac{k}{2}, \dfrac{k\sqrt{3}}{4}\right)$, $k \neq 0$, serve como resposta. Se quisermos um vetor de tamanho, digamos, $\sqrt{7}$, devemos impor $\left\|\left(\dfrac{k}{2}, \dfrac{k\sqrt{3}}{4}\right)\right\| = \sqrt{7}$, isto é, $|k| \left\|\left(\dfrac{1}{2}, \dfrac{\sqrt{3}}{4}\right)\right\| = \sqrt{7}$, ou seja, $|k| \dfrac{\sqrt{7}}{4} = \sqrt{7}$; logo, $k = \pm 4$. Neste caso, $\left(\dfrac{\pm 4}{2}, \dfrac{\pm 4\sqrt{3}}{4}\right) = \pm(2, \sqrt{3})$ são as duas (únicas) soluções buscadas.

Exercício 34-9 O vetor n é normal à curva de equação dada no ponto p. Sabendo que a primeira componente de n é positiva, determine n, nos casos:

(a) $x^2 + y^2 = 25$, $p = (3,4)$, $\| \text{n} \| = 5$.

(b) $\dfrac{x^2}{9} + \dfrac{y^2}{4} = 1$, ordenada de p igual a 0, abscissa de p positiva, $\| \text{n} \| = 1$.

(c) $3x^2 + 2y^4 = 5$, abscissa de p igual a -1, ordenada de p negativa, $\| \text{n} \| = 5$.

(d) $x \ln y - y \ln x = 0$, $p = (1,1)$, $\| \text{n} \| = 2\sqrt{2}$.

(e) arctg x + arcsen$(2xy) = 0$, ordenada de p igual a 0, $\| \text{n} \| = 1$.

Exemplo 34-6 Ache um vetor normal ao elipsóide $\dfrac{x^2}{4} + \dfrac{y^2}{9} + z^2 = 1$ no seu ponto cujas coordenadas são todas iguais e negativas.

Resolução. Inicialmente determinaremos o ponto $\boldsymbol{p}$ do elipsóide cujas coordenadas verificam $x = y = z < 0$. Para isso, fazemos $y = x$ e $z = x$ na equação do elipsóide:

$$\frac{x^2}{4} + \frac{x^2}{9} + x^2 = 1 \quad \therefore \quad \frac{9x^2 + 4x^2 + 36x^2}{36} = 1 \quad \therefore \quad x^2 = \frac{36}{49}$$

Como as coordenadas de $\boldsymbol{p}$ são iguais e negativas, temos $x = -\dfrac{6}{7}$, $y = -\dfrac{6}{7}$, $z = -\dfrac{6}{7}$, ou seja, $\boldsymbol{p} = \left(-\dfrac{6}{7}, -\dfrac{6}{7}, -\dfrac{6}{7}\right)$.

Vamos agora obter uma função f tal que o elipsóide dado seja superfície de nível de f. Isto é fácil. Basta considerar o primeiro membro da equação do elipsóide como expressão de f: $f(x, y, z) = \dfrac{x^2}{4} + \dfrac{y^2}{9} + z^2$. Claramente, o elipsóide é superfície de nível 1 de f. Portanto, um vetor normal a ele é obtido calculando-se $\nabla f(\boldsymbol{p})$. Temos:

$$\nabla f = (\frac{\partial f}{\partial x}, \frac{\partial f}{\partial y}, \frac{\partial f}{\partial z}) = (\frac{2x}{4}, \frac{2y}{9}, 2z) = (\frac{x}{2}, \frac{2y}{9}, 2z)$$

$$\nabla f(\boldsymbol{p}) = (\frac{-6/7}{2}, \frac{2(-6/7)}{9}, 2(-\frac{6}{7})) = (-\frac{6}{14}, -\frac{12}{63}, -\frac{12}{7}) \quad \blacktriangleleft$$

Exercício 34-10 Dê os versores normais à superfície de equação dada, no ponto $\boldsymbol{p}$ dessa superfície:

(a) $x + 2y - 2z = 0$, a abscissa de p é 2 e a ordenada é -1.

(b) $x + 2y - 2z = 0$, p um ponto qualquer dessa superfície (que é um plano).

(c) $x^2 + y^2 + z^2 = 27$, p um ponto de coordenadas iguais, negativas.

(d) $xyz^2 + z^3 - 1 = 0$, a ordenada de p é 4, e a cota é 1.

(e) $e^{yz\ln x} + \ln z = 1$, a ordenada de p sendo 1, igual à sua cota.

(f) $\text{sen}(xy)+\cos(xz)+\text{tg}(yz)+1=0$, $\boldsymbol{p} = (\sqrt{\pi}, \sqrt{\pi}, \sqrt{\pi})$.

Observação. Sendo $z = f(x, y)$, para achar um vetor normal ao gráfico de f no ponto de abscissa a e ordenada b, podemos aplicar o procedimento do exemplo anterior. Considerando F dada por $F(x, y, z) = f(x, y) - z$, o gráfico de f é superfície de nível 0 de F. Logo, o vetor normal procurado é $\nabla F(a, b, f(a, b))$. Como:

$$\nabla F = (\frac{\partial F}{\partial x}, \frac{\partial F}{\partial y}, \frac{\partial F}{\partial z}) = (\frac{\partial f}{\partial x}, \frac{\partial f}{\partial y}, -1),$$

obtemos novamente (♣).

Encerraremos esta seção com um resultado relativo ao anulamento do gradiente. Se uma função é constante em um aberto, seu gradiente é nulo nesse aberto, pois as derivadas parciais o são. E a recíproca será que vale? Ou seja, se o gradiente de uma função se anula em um aberto, é verdade que a função é constante? Se olharmos para uma função de uma variável, caso em que a derivada faz o papel de gradiente, vemos que o resultado é falso: se a derivada é nula em um aberto, não é verdade que ela é constante. Se o aberto é um intervalo, aí é verdade (§15(A)). Isto sugere considerar dois intervalos abertos sem ponto comum, a função valendo 1 em um deles e 2 no outro. A função não é constante, mas sua derivada é nula. Um exemplo para duas variáveis no qual a função não é constante mas em que o gradiente é nulo agora fica fácil de encontrar: basta tomar duas bolas abertas sem ponto comum e definir a função tomando o valor 1 em uma bola e 2 em outra. O fato essencial para este caso e o de uma variável é que os conjuntos abertos considerados constituem dois pedaços separados. Eles formam um conjunto – usando uma linguagem dos matemáticos – desconexo. Quando o conjunto tem um só pedaço, ele é chamado conexo. Para os nossos interesses, basta definir o que é um aberto conexo:

Um **aberto conexo** é um aberto de $\mathbb{R}^n$ tal que quaisquer dois de seus pontos podem ser ligados por uma curva contida nele.

De acordo com a definição (§30(B)), curva é imagem de uma curva parametrizada de classe C^1 (§30(B)). Para a definição acima, exige-se que a curva parametrizada seja apenas contínua. No entanto, prova-se (para isso é essencial tratar-se de um aberto) que isso equivale a pedir que a curva parametrizada seja derivável e, mais geralmente, de classe C^m.

Se o gradiente de uma função é nulo em um aberto conexo, a função é constante nesse conjunto.

A demonstração é simples: se $\mathbf{r}$ é uma curva parametrizada derivável, cujo domínio é um intervalo aberto I, com valores no aberto conexo, tal que $\mathbf{r}(a)=\boldsymbol{p}$ e $\mathbf{r}(b)=\boldsymbol{q}$, e f é a função em questão, a função φ dada por $\varphi(t)=f(\mathbf{r}(t))$ tem derivada:

$$\frac{d\varphi}{dt}(t)=\nabla f(\mathbf{r}(t))\bullet\frac{d\mathbf{r}}{dt}(t)=\mathbf{0}\bullet\frac{d\mathbf{r}}{dt}(t)=0$$

Portanto, φ é constante, de modo que $\varphi(a)=\varphi(b)$, isto é, $f(\mathbf{r}(a))=f(\mathbf{r}(b))$, ou seja, $f(\boldsymbol{p})=f(\boldsymbol{q})$.

Como conseqüência imediata desse resultado, temos (tente provar):

Duas funções com mesmo gradiente em um aberto conexo diferem por uma constante.

Observação complementar. Sendo $z=f(x,y)$, suponha que $\partial f/\partial x=0$ em um aberto. Costuma-se dizer que, neste caso, f só depende de y. Isto é falso, mesmo no caso de um aberto conexo. Se o aberto for convexo (dados dois pontos quaisquer dele, o segmento tendo tais pontos como extremidades está contido no conjunto), a conclusão vale. Assim, em $\mathbb{R}^2$, ou em um aberto retangular, ou em forma de elipse, a conclusão é verdadeira. Considerações análogas podem ser feitas no caso da derivada parcial em relação a y.

(E) Outra regra da cadeia

Uma outra situação em que temos uma composição de funções é a seguinte. Se, em $z=f(x,y)$, substituirmos x e y por funções $x=x(u,v)$ e $y=y(u,v)$, obteremos uma função Z de variáveis u e v: $Z(u,v)=f(x(u,v),y(u,v))$. Admitindo a diferenciabilidade das funções envolvidas, resulta que a função obtida é diferenciável. Para calcular as derivadas parciais, usaremos a regra da cadeia (I), vista na seção (C). No caso de $\partial Z/\partial u$, consideramos v constante, de modo que as funções $x(u,v)$ e $y(u,v)$ dependem apenas da variável u. Podemos, então, aplicar a regra da cadeia (I):

$$\frac{\partial Z}{\partial u} = \frac{\partial f}{\partial x}\frac{\partial x}{\partial u} + \frac{\partial f}{\partial y}\frac{\partial y}{\partial u}$$

(Dúvida comum: mas, professor, pela regra (I), deveria ser dx/du em vez de $\partial x/\partial u$, já que u está no papel de t! Bom, de início, devemos dizer que dx/du não tem sentido porque x é função de duas variáveis. Na verdade, a função a ser considerada é g dada por $g(u) = x(u,v)$, cuja derivada dg/du deve figurar na fórmula acima. Ocorre que, por definição de derivada parcial, $dg/du = \partial x/\partial u$.)

Uma fórmula análoga vale para $\partial Z/\partial v$, conforme enunciaremos a seguir, onde supomos que a composição de funções pode ser feita, isto é, $(x(u,v), y(u,v))$ está no domínio de f.

Regra da cadeia (II). Se $z = f(x, y)$, $x = x(u,v)$ e $y = y(u,v)$, são funções diferenciáveis, então a função Z dada por $Z(u,v) = f(x(u,v), y(u,v))$ é diferenciável e suas derivadas parciais são dadas por:

$$\frac{\partial Z}{\partial u} = \frac{\partial f}{\partial x}\frac{\partial x}{\partial u} + \frac{\partial f}{\partial y}\frac{\partial y}{\partial u}$$
$$\frac{\partial Z}{\partial v} = \frac{\partial f}{\partial x}\frac{\partial x}{\partial v} + \frac{\partial f}{\partial y}\frac{\partial y}{\partial v}$$

onde as derivadas parciais de f são calculadas em $(x(u,v), y(u,v))$.

Observação. A regra da cadeia tem outras instâncias. Por exemplo: se h é função de uma variável t, e substituímos t por uma função de x e y, $t = t(x, y)$, temos uma função H dada por $H(x, y) = h(t(x, y))$. Supondo diferenciabilidade das funções envolvidas, para calcular $\partial H/\partial x$, consideramos y constante. Mas então $h(t(x, y))$ é função composta de funções de uma variável, de modo que podemos aplicar a regra da cadeia, vista no §8, para escrever:

$$\frac{\partial H}{\partial x} = \frac{dh}{dt}\frac{\partial t}{\partial x}$$

a derivada de h calculada em $t(x, y)$. Vale fórmula análoga para $\partial H/\partial y$. Nos cursos de Cálculo Avançado, a regra da cadeia é apresentada como uma só. Uma admirável fórmula abrange todos os casos.

Como aplicação da regra da cadeia, vejamos como obter as derivadas parciais de uma função dada implicitamente.

Sendo F uma função real das variáveis reais x, y e z, se existe uma função f das variáveis x e y, tal que $F(x, y, f(x, y)) = 0$, para todo (x, y) do domínio de f, diz-se que f é **dada implicitamente** por $F(x, y, z) = 0$.

Por exemplo, $z - x^2 - y^2 = 0$ define implicitamente z como função de x e y, bastando tirar o valor de z: $z = x^2 + y^2 = f(x, y)$. Neste caso, pudemos explicitar z em função de x e y. Porém, nem sempre isso acontece. É o caso da equação $xyz + e^z - 1 = 0$.

Um famoso teorema, o **Teorema das Funções Implícitas**, afirma, falando sem compromisso, que, se em um ponto do conjunto-solução da equação $F(x, y, z) = 0$ a derivada parcial em relação a z não se anula, esta equação define implicitamente uma função f como acima, cujo gráfico passa pelo ponto. F é suposta de classe C^1, que significa que suas derivadas parciais de primeira ordem são contínuas (veja a próxima seção), o que é herdado por f.

Exemplo 34-7 Suponha que a equação $xyz + e^z - 1 = 0$ defina implicitamente z como função diferenciável de x e y. Calcule as derivadas parciais dessa função.

Resolução. Derivamos ambos os membros da equação em relação a x, tendo em mente que z é função de x e y:

$$\frac{\partial(xyz)}{\partial x} + \frac{\partial e^z}{\partial x} - \frac{\partial 1}{\partial x} = \frac{\partial 0}{\partial x} \quad \therefore \quad \frac{\partial(xy)}{\partial x} z + xy\frac{\partial z}{\partial x} + e^z \frac{\partial z}{\partial x} - 0 = 0$$

$$\therefore \quad yz + xy\frac{\partial z}{\partial x} + e^z \frac{\partial z}{\partial x} = 0 \quad \therefore \quad yz + (xy + e^z)\frac{\partial z}{\partial x} = 0$$

de onde resulta:

$$\frac{\partial z}{\partial x} = -\frac{yz}{xy + e^z}$$

Analogamente, obtém-se:

$$\frac{\partial z}{\partial y} = -\frac{xz}{xy + e^z}$$

Exercício 34-11 Admitindo que a equação dada defina implicitamente z como função diferenciável de x e y, calcule o gradiente desta, nos casos:

(a) $z + xz^4 - x - y^2 = 0$. (b) $xz + z^2 + yz^3 = 1$. (c) $ze^{xy} + \ln z = 0$. (d) $e^{xz} - \text{sen}\, z = y$.

Exercício 34-12 Admitindo que a equação dada defina implicitamente w como função diferenciável de x, y e z, calcule o gradiente desta, nos casos:

(a) $x^2 + y^2 + zw - w^3 = 0$. (b) $\cos(x + y + z^2 + w) + w = 0$.

(F) Funções de classe C^1

Por questões técnicas, introduzimos a seguinte definição:

(a) Uma função real f de n variáveis é de **classe C^1** se seu domínio D é um aberto de $\mathbb{R}^n$ e as derivadas parciais de primeira ordem são contínuas em D. Se D não é aberto, dizer que f é de classe C^1 significa que ela possui uma extensão (isto é, uma função cujo domínio contém D e que coincide com f em D) de classe C^1.
(b) Se σ é uma função de duas variáveis reais u e v, com valores em $\mathbb{R}^3$, podemos escrever $\sigma(u, v) = (x(u, v), y(u, v), z(u, v))$. As funções x, y e z são referidas como **funções componentes** de σ. A função σ é de **classe C^1** se x,y e z são de classe C^1. Definição análoga pode ser dada para funções de n variáveis reais com valores em $\mathbb{R}^m$.

Exemplo 34-8 As funções dadas a seguir são de classe C^1:
$f(x, y, z) = x + \text{sen}(xy) + \ln(x^2 + y^2 + z)$; $g(x) = x^5$; $\sigma(u, v) = (u + v, u - v, e^{uv})$.

De fato, no caso de f, temos:

$$\frac{\partial f}{\partial x} = 1 + y\cos(xy) + \frac{2x}{x^2 + y^2 + z}; \quad \frac{\partial f}{\partial y} = x\cos(xy) + \frac{2y}{x^2 + y^2 + z}; \quad \frac{\partial f}{\partial z} = \frac{1}{x^2 + y^2 + z},$$

que são contínuas. Deixamos para você a tarefa de verificar os outros casos. ∢

(G) Diferencial

Um conceito muito popular nas ciências é o de diferencial.

Se f é uma função real de uma variável real x, diferenciável em x_0, a **diferencial de f no ponto x_0** é a função, indicada por df_{x_0}, de domínio $\mathbb{R}$, dada por:

$$df_{x_0}(h) = f'(x_0)h$$

A **diferencial de f**, indicada por df, é definida por:

$$df(x, h) = df_x(h) = f'(x)h$$

O significado geométrico da diferencial em um ponto é ilustrado na Figura 34-5(a), onde t é a reta tangente ao gráfico de f no ponto $(x_0, f(x_0))$. Para entender que BC é

$f'(x_0)h$, basta lembrar que a inclinação da reta tangente é, por um lado, $f'(x_0)$ (§6(C)), e, por outro, BC/h (§2(B)). Dessa igualdade resulta $BC = f'(x_0)h = df_{x_0}(h)$.

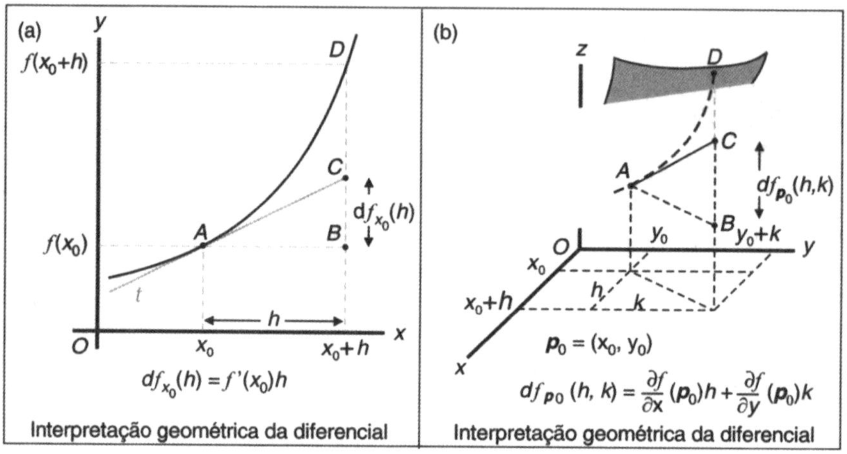

Figura 34-5

Se f é uma função real de duas variáveis reais x e y, diferenciável em $\boldsymbol{p}_0 = (x_0, y_0)$, a **diferencial de f no ponto $\boldsymbol{p}_0$** é a função, indicada por df_{p_0}, de domínio $\mathbb{R}^2$, dada por

$$df_{p_0}(h,k) = \frac{\partial f}{\partial x}(\boldsymbol{p}_0)h + \frac{\partial f}{\partial y}(\boldsymbol{p}_0)k.$$

Sendo $\mathbf{v} = (h,k)$, podemos escrever:

$$df_{p_0}(\mathbf{v}) = \nabla f(\boldsymbol{p}_0) \bullet \mathbf{v}$$

A diferencial de f, indicada por df, é definida por:

$$df(\boldsymbol{p}, \mathbf{v}) = df_{p}(\mathbf{v}) = \nabla f(\boldsymbol{p}) \bullet \mathbf{v}$$

O significado geométrico da diferencial em um ponto é ilustrado na Figura 34-5(b), onde se representa o plano tangente ao gráfico de f em $(x_0, y_0, f(x_0, y_0))$. Para entender que BC é $df_{p_0}(h,k)$, note que o ponto $C = (x_0 + h, y_0 + k, z_C)$ está nesse plano tangente. Podemos então escrever, usando a equação do plano tangente (seção (B)):

$$BC = z_C - f(\boldsymbol{p}_0) = \frac{\partial f}{\partial x}(\boldsymbol{p}_0)h + \frac{\partial f}{\partial y}(\boldsymbol{p}_0)k = df_{p_0}(h,k)$$

As notações anteriores são muito ao gosto dos matemáticos, mas não são populares nas ciências, em que várias liberdades (adequadas) de notação são tomadas. No caso de uma variável, imagina-se h como sendo uma variação Δx da variável x, e considerada "muitíssimo pequena", caso em que é indicada por dx (a expressão "muitíssimo pequena" é passível de críticas. Ela carece de sentido, a não ser que se prefixe uma tolerância). Escrevendo $y = f(x)$, usando a notação de Leibniz para a derivada, e indicando a diferencial por dy, tem-se:

$$dy = \frac{dy}{dx} dx$$

uma escrita bastante interessante, malgrado as liberdades adotadas. (Embora isto lembre o símbolo formalmente usado no método de substituição (§25(B)), não há nenhuma ligação do ponto de vista matemático.) No caso de duas variáveis, escrevendo $z = f(x, y)$, usando dx para h, dy para k e dz para a diferencial, tem-se:

$$dz = \frac{\partial z}{\partial x} dx + \frac{\partial z}{\partial y} dy$$

notação análoga existindo para o caso de n variáveis.

Podemos destacar duas aplicações nas ciências da noção de diferencial. Uma é em cálculos aproximados, em que a diferencial de uma função é tomada como valor aproximado da variação dessa função. No caso de função de uma variável, esta aproximação é $dy \cong \Delta y$, onde $\Delta y = f(x + \Delta x) - f(x)$. Isto será estudado no §52(C). Outra aplicação é na dedução de resultados, usando um tipo de argumentação que remonta aos tempos da invenção do Cálculo. É importante ressaltar que, para os matemáticos, dx é um número real qualquer, mas, para os físicos e engenheiros, é uma quantidade "infinitesimal", que representa uma variação "muitíssimo pequena" na variável x. Na época de Newton e Leibniz, a palavra infinitesimal não tinha significado bem-entendido e por isso foi alvo de sérias críticas. Apesar disso, o modo de pensar da época permanece até hoje entre físicos e engenheiros. E funciona! E é prático! Basta olhar um livro técnico para comprovar isso, em que frases como "seja dm uma massa elementar", "seja dQ a quantidade de calor absorvida no tempo dt" são freqüentes. A justificativa desse tipo de raciocínio só apareceu na década de 1960, com o trabalho pioneiro de A. Robinson, que mostrou suas idéias em livro publicado em 1966, cujo título é Non-Standard Analysis, da Editora North Holland.

Observação. A noção de diferencial se define de modo análogo para o caso de função de n variáveis reais. No caso de mais do que uma variável, a diferencial costuma ser chamada, nas ciências, de **diferencial total**.

Exemplo 34-9 Na equação dos gases ideais $PV = nRT$, P é a pressão, V o volume e T é a temperatura do gás; R é uma constante e, para uma dada quantidade de gás, n (número de moles) também é. Considere, para uma certa quantidade de gás, a pressão como função do volume e da temperatura. Calcule a diferencial da pressão.

Resolução. Da equação dada, vem:

$$P = nR\frac{T}{V}$$

Logo:

$$dP = (\frac{\partial P}{\partial V})_T\, dV + (\frac{\partial P}{\partial T})_V\, dT = -nR\frac{T}{V^2}dV + nR\frac{1}{V}dT = \frac{nR}{V}(-\frac{T}{V}dV + dT)$$

onde aproveitamos para alertar você sobre o uso de uma notação de derivadas parciais pelos químicos: o índice T na notação $(\frac{\partial P}{\partial V})_T$ reforça o fato de que T é considerado constante e deixa claro que P depende das duas variáveis V e T.

Exercício 34-13 Na equação dos gases ideais do exemplo anterior, para uma certa quantidade de gás:

(a) Calcule a diferencial do volume, supondo-o função da pressão e da temperatura.

(b) Calcule a diferencial da temperatura, supondo-a função da pressão e do volume.

Da fórmula $df_{p_0}(\mathbf{v}) = \nabla f(\boldsymbol{p}_0) \bullet \mathbf{v}$ é fácil ver que o anulamento da diferencial em um ponto equivale ao anulamento do gradiente nesse ponto (se $\mathbf{u} \bullet \mathbf{v} = 0$ para todo $\mathbf{v}$, então $\mathbf{u} = \mathbf{0}$). Usando o penúltimo resultado da seção (D), temos o seguinte:

Se a diferencial de uma função é nula em um aberto conexo, a função é constante.

(H) Complemento

Seja A um subconjunto de $\mathbb{R}^n$. Na seção (A), definimos a noção de ponto interior: um **ponto interior** de A é um ponto que é centro de uma bola aberta contida em A. O conjunto de tais pontos, indicado por A°, é chamado de **interior** de A. Como vimos, A é aberto se e somente se $A = A^\circ$. Um **ponto exterior** de A é um ponto que é centro de uma bola aberta contida em $\mathbb{R}^n - A$. O conjunto de tais pontos é o **exterior** de A, indicado por Ext$A$, que, pela própria definição, é um conjunto aberto. Um **ponto de fronteira** de A é um ponto tal que toda bola aberta centrada nele contém um ponto de A e um que não está em A. O conjunto de tais pontos é chamado de **fronteira** de A, e é indicado por ∂A. Obtemos assim uma divisão de $\mathbb{R}^n$ em três partes: A°, ∂A e Ext$A$. Na Figura 34-6 ilustramos esses conceitos, para um subconjunto A de $\mathbb{R}^2$.

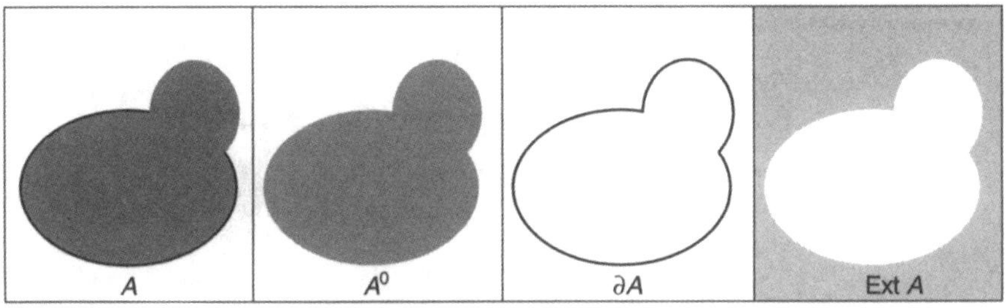

Figura 34-6

Respostas dos exercícios do §34

34-3 (a) $z = 6x + 5y - 6$. (b) $z = -8y - 1$. (c) $z = x$. (d) $z = x + y$.

34-4 (a) $(-2, 2\sqrt{\pi}, -1)$. (b) $(3,3,-1)$. (c) $(-1,0,-1)$. (d) $(54,-9/2,-1)$.

34-5 (a) 0. (b) -3.

34-6 6.

34-7 (a) Grau 2. (b) Grau -2. (c) Grau 0. (d) Não é homogênea.
(e) Grau $4/3$. (f) Grau 3.

34-8 (a) (2x,2y). (b) $(y^4 \operatorname{ch}(xy^4), 4xy^3 \operatorname{ch}(xy^4))$. (c) $(\frac{e^x}{\sqrt{1-e^{2x}}}, 0)$.

(d) $(\frac{y}{2\sqrt{xy+z}}, \frac{x}{2\sqrt{xy+z}}, \frac{1}{2\sqrt{xy+z}})$. (e) $(-\frac{x}{\sqrt{(x^2+z)^3}}, 0, -\frac{1}{2\sqrt{(x^2+z)^3}})$.

(f) $(\frac{y}{z}, \frac{x}{z}, -\frac{xy}{z^2})$.

34-9 (a) (3,4). (b) (1,0). (c) (3,4). (d) (2,−2). (e) (1,0).

34-10 (a) $\pm(\frac{1}{3}, \frac{2}{3}, -\frac{2}{3})$. (b) $\pm(\frac{1}{3}, \frac{2}{3}, -\frac{2}{3})$. (c) $\pm(\frac{1}{\sqrt{3}}, \frac{1}{\sqrt{3}}, \frac{1}{\sqrt{3}})$.

(d) $\pm(\frac{4}{5}, 0, \frac{3}{5})$. (e) $\pm(\frac{1}{\sqrt{2}}, 0, \frac{1}{\sqrt{2}})$. (f) $\pm(-\frac{1}{\sqrt{2}}, 0, \frac{1}{\sqrt{2}})$.

34-11 (a) $(\frac{1-z^4}{1+4xz^3}, \frac{2y}{1+4xz^3})$. (b) $(-\frac{z}{x+2z+3yz^2}, -\frac{z^3}{x+2z+3yz^2})$.

(c) $(-\frac{yz^2e^{xy}}{ze^{xy}+1}, -\frac{xz^2e^{xy}}{ze^{xy}+1})$. (d) $(-\frac{ze^{xz}}{xe^{xz}-\cos z}, \frac{1}{xe^{xz}-\cos z})$.

34-12 (a) $(\frac{2x}{3w^2-z}, \frac{2y}{3w^2-z}, \frac{w}{3w^2-z})$.

(b) $(\frac{\text{sen}(x+y+z^2+w)}{1-\text{sen}(x+y+z^2+w)}, \frac{\text{sen}(x+y+z^2+w)}{1-\text{sen}(x+y+z^2+w)}, \frac{2z\,\text{sen}(x+y+z^2+w)}{1-\text{sen}(x+y+z^2+w)})$.

34-13 (a) $dV = \frac{nR}{P}(-\frac{T}{P}dP + dT)$. (b) $dT = \frac{1}{nR}(VdP + PdV)$.

§35- DERIVADAS DIRECIONAIS

(A) Conceito e cálculo

A derivada de uma função de uma variável em um ponto nos dá uma idéia de como a função se comporta no ponto. Por exemplo, se esta derivada é positiva, espera-se um crescimento da função. Pois bem, queremos uma indicação deste tipo para uma função diferenciável f de várias variáveis, em um ponto $\mathbf{p}_0$ do seu domínio, escolhida uma certa direção, e nela um sentido. Esta direção e este sentido podem ser dados através de um versor $\mathbf{u}$. Para melhor entendimento, vamos supor que a função seja de duas variáveis (acompanhe a nossa explicação na Figura 35-1). O ponto $\mathbf{p}_0$ e o versor $\mathbf{u}$ determinam uma reta r, formada pelos pontos $\mathbf{p}_0+t\mathbf{u}$, t um número real qualquer. O plano vertical π que passa por r corta o gráfico de f segundo uma curva C. Tomando o sistema de coordenadas no plano π, como indicado na Figura 35-1, C é gráfico da função φ dada por $\varphi(t) = f(\mathbf{r}(t))$, sendo $\mathbf{r}(t)=\mathbf{p}_0+t\mathbf{u}$, onde t varia em um intervalo aberto conveniente contendo 0. Pois bem. A informação que queremos é dada pelo *número real* $\frac{d\varphi}{dt}(0)$, o qual é chamado derivada direcional de f no ponto p_0, relativamente a $\mathbf{u}$ (é a inclinação da reta s tangente ao gráfico de φ no ponto $(0, \varphi(0))$. Destaquemos:

Sejam f uma função diferenciável em $\boldsymbol{p}_0$, $\mathbf{u}$ um versor, $\mathbf{r}(t)=\boldsymbol{p}_0+t\mathbf{u}$, $\varphi(t)=f(\mathbf{r}(t))$, t variando em um intervalo aberto conveniente que contém 0. A **derivada direcional de f no ponto $\boldsymbol{p}_0$, relativamente a $\mathbf{u}$**, é o NÚMERO $\dfrac{d\varphi}{dt}(0)$, o qual é indicado por $\dfrac{\partial f}{\partial \mathbf{u}}(p_0)$:

$$\frac{\partial f}{\partial \mathbf{u}}(\boldsymbol{p}_0) = \frac{d\varphi}{dt}(0)$$

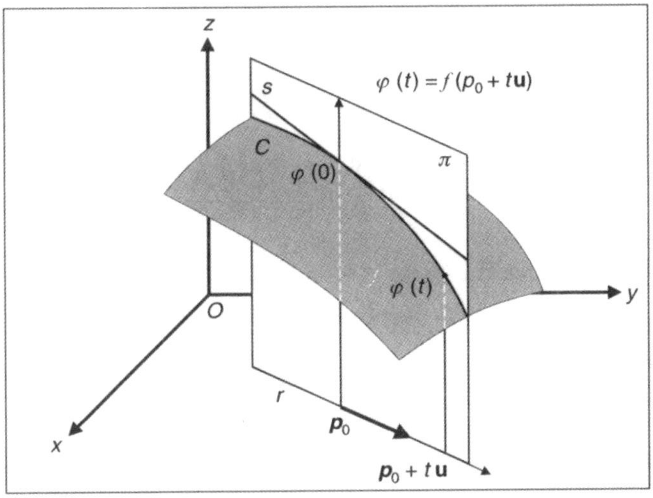

Figura 35-1

Observações.

(1) De acordo com a definição, pode-se dizer, sugestivamente, que $\dfrac{\partial f}{\partial \mathbf{u}}(\boldsymbol{p}_0)$ é a taxa de variação de f em $\boldsymbol{p}_0$ na direção e sentido definidos por $\mathbf{u}$.

(2) A notação que adotamos para a derivada direcional, por fazer figurar o vetor $\mathbf{u}$, é um pouco enganosa, e pode levar o aluno a cometer o grave erro de pensar que derivada direcional é um vetor.

Exemplo 35-1 Com o objetivo de esclarecer a definição, calcularemos, com base nela, a derivada direcional da função f dada por $f(x,y)=x+y^2$, no ponto $\boldsymbol{p}_0=(1,-2)$ relativamente a $\mathbf{u}=(4/5,3/5)$. Eis os cálculos:

$$\mathbf{r}(t)=\boldsymbol{p}_0+t\mathbf{u}=(1,-2)+t(\frac{4}{5},\frac{3}{5})=(1,-2)+(\frac{4t}{5},\frac{3t}{5})=(1+\frac{4t}{5},-2+\frac{3t}{5})$$

$$\varphi(t)=f(\mathbf{r}(t))=f(\boldsymbol{p}_0+t\mathbf{u})=f(1+\frac{4t}{5},-2+\frac{3t}{5})=1+\frac{4t}{5}+(-2+\frac{3t}{5})^2=5-\frac{8t}{5}+\frac{9t^2}{25}$$

$$\frac{d\varphi}{dt}(t) = -\frac{8}{5} + \frac{18t}{25} \qquad \therefore \qquad \frac{\partial f}{\partial \mathbf{u}}(\boldsymbol{p}_0) = \frac{d\varphi}{dt}(0) = -\frac{8}{5}$$

Deduziremos agora uma fórmula que dá a derivada direcional. Mantendo a notação anteriormente introduzida, temos que $\frac{d\mathbf{r}}{dt} = \mathbf{u}$; logo:

$$\frac{d\varphi}{dt}(t) = \nabla f(\mathbf{r}(t)) \bullet \frac{d\mathbf{r}}{dt}(t) = \nabla f(\mathbf{r}(t)) \bullet \mathbf{u}$$

Fazendo $t = 0$, observando que $\mathbf{r}(0) = \boldsymbol{p}_0$ e que $\frac{d\varphi}{dt}(0) = \frac{\partial f}{\partial \mathbf{u}}(\boldsymbol{p}_0)$, vem

$$\boxed{\frac{\partial f}{\partial \mathbf{u}}(\boldsymbol{p}_0) = \nabla f(\boldsymbol{p}_0) \bullet \mathbf{u}} \qquad (\clubsuit)$$

Observações.

(1) Não é difícil perceber que esta fórmula vale para o caso de função de n variáveis.

(2) Fazendo $\mathbf{u} = \mathbf{i} = (1,0)$, o segundo membro de ($\clubsuit$) fica:

$$\left(\frac{\partial f}{\partial x}(\boldsymbol{p}_0), \frac{\partial f}{\partial y}(\boldsymbol{p}_0)\right) \bullet (1,0) = \frac{\partial f}{\partial x}(\boldsymbol{p}_0).1 + \frac{\partial f}{\partial y}(\boldsymbol{p}_0).0 = \frac{\partial f}{\partial x}(\boldsymbol{p}_0)$$

ou seja, a derivada direcional é a derivada parcial em relação a x. De modo análogo, tomando $\mathbf{u} = \mathbf{j} = (0,1)$, a derivada direcional é a derivada parcial em relação a y.

Exemplo 35-2 Calcularemos a derivada direcional de f do exemplo anterior usando ($\clubsuit$). Temos $f(x,y) = x + y^2$, $\boldsymbol{p}_0 = (1,-2)$, $\mathbf{u} = (\frac{4}{5}, \frac{3}{5})$. Então:

$$\nabla f = \left(\frac{\partial f}{\partial x}, \frac{\partial f}{\partial y}\right) = (1, 2y) \qquad \therefore \qquad \nabla f(\boldsymbol{p}_0) = (1, 2(-2)) = (1,-4)$$

Logo:

$$\frac{\partial f}{\partial \mathbf{u}}(\boldsymbol{p}_0) = \nabla f(\boldsymbol{p}_0) \bullet \mathbf{u} = (1,-4) \bullet \left(\frac{4}{5}, \frac{3}{5}\right) = 1.\frac{4}{5} + (-4).\frac{3}{5} = -\frac{8}{5}$$

Exercício 35-1 Calcule a derivada direcional de f, no ponto $\boldsymbol{p}_0$, em relação a $\mathbf{u}$:

(a) $f(x,y) = x^2 + 2y^2 - 3$, $\boldsymbol{p}_0 = (-1,2)$, $\mathbf{u} = (3/5, 4/5)$.

(b) $f(x,y) = \ln(xy + 2)$, $\boldsymbol{p}_0 = (-1,-1)$, $\mathbf{u} = (\frac{\sqrt{3}}{2}, -\frac{1}{2})$.

(c) $f(x,y) = \frac{2}{x^3 + y}$, $\boldsymbol{p}_0 = (2,-1)$, $\mathbf{u} = (-\frac{\sqrt{2}}{2}, \frac{\sqrt{2}}{2})$.

(d) $f(x,y) = \sqrt{13}\, e^{xy+x}$, $\boldsymbol{p}_0 = (0,0)$, $\mathbf{u} = (-\frac{2}{\sqrt{13}}, \frac{3}{\sqrt{13}})$.

Exemplo 35-3 Calcule a derivada direcional da função f dada por $f(x, y, z) = 10 + \ln(1+x^2+y^2+z^2)$, no ponto $\boldsymbol{p}_0 = (1,-1,1)$, na direção e sentido dados pelo vetor $\mathbf{a} = \mathbf{i} + 2\mathbf{j} + 2\mathbf{k}$.

Resolução. Temos $\|\mathbf{a}\| = \sqrt{1^2+2^2+2^2} = \sqrt{9} = 3$. Devemos tomar, como $\mathbf{u}$, o versor de $\mathbf{a}$, ou seja, $\mathbf{u} = \mathbf{a}/\|\mathbf{a}\|$:

$$\mathbf{u} = \frac{\mathbf{i}+2\mathbf{j}+2\mathbf{k}}{3} = (\frac{1}{3},\frac{2}{3},\frac{2}{3})$$

Temos:

$$\nabla f = (\frac{\partial f}{\partial x},\frac{\partial f}{\partial y},\frac{\partial f}{\partial z}) = (\frac{2x}{1+x^2+y^2+z^2},\frac{2y}{1+x^2+y^2+z^2},\frac{2z}{1+x^2+y^2+z^2})$$

Calculando em $\boldsymbol{p}_0 = (1,-1,1)$, ou seja, fazendo $x = 1, y = -1, z = 1$, vem:

$$\nabla f(\boldsymbol{p}_0) = (\frac{2}{4},-\frac{2}{4},\frac{2}{4}) = (\frac{1}{2},-\frac{1}{2},\frac{1}{2})$$

Logo,

$$\frac{\partial f}{\partial \mathbf{u}}(\boldsymbol{p}_0) = \nabla f(\boldsymbol{p}_0)\bullet\mathbf{u} = (\frac{1}{2},-\frac{1}{2},\frac{1}{2})\bullet(\frac{1}{3},\frac{2}{3},\frac{2}{3}) = \frac{1}{2}.\frac{1}{3}+(-\frac{1}{2}).\frac{2}{3}+\frac{1}{2}.\frac{2}{3} = \frac{1}{6}$$ ◄

Exercício 35-2 Calcule a derivada direcional da função f no ponto $\boldsymbol{p}_0$, na direção e sentido dados pelo vetor $\mathbf{a}$:

(a) $f(x,y,z) = 3\dfrac{x+y+z}{x-y+z}$, $\boldsymbol{p}_0 = (1,1,1)$, $\mathbf{a} = (1,2,-2)$.

(b) $f(x,y,z) = 2\,\mathrm{sen}(xyz)$, $\boldsymbol{p}_0 = (1,1,0)$, $\mathbf{a} = (-\sqrt{3},-3,2)$.

(c) $f(x,y,z) = 2y + 2x^2\cos(xz)$, $\boldsymbol{p}_0 = (1,1,0)$, $\mathbf{a} = (-1,1,-\sqrt{2})$.

(d) $f(x,y,z) = 3z\,e^{tg(\pi x)}$, $\boldsymbol{p}_0 = (1/4,1,1)$, $\mathbf{a}$ representado pelo segmento orientado de A = (1,2,1) a B = (−1,−2,5).

Exemplo 35-4 Uma formiga, no plano xy, está situada no ponto $\boldsymbol{p}_0 = (4,1)$. A temperatura no ponto (x,y) é dada por $f(x,y) = x^3 - 3xy^2 + 10$. Determine se a expectativa da formiga é de se aquecer ou se resfriar, se ela tender a se deslocar segundo o vetor $\mathbf{a}$, nos casos:

(a) $\mathbf{a} = (1,1)$. (b) $\mathbf{a} = (-1,1)$.

Resolução. Para responder às questões, é necessário saber o significado geométrico da derivada direcional. Você deve, pois, rever a definição, e, principalmente, rever a

Figura 35-1. Feito isso, você entenderá que a temperatura tende a crescer, se a derivada direcional em $\boldsymbol{p}_0$ for positiva, e diminuir, se ela for negativa. Calculando, obtemos:

$$\nabla f = \left(\frac{\partial f}{\partial x}, \frac{\partial f}{\partial y}\right) = (3x^2 - 3y^2, -6xy) \quad \therefore \quad \nabla f(\boldsymbol{p}_0) = (3.4^2 - 3.1^2, -6.4.1) = (45, -24)$$

(a) Temos $\mathbf{u} = \dfrac{\mathbf{a}}{\|\mathbf{a}\|} = \dfrac{(1,1)}{\|\mathbf{a}\|}$; logo:

$$\frac{\partial f}{\partial \mathbf{u}}(\boldsymbol{p}_0) = \nabla f(\boldsymbol{p}_0) \bullet \mathbf{u} = (45, -24) \bullet \frac{(1,1)}{\|\mathbf{a}\|} = \frac{45.1 - 24.1}{\|\mathbf{a}\|} = \frac{21}{\|\mathbf{a}\|} > 0$$

Portanto, a expectativa é de aumento de temperatura, ou seja, de a formiga se aquecer. ◄

(b) Temos $\mathbf{u} = \dfrac{\mathbf{a}}{\|\mathbf{a}\|} = \dfrac{(-1,1)}{\|\mathbf{a}\|}$; logo:

$$\frac{\partial f}{\partial \mathbf{u}}(\boldsymbol{p}_0) = \nabla f(\boldsymbol{p}_0) \bullet \mathbf{u} = (45, -24) \bullet \frac{(-1,1)}{\|\mathbf{a}\|} = \frac{45.(-1) - 24.1}{\|\mathbf{a}\|} = \frac{-69}{\|\mathbf{a}\|} < 0$$

Portanto, a expectativa é de queda de temperatura, ou seja, de a formiga se resfriar. ◄

Observação. Note que, no exemplo anterior, não foi necessário o cálculo de $\|\mathbf{a}\|$, devido ao fato de que tal número é positivo.

Exercício 35-3 Uma formiga, no plano xy, está situada no ponto $\boldsymbol{p}_0 = (1, -2)$. A temperatura no ponto (x, y) é dada por $f(x, y) = x^2 - y^2$. Determine se a expectativa da formiga é de se aquecer ou se resfriar, se ela tender a se deslocar segundo o vetor $\mathbf{a}$, nos casos:

(a) $\mathbf{a} = (1, 1)$. (b) $\mathbf{a} = (-1, 1)$. (c) $\mathbf{a} = (\sqrt{35}, -3)$.

Exercício 35-4 A densidade de um sólido de forma esférica em um ponto (x, y, z) é dada por $f(x, y, z) = c(x^2 + y^2 + z^2)$, c uma constante positiva. Ao se tentar um deslocamento a partir do ponto $(1,2,3)$ do interior desse sólido, segundo o vetor $\mathbf{a} = (1, 1/2, -1)$, a tendência da densidade é aumentar ou diminuir?

(B) Derivadas direcionais máxima e mínima em um ponto

Dados uma função diferenciável f e um ponto $\boldsymbol{p}_0$ do seu domínio, com $\nabla f(\boldsymbol{p}_0) \neq \mathbf{0}$, pergunta-se: qual é a derivada direcional máxima de f em $\boldsymbol{p}_0$ e em que direção e sentido essa derivada direcional máxima ocorre? Pergunta semelhante pode ser feita em relação à derivada direcional mínima. Para responder a essas questões, utilizaremos a fórmula (♣) da derivada direcional e a fórmula $\mathbf{u} \bullet \mathbf{v} = \|\mathbf{u}\| \, \|\mathbf{v}\| \cos\theta$, onde θ é a medida do ângulo entre os vetores não-nulos $\mathbf{u}$ e $\mathbf{v}$ (§30). Sendo $\mathbf{u}$ um versor qualquer, temos:

$$\frac{\partial f}{\partial \mathbf{u}}(\boldsymbol{p}_0) = \nabla f(\boldsymbol{p}_0) \bullet \mathbf{u} = \| \nabla f(\boldsymbol{p}_0) \| \; \|\mathbf{u}\| \cos\theta = \| \nabla f(\boldsymbol{p}_0) \| \cos\theta$$

onde θ é a medida do ângulo entre $\nabla f(\boldsymbol{p}_0)$ e $\mathbf{u}$ (Figura 35-2(a)).

• A expressão acima da derivada direcional nos diz que o seu maior valor é obtido quando $\cos\theta$ atinge o maior valor, que é $\cos\theta = 1$. Então, o maior valor da derivada direcional em $\boldsymbol{p}_0$ é $\| \nabla f(\boldsymbol{p}_0) \|$. Como $0 \le \theta \le \pi$, temos $\theta = 0$, logo, tal valor máximo é obtido para $\mathbf{u} = \dfrac{\nabla f(\boldsymbol{p}_0)}{\| \nabla f(\boldsymbol{p}_0) \|}$ (Figura 35-2(b)).

• Analogamente, conclui-se que o menor valor da derivada direcional em $\boldsymbol{p}_0$ é $-\| \nabla f(\boldsymbol{p}_0) \|$, o qual é obtido para $\theta = \pi$, o versor correspondente sendo $\mathbf{u} = -\dfrac{\nabla f(\boldsymbol{p}_0)}{\| \nabla f(\boldsymbol{p}_0) \|}$. (Figura 35-2(c)).

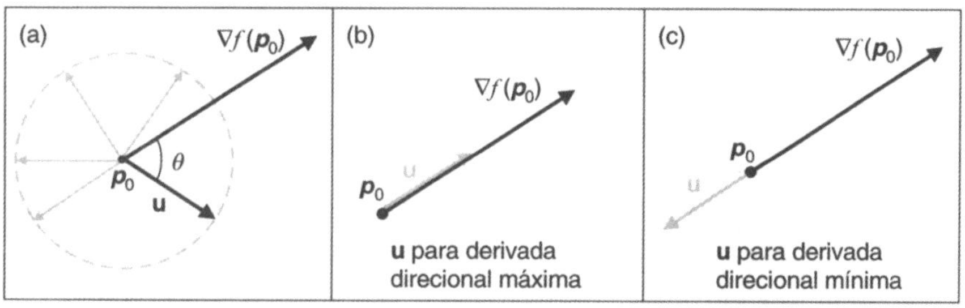

Figura 35-2

Registremos (supondo f diferenciável em $\boldsymbol{p}_0$):

A máxima derivada direcional de f em $\boldsymbol{p}_0$ é $\| \nabla f(\boldsymbol{p}_0) \|$, e o versor correspondente é $\mathbf{u} = \dfrac{\nabla f(\boldsymbol{p}_0)}{\| \nabla f(\boldsymbol{p}_0) \|}$.

A mínima derivada direcional de f em $\boldsymbol{p}_0$ é $-\| \nabla f(\boldsymbol{p}_0) \|$, e o versor correspondente é $\mathbf{u} = -\dfrac{\nabla f(\boldsymbol{p}_0)}{\| \nabla f(\boldsymbol{p}_0) \|}$.

Exemplo 35-5

(a) Sendo $f(x, y) = 3x + 4y + \dfrac{1}{\pi}\text{sen}(\pi x^2 y)$, determine, no ponto $\boldsymbol{p}_0 = (1, 1/2)$, a máxima derivada direcional e o versor correspondente.

(b) Sendo $f(x,y,z)=\dfrac{x}{yz}$, determine, no ponto $\boldsymbol{p}_0=(1,1,-1)$, a mínima derivada direcional e o versor correspondente.

Resolução.
(a) Temos:

$$\nabla f = (\frac{\partial f}{\partial x},\frac{\partial f}{\partial y}) = (3+2xy\cos(\pi x^2 y), 4+x^2\cos(\pi x^2 y)) \quad \therefore \quad \nabla f(\boldsymbol{p}_0)=(3,4)$$

onde, para obter a última igualdade, fizemos $x=1$ e $y=1/2$. Portanto, a derivada direcional máxima de f em $\boldsymbol{p}_0$ é:

$$\|\nabla f(\boldsymbol{p}_0)\| = \sqrt{3^2+4^2} = \sqrt{25} = 5$$

O versor correspondente a essa derivada direcional é:

$$\mathbf{u} = \frac{\nabla f(\boldsymbol{p}_0)}{\|\nabla f(\boldsymbol{p}_0)\|} = \frac{(3,4)}{5} = (\frac{3}{5},\frac{4}{5})$$

(b) Temos:

$$\nabla f = (\frac{\partial f}{\partial x},\frac{\partial f}{\partial y},\frac{\partial f}{\partial z}) = (\frac{1}{yz},-\frac{x}{y^2 z},-\frac{x}{yz^2}) \quad \therefore \quad \nabla f(\boldsymbol{p}_0)=(-1,1,-1)$$

onde, para obter a última igualdade, fizemos $x=1$, $y=1$ e $z=-1$. Portanto:

$$\|\nabla f(\boldsymbol{p}_0)\| = \sqrt{(-1)^2+1^2+(-1)^2} = \sqrt{3}.$$

A derivada direcional mínima de f em $\boldsymbol{p}_0$ é, então, $-\sqrt{3}$.
O versor correspondente a essa derivada direcional é:

$$\mathbf{u} = -\frac{\nabla f(\boldsymbol{p}_0)}{\|\nabla f(\boldsymbol{p}_0)\|} = -\frac{(-1,1,-1)}{\sqrt{3}} = (\frac{1}{\sqrt{3}},-\frac{1}{\sqrt{3}},\frac{1}{\sqrt{3}})$$

Exercício 35-5 Calcule a derivada direcional máxima de f em $\boldsymbol{p}_0$ e dê o versor **u** correspondente:

(a) $f(x,y)=x\,\mathrm{sen}\,y$, $\boldsymbol{p}_0=(\frac{\pi}{2},-\pi)$.
(b) $f(x,y)=\dfrac{x}{y}$, $\boldsymbol{p}_0=(2,-3)$.
(c) $f(x,y)=\dfrac{9x}{\mathrm{sh}\,y}$, $\boldsymbol{p}_0=(2,\ln 2)$.
(d) $f(x,y)=\mathrm{ch}(x-y)$, $\boldsymbol{p}_0=(\ln 2,0)$.

Exercício 35-6 Calcule as derivadas direcionais máxima e mínima de f em $\boldsymbol{p}_0$ e dê os versores correspondentes:

(a) $f(x,y,z)=x^3y+\sqrt{6}z$, $\boldsymbol{p}_0=(1,1,-2)$.
(b) $f(x,y,z)=xe^{x+yz}+1$, $\boldsymbol{p}_0=(0,0,0)$.

Exercício 35-7 O gradiente de uma função em um ponto é paralelo e de mesmo sentido que o vetor $2\mathbf{i}-\mathbf{j}+2\mathbf{k}$. Dê o versor em relação ao qual a derivada direcional da função nesse ponto é mínima.

Exercício 35-8 Dê a máxima e a mínima derivada direcional de f em um ponto $\boldsymbol{p}_0$, sabendo que $\nabla f(\boldsymbol{p}_0) = (\text{`}-8,0,-6)$.

Exercício 35-9 Uma formiga, situada no ponto (1,0) quer se deslocar no plano xy na expectativa de se aquecer ao máximo. Sabendo que a temperatura no ponto (x,y) é $f(x,y)=\frac{1}{2}\ln(x^2+y^2)$, dê um versor que indique a direção e o sentido do deslocamento mais favorável à intenção da formiga.

Respostas dos exercícios do §35

35-1 (a) $\frac{26}{5}$. (b) $\frac{1-\sqrt{3}}{6}$. (c) $\frac{11\sqrt{2}}{49}$. (d) -2.

35-2 (a) 10. (b) 1. (c) -1. (d) $2e(1-\pi)$.

35-3 (a) Aquecer. (b) Aquecer. (c) Resfriar.

35-4 Diminuir.

35-5 (a) $\frac{\pi}{2}$; $\mathbf{u}=(0,-1)$. (b) $\frac{\sqrt{13}}{9}$; $\mathbf{u}=(-\frac{3}{\sqrt{13}},-\frac{2}{\sqrt{13}})$.

(c) $4\sqrt{109}$; $\mathbf{u}=(\frac{3}{\sqrt{109}},-\frac{10}{\sqrt{109}})$. (d) $\frac{3\sqrt{2}}{4}$; $\mathbf{u}=(\frac{1}{\sqrt{2}},-\frac{1}{\sqrt{2}})$.

35-6 (a)Máxima: 4; $\mathbf{u}=(\frac{3}{4},\frac{1}{4},\frac{\sqrt{6}}{4})$. Mínima: -4; $\mathbf{u}=(-\frac{3}{4},-\frac{1}{4},-\frac{\sqrt{6}}{4})$.

(b) Máxima: 1; $\mathbf{u}=(1,0,0)$. Mínima: -1; $\mathbf{u}=(-1,0,0)$.

35-7 $\mathbf{u}=(-\frac{2}{3},\frac{1}{3},-\frac{2}{3})$.

35-8 10 e -10.

35-9 $\mathbf{u}=(1,0)$.

§36- MÁXIMOS E MÍNIMOS

(A) Máximos e mínimos locais para funções de uma variável

Sendo $y = f(x)$, o ponto x_0 do domínio de f é chamado **ponto de mínimo local de f** se existe um intervalo aberto centrado nele e contido no domínio de f tal que, para todo $x \neq x_0$ do intervalo, tem-se $f(x) \geq f(x_0)$. Trocando $\geq$ por $\leq$, o ponto é chamado **ponto de máximo local de f**. Se x_0 é ponto de mínimo local ou de máximo local, ele é referido como (ponto) **extremante local**.

Se em vez de $\geq$ e $\leq$ figurarem, respectivamente, $>$ e $<$, diz-se que x_0 é **ponto de mínimo local estrito** e **ponto de máximo local estrito**.

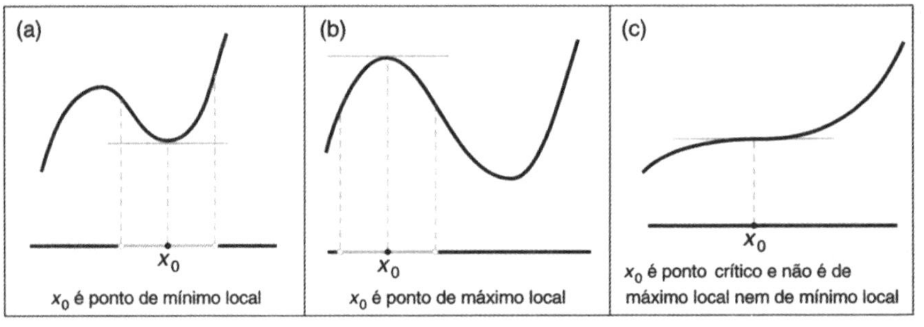

Figura 36-1

Claramente, um ponto de mínimo local estrito é ponto de mínimo local, e um de máximo local estrito é de máximo local. Os itens (a) e (b) da Figura 36-1 ilustram as definições dadas, em que x_0 é ponto de mínimo local estrito e de máximo local estrito, respectivamente. Nela, a função representada é diferenciável, e fica geometricamente claro que a reta tangente ao gráfico no ponto correspondente a um extremante local é horizontal, ou seja, nesse ponto a derivada se anula. Um tal ponto é chamado de ponto crítico da função. Destaquemos:

Um ponto x_0 interior do domínio de uma função f tal que $f'(x_0) = 0$ se chama **ponto crítico** de f.

Um extremante local (estrito ou não) de uma função diferenciável é um ponto crítico dela.

É claro que um ponto crítico de uma função não é necessariamente um extremante local (Figura 36-1(c)). O seguinte critério nos dá informação sobre os pontos críticos de uma função:

Critério da derivada segunda para funções de uma variável. Suponha que f é duas vezes derivável no ponto crítico x_0. Temos:

(a) Se $f''(x_0) > 0$, então x_0 é ponto de mínimo local estrito de f.

(b) Se $f''(x_0) < 0$, então x_0 é ponto de máximo local estrito de f.

Exemplo 36-1 Sendo $f(x) = 3 - 36x + 15x^2 + 2x^3$, use o critério da derivada segunda para determinar se cada ponto crítico é de máximo local estrito ou de mínimo local estrito de f.

Resolução. Calculamos inicialmente $f'(x) = -36 + 30x + 6x^2$ e $f''(x) = 30 + 12x$.

• *Determinação dos pontos críticos.* Devemos impor $f'(x) = 0$: $-36 + 30x + 6x^2 = 0$, ou seja, $x^2 + 5x - 6 = 0$. As raízes desta equação são 1 e -6.

• *Análise de cada ponto crítico.*

(i) Para o ponto crítico 1 temos $f''(1) = 30 + 12.1 > 0$; logo, 1 é ponto de mínimo local estrito. ◄

(ii) Para o ponto crítico -6 temos $f''(-6) = 30 + 12.(-6) = -42 < 0$; logo, -6 é ponto de máximo local estrito. ◄

Exercício 36-1 Use o critério da derivada segunda para determinar se cada ponto crítico de f é de máximo local estrito ou mínimo local estrito de f, nos casos:

(a) $f(x) = 10 - x^2 + 2x$. (b) $f(x) = 10 - x^3 + 3x^2$. (c) $f(x) = 12x + 3x^2 - 2x^3$.

(d) $f(x) = 1 + 8x - x^2 - 7x^3$. (e) $f(x) = x - x\ln x$. (f) $f(x) = \sqrt{4+x} + \sqrt{4-x}$.

Observação. Se f'' se anula em um ponto crítico, pode ser que ele seja de máximo local, de mínimo local, ou nenhuma dessas coisas. De fato, cada uma das funções $f(x) = x^4$, $f(x) = -x^4$, $f(x) = x^3$ tem 0 como ponto crítico e $f''(0) = 0$ (verifique isso, por favor). Para a primeira delas, 0 é ponto de mínimo local, pois $f(x) = x^4 \geq 0$ e $f(0) = 0$. De modo análogo, verifica-se que a segunda delas tem 0 como ponto de máximo local. Quanto à terceira, para a qual também $f(0) = 0$, ela é negativa se $x < 0$ e positiva se $x > 0$, o que evidencia que 0 não é ponto de máximo local, nem de mínimo local.

Uma versão do critério da derivada segunda para o caso de funções de duas variáveis será o nosso próximo objetivo, para o qual é necessária a noção de derivadas parciais de ordem 2, introduzida a seguir.

(B) Derivadas parciais de ordem 2

Sendo $z = f(x, y) = x^3 + 2x^2y + 2$, temos que $\frac{\partial f}{\partial x} = 3x^2 + 4xy$. Podemos derivar novamente em relação a x: $\frac{\partial}{\partial x}(\frac{\partial f}{\partial x}) = \frac{\partial}{\partial x}(3x^2 + 4xy) = 6x + 4y$. Esta função é dita **derivada parcial de segunda ordem** (ou **de ordem 2**) **em relação a *x*** e indicada por $\frac{\partial^2 f}{\partial x^2}$, ou seja:

$$\frac{\partial}{\partial x}(\frac{\partial f}{\partial x}) = \frac{\partial^2 f}{\partial x^2}$$

De modo análogo, temos $\frac{\partial f}{\partial y} = 2x^2$. Podemos derivar novamente em relação a y: $\frac{\partial}{\partial y}(\frac{\partial f}{\partial y}) = \frac{\partial}{\partial y}(2x^2) = 0$. Esta função é chamada **derivada parcial de segunda ordem (ou de ordem 2) em relação a *y*** e indicada por $\frac{\partial^2 f}{\partial y^2}$, ou seja:

$$\frac{\partial}{\partial y}(\frac{\partial f}{\partial y}) = \frac{\partial^2 f}{\partial y^2}$$

Podemos também considerar $\frac{\partial}{\partial y}(\frac{\partial f}{\partial x})$ e $\frac{\partial}{\partial x}(\frac{\partial f}{\partial y})$, chamadas **derivadas mistas de segunda ordem**, as quais são indicadas como se segue:

$$\frac{\partial}{\partial y}(\frac{\partial f}{\partial x}) = \frac{\partial^2 f}{\partial y \partial x} \quad \text{e} \quad \frac{\partial}{\partial x}(\frac{\partial f}{\partial y}) = \frac{\partial^2 f}{\partial x \partial y}$$

que, no caso do nosso exemplo, são dadas por:

$$\frac{\partial^2 f}{\partial y \partial x} = \frac{\partial}{\partial y}(\frac{\partial f}{\partial x}) = \frac{\partial}{\partial y}(3x^2 + 4xy) = 4x \quad \text{e} \quad \frac{\partial^2 f}{\partial x \partial y} = \frac{\partial}{\partial x}(\frac{\partial f}{\partial y}) = \frac{\partial}{\partial x}(2x^2) = 4x$$

Observações.

(1) Outras notações para $\frac{\partial^2 f}{\partial x^2}$, $\frac{\partial^2 f}{\partial y^2}$, $\frac{\partial^2 f}{\partial x \partial y}$, $\frac{\partial^2 f}{\partial y \partial x}$ são, respectivamente, f_{xx}, f_{yy}, f_{yx}, f_{xy}.

(2) Sendo $z = f(x, y)$, permite-se, nas notações acima, o abuso de se escrever z em vez de f: $\dfrac{\partial^2 z}{\partial x^2}, \dfrac{\partial^2 z}{\partial y^2}, \dfrac{\partial^2 z}{\partial x \partial y}, \dfrac{\partial^2 z}{\partial y \partial x}$.

(3) A igualdade das derivadas mistas verificada no exemplo acima não é acidental, conforme o resultado seguinte mostra:

Teorema de Schwarz. Se $\dfrac{\partial^2 f}{\partial x \partial y}$ existe e é contínua em um conjunto aberto, então, nesse aberto, $\dfrac{\partial^2 f}{\partial y \partial x}$ existe e $\dfrac{\partial^2 f}{\partial x \partial y} = \dfrac{\partial^2 f}{\partial y \partial x}$.

Uma demonstração desse resultado pode ser vista na página 720 de MOISE, E. E. *Cálculo – Um Curso Universitário*. São Paulo, Editora E. Blücher e Editora da Universidade de São Paulo, 1970.

Exercício 36-2 Calcule as derivadas parciais de segunda ordem da função dada, em cada caso:

(a) $f(x, y) = x^3 + y^4$. (b) $f(x, y) = x^3 y^4$. (c) $f(x, y) = \dfrac{x^3}{y^4}$.

(d) $f(x, y) = \operatorname{sen} x \cos y$. (e) $f(x, y) = \operatorname{sen}(x^2 y)$. (f) $f(x, y) = \operatorname{arctg}(\dfrac{x}{y})$.

Na próxima seção, utilizaremos o **hessiano** de uma função f que verifica a hipótese do Teorema de Schwarz, definido por:

$$H = \begin{vmatrix} \dfrac{\partial^2 f}{\partial x^2} & \dfrac{\partial^2 f}{\partial x \partial y} \\ \dfrac{\partial^2 f}{\partial x \partial y} & \dfrac{\partial^2 f}{\partial y^2} \end{vmatrix} = \frac{\partial^2 f}{\partial x^2} \frac{\partial^2 f}{\partial y^2} - \left(\frac{\partial^2 f}{\partial x \partial y}\right)^2$$

(O hessiano foi introduzido por Ludwig Otto Hesse em 1884.)

Exercício 36-3 Calcule o hessiano da função dada, nos casos:

(a) $f(x, y) = x + 2y$. (b) $f(x, y) = x^2 + y^2$. (c) $f(x, y) = 3x^2 + 2xy + y^2$.

(d) $f(x, y) = x^2 + 2xy + 2y^2 + 3x$. (e) $f(x, y) = x^3 + 3xy^2 - x + 3$.

(f) $f(x, y) = \ln(x^2 + y^2)$.

Observação. O conceito de derivadas parciais de ordem qualquer pode ser introduzido para funções de n variáveis. Por exemplo, derivadas parciais de ordem 3 são:

$$\frac{\partial^3 f}{\partial x^2 \partial y} = \frac{\partial^2}{\partial x^2}\left(\frac{\partial f}{\partial y}\right) \qquad \frac{\partial^3 f}{\partial x \partial y^2} = \frac{\partial}{\partial x}\left(\frac{\partial^2 f}{\partial y^2}\right) \qquad \frac{\partial^3 f}{\partial y^3} = \frac{\partial}{\partial y}\left(\frac{\partial^2 f}{\partial y^2}\right).$$

Por razões técnicas, introduzimos a seguinte noção (confronte com a noção de função de classe C^1, §34(F)):

(a) Uma função real f de n variáveis reais é de **classe C^2** se seu domínio D é um aberto de $\mathbb{R}^n$ e as derivadas parciais até segunda ordem são contínuas. Se D não é aberto, f for de classe C^2 significa que ela possui uma extensão (isto é, uma função cujo domínio contém D e que coincide com f em D) de classe C^2.
(b) Se σ é uma função de duas variáveis u e v, com valores em $\mathbb{R}^3$, podemos escrever $\sigma(u,v) = (x(u,v), y(u,v), z(u,v))$. A função σ é de **classe C^2** se as funções componentes x, y e z são de classe C^2.

Definição análoga é dada para função de classe C^m, m inteiro positivo qualquer. Claramente, uma função de classe C^2 é de classe C^1(§34(F)) e, em geral, uma função de classe C^m é de classe C^{m-1} $(m > 1)$. Uma função que é de classe C^m para todo m é chamada de função de **classe** C^∞. Funções polinomiais, racionais, e compostas destas com funções elementares são de classe C^∞.

(C) Critério das derivadas segundas para extremantes locais (duas variáveis)

O ponto p_0 do domínio de f é chamado **ponto de mínimo local de f** se existe uma bola aberta centrada nele e contida no domínio de f tal que, para todo $p \neq p_0$ da bola, tem-se $f(p) \geq f(p_0)$. Trocando $\geq$ por $\leq$, o ponto é chamado **ponto de máximo local de f**. Se p_0 é ponto de mínimo local ou de máximo local, ele é referido como (ponto) **extremante local**.
Se, em vez de $\geq$ e $\leq$, figurarem, respectivamente, $>$ e $<$, diz-se que p_0 é **ponto de mínimo local estrito** e **ponto de máximo local estrito**.

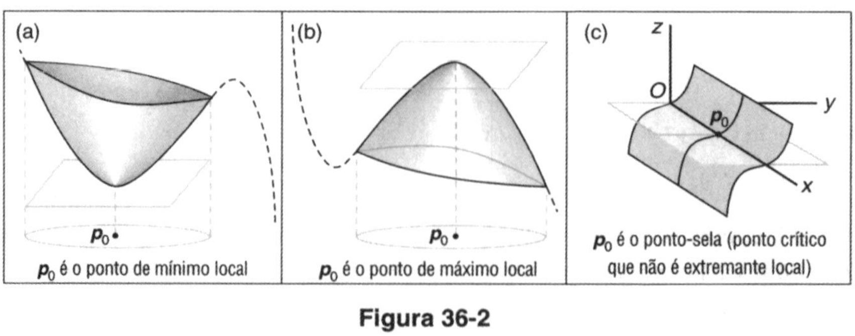

Figura 36-2

Claramente, um ponto de mínimo local estrito é ponto de mínimo local, e um de máximo local estrito é de máximo local. Os itens (a) e (b) da Figura 36-2 ilustram as definições dadas, em que $\boldsymbol{p}_0$ é ponto de mínino local estrito e de máximo local estrito, respectivamente. Nela, a função f representada é diferenciável, e fica geometricamente claro que o plano tangente ao gráfico no ponto correspondente ao extremante local $\boldsymbol{p}_0$ é horizontal. O vetor $(\frac{\partial f}{\partial x}(\boldsymbol{p}_0), \frac{\partial f}{\partial x}(\boldsymbol{p}_0), -1)$ é ortogonal a esse plano (§34(B)); logo, é vertical, ou seja, $\frac{\partial f}{\partial x}(\boldsymbol{p}_0)=0$ e $\frac{\partial f}{\partial y}(\boldsymbol{p}_0)=0$. Portanto, $\nabla f(\boldsymbol{p}_0)=\boldsymbol{0}$. Um tal ponto é chamado ponto crítico da função. Um ponto crítico não precisa ser ponto extremante, conforme ilustra a Figura 36-2(c). Nesse caso, ele é chamado ponto-sela. Destaquemos:

Um ponto $\boldsymbol{p}_0$ interior do domínio de uma função diferenciável f tal que $\nabla f(\boldsymbol{p}_0)=\boldsymbol{0}$ chama-se **ponto crítico** de f. Se tal ponto crítico não é extremante local, ele é chamado **ponto-sela**.

Um extremante local de uma função diferenciável é um ponto crítico de f.

Exemplo 36-2 Sendo $f(x,y)=1-8xy+2x^4+2y^4$, determine os pontos críticos de f.

Resolução. Temos $\frac{\partial f}{\partial x}=-8y+8x^3$ e $\frac{\partial f}{\partial y}=-8x+8y^3$; logo, os pontos críticos são os que verificam o sistema:

$$\begin{cases} -8y+8x^3=0 \\ -8x+8y^3=0 \end{cases} \quad \text{ou} \quad \begin{cases} y=x^3 \\ x=y^3 \end{cases}$$

Substituindo a expressão de y da primeira equação na segunda, vem que $x=(x^3)^3$, ou seja, $x=x^9$; portanto, $x^9-x=0$, e daí, $x(x^8-1)=0$. As raízes desta equação são $x=0$, $x=-1$ e $x=1$. Vamos levar tais valores à primeira equação $y=x^3$.

Para $x=0$, temos $y=0$. Para $x=-1$, temos $y=-1$. Para $x=1$, temos $y=1$. Portanto, os pontos críticos são $(0,0)$, $(-1,-1)$ e $(1,1)$. ◄

Exercício 36-4 Determine os pontos críticos de f, nos casos:

(a) $f(x,y)=x^2+3xy+y^2-2$. (b) $f(x,y)=\frac{8}{x^2}+\frac{8}{y^2}+xy$. (c) $f(x,y)=x^2+y^2+\frac{1}{x^2y^2}$.

A seguir veremos um critério que permite concluir se um ponto crítico é de máximo local, de mínimo local ou ponto-sela. Nele aparece o hessiano, anteriormente definido. O porquê dessa aparição não é evidente, mas podemos torná-la aceitável, o que faremos na seção (F).

Critério das derivadas segundas para extremantes locais (duas variáveis). Seja f de classe C^2 (seção anterior) e $\boldsymbol{p}_0$ um ponto crítico de f.

(a) Suponha $H(\boldsymbol{p}_0) > 0$.

- Se $\dfrac{\partial^2 f}{\partial x^2}(\boldsymbol{p}_0) > 0$ então $\boldsymbol{p}_0$ é ponto de mínimo local estrito de f.
- Se $\dfrac{\partial^2 f}{\partial x^2}(\boldsymbol{p}_0) < 0$ então $\boldsymbol{p}_0$ é ponto de máximo local estrito de f.

(b) Suponha $H(\boldsymbol{p}_0) < 0$. Então $\boldsymbol{p}_0$ é ponto-sela de f.

Exemplo 36-3 Usando o critério acima, determine se cada ponto crítico de f é ponto de máximo local, mínimo local ou ponto-sela, sendo $f(x, y) = 2 + \dfrac{1}{3}y^3 + x^2y - 4x - 5y$.

Resolução.

- *Cálculo das derivadas parciais e do hessiano.*

$$\frac{\partial f}{\partial x} = 2xy - 4 \qquad \frac{\partial^2 f}{\partial x^2} = 2y \qquad \frac{\partial^2 f}{\partial x \partial y} = 2x$$

$$\frac{\partial f}{\partial y} = y^2 + x^2 - 5 \qquad \frac{\partial^2 f}{\partial y^2} = 2y$$

$$H(x,y) = \begin{vmatrix} \dfrac{\partial^2 f}{\partial x^2} & \dfrac{\partial^2 f}{\partial x \partial y} \\ \dfrac{\partial^2 f}{\partial x \partial y} & \dfrac{\partial^2 f}{\partial y^2} \end{vmatrix} = \begin{vmatrix} 2y & 2x \\ 2x & 2y \end{vmatrix} = 4(y^2 - x^2)$$

- *Determinação dos pontos críticos.*

Os pontos críticos são os que anulam as derivadas parciais $\dfrac{\partial f}{\partial x}$ e $\dfrac{\partial f}{\partial y}$; logo, são dados por:

$$\begin{cases} 2xy - 4 = 0 \\ y^2 + x^2 - 5 = 0 \end{cases}$$

•

Da primeira equação vem $y = \dfrac{2}{x}$, que, levado à segunda equação, fornece:

$\dfrac{4}{x^2} + x^2 - 5 = 0$, de onde resulta $x^4 - 5x^2 + 4 = 0$. Esta equação biquadrada tem discriminante $\Delta = (-5)^2 - 4.1.4 = 9$; logo:

$$x^2 = \frac{-(-5) \pm \sqrt{9}}{2.1} = \frac{5 \pm 3}{2} \quad \therefore \quad x^2 = 4 \text{ ou } x^2 = 1 \quad \therefore \ x = \pm 2 \text{ ou } x = \pm 1.$$

Para cada valor de x, o valor de y correspondente é dado pela equação $y = \frac{2}{x}$. Fazendo x igual a -2, 2, -1, 1, resultam respectivamente os valores $-1, 1, -2, 2$ para y. Os pontos críticos são $(-2,-1)$, $(2,1)$, $(-1,-2)$, $(1,2)$.

- *Análise de cada ponto crítico.*

(i) $H(-2,-1) = 4((-1)^2 - (-2)^2) = -12 < 0$; logo, $(-2,-1)$ é ponto-sela. ⋞

(ii) $H(2,1) = 4(1^2 - 2^2) = -12 < 0$; logo, $(2,1)$ é ponto-sela. ⋞

(iii) $H(-1,-2) = 4((-2)^2 - (-1)^2) = 12 > 0$; como $\frac{\partial^2 f}{\partial x^2}(-1,-2) = 2(-2) = -4 < 0$, $(-1,-2)$ é ponto de máximo local. ⋞

(iv) $H(1,2) = 4(2^2 - 1^2) = 12 > 0$; como $\frac{\partial^2 f}{\partial x^2}(1,2) = 2.2 = 4 > 0$, temos que $(1,2)$ é ponto de mínimo local. ⋞

Exercício 36-5 Usando o critério das derivadas de segunda ordem para extremantes, diga se cada ponto crítico de f é ponto de máximo local estrito, mínimo local estrito ou ponto-sela, nos casos:

(a) $f(x,y) = x^2 + y^2 - 3$.

(b) $f(x,y) = 2 - x^2 - 3y^2 + 2xy + 8x$.

(c) $f(x,y) = 3x - x^2 - xy - y^2 - 1$.

(d) $f(x,y) = -2 + 2x^2 + y^2 - xy^2$.

(e) $f(x,y) = 1 + x^3 + y^3 + 3xy$.

(f) $f(x,y) = 1 - x^2 - y^3 + 6xy - 5x - 9y$.

(g) $f(x,y) = xy^2 - 3y^2 + 3xy + 2x - 4y + 1$.

(h) $f(x,y) = 4x \operatorname{sen} y + 3$.

Observações.

(1) Se o hessiano se anula em um ponto crítico, pode ser que ele seja de máximo local, de mínimo local ou ponto-sela. De fato, cada uma das funções $f(x,y) = x^4y^4$, $f(x,y) = -x^4y^4$, $f(x,y) = x^3y^4$ tem $(0,0)$ como ponto crítico e o hessiano se anula nesse ponto (verifique isso, por favor). Para a primeira delas, $(0,0)$ é ponto de mínimo local, pois $f(x,y) = x^4y^4 \geq 0$ e $f(0,0) = 0$. De modo análogo se verifica que a segunda delas tem $(0,0)$ como ponto de máximo local. Quanto à terceira, para a qual também $f(0,0) = 0$, observe que, ao longo da reta $y = x$, tem-se $f(x,x) = x^3x^4 = x^7$, e então a função é negativa, se $x < 0$, e positiva, se $x > 0$, o que evidencia que $(0,0)$ é ponto-sela.

(2) Existe um critério do tipo visto acima para funções de n variáveis reais, o qual foge ao objetivo deste livro (veja a seção 4.2, particularmente a página 255 de MARSDEN, J. E. TROMBA, A. J. *Cálculo Vectorial.* Wilmington, Addison-Wesley Iberoamericana, 1991).

(D) Máximos e mínimos

Seja $\boldsymbol{p}_0$ um ponto de um subconjunto A do domínio de uma função f.

- $\boldsymbol{p}_0$ é **ponto de mínimo** de f em A se $f(\boldsymbol{p}_0) \leq f(\boldsymbol{p})$, para todo $\boldsymbol{p}$ de A.
- $\boldsymbol{p}_0$ é **ponto de máximo** de f se $f(\boldsymbol{p}_0) \geq f(\boldsymbol{p})$, para todo $\boldsymbol{p}$ de A.

$f(\boldsymbol{p}_0)$ é chamado, no primeiro caso, de **mínimo de f em A**, e, no segundo, de **máximo de f em A**. Um ponto de máximo ou de mínimo de f em A é referido como **ponto extremante de f em A**. Em qualquer caso, $f(\boldsymbol{p}_0)$ é referido como **valor extremante de f em A**.

Se A for o domínio de f, omite-se a expressão "em A" nas definições dadas.

Observação. Se $\boldsymbol{p}_0$ é ponto de mínimo ou de máximo, e é ponto interior do domínio, então é também ponto de mínimo local ou de máximo local, respectivamente.

É importante termos um teorema que nos garanta a existência de extremantes. Para isso, introduziremos certa classe de conjuntos. A noção de fronteira de um conjunto foi dada na seção (H) do §34. Como se trata de uma seção complementar, não-obrigatória, citaremos alguns exemplos de fronteira, que cobrem os casos que focalizaremos.

- Uma região do plano limitada por uma curva fechada tem como fronteira esta curva. Assim, um polígono de um plano limita uma região desse plano, cuja fronteira é o polígono (o polígono é, para nós, a reunião de seus lados). Um círculo tem como fronteira a sua circunferência.

- A fronteira de um intervalo $[a,b]$ em $\mathbb{R}$ é formada por a e b.

Seja D um subconjunto de $\mathbb{R}^n$.

- D é **limitado** se existe uma bola de $\mathbb{R}^n$ que o contém.
- D é **fechado** se contém sua fronteira.
- D é **compacto** se é limitado e fechado.

Exemplo 36-4 São conjuntos compactos:

- A região limitada por uma elipse reunida com a elipse, a região limitada por um polígono reunida com o polígono etc.
- No caso de uma variável, vale o seguinte: um intervalo é compacto se e somente se é formado por um único ponto ou é da forma $[a,b]$.

Eis um resultado útil:

A imagem de um conjunto compacto por uma função contínua é um conjunto compacto.

Por esse resultado, podemos dizer:

Uma curva que é imagem de uma parametrização de domínio $[a,b]$ é um conjunto compacto.

Agora podemos enunciar o importantíssimo teorema a seguir (confronte com o Teorema de Weierstrass, §14(E)):

Teorema de Weierstrass. Uma função contínua em um conjunto compacto atinge um mínimo e um máximo nesse conjunto.

Exemplo 36-5 Sendo $f(x,y)=x^2-xy$, ache o máximo e o mínimo de *f* na bola fechada $x^2+y^2\leq 1$.

Resolução. Pelo Teorema de Weierstrass, *f* tem mínimo e máximo na bola. Ou eles ocorrem na fronteira ou no interior da bola.

- *Candidatos a extremante no interior da bola.* Os candidatos a ponto extremante são os que anulam o gradiente de *f*. Temos:

$$\frac{\partial f}{\partial x}(x,y)=2x-y=0 \qquad \frac{\partial f}{\partial y}(x,y)=-x=0$$

A única solução do sistema acima é $x=0,\ y=0$. O ponto (0,0) está no interior da bola, sendo, portanto, o único candidato a ponto extremante. Então, temos o seguinte candidato a extremante: $f(0{,}0)=0^2-0.0=0$.

- *Candidatos a extremante na fronteira da bola.* Tal fronteira é a circunferência $x^2+y^2=1$. Parametrizando tal circunferência por $x=\cos\theta,\ y=\operatorname{sen}\theta,\ 0\leq\theta\leq 2\pi$, a função *f* na fronteira tem por expressão

$$\varphi(\theta)=f(\cos\theta,\operatorname{sen}\theta)=\cos^2\theta-\cos\theta\operatorname{sen}\theta=\frac{1+\cos(2\theta)}{2}-\frac{1}{2}\operatorname{sen}(2\theta)$$
$$=\frac{1+\cos(2\theta)-\operatorname{sen}(2\theta)}{2}, \qquad 0\leq\theta\leq 2\pi$$

Agora, repetimos o raciocínio: pelo Teorema de Weierstrass, φ tem máximo e mínimo. Eles podem ocorrer na fronteira de $[0,2\pi]$, que é formada por 0 e 2π, ou no interior, que é $]0,2\pi[$. Como $\varphi(0)=1$ e $\varphi(2\pi)=1$, temos o seguinte candidato a valor extremante: 1.

Os candidatos a ponto extremante no interior devem anular a derivada:

$$\frac{d\varphi}{d\theta}(\theta)=-\operatorname{sen}(2\theta)-\operatorname{sen}(2\theta)=0$$

Lembrando que $0 < \theta < 2\pi$, tem-se $0 < 2\theta < 4\pi$, e as soluções dessa equação são dadas por $2\theta = 3\pi/4 + k\pi$, $k = 0,1,2,3$. Formamos a tabela:

	2θ	$\text{sen}(2\theta)$	$\cos(2\theta)$	$\varphi(\theta) = [1+\cos(2\theta)-\text{sen}(2\theta)]/2$
$k=0$	$3\pi/4$	$\sqrt{2}/2$	$-\sqrt{2}/2$	$(1-\sqrt{2})/2$
$k=1$	$7\pi/4$	$-\sqrt{2}/2$	$\sqrt{2}/2$	$(1+\sqrt{2})/2$
$k=2$	$11\pi/4$	$\sqrt{2}/2$	$-\sqrt{2}/2$	$(1-\sqrt{2})/2$
$k=3$	$15\pi/4$	$-\sqrt{2}/2$	$\sqrt{2}/2$	$(1+\sqrt{2})/2$

A última coluna apresenta os candidatos a valor extremante.

O conjunto de todos os candidatos a valor extremante é $\{0, 1, (1-\sqrt{2})/2, (1+\sqrt{2})/2\}$. Claramente, o menor é o mínimo de *f*, e o maior, o máximo de *f*. Assim, temos a seguinte resposta:

O mínimo de f na bola fechada $x^2 + y^2 \le 1$ é $(1-\sqrt{2})/2$; o máximo de f na bola fechada $x^2 + y^2 \le 1$ é $(1+\sqrt{2})/2$.

Exercício 36-6 Determine o máximo e o mínimo de *f* no conjunto dado:

(a) $f(x,y) = \dfrac{x^2+y^2-1}{x^2+y^2+1}$; $x^2+y^2 \le 4$. (b) $f(x,y) = \dfrac{x^2+y^2-1}{x^2+y^2+1}$; $x^2+y^2 \le 1/4$.

(c) $f(x,y) = xy$; $x^2+y^2 \le 2$.

(d) $f(x,y) = x^2 + 2xy - 4x + 8y$; $-10 \le x \le 10$, $0 \le y \le 10$.

(e) $f(x,y) = x^2 + 2xy - 4x + 8y$; $0 \le x \le 1$, $0 \le y \le 1$.

(f) $f(x,y,z) = \dfrac{1}{x^2+y^2+z^2+1}$; $x^2+y^2+z^2 \le 1$.

(E) Máximos e mínimos condicionados

Problema. As alturas dos pontos de uma montanha em relação a um plano horizontal fixo, tomado como plano *xy*, são dadas pela função $f(x,y) = 100 - x^2 - y^2$. Uma estrada, nessa montanha, é interseção da montanha com a superfície $(x-1)^2 + (y-1)^2 = 1$. Se um indivíduo percorrer a estrada inteira, qual é a máxima altura e a mínima altura que ele atinge?

Podemos olhar este problema do ponto de vista matemático assim: sendo $f(x,y) = 100 - x^2 - y^2$, achar o mínimo e o máximo de *f*, sujeita à condição $g(x,y) = 1$, onde $g(x,y) = (x-1)^2 + (y-1)^2$. Eis uma formulação geral:

Problema de extremantes com uma única condição. Determine os extremantes da função f no conjunto dos pontos $\boldsymbol{p}$ que satisfazem à condição $g(\boldsymbol{p}) = c$. Esta condição é chamada **condição vincular**, e o conjunto que ela define é chamado **vínculo.**

Podemos abordar o problema proposto inicialmente tomando uma parametrização da circunferência, escrevendo $x-1=\cos\theta$, $y-1=\operatorname{sen}\theta$, $0\leq\theta\leq 2\pi$ e estudando a função φ de θ que se obtém substituindo x e y dados por estas equações na expressão de f. O mínimo e o máximo de φ são os valores pedidos. O método que vamos expor, conhecido como método dos multiplicadores de Lagrange (Joseph-Louis Lagrange, matemático italiano, 1736-1813), permite, em alguns casos, obter a resolução mais simplesmente. Raciocinaremos de modo informal.

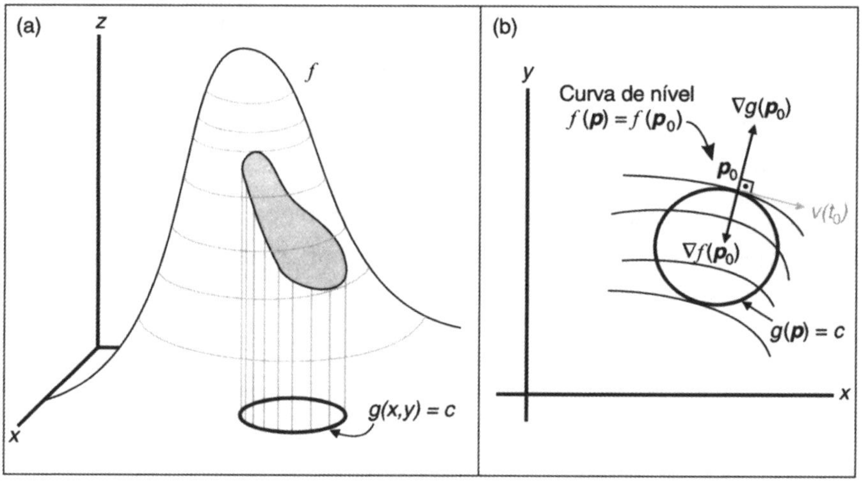

Figura 36-3

Seja $\boldsymbol{p}_0$ uma solução do problema de extremantes proposto (Figura 36-3(a)). Suponhamos que o vínculo seja uma curva (como no exemplo anterior citado) e que seja possível (como no exemplo anterior) achar um movimento $\mathbf{r}(t)$ sobre a curva, com $\mathbf{r}(t_0)=\boldsymbol{p}_0$ e de velocidade $\mathbf{v}$ não-nula em t_0 (pode-se provar que isto ocorre se $\nabla g(\boldsymbol{p}_0)\neq\mathbf{0}$). Então a função φ dada por $\varphi(t)=f(\mathbf{r}(t))$ tem t_0 como ponto extremante; logo, devemos ter $\varphi'(t_0)=0$. Usando a regra da cadeia, $\nabla f(\mathbf{r}(t_0)\bullet\dfrac{d\mathbf{r}}{dt}(t_0)=0$, ou seja, $\nabla f(\boldsymbol{p}_0)\bullet\mathbf{v}(t_0)=0$. Esta relação mostra, por ser a velocidade tangente ao vínculo, que $\nabla f(\boldsymbol{p}_0)$ é normal ao vínculo em $\boldsymbol{p}_0$. Mas $\nabla g(\boldsymbol{p}_0)$ também o é, pois o vínculo é curva de nível c da função g (§34(D)). Então $\nabla f(\boldsymbol{p}_0)$ e $\nabla g(\boldsymbol{p}_0)$ são paralelos: existe λ real tal que $\nabla f(\boldsymbol{p}_0)=\lambda\nabla g(\boldsymbol{p}_0)$ (Figura 36-3(b)). O número λ é referido como multiplicador de Lagrange. Ressaltemos: em $\boldsymbol{p}_0$, o vínculo e a curva de nível $f(\boldsymbol{p}) = f(\boldsymbol{p}_0)$ são tangentes. Destacamos o resultado:

Teorema dos multiplicadores de Lagrange. Sejam f e g funções de classe C^1 tendo ambas um aberto D por domínio. Seja $\boldsymbol{p}_0$ um ponto da curva de nível c de g tal que $\nabla g(\boldsymbol{p}_0) \neq \boldsymbol{0}$, o qual é ponto extremante de f restrita a essa curva de nível. Então existe λ real tal que $\nabla f(\boldsymbol{p}_0) = \lambda \nabla g(\boldsymbol{p}_0)$.

Nessas condições, podemos enunciar o seguinte método:

Método dos multiplicadores de Lagrange. Os candidatos a solução do problema de extremantes condicionados acima são as soluções do sistema formado pelas equações:

$$\nabla f(\boldsymbol{p}) = \lambda \nabla g(\boldsymbol{p}) \qquad g(\boldsymbol{p}) = c \qquad (\clubsuit)$$

onde λ é um número real, referido como **multiplicador de Lagrange**.

Agora apresentaremos uma solução do problema do início da seção.

Exemplo 36-6 As alturas dos pontos de uma montanha em relação a um plano horizontal fixo, tomado como plano xy, são dadas pela função $f(x, y) = 100 - x^2 - y^2$. Uma estrada, nessa montanha, é interseção da montanha com a superfície $(x-1)^2 + (y-1)^2 = 1$. Se um indivíduo percorrer a estrada inteira, qual é a máxima altura e a mínima altura que ele atinge?

Resolução. Usaremos o método dos multiplicadores de Lagrange, com $f(x, y) = 100 - x^2 - y^2$ e $g(x, y) = (x-1)^2 + (y-1)^2$. Temos $\nabla f(x, y) = (-2x, -2y)$, $\nabla g(x, y) = 2(x-1, y-1)$, de modo que ($\clubsuit$) fica:

$$(-2x, -2y) = \lambda.2(x-1, y-1) \qquad (x-1)^2 + (y-1)^2 = 1$$

ou seja:

$$-x = \lambda(x-1) \qquad -y = \lambda(y-1) \qquad (x-1)^2 + (y-1)^2 = 1$$

Da primeira equação vem que $x \neq 1$, e daí $\lambda = -x/(x-1)$. Substituindo na segunda, resulta $-y = -x(y-1)/(x-1)$; desta equação segue facilmente que $x = y$. Considerando isso na terceira equação, obtém-se $2(x-1)^2 = 1$; logo, $x = 1 \pm 1/\sqrt{2}$. Concluímos que os candidatos a ponto extremante do nosso problema são $(1 - 1/\sqrt{2}, 1 - 1/\sqrt{2})$ e $(1 + 1/\sqrt{2}, 1 + 1/\sqrt{2})$. É só isto que o método de Lagrange nos dá. Agora, usando o Teorema de Weierstrass, como a função f é contínua na circunferência $(x-1)^2 + (y-1)^2 = 1$, e esta é um conjunto compacto, então existem pontos de máximo e de mínimo. Ora, estes só podem ser os candidatos. Calculemos:

$$f(1-\frac{1}{\sqrt{2}},1-\frac{1}{\sqrt{2}}) = 100-(1-\frac{1}{\sqrt{2}})^2-(1-\frac{1}{\sqrt{2}})^2 = 97+2\sqrt{2}$$

$$f(1+\frac{1}{\sqrt{2}},1+\frac{1}{\sqrt{2}}) = 100-(1+\frac{1}{\sqrt{2}})^2-(1+\frac{1}{\sqrt{2}})^2 = 97-2\sqrt{2}$$

Portanto, a altura máxima atingida é $97+2\sqrt{2}$ e a mínima é $=97-2\sqrt{2}$ ◄

Observações.

(1) Este exercício pode ser resolvido tendo em mente o fato de que, em um ponto extremante da curva vincular, esta e a curva de nível da função f que passa por ele são tangentes. Na Figura 36-4(a) representamos o vínculo, que é a circunferência de centro (1,1) e raio 1, e algumas curvas de nível de f. Uma curva de nível ou é formada só pela origem ou é uma circunferência de centro na origem (a curva de nível k é dada por $f(x,y)=k$, isto é, $100-x^2-y^2=k$, que se escreve como $x^2+y^2=100-k=(\sqrt{100-k})^2$, se $k \le 100$). Das circunferências, as que tangenciam o vínculo o fazem em pontos extremantes, de acordo com o que dissemos anteriormente. Por inspeção da referida figura, vemos que estes pontos se encontram na reta $y=x$, sendo, pois, os pontos de interseção dessa reta com o vínculo. Fazendo $y=x$ na equação do vínculo, obtemos $(x-1)^2+(x-1)^2=1$, e daí $2(x-1)^2=1$, de onde resulta $x=1\pm 1/\sqrt{2}=y$, que são os pontos de tangência, ou seja, os pontos extremantes procurados.

(2) Os problemas de extremante que vimos na seção anterior podem ser resolvidos, na parte em que estudamos a função na fronteira, utilizando o método de Lagrange. Experimente, por exemplo, proceder assim com relação ao Exemplo 36-5.

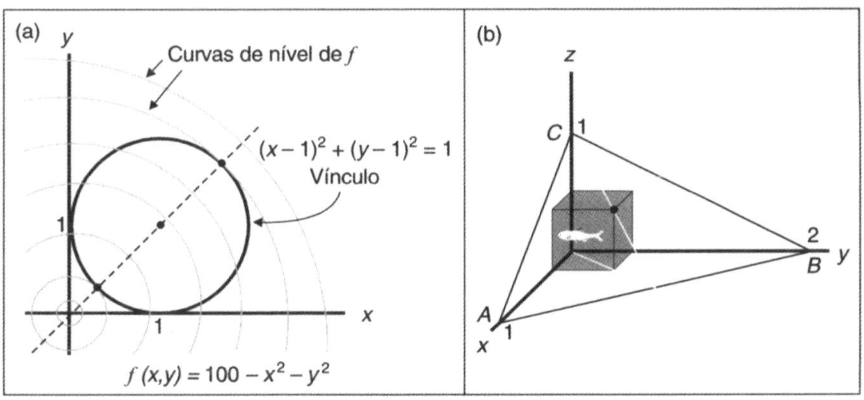

Figura 36-4

Exercício 36-7 Determine o máximo e o mínimo de f, sujeita à condição dada:

(a) $f(x, y) = xy$, $x^2 + y^2 = 8$. (b) $f(x, y) = x^2 + y^2$, $x^2 + 4y^2 = 4$.

(c) $f(x, y) = x^2 + y^2$, $(x-3)^2 + y^2 = 1$. (d) $f(x, y) = xy^2$, $x^2 + y^2 = 3$.

Exercício 36-8 Qual é a maior área que pode ter um retângulo variável de diagonal medindo d?

Exercício 36-9 Dê as dimensões do retângulo de área máxima, de lados paralelos aos eixos coordenados, inscrito na elipse $4x^2 + y^2 = 4$.

Exercício 36-10 Ache o ponto da curva $x^2 + xy + y^2 + x - y = 1$ menos afastado da origem, e o mais afastado.

Exercício 36-11 Para cada a e b positivos, a área da região limitada pela elipse $\dfrac{x^2}{a^2} + \dfrac{y^2}{b^2} = 1$ é πab. Determine, entre elas, a que passa por (2,18) e que tem área máxima (admita que ela existe).

Exercício 36-12 A função de produção de Cobb-Douglas $P = Kx^{\alpha}y^{1-\alpha}$, onde K é uma constante positiva, dá o número de unidades produzidas de um produto em função da quantidade de investimento x em uma certa unidade monetária (real, dólar etc.) e da força de trabalho disponível y, medida em número de homens-hora. Se o custo por unidade do investimento é a, o custo por unidade da força de trabalho é b, o custo de produção só devido a estes fatores é $ax + by$. Mostre que se ocorrer um máximo de produção para tal custo de produção fixado c, ele ocorre para $x = \alpha c/a$ e $y = (1-\alpha)c/b$.

Exemplo 36-7 O canto de parede de um apartamento tem um vidro triangular apoiado de vértices A, B e C distando, respectivamente, 1, 2 e 1 do canto, conforme indicado na Figura 36-4(b) (medidas em metros). O dono quer instalar um aquário com forma de paralelepípedo, com um vértice encostado no vidro, e que tenha volume máximo. Determine as dimensões do aquário.

Resolução. O volume é dado por $V = f(x, y, z) = xyz$. O ponto (x, y, z) encosta no vidro e, portanto, satisfaz uma equação do plano que passa por A, B e C: $x/1 + y/2 + z/1 = 1$ (§29(D)), ou seja, $x + y/2 + z = 1$. Sendo $g(x, y, z) = x + y/2 + z$, devemos achar o máximo de f com a condição vincular $g(x, y, z) = 1$. Temos:

$$\nabla f(x, y, z) = (yz, xz, xy) \qquad \nabla g(x, y, z) = (1, \frac{1}{2}, 1)$$

Aplicando o método dos multiplicadores de Lagrange, devemos resolver o sistema:

$$\nabla f(x, y, z) = \lambda \nabla g(x, y, z) \qquad g(x, y, z) = 1$$

ou seja:

$$(yz, xz, xy) = \lambda(1, \frac{1}{2}, 1) \qquad x + \frac{y}{2} + z = 1$$

isto é:

$$yz = \lambda \qquad xz = \frac{\lambda}{2} \qquad xy = \lambda \qquad x + \frac{y}{2} + z = 1$$

Substituindo o valor de λ da primeira equação na segunda e na terceira, vem $2xz = yz$, $xy = yz$. Como $z \neq 0$ e $y \neq 0$, temos $y = 2x$ e $z = x$, valores que, levados à terceira equação, fornecem $3x = 1$, e daí $x = 1/3$. Portanto, $y = 2(1/3) = 2/3$, $z = 1/3$, e o único candidato é $(1/3, 2/3, 1/3)$, no qual o volume vale $(1/3)(2/3)(1/3) = 2/27$. Que este é o valor máximo podemos ver considerando o problema na região triangular limitada pelo triângulo ABC reunida com ele. Sendo compacta, tem máximo e mínimo. Claramente o mínimo é 0. Logo, o valor obtido $2/27$ é o máximo. As dimensões do aquário, em metros, são, portanto, $1/3, 2/3$ e $1/3$. ◄

Exercício 36-13 Determine o ponto do plano $x + 2y + 3z = 14$ mais próximo da origem.

Ajuda. Achar o mínimo da distância equivale a achar o mínimo de d^2.

Exercício 36-14 Dentre os elipsóides de equação da forma $\frac{x^2}{a^2} + \frac{y^2}{b^2} + \frac{z^2}{c^2} = 1$, determine o que passa por $(1,1,2)$ e limita uma região de volume mínimo.

Ajuda. O volume da região limitada pelo elipsóide $\frac{x^2}{a^2} + \frac{y^2}{b^2} + \frac{z^2}{c^2} = 1$ é πabc.

Exercício 36-15 Qual é o maior volume que pode ter um paralelepípedo (reto) cuja soma das medidas de suas arestas é 24?

Exercício 36-16 Determine o ponto do elipsóide $\frac{x^2}{4} + \frac{y^2}{4} + \frac{z^2}{8} = 1$ cuja soma das coordenadas é máxima.

Existe um tratamento análogo ao que vimos para problemas de extremantes de uma função sujeita a vários vínculos, o número de vínculos sendo inferior ao número de variáveis da função. Por exemplo, sendo $w = f(x, y, z)$, com dois vínculos $g(x, y, z) = c_1$ e $h(x, y, z) = c_2$, o método dos multiplicadores de Lagrange diz que, em um ponto extremante do problema, no qual ∇g e ∇h não se anulam nem são paralelos, existem números λ e μ, chamados **multiplicadores de Lagrange**, tais que:

$$\nabla f(x, y, z) = \lambda \nabla g(x, y, z) + \mu \nabla h(x, y, z) \qquad g(x, y, z) = c_1 \qquad h(x, y, z) = c_2$$

Exemplo 36-8 Sendo $f(x, y, z) = x + y + z$, ache o máximo de f restrita à interseção do plano $x + y - z = 1$ com a superfície cilíndrica $y^2 + z^2 = 4$.

Resolução. Usaremos o método de Lagrange para f sujeita aos vínculos $g(x, y, z) = x + y - z = 1$ e $h(x, y, z) = y^2 + z^2 = 4$. As equações do método ficam:

$$(1,1,1) = \lambda(1,1,-1) + \mu(0,2y,2z) \qquad x + y - z = 1 \qquad y^2 + z^2 = 4$$

ou seja:

$$1 = \lambda \qquad 1 = \lambda + 2\mu\, y \qquad 1 = -\lambda + 2\mu\, z \qquad x + y - z = 1 \qquad y^2 + z^2 = 4$$

Das três primeiras equações vem $y = 0$, $z = 1/\mu$, que, considerados nas duas últimas, fornecem $x - 1/\mu = 1$, $\dfrac{1}{\mu^2} = 4$, de onde resulta que $x = -1$ e $\mu = -1/2$, ou $x = 3$ e $\mu = 1/2$. Como $z = 1/\mu$, temos, respectivamente, $z = -2$ e $z = 2$. Os candidatos a ponto extremante são $(-1,0,-2)$ e $(3,0,2)$. Temos:

$$f(-1,0,-2) = -1+0+(-2) = -3 \qquad f(3,0,2) = 3+0+2 = 5$$

Como a interseção da superfície cilíndrica com o plano é uma curva fechada (uma elipse), é um conjunto compacto; a função f atinge nessa curva um mínimo e um máximo, os quais devem ser respectivamente os valores acima calculados. O máximo é, então, 5. ◄

Exercício 36-17 Sendo $f(x,y,z) = x - y - z$ determine o mínimo e o máximo de f restrita à interseção dos conjuntos dados respectivamente por $x^2 + y^2 = 4$ e $x + y + z = 2$.

(F) Complemento

Mostraremos como o hessiano aparece no critério das derivadas parciais segundas visto na seção (C).

Seja D contido em $\mathbb{R}^2$ o domínio de uma função diferenciável f, $\boldsymbol{p}_0$ o centro de uma bola fechada de raio a contida em D, e $\mathbf{u}$ um versor de $\mathbb{R}^2$. Definimos $\varphi_\mathbf{u}$ por $\varphi_\mathbf{u}(t) = f(\mathbf{r}(t))$, onde $\mathbf{r}(t) = \boldsymbol{p}_0 + t\mathbf{u}$, $-a \le t \le a$.

(a) **Lema.** Se, para todo versor $\mathbf{u}$, $\varphi_\mathbf{u}$ tem concavidade para cima, e $\boldsymbol{p}_0$ é ponto crítico de f, então $\boldsymbol{p}_0$ é ponto de mínimo local de f.

Demonstração. Usando a definição de derivada direcional (§35(A)) e a de ponto crítico, vem:

$$\frac{d\varphi_\mathbf{u}}{dt}(0) = \frac{\partial f}{\partial \mathbf{u}}(\boldsymbol{p}_0) = \nabla f(\boldsymbol{p}_0) \bullet \mathbf{u} = \mathbf{0} \bullet \mathbf{u} = 0$$

Pelo critério da concavidade (§10(B)), 0 é ponto de mínimo estrito de $\varphi_{\mathbf{u}}$ e, portanto, $\varphi_{\mathbf{u}}(0) = f(\boldsymbol{p}_0)$ é o mínimo estrito de $\varphi_{\mathbf{u}}$. Agora fica fácil provar que $\boldsymbol{p}_0$ é ponto de mínimo local de f. Seja $\boldsymbol{p} \neq \boldsymbol{p}_0$ um ponto qualquer da bola aberta de centro $\boldsymbol{p}_0$ e raio a. Tomando para $\mathbf{u}$ o versor de $\boldsymbol{p}-\boldsymbol{p}_0$, então $\boldsymbol{p} = \boldsymbol{p}_0 + t^*\mathbf{u}$, para algum t^* em $]-a, a[$. Como 0 é ponto de mínimo estrito de $\varphi_{\mathbf{u}}$, tem-se $\varphi_{\mathbf{u}}(0) < \varphi_{\mathbf{u}}(t^*)$, ou seja, $f(\boldsymbol{p}_0) < f(\boldsymbol{p}_0 + t^*\mathbf{u}) = f(\boldsymbol{p})$.

(b) **Lema.** Se uma função real g é contínua em um ponto $\boldsymbol{p}_0$, e $g(\boldsymbol{p}_0) \neq 0$, então existe uma bola aberta de centro $\boldsymbol{p}_0$ tal que, em todo ponto dela que está no domínio de g, $g(\boldsymbol{p})$ tem o mesmo sinal que $g(\boldsymbol{p}_0)$.

Este lema é uma conseqüência do Teorema da Conservação de Sinal do limite, cuja demonstração não está no âmbito deste livro. No entanto, o resultado acima é intuitivo, no caso em que g é função de duas variáveis: se a função é contínua e se $g(\boldsymbol{p}_0) > 0$, o ponto do gráfico de g correspondente a $\boldsymbol{p}_0$ está acima do plano xy; logo, perto dele, o gráfico continua acima desse plano.

(c) **Teorema**. Seja $\boldsymbol{p}_0$ ponto crítico da função f de classe C^2 tal que $H(\boldsymbol{p}_0) > 0$ e $\dfrac{\partial^2 f}{\partial x^2}(\boldsymbol{p}_0) > 0$. Então existe $a > 0$ tal que, para qualquer versor $\mathbf{u}$, $\varphi_{\mathbf{u}}$ tem concavidade para cima no intervalo $[-a, a]$.

Demonstração. Pelo lema anterior, existe uma bola aberta centrada em $\boldsymbol{p}_0$ na qual H se mantém positiva e uma bola aberta centrada em $\boldsymbol{p}_0$ na qual $\dfrac{\partial^2 f}{\partial x^2}$ se mantém positiva. Tomamos para a um número inferior ao menor dos raios dessas bolas. Sendo $\mathbf{u} = (m,n)$, $\boldsymbol{p}_0 = (x_0, y_0)$, vem:

$$\mathbf{r}(t) = \boldsymbol{p}_0 + t\mathbf{u} = (x_0, y_0) + t(m,n) = (x_0 + tm, y_0 + tn), \quad -a \leq t \leq a$$

Chamando $x = x_0 + tm$, $y = y_0 + tn$, temos $\dfrac{dx}{dt} = m$, $\dfrac{dy}{dt} = n$, e daí:

$$\frac{d\varphi_{\mathbf{u}}}{dt} = \frac{\mathrm{d}}{\mathrm{dt}} f(\mathbf{r}(t)) = \frac{\partial f}{\partial x}(\mathbf{r}(t))\frac{dx}{dt} + \frac{\partial f}{\partial y}(\mathbf{r}(t))\frac{dy}{dt} = \frac{\partial f}{\partial x}(\mathbf{r}(t))\, m + \frac{\partial f}{\partial y}(\mathbf{r}(t))\, n$$

Logo:

$$\frac{d^2\varphi_{\mathbf{u}}}{dt^2} = \frac{d}{dt}\frac{\partial f}{\partial x}(\mathbf{r}(t)).m + \frac{d}{dt}\frac{\partial f}{\partial y}(\mathbf{r}(t)).n$$

Mas:

$$\frac{d}{dt}\frac{\partial f}{\partial x}(\mathbf{r}(t)) = \frac{\partial}{\partial x}\frac{\partial f}{\partial x}(\mathbf{r}(t))\frac{dx}{dt} + \frac{\partial}{\partial y}\frac{\partial f}{\partial x}(\mathbf{r}(t))\frac{dy}{dt} = \frac{\partial^2 f}{\partial x^2}(\mathbf{r}(t)).m + \frac{\partial^2 f}{\partial y\partial x}(\mathbf{r}(t)).n$$

e, analogamente:

$$\frac{d}{dt}\frac{\partial f}{\partial y}(\mathbf{r}(t)) = \frac{\partial^2 f}{\partial x\partial y}(\mathbf{r}(t)).m + \frac{\partial^2 f}{\partial y^2}(\mathbf{r}(t)).n$$

Substituindo na expressão de $\frac{d^2\varphi_{\mathbf{u}}}{dt^2}$ e lembrando que as derivadas mistas são iguais, resulta:

$$\frac{d^2\varphi_{\mathbf{u}}}{dt^2}(t) = \frac{\partial^2 f}{\partial x^2}(\mathbf{r}(t)).m^2 + 2\frac{\partial^2 f}{\partial x\partial y}(\mathbf{r}(t)).mn + \frac{\partial^2 f}{\partial y^2}(\mathbf{r}(t)).n^2 \qquad (\clubsuit)$$

Por ser $\mathbf{u}$ um versor, temos $m^2 + n^2 = 1$. Mostraremos agora que o segundo membro dessa igualdade é positivo para todo t de $[-a, a]$, de onde resulta que a concavidade de $\varphi_{\mathbf{u}}$ é para cima.

- Se $m = 0$ então $n^2 = 1$, e ($\clubsuit$) se reduz a $\frac{d^2\varphi_{\mathbf{u}}}{dt^2}(t) = \frac{\partial^2 f}{\partial y^2}(\mathbf{r}(t))$. Na bola fechada de centro $\boldsymbol{p}_0$ e raio a tem-se $H > 0$, de onde resulta $\frac{\partial^2 f}{\partial x^2}\frac{\partial^2 f}{\partial y^2} > (\frac{\partial^2 f}{\partial x\partial y})^2 \geq 0$, e, assim, $\frac{\partial^2 f}{\partial y^2}$ tem o mesmo sinal que $\frac{\partial^2 f}{\partial x^2}$, ou seja, $\frac{\partial^2 f}{\partial y^2} > 0$ nessa bola. Portanto, $\frac{d^2\varphi_{\mathbf{u}}}{dt^2}(t) = \frac{\partial^2 f}{\partial y^2}(\mathbf{r}(t)) > 0$, para todo t de $[-a, a]$.

- Se $n = 0$ então $m^2 = 1$, e ($\clubsuit$) se reduz a $\frac{d^2\varphi_{\mathbf{u}}}{dt^2}(t) = \frac{\partial^2 f}{\partial x^2}(\mathbf{r}(t)) > 0$, para todo t de $[-a, a]$.

- Se $m \neq 0$ e $n \neq 0$, ($\clubsuit$) se escreve:

$$\frac{d^2\varphi_{\mathbf{u}}}{dt^2}(t) = n^2[\frac{\partial^2 f}{\partial x^2}(\mathbf{r}(t)).(\frac{m}{n})^2 + 2\frac{\partial^2 f}{\partial x\partial y}(\mathbf{r}(t)).\frac{m}{n} + \frac{\partial^2 f}{\partial y^2}(\mathbf{r}(t)] \qquad (\blacklozenge)$$

Considere, para cada t de $[-a,a]$, a função quadrática F dada por:

$$F(X) = \frac{\partial^2 f}{\partial x^2}(\mathbf{r}(t)).X^2 + 2\frac{\partial^2 f}{\partial x \partial y}(\mathbf{r}(t)).X + \frac{\partial^2 f}{\partial y^2}(\mathbf{r}(t))$$

Calculando seu discriminante Δ, aparece o hessiano:

$$\Delta = 4(\frac{\partial^2 f}{\partial x \partial y}(\mathbf{r}(t))^2 - 4\frac{\partial^2 f}{\partial x^2}(\mathbf{r}(t))\frac{\partial^2 f}{\partial y^2}(\mathbf{r}(t))] = -4H(\mathbf{r}(t)) < 0$$

e como o coeficiente de X^2 é $\frac{\partial^2 f}{\partial x^2}(\mathbf{r}(t)) > 0$, temos que $F(X) > 0$. Levando em conta este resultado em (♦), vemos que $\frac{d^2 \varphi_\mathbf{u}}{dt^2}(t) > 0$, para todo t de $[-a, a]$, e, portanto, $\varphi_\mathbf{u}$ tem concavidade para cima, para todo versor **u**.

(d) **Teorema.** Seja f de classe C^2 e $\boldsymbol{p}_0$ um ponto crítico de f, tal que $H(\boldsymbol{p}_0) > 0$ e $\frac{\partial^2 f}{\partial x^2}(\boldsymbol{p}_0) > 0$. Então $\boldsymbol{p}_0$ é ponto de mínimo local estrito de f.

Demonstração. Decorre de (a) e (c).

Exercício 36-18 Demonstre, usando o item (d) acima, o seguinte: seja f de classe C^2 e $\boldsymbol{p}_0$ um ponto crítico de f tal que $H(\boldsymbol{p}_0) > 0$ e $\frac{\partial^2 f}{\partial x^2}(\boldsymbol{p}_0) < 0$. Então $\boldsymbol{p}_0$ é ponto de máximo local estrito de f.

Respostas dos exercícios do §36

36-1

(a) 1 é ponto de máximo local estrito.

(b) 0 é ponto de mínimo local estrito, 2 é ponto de máximo local estrito.

(c) -1 é ponto de mínimo local estrito, 2 é ponto de máximo local estrito.

(d) $-14/21$ é ponto de mínimo local estrito, 12/21 é ponto de máximo local estrito.

(e) 1 é ponto de máximo local estrito.

(f) 0 é ponto de máximo local estrito.

36-2

(a) $\frac{\partial^2 f}{\partial x^2} = 6x$, $\frac{\partial^2 f}{\partial x \partial y} = 0 = \frac{\partial^2 f}{\partial y \partial x}$, $\frac{\partial^2 f}{\partial y^2} = 12y^2$.

(b) $\frac{\partial^2 f}{\partial x^2} = 6xy^4$, $\frac{\partial^2 f}{\partial x \partial y} = 12x^2y^3 = \frac{\partial^2 f}{\partial y \partial x}$, $\frac{\partial^2 f}{\partial y^2} = 12x^3y^2$.

(c) $\dfrac{\partial^2 f}{\partial x^2} = \dfrac{6x}{y^4}$, $\dfrac{\partial^2 f}{\partial x \partial y} = -12\dfrac{x^2}{y^5} = \dfrac{\partial^2 f}{\partial y \partial x}$, $\dfrac{\partial^2 f}{\partial y^2} = 20\dfrac{x^3}{y^6}$.

(d) $\dfrac{\partial^2 f}{\partial x^2} = -\operatorname{sen} x \cos y$, $\dfrac{\partial^2 f}{\partial x \partial y} = -\cos x \operatorname{sen} y = \dfrac{\partial^2 f}{\partial y \partial x}$, $\dfrac{\partial^2 f}{\partial y^2} = -\operatorname{sen} x \cos y$.

(e) $\dfrac{\partial^2 f}{\partial x^2} = 2y\cos(x^2 y) - 4x^2 y^2 \operatorname{sen}(x^2 y)$, $\dfrac{\partial^2 f}{\partial x \partial y} = 2x\cos(x^2 y) - 2x^3 y \operatorname{sen}(x^2 y)$

$= \dfrac{\partial^2 f}{\partial y \partial x}$, $\dfrac{\partial^2 f}{\partial y^2} = -x^4 \operatorname{sen}(x^2 y)$.

(f) $\dfrac{\partial^2 f}{\partial x^2} = -\dfrac{2xy}{(x^2+y^2)^2}$, $\dfrac{\partial^2 f}{\partial x \partial y} = \dfrac{x^2 - y^2}{(x^2+y^2)^2} = \dfrac{\partial^2 f}{\partial y \partial x}$, $\dfrac{\partial^2 f}{\partial y^2} = \dfrac{2xy}{(x^2+y^2)^2}$.

36-3 (a) 0. (b) 4. (c) 8. (d) 4. (e) $36(x^2 - y^2)$. (f) $-\dfrac{4}{(x^2+y^2)^2}$.

36-4 (a) (0,0). (b) (−2,−2) e (2,2). (c) (−1,−1) e (−1,1), (1,−1) e (1,1).

36-5

(a) (0,0): ponto de mínimo local estrito.
(b) (6,2): ponto de máximo local estrito.
(c) (2,−1): ponto de máximo local estrito.
(d) (0,0): ponto de mínimo local estrito; (1,2): ponto-sela; (1,−2): ponto-sela.
(e) (0,0): ponto-sela; (−1,−1): ponto de máximo local estrito.
(f) (19/2,4): ponto de máximo local estrito; (7/2,2): ponto-sela.
(g) (8,−2): ponto-sela; (−2,−1): ponto-sela.
(h) Infinitos pontos críticos, da forma $(0, k\pi)$, k inteiro, cada um sendo ponto-sela.

36-6

(a) Mínimo: −1; máximo: 3/5. (b) Mínimo: −1; máximo: −3/5. (c) Mínimo: −1; máximo: 1.
(d) Mínimo: −4; máximo: 340. (e) Mínimo: −3; máximo: 8. (f) Mínimo: 1/2; máximo: 1.

36-7

(a) Mínimo: −4; máximo: 4. (b) Mínimo: 1; máximo: 4.
(c) Mínimo: 4; máximo: 16. (d) Mínimo: −2; máximo: 2.

36-8 $d^2/2$.

36-9 $\sqrt{2}$ e $2\sqrt{2}$.

36-10 Menos afastado: $(-1+\sqrt{2}, 1-\sqrt{2})$; mais afastado: $(-1-\sqrt{2}, 1+\sqrt{2})$.

36-11 $\frac{x^2}{8}+\frac{y^2}{648}=1$.

36-13 (1,2,3).

36-14 $\frac{x^2}{3}+\frac{y^2}{3}+\frac{z^2}{12}=1$.

36-15 8.

36-16 (1,1,2).

36-17 Mínimo: –6; máximo: 2.

Exercícios suplementares para o Capítulo 7

1. *Dê o domínio da função, nos casos:*

(a) $z=3x^2-y^2+2xy$. (b) $z=\frac{3x+1}{4x^2+5y^2+1}$. (c) $z=\frac{2xy}{x^2+3y^2}$.

(d) $z=\sqrt{2+x-x^2}$. (e) $z=\frac{1}{\sqrt{2x-y}}$. (f) $z=\ln(1-4x^2-16y^2)$.

(g) $w=\frac{x+y+z}{(x-1)^2+(y+2)^2+z^2}$. (h) $w=\sqrt{1-x^2-y^2-z^2}$. (i) $w=f(x,y,z)=\ln x$.

2. *Represente, em cada caso, o gráfico da função:*

(a) $z=x^2+y^2$. (b) $z=(x-1)^2+(y-1)^2$. (c) $z=1+(x-1)^2+(y-1)^2$.

(d) $z=-y^3$. (e) $z=1-y$. (f) $z=x$.

3. *Identifique as curvas de nível não-vazias das seguintes funções de duas variáveis:*

(a) $z=\frac{x-y}{x+y}$. (b) $z=\frac{1}{2x^2+2y^2}$. (c) $z=e^{2x-y}$.

(d) $z=\sqrt{4+8x^2+y^2}$. (e) $z=x^2+1$. (f) $z=(x-1)^2+y^2$.

(g) $z=x^2-y^2$. (h) $z=\ln(xy)$. (i) $z=\sqrt{x-y}$.

4. *Identifique as superfícies de nível das seguintes funções de três variáveis:*

(a) $w=x+2y+z-1$. (b) $w=\sqrt{(x-1)^2+y^2+(z-2)^2}$. (c) $w=x^2$.

5. *Justifique a continuidade das seguintes funções:*

(a) $z = ln(x^2 + 4xy + 1)$. (b) $z = sen(x^2 + 2y^2)$. (c) $z = e^{xy}$.

(d) $z = sh(\dfrac{x}{3x+4y-7})$. (e) $z = arcsen(\dfrac{x^2+1}{3x^2+y^2+1})$. (f) $z = |xy|$.

(g) $z = \dfrac{sen(x^2+2y^2)}{x^2+2y^2}$. (h) $z = (x+y^2)e^{xy}$.

6. *Calcule as derivadas parciais de ordem 1 da função dada:*

(a) $z = 4x + 2y^2 + 1$. (b) $z = y + 2$. (c) $z = 3x^2y^3 + 7x$.

(d) $z = ytg(x^2 + 3y^2 + 1)$. (e) $z = sen(x^2 + 3y^3)$. (f) $z = x^2 ln(1 + x^2 + 2y^2)$.

(g) $z = \sqrt[3]{x^3 - xy^3 + 4}$. (h) $z = \dfrac{x^4 - 2y + 1}{\sqrt{xy}}$. (i) $z = \dfrac{x\,sen\,y}{e^{x^2+y}}$.

(j) $z = 7x + arcsen(xy)$. (l) $z = \dfrac{x}{x^2 - y^3}$. (m) $z = arctg\dfrac{y}{x}$.

(n) $z = sh(3x + \dfrac{2}{y})$. (o) $z = (x + 2y)sec(2x + y)$. (p) $z = x^y$.

7. *Calcule as derivadas parciais de ordem 1 da função dada:*

(a) $w = 3x^2 + 2y + z^3$. (b) $w = e^{xyz}$. (c) $w = x^2 sen(2x + yz)$.

(d) $w = \dfrac{x}{3x^2 + z^3}$. (e) $w = cos\,x\,cos\,y\,cos\,z$. (f) $w = \sqrt[3]{x^2 + 3y^2 - 7z}$.

8. *Sendo* $f(x,y) = \dfrac{x+y^2}{5x}$, *calcule as derivadas parciais de ordem 1 de* f *no ponto* $(1,2)$.

9. *Sendo* $f(x,y,z) = e^{xy-z^2}$, *calcule as derivadas parciais de ordem 1 de* f *no ponto* $(2,2,2)$.

10. *Verifique que a função dada é diferenciável:*

(a) $f(x,y) = e^{3\,sen\,x + cos\,y}$. (b) $f(x,y) = tg(x + 2y^3)$. (c) $f(x,y) = ln(3x^2 + 7y)$.

(d) $f(x,y) = \sqrt{x^4 + 5xy}$. (e) $f(x,y) = arcsen(x\sqrt{y})$. (f) $f(x,y,z) = arctg(xy^2 + yz^2)$.

(g) $f(x,y,z) = x^3y + y^3z + 4z^4$. (h) $f(x,y,z) = sh(3x - 2y + 7z^2)$.

(i) $f(x,y,z) = ln(3 - 2y + 7z^2)$.

11. *Escreva uma equação do plano tangente e dê um vetor normal ao gráfico da função f no ponto de tangência de abscissa e ordenada especificadas:*

(a) $f(x,y) = x^3y^2 - 2x + y$; $x = 1$, $y = 1$. (b) $f(x,y) = \dfrac{3x+2y}{xy}$; $x = 1$, $y = -1$.

(c) $f(x,y) = e^{\frac{x}{y}}$; $x = 0$, $y = 1/2$. (d) $f(x,y) = sen(3xy^2)$; $x = \dfrac{\pi}{2}$, $y = 1$.

12. *Sendo* $f(x,y)=x^3y$, $x(t)=t^2$, $y(t)=2t+1$, *considere* $Z(t)=f(x(t),y(t))$. *Calcule* $Z'(t)$ *de dois modos: diretamente e usando a regra da cadeia.*

13. *Sendo f uma função diferenciável tal que* $\frac{\partial f}{\partial x}(2,1)=-1$ *e* $\frac{\partial f}{\partial y}(2,1)=2$, *determine a inclinação da reta tangente ao gráfico da função* $Z(t)=f(3t^2-5t,t^2-3)$ *no ponto tal que t = 2.*

14. *Sendo f uma função diferenciável tal que* $f(-1,3)=5$, $\frac{\partial f}{\partial x}(-1,3)=4$ *e* $\frac{\partial f}{\partial y}(-1,3)=-2$, *determine uma equação da reta tangente ao gráfico da função* $Z(t)=f(t^2+2t,3t+6)$ *no ponto tal que t = –1.*

15. *Dê os vetores de comprimento 5, normais à curva de equação dada, no ponto P:*

(a) $3x^4+4y^2=19$, *P de ordenada 2 e abscissa negativa.*

(b) (b) $x\,sen\,y-(tgy)arcsen\,x^2=0$, $P=(2^{-1/2},0)$.

(c) $e^{2xy-2y^2}=1$, $P=(-1,-1)$. (d) $x^2+4xy-y^2=11$, $P=(2,1)$.

16. *Dê os versores normais à superfície de equação dada, no ponto especificado:*

(a) $4x-2y+4z-7=0$, *no ponto de abscissa e cota iguais a 1.*

(b) $2x^2+3y^2+3z^2=17/4$, *no ponto* $(1/2,-1,1/2)$.

(c) $x^2+y^2+z^2=6$ *no ponto de coordenadas iguais em valor absoluto, sendo a abscissa positiva e a ordenada e a cota negativas.*

(d) $\frac{x^3y^2+2z+7}{4z+1}=2$ *no ponto* $(1,-1,1)$.

(e) $e^{3\ln x+z\ln y}-4xyz=1$ *no ponto* $(1,1,0)$.

17. *Admitindo que a equação dada defina implicitamente z como função diferenciável de x e y, calcule o gradiente da função nos casos:*

(a) $e^{z-1}+xyz=1$. (b) $z^4-3xyz^3+z^2+xy+3=0$.

18. *Admitindo que a equação dada defina implicitamente w como função diferenciável de x, y e z, calcule o seu gradiente nos casos:*

(a) $x+y+zw+w^4=7$. (b) $\ln(xw)+w=y+2z+10$.

19. *Calcule a derivada direcional da função f no ponto* $\mathbf{p}_0$, *na direção e sentido dados pelo vetor* $\mathbf{v}$:

(a) $f(x,y)=x^2+3xy+2y^2$, $\mathbf{p}_0=(-3,1)$, $\mathbf{v}=(8,-6)$.

(b) $f(x,y)=sen(x+x^3y)$, $\mathbf{p}_0=(0,0)$, $\mathbf{v}=(1,1)$.

(c) $f(x,y)=\frac{x+2y}{2x+y^2}$, $\mathbf{p}_0=(1,1)$, $\mathbf{v}=(3,4)$.

(d) $f(x,y)=e^{xy}$, $\mathbf{p}_0=(1,-1)$, $\mathbf{v}=(2,0)$.

20. *Calcule a derivada direcional da função f no ponto* $\mathbf{p}_0$*, na direção e sentido dados pelo vetor* $\mathbf{v}$*:*

(a) $f(x,y,z) = arctg(xyz) + 2x$, $\mathbf{p}_0 = (1, \frac{1}{2}, 2)$, $\mathbf{v} = (1,-1,1)$.

(b) $f(x,y,z) = x^3 + yz + 2xz^2$, $\mathbf{p}_0 = (0,1,1)$, $\mathbf{v} = (0,1,1)$.

(c) $f(x,y,z) = \dfrac{z}{3x+2y}$, $\mathbf{p}_0 = (0,1,2)$, $\mathbf{v} = (-1,2,2)$.

21. *A temperatura no ponto (x,y,z) é dada por* $f(x,y,z) = x^2 + 3y^2 - 4z^2 + 22$. *Uma partícula está no ponto (1,–1,2).*

(a) *Se a partícula se deslocar segundo o vetor* $\mathbf{v} = (1,-1,1)$*, a tendência de sua temperatura é de aumentar ou de diminuir?*

(b) *Mostre que existe um plano passando pelo ponto (1,–1,2), tal que, se a partícula se dirigir a um dos semiplanos abertos (semiplano aberto: semiplano menos o plano origem), a tendência é aumentar a temperatura, e, se ela se dirigir ao outro, a tendência é diminuir a temperatura. Dê inequações que definem estes semiplanos.*

22. *Calcule a derivada direcional máxima de f em* $\mathbf{p}_0$ *e dê o versor* $\mathbf{u}$ *correspondente:*

(a) $f(x,y) = xy^3 - 2x + 5$, $\mathbf{p}_0 = (1,0)$.

(b) $f(x,y) = arctg(xy)$, $\mathbf{p}_0 = (2, \frac{1}{2})$.

(c) $f(x,y) = ln(3xy^2 + 5y)$, $\mathbf{p}_0 = (1,1)$.

23. *Calcule as derivadas direcionais máxima e mínima de f em* $\mathbf{p}_0$ *e dê os versores correspondentes:*

(a) $f(x,y,z) = y\cos(yz)$, $\mathbf{p}_0 = (1,1,\pi)$.

(b) $f(x,y,z) = 7\,ln(x + y^2 + z^3)$, $\mathbf{p}_0 = (1, \sqrt{6}/2, 1)$.

24. *Use o critério da derivada segunda para determinar se cada ponto crítico de f é de máximo local estrito ou de mínimo local estrito nos casos:*

(a) $f(x) = \dfrac{x^3}{3} + 2x^2 + 3x - 6$. (b) $f(x) = x^2 - 5x + 6$. (c) $f(x) = \dfrac{x}{1+x^2}$.

25. *Usando o critério das derivadas de segunda ordem para extremantes, diga se cada ponto crítico de f é ponto de máximo local estrito, ponto de mínimo local estrito ou ponto-sela, nos casos:*

(a) $f(x,y) = x^2 - 4xy + 3y^2 + 8x - 12y$. (b) $f(x,y) = x^3 + 2y^2 - 3x - 4y$.

(c) $f(x,y) = x^4y^2 + x + y$. (d) $f(x,y) = x^3 - 2y^2 + 4xy + x - y + 1$.

26. *Determine o máximo e o mínimo de f sujeita à condição dada, e os pontos onde eles ocorrem:*

(a) $f(x,y) = 2x^2 + y^2$, $x^2 + (y-2)^2 = 5$.

(b) $f(x,y) = x + 3y$, $x^2 + y^2 = 10$.

(c) $f(x,y) = 6x + y^2$, $3x^2 + y^2 = 4$.

27. *Determine as dimensões do paralelepípedo reto de volume máximo inscrito no elipsóide* $9x^2 + 36y^2 + 4z^2 = 972$.

28. *Determine o ponto do plano* $3x + y + 4z = 13$ *mais próximo da origem.*

29. *Sendo* $f(x, y, z) = 2x - y + z$, *determine o mínimo e o máximo de f sujeita a* $x^2 + 3y^2 = 84$ *e* $z = x$.

30. *Determine o ponto pertencente aos planos* $x + 2y + 3z = 8$ *e* $z = x$ *que está mais próximo da origem.*

Respostas dos exercícios suplementares para o Capítulo 7

1. (a) $\mathbb{R}^2$. (b) $\mathbb{R}^2$. (c) $\mathbb{R}^2 - \{(0,0)\}$.
(d) $\{(x, y) \in \mathbb{R}^2 \mid -1 \leq x \leq 2\}$. (e) $\{(x,y) \in \mathbb{R}^2 \mid y < 2x\}$. (f) $\{(x,y) \in \mathbb{R}^2 \mid 4x^2 + 16y^2 < 1\}$.
(g) $\mathbb{R}^3 - \{(1,-2,0)\}$. (h) $\{(x,y,z) \in \mathbb{R}^3 \mid x^2+y^2+z^2 \leq 1\}$. (i) $\{(x,y,z) \in \mathbb{R}^3 \mid x > 0\}$.

2.

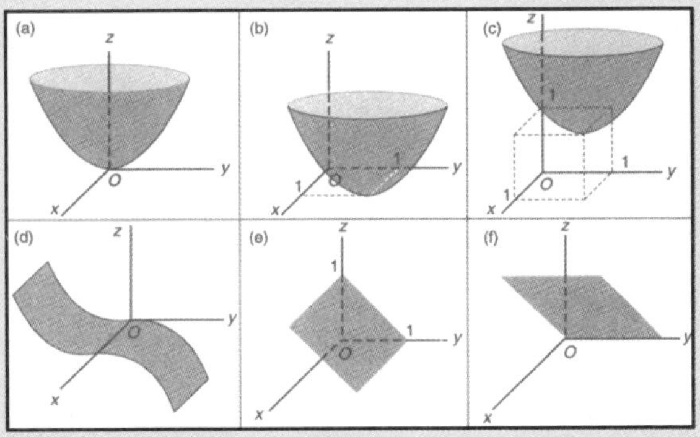

3. *A curva de nível k não-vazia é, em cada caso, descrita a seguir:*

(a) Reta de equação $(k-1)x+(k+1)y = 0$.

(b) Circunferência de equação $x^2+y^2 = 1/2k$, $k>0$, centrada na origem e de raio $1/\sqrt{2k}$.

(c) Reta de equação $2x - y = \ln k$, $k>0$.

(d) Se $k>2$, é a elipse de equação $8x^2 + y^2 = k^2 - 4$, de semi–eixos $\sqrt{(k^2-4)/8}$ e $\sqrt{k^2-4}$, respectivamente. Se $k=2$, é $\{(0,0)\}$.

(e) Se $k>1$, é a reunião das retas verticais $x = \sqrt{k-1}$ e $x = -\sqrt{k-1}$; se $k=1$, é a reta $x=0$.

(f) Se $k>0$, é a circunferência $(x-1)^2+y^2 = k$, de centro $(1,0)$ e raio $\sqrt{k}$; se $k=0$, é $\{(1,0)\}$.

(g) Se $k \neq 0$, é a hipérbole $x^2 - y^2 = k$, de semi-eixos $\sqrt{|k|}$; se $k=0$, é a reunião das retas $y = \pm x$.

(h) É o gráfico da função de expressão $y = e^k / x$.

(i) Se $k \geq 0$, é a reta de equação $x - y = k^2$.

4. A superfície de nível k não-vazia é, em cada caso, descrita a seguir:

(a) Plano de equação $x+2y+z-1-k=0$.

(b) Se $k>0$, é a superfície esférica de equação $(x-1)^2+y^2+(z-2)^2=k^2$, de centro $(1,0,2)$ e raio k. Se $k=0$, é $\{(1,0,2)\}$.

(c) Se $k>0$, é a reunião dos planos $x=\sqrt{k}$ e $x=-\sqrt{k}$; se $k=0$, é o plano $x=0$.

5. Nos casos (a)-(f), a função é composta da função contínua h com a função contínua g, sendo:

(a) $h(u) = \ln u$, $g(x,y) = x^2+4xy+1$. (b) $h(u) = \text{sen } u$, $g(x,y) = x^2+2y^2$.

(c) $h(u) = e^u$, $g(x,y) = xy$. (d) $h(u) = \text{sh } u$, $g(x,y) = x/(3x+4y-7)$.

(e) $h(u) = \text{arcsen } u$, $g(x,y) = (x^2+1)/(3x^2+y^2+1)$. (f) $h(u) = |u|$, $g(x,y) = xy$.

(g) É quociente de funções contínuas (usamos (b)).

(h) É produto de funções contínuas (usamos (c)).

6.

	$\partial z/\partial x$	$\partial z/\partial y$
(a)	4	$4y$
(b)	0	1
(c)	$6xy^3+7$	$9x^2y^2$
(d)	$2xy\sec^2(x^2+3y^2+1)$	$\text{tg}(x^2+3y^2+1)+6y^2\sec^2(x^2+3y^2+1)$
(e)	$2x\cos(x^2+3y^3)$	$9y^2\cos(x^2+3y^3)$
(f)	$2x\ln(1+x^2+2y^2)+\dfrac{2x^3}{1+x^2+2y^2}$	$\dfrac{4x^2y}{1+x^2+2y^2}$
(g)	$\dfrac{3x^2-y^3}{3\sqrt[3]{(x^3-xy^3+4)^2}}$	$\dfrac{-xy^2}{\sqrt[3]{(x^3-xy^3+4)^2}}$
(h)	$\dfrac{7x^4y+2y^2-y}{2xy\sqrt{xy}}$	$-\dfrac{2xy+x^5+x}{2xy\sqrt{xy}}$
(i)	$\dfrac{(1-2x^2)\text{sen}y}{e^{x^2+y}}$	$\dfrac{x(\cos y-\text{sen } y)}{e^{x^2+y}}$
(j)	$7+\dfrac{y}{\sqrt{1-x^2y^2}}$	$\dfrac{x}{\sqrt{1-x^2y^2}}$
(l)	$\dfrac{-x^2-y^3}{(x^2-y^3)^2}$	$\dfrac{3xy^2}{(x^2-y^3)^2}$
(m)	$\dfrac{-y}{x^2+y^2}$	$\dfrac{x}{x^2+y^2}$
(n)	$3\text{ch}(3x+\dfrac{2}{y})$	$\dfrac{-2}{y^2}\text{ch}(3x+\dfrac{2}{y})$

	$\partial z/\partial x$	$\partial z/\partial y$
(o)	$sec(2x+y)[1+2(x+2y)\,tg(2x+y)]$	$sec(2x+y)[2+(x+2y)\,tg(2x+y)]$
(p)	yx^{y-1}	$x^y \ln x$

7.

	$\partial w/\partial x$	$\partial w/\partial y$	$\partial w/\partial z$
(a)	$6x$	2	$3z^2$
(b)	yze^{xyz}	xze^{xyz}	xye^{xyz}
(c)	$2x\,sen(2x+yz)+2x^2\cos(2x+yz)$	$x^2 z\cos(2x+yz)$	$x^2 y\cos(2x+yz)$
(d)	$\dfrac{z^3-3x^2}{(3x^2+z^3)^2}$	0	$\dfrac{-3xz^2}{(3x^2+z^3)^2}$
(e)	$-sen\,x\cos y\cos z$	$-\cos x\,sen\,y\cos z$	$-\cos x\cos y\,sen\,z$
(f)	$\dfrac{2x}{3\sqrt[3]{(x^2+3y^2-7z)^2}}$	$\dfrac{2y}{\sqrt[3]{(x^2+3y^2-7z)^2}}$	$\dfrac{-7}{3\sqrt[3]{(x^2+3y^2-7z)^2}}$

8. $\dfrac{\partial f}{\partial x}(1,2)=-4/5.$ $\dfrac{\partial f}{\partial y}(1,2)=4/5.$

9. $\dfrac{\partial f}{\partial x}(2,2,2)=2.$ $\dfrac{\partial f}{\partial y}(2,2,2)=2.$ $\dfrac{\partial f}{\partial z}(2,2,2)=-4.$

11. (a) $x+3y-z=4$; $(1,3,-1)$. (b) $2x+3y+z=-2$; $(-2,-3,-1)$.
(c) $2x-z+1=0$; $(2,0,-1)$. (d) $z=-1$; $(0,0,-1)$.

12. $Z'(t)=14t^6+6t^5$.

13. 1. **14.** $Z=-6t-1$.

15. (a) $\pm(-3,4)$. (b) $\pm(0,5)$. (c) $\pm(-5/\sqrt{2},5/\sqrt{2})$. (d) $\pm(4,3)$.

16. (a) $\pm(2/3,-1/3,2/3)$. (b) $\pm(2/7,-6/7,3/7)$. (c) $\pm(1/\sqrt{3},-1/\sqrt{3},-1/\sqrt{3})$.
(d) $\pm(3/7,-2/7,-6/7)$. (e) $\pm(3/5,0,-4/5)$.

17. (a) $\left(\dfrac{-yz}{e^{z-1}+xy},\dfrac{-xz}{e^{z-1}+xy}\right)$. (b) $\left(\dfrac{3yz^3-y}{4z^3-9xyz^2+2z},\dfrac{3xz^3-x}{4z^3-9xyz^2+2z}\right)$.

18. (a) $\left(\dfrac{-1}{z+4w^3},\dfrac{-1}{z+4w^3},\dfrac{-w}{z+4w^3}\right)$. (b) $\left(\dfrac{-w}{x(1+w)},\dfrac{w}{1+w},\dfrac{2w}{1+w}\right)$.

19. (a) $3/5$. (b) $1/\sqrt{2}$. (c) $-1/5$. (d) $-e^{-1}$.

20. (a) $7\sqrt{3}/12$. (b) $\sqrt{2}$. (c) $1/6$.

21. (a) *Diminuir.*
(b) *Tendência a aumentar: semiplano aberto dado por* $x-3y-8z+12>0$. *Tendência a diminuir: semiplano aberto dado por* $x-3y-8z+12<0$.

22. (a) 2; $u=(-1,0)$. (b) $\frac{\sqrt{17}}{4}$; $u=(\frac{1}{\sqrt{17}},\frac{4}{\sqrt{17}})$. (c) $\frac{\sqrt{130}}{8}$; $u=(\frac{3}{\sqrt{130}},\frac{11}{\sqrt{130}})$.

23. (a) Máxima: 1, $u=(0,-1,0)$; mínima: -1, $u=(0,1,0)$.
(b) Máxima: 8, $u=(1/4,\sqrt{6}/4,3/4)$; mínima: -8, $u=(-1/4,-\sqrt{6}/4,-3/4)$.

24. (a) -3: é ponto de máximo local estrito; -1: é ponto de mínimo local estrito.
(b) $5/2$: ponto de mínimo local estrito.
(c) -1: ponto de mínimo local estrito; 1: ponto de máximo local estrito.

25. (a) (0,2): ponto-sela. (b) (–1,1): ponto-sela; (1,1) é ponto de mínimo local estrito.
(c) (–1,–1/2): ponto-sela. (d) $(0,-1/4)$: ponto-sela; $(-4/3,-19/12)$: ponto de máximo local estrito.

26. (a) Pontos de máximo: (1,4) e (–1,4); máximo: 18. Ponto de mínimo: $(0,2-\sqrt{5})$; mínimo: $9-4\sqrt{5}$.
(b) Ponto de mínimo: (–1,–3); mínimo: –10. Ponto de máximo: (1,3); máximo: 10.
(c) Ponto de mínimo: $(-2/\sqrt{3},0)$; mínimo: $-4\sqrt{3}$. Pontos de máximo: (1,1) e (1,–1); máximo: 7.

27. 12,6,18. **28.** (3/2, 1/2, 2). **29.** Mínimo: –28; máximo: 28. **30.** $(4/3,4/3,4/3)$.

Apêndice do Capítulo 7

Definição. Sejam $\boldsymbol{a}\in\mathbb{R}^n$ e r um número real, $r>0$. O conjunto $\{\boldsymbol{p}\in\mathbb{R}^n \mid \|\boldsymbol{p}-\boldsymbol{a}\| < r\}$ é chamado **bola aberta de centro *a* e raio *r***. Removendo $\boldsymbol{a}$ desse conjunto, o novo conjunto se chama **bola aberta perfurada de centro *a* e raio *r***.

Definição. Sejam $A\subset\mathbb{R}^n$, A não-vazio, e $\boldsymbol{p}\in\mathbb{R}^n$. $\boldsymbol{p}$ é **ponto de acumulação de *A*** se toda bola aberta perfurada de centro $\boldsymbol{p}$ contém um elemento de A.

Definição. Seja f uma função real de domínio A, $A\subset\mathbb{R}^n$, $\boldsymbol{a}$ um ponto de acumulação de A, e L um número real. O símbolo $\lim_{\boldsymbol{p}\to\boldsymbol{a}} f(\boldsymbol{p})=L$ significa que dado $\varepsilon>0$ existe $\delta>0$ tal que para todo $\boldsymbol{p}\in A$, $0<\|\boldsymbol{p}-\boldsymbol{a}\|<\delta \Rightarrow |f(\boldsymbol{p})-L|<\varepsilon$. Em outras palavras, dado um intervalo aberto de centro L e raio ε, existe uma bola aberta perfurada de centro $\boldsymbol{a}$ e raio δ tal que para todos os pontos do domínio da função que estão nesta última, os valores correspondentes da função estão no intervalo.

Teorema. Seja $\boldsymbol{a}$ um ponto de acumulação do domínio de uma função f. Suponhamos que existe uma bola aberta perfurada de centro $\boldsymbol{a}$ e $K>0$ tais que para todo $\boldsymbol{p}$ do domínio que está na bola se tem $|f(\boldsymbol{p})-L|\le K\|\boldsymbol{p}-\boldsymbol{a}\|$. Então $\lim_{\boldsymbol{p}\to\boldsymbol{a}} f(\boldsymbol{p})=L$.

Demonstração. Seja Δ o raio da bola perfurada referida no enunciado. Dado $\varepsilon>0$, seja $\delta=\min\{\Delta,\varepsilon/K\}$. Então, para todo $\boldsymbol{p}$ do domínio de f, tem-se:

$$0<\|\boldsymbol{p}-\boldsymbol{a}\|<\delta \Rightarrow |f(\boldsymbol{p})-L|\le K\|\boldsymbol{p}-\boldsymbol{a}\|<K.\frac{\varepsilon}{K}=\varepsilon$$ ◄

Exemplo. (1) Mostremos que $\lim_{(x,y)\to(1,2)}(3x-y)=1$. Temos:

$$\begin{aligned}|3x-y-1| &= |3(x-1+1)-(y-2+2)-1| = |3(x-1)-(y-2)|\\ &\le |3(x-1)|+|y-2| = 3|x-1|+|y-2|\\ &\le 3\|(x,y)-(1,2)\|+\|(x,y)-(1,2)\| = 4\|(x,y)-(1,2)\|\end{aligned}$$

(usamos que se $\mathbf{u}=(u_1,u_2)$, então $u_i \le \sqrt{u_1^2+u_2^2}=\|\mathbf{u}\|$, $i=1,2$) e o resultado segue do teorema anterior.

(2) Mostremos que $\lim_{(h,k)\to(0,0)} hk/\sqrt{h^2+k^2}=0$. Temos $|h|\le\sqrt{h^2+k^2}$, $|k|\le\sqrt{h^2+k^2}$; logo,

$$|hk/\sqrt{h^2+k^2}| = |h||k|/\sqrt{h^2+k^2} \le \sqrt{h^2+k^2}\sqrt{h^2+k^2}/\sqrt{h^2+k^2} = \sqrt{h^2+k^2} = \|(h,k)\|$$

e o resultado segue do teorema anterior.

Teorema. Se $\lim_{p\to a} f(p)=L$ e $\lim_{p\to a} g(p)=M$, então:

(a) $\lim_{p\to a}(f+g)(p)=L+M$. (b) $\lim_{p\to a}(fg)(p)=LM$. (c) $\lim_{p\to a}(f/g)(p)=L/M$, se $M\neq 0$.

Demonstração. Faremos apenas (a). As dos outros itens podem ser feitas como no caso de uma variável, vistas no volume 1. Indiquemos por A o domínio comum de f e g. Seja $\varepsilon>0$. Considerando $\varepsilon/2$, existe $\delta_1>0$ tal que para todo $\boldsymbol{p}$ de A, $0<\|\boldsymbol{p}-\boldsymbol{a}\|<\delta_1 \Rightarrow |f(\boldsymbol{p})-L|<\varepsilon/2$ e existe $\delta_2>0$ tal que para todo $\boldsymbol{p}$ de A, $0<\|\boldsymbol{p}-\boldsymbol{a}\|<\delta_2 \Rightarrow |g(\boldsymbol{p})-M|<\varepsilon/2$. Sendo $\delta=\min\{\delta_1,\delta_2\}$, temos, para todo $\boldsymbol{p}$ de A, que

$$\begin{aligned}0<\|\boldsymbol{p}-\boldsymbol{a}\|<\delta \Rightarrow |(f+g)(\boldsymbol{p})-(L+M)| &= |f(\boldsymbol{p})+g(\boldsymbol{p})-L-M|\\ = |(f(\boldsymbol{p})-L)+(g(\boldsymbol{p})-M)| &\le |f(\boldsymbol{p})-L|+|g(\boldsymbol{p})-M| < \varepsilon/2+\varepsilon/2=\varepsilon\end{aligned}$$ ◄

Definição. Seja $\boldsymbol{a}\in A$, A um aberto de $\mathbb{R}^n$, domínio de uma função f. f é **diferenciável em** $\boldsymbol{a}$ se existe $\mathbf{D}$ de $\mathbb{R}^n$ tal que, sendo ρ definida pela expressão $f(\boldsymbol{a}+\mathbf{u})=f(\boldsymbol{a})+\mathbf{D}\bullet\mathbf{u}+\|\mathbf{u}\|\rho(\mathbf{u})$, tem-se $\lim_{\mathbf{u}\to 0}\rho(\mathbf{u})=0$.

Neste caso, prova-se que $\mathbf{D}=\nabla f(\boldsymbol{a})$, de modo que

$$f(\boldsymbol{a}+\mathbf{u}) = f(\boldsymbol{a})+\nabla f(\boldsymbol{a})\bullet\mathbf{u}+\|\mathbf{u}\|\rho(\mathbf{u}) \qquad (\clubsuit)$$

Se $n=2$, pondo $\boldsymbol{a}=(x_0,y_0)$ e $\mathbf{u}=(h,k)$, tem-se que $\boldsymbol{a}+\mathbf{u}=(x_0+h,y_0+k)$, e a condição acima fica

$$f(x_0+h,y_0+k)=f(x_0,y_0)+\frac{\partial f}{\partial x}(x_0,y_0)h+\frac{\partial f}{\partial y}(x_0,y_0)k+\sqrt{h^2+k^2}\,\rho(h,k) \qquad (\blacklozenge)$$

com $\lim_{(h,k)\to(0,0)}\rho(h,k)=0$

Exemplo. Sendo $f(x,y)=xy$, mostremos que f é diferenciável em $(1,2)$. Temos:

$$f(1+h,2+k)=(1+h)(2+k)=2+2h+k+hk,\quad f(1,2)=1\,.\,2=2$$

$$\frac{\partial f}{\partial x}(x,y)=y,\ \frac{\partial f}{\partial y}(x,y)=x;\ \text{logo,}\ \frac{\partial f}{\partial x}(1,2)=2,\ \frac{\partial f}{\partial y}(1,2)=1$$

Substituindo em $(\blacklozenge)$ vem $2+2h+k+hk=2+2h+k+\sqrt{h^2+k^2}\,\rho(h,k)$; logo, $\rho(h,k)= hk/\sqrt{h^2+k^2}$. Pelo exemplo anterior temos $\lim_{(h,k)\to(0,0)}\rho(h,k)=0$. Assim, f é diferenciável em $(1,2)$.

Observações. **(1)** Na definição anterior, definindo $\rho(\mathbf{0}) = 0$, obtemos uma função contínua em $\mathbf{0}$.
(2) Indicaremos como provar a afirmação, feita na definição anterior, de que $\mathbf{D} = \nabla f(\boldsymbol{a})$. Para aliviar a notação, suporemos $n = 2$. Escrevendo $\boldsymbol{a} = (a_1, a_2)$, $\mathbf{D} = (D_1, D_2)$, e fazendo $\mathbf{u} = t(1,0)$, a expressão $f(\boldsymbol{a}+\mathbf{u}) = f(\boldsymbol{a}) + \mathbf{D} \bullet \mathbf{u} + \|\mathbf{u}\|\,\rho(\mathbf{u})$ fica $f(a_1+t, a_2) = f(a_1, a_2) + tD_1 + |t|\,\rho(t(1,0))$, da qual segue que

$$\frac{f(a_1+t, a_2) - f(a_1, a_2)}{t} = D_1 + \frac{|t|}{t}\rho(t(1,0))$$

Fazendo $t \to 0$, temos $\rho(t(1,0)) \to \rho(\mathbf{0}) = 0$ (composta de contínuas é contínua) e como $|t|/t$ é limitada, $(|t|/t)\rho(t(1,0)) \to 0$, de modo que o segundo membro tende a D_1; o primeiro tende a $(\partial f/\partial x)(a_1, a_2)$. Assim, $D_1 = (\partial f/\partial x)(a_1, a_2)$. Analogamente se prova que $D_2 = (\partial f/\partial y)(a_1, a_2)$. ⋖

(3) Fazendo, em (♦), $x = x_0 + h$, $y = y_0 + k$, obtemos:

$$f(x, y) = g(x, y) + \sqrt{(x-x_0)^2 + (y-y_0)^2}\,\rho(x-x_0, y-y_0) \qquad (\heartsuit)$$

sendo $g(x,y) = f(x_0, y_0) + \dfrac{\partial f}{\partial x}(x_0, y_0).(x-x_0) + \dfrac{\partial f}{\partial y}(x_0, y_0).(y-y_0)$. O gráfico de g está contido em um plano, exatamente o plano definido como tangente ao gráfico de f em $(x_0, y_0, f(x_0, y_0))$. É no sentido dado por (♥) que dizemos que f é aproximada por g em torno de (x_0, y_0).

Teorema. Se f é diferenciável em $\boldsymbol{a}$, f é contínua em $\boldsymbol{a}$.
Demonstração. Como $\|\mathbf{D} \bullet \mathbf{u}\| \le \|\mathbf{D}\|\|\mathbf{u}\|$, então $\lim\limits_{\mathbf{u}\to 0}(\mathbf{D} \bullet \mathbf{u}) = 0$. Portanto,

$$\lim_{\mathbf{u}\to\mathbf{0}} f(\boldsymbol{a}+\mathbf{u}) = \lim_{\mathbf{u}\to\mathbf{0}}[f(\boldsymbol{a}) + \mathbf{D} \bullet \mathbf{u} + \|\mathbf{u}\|\,\rho(\mathbf{u})] = f(\boldsymbol{a}) \qquad ⋖$$

Teorema. Se as derivadas parciais de ordem 1 de uma função f existem em uma bola aberta B de centro $\boldsymbol{a}$ e são contínuas em $\boldsymbol{a}$, então f é diferenciável em $\boldsymbol{a}$.
Demonstração(para $n = 2$). Se $\boldsymbol{a} = (x, y)$ temos, pela continuidade acima referida, para $(x+h, y+k) \in \text{B}$:

$$\frac{\partial f}{\partial x}(x+h, y+k) = \frac{\partial f}{\partial x}(x, y) + \alpha_1(h,k) \qquad \frac{\partial f}{\partial y}(x+h, y+k) = \frac{\partial f}{\partial y}(x, y) + \alpha_2(h,k) \qquad (\clubsuit)$$

com $\lim\limits_{(h,k)\to(0,0)} \alpha_i(h,k) = \alpha_i(0,0) = 0$, $i = 1, 2$. Por outro lado,

$$f(x+h, y+k) - f(x,y) = f(x+h, y+k) - f(x+h, y) + f(x+h, y) - f(x, y)$$

$$= k\frac{\partial f}{\partial y}(x+h, y+\mu k) + h\frac{\partial f}{\partial x}(x+\lambda h, y) = k\frac{\partial f}{\partial y}(x, y) + k\alpha_2(h, \mu k) + h\frac{\partial f}{\partial x}(x, y) + h\alpha_1(\lambda h, 0)$$

sendo $|\lambda| < 1$, $|\mu| < 1$, λ e μ funções de (h,k) (usamos o Teorema do Valor Médio, §15(A) e (♣)). Definindo ρ por $\sqrt{h^2+k^2}\,\rho(h,k) = k\alpha_2(h, \mu k) + h\alpha_1(\lambda h, 0)$, resta provar que $\lim\limits_{(h,k)\to(0,0)} \rho(h,k) = 0$. De fato, dado $\varepsilon > 0$, existe uma bola aberta B_i de centro $\boldsymbol{a}$ na qual $|\alpha_i(h,k)| < \varepsilon/2$, $i = 1,2$. Portanto,

$$(h,k) \in B \cap B_1 \cap B_2 \Rightarrow |\rho(h,k)| \le |\alpha_2(h, \mu k)| + |\alpha_1(\lambda h, 0)| < (\varepsilon/2) + (\varepsilon/2) = \varepsilon \qquad ⋖$$

Capítulo 8

Integrais Duplas e Triplas

§37- INTEGRAL DUPLA

(A) Conceito e propriedades

Para estudarmos o problema a seguir, admitiremos que você tem uma idéia intuitiva de área e de volume. A área de uma região plana N será indicada por $A(N)$. Usaremos que o volume de um cilindro reto é a área da base vezes a altura, ou seja, se o cilindro reto tem base B e altura h, seu volume é $A(B).h$.

Problema. Dada a função $z = f(x, y)$ não-negativa em um subconjunto D de $\mathbb{R}^2$ com área, determine o volume da região sob o gráfico da função que está sobre D (Figura 37-1(a)), isto é, o volume $V(G)$ da região G dada por:

$$G = \{(x, y, z) \in \mathbb{R}^3 \mid (x, y) \in D \text{ e } 0 \leq z \leq f(x,y)\}$$

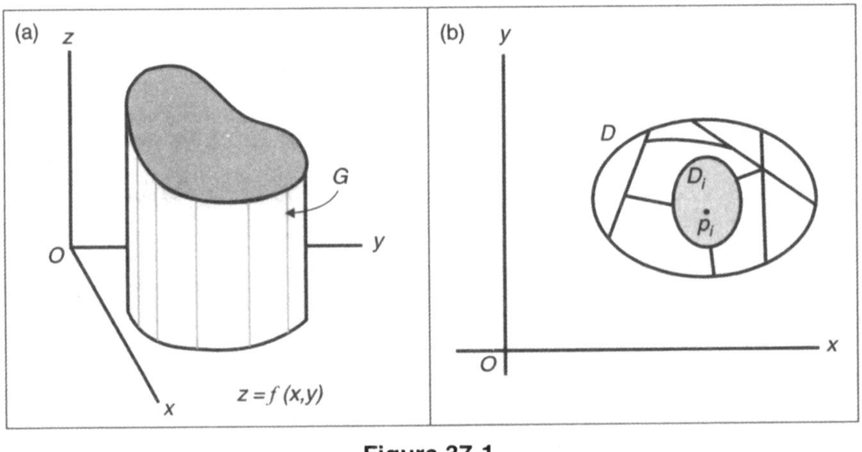

Figura 37-1

Para obter um valor aproximado de $V(G)$, dividimos D em subconjuntos D_1, D_2, D_3, ..., D_n, todos com área, com a propriedade de que dois deles ou têm interseção vazia, ou sua interseção tem área nula (Figura 37-1(b)). Vamos aproximar o volume da região correspondente a cada D_i pelo volume do cilindro reto de base D_i e altura $f(p_i)$, onde p_i é um ponto escolhido em D_i. A soma:

$$f(p_1)A(D_1) + f(p_2)A(D_2) + ... + f(p_n)A(D_n) = \sum_{i=1}^{n} f(p_i)A(D_i)$$

chamada **soma de Riemann de** f, fornece uma aproximação para $V(G)$ (Figura 37-2(a)).

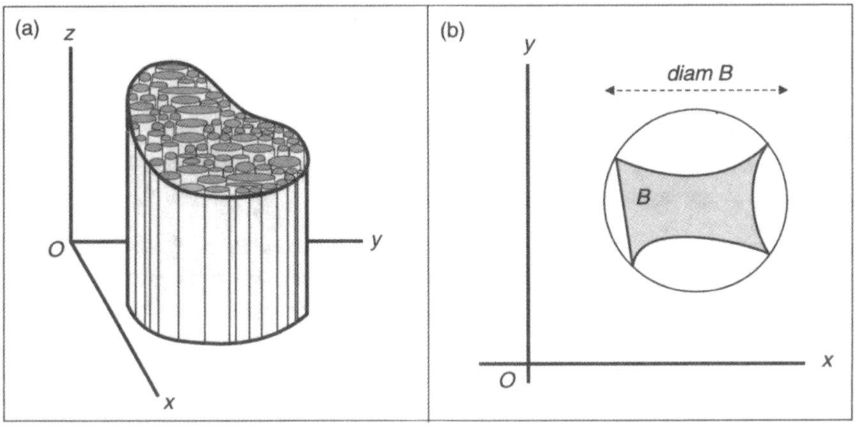

Figura 37-2

Vamos definir o diâmetro de um conjunto B de um plano como o diâmetro do menor círculo que contém B, indicado por diam$B$ (Figura 37-2(b)). Espera-se então que as somas de Riemann fiquem arbitrariamente próximas de $V(G)$ desde que o maior dos diâmetros dos D_i, indicado por maxdiamD_i, seja suficientemente pequeno. Isto se exprime simbolicamente assim:

$$V(G) = \lim_{\max \operatorname{diam} D_i \to 0} \sum_{i=1}^{n} f(p_i)A(D_i)$$

O limite acima tem sentido mesmo que a função f tenha valores negativos. Em qualquer caso, quando o limite existe, dizemos que ***f* é integrável em *D***. Esse limite é chamado de **integral (dupla) de *f* em *D***, e é indicado por $\iint\limits_D f(x, y)dA$ ou por $\iint\limits_D f(x, y)dxdy$:

$$\iint\limits_D f(x, y)dA = \iint\limits_D f(x, y)dxdy = \lim_{\max \operatorname{diam} D_i \to 0} \sum_{i=1}^{n} f(p_i)A(D_i)$$

Neste contexto, f é referida como **função integranda** ou **integrando**. Nas notações acima, permite-se, para abreviá-las, omitir o símbolo (x, y).

Portanto, temos:

Interpretação geométrica da integral dupla. Se f é não-negativa e integrável em D, então $\iint\limits_D fdA$ é o volume da região G sob o gráfico de f que está sobre D:

$$V(G) = \iint\limits_D fdA$$

Observações.

(1) Quando f é negativa em D, $\iint_D f(x,y)dA$ é o volume da região limitada pelo trecho do gráfico de f correspondente à região D e o próprio D, com sinal negativo. No caso geral, quando a função assume valores positivos e negativos, esta integral nos dá o saldo dos volumes, ou seja, a soma dos volumes afetados de sinal.

(2) Em um tratamento matemático da noção de área, aparecem conjuntos que não têm área. É por isso que dizemos "seja D uma região com área". As regiões que consideraremos são limitadas por uma reunião de um número finito de curvas, supostas contidas na região. Com uma definição rigorosa de área, prova-se que tais regiões têm área.

(3) A integral de uma função de uma variável, que estudamos no volume 1, passa a ser referida, daqui em diante, como **integral simples**.

Exemplo 37-1

(a) Vamos calcular $\iint_D f(x,y)dA$, sendo $z = 6$ (função constante) e D o retângulo definido por $2 \le x \le 4$, $4 \le y \le 7$. Como a função é positiva, a integral é o volume da região mostrada na Figura 37-3(a), um paralelepípedo retângulo de base retangular de dimensões 4–2 e 7–4, e altura 6. Portanto, seu volume é (4–2)(7–4)6 = 36. Assim:

$$\iint_D f(x,y)dA = \iint_D 6dA = 36$$ ◁

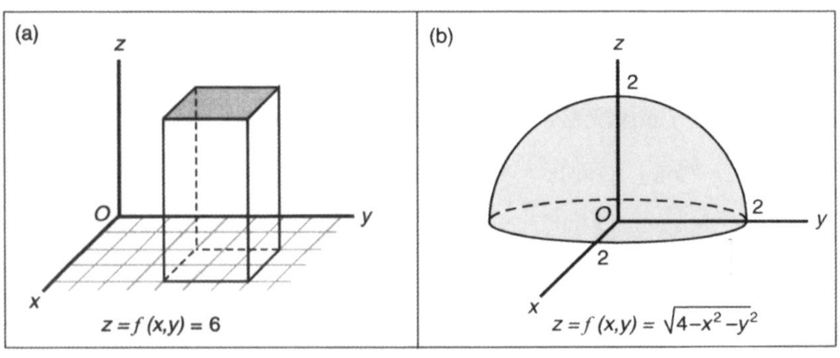

Figura 37-3

(b) Calculemos $\iint_D \sqrt{4 - x^2 - y^2}\,dA$, onde D é o domínio da função integranda, que é o conjunto dos (x, y) tais que $4 - x^2 - y^2 \ge 0$. Portanto, D é o círculo $x^2 + y^2 \le 4$, que tem centro na origem e raio 2. O gráfico da função integranda é representado por um hemisfério, pois, sendo $z=\sqrt{4-x^2-y^2}$, temos $z \geq 0$ e $z^2 = 4-x^2-y^2$, ou seja, $z \geq 0$ e $x^2+y^2+z^2=4$ (Figura 37-3(b)). Lembrando que o volume de uma esfera de raio r é $4\pi r^3/3$, temos:

$$\iint_D \sqrt{4-x^2-y^2}\,dA = \frac{1}{2}\cdot\frac{4\pi.2^3}{3} = \frac{16}{3}\pi$$

Exercício 37-1 Calcule $\iint_D f(x,y)dA$, nos casos:

(a) $f(x,y)=3$, D é o quadrado dado por $0 \leq x \leq 1, 0 \leq y \leq 1$.

(b) $f(x,y)=2$, D é o círculo dado por $x^2+y^2 \leq 3$.

(c) $f(x,y)=1$, D é o semicírculo dado por $x^2+y^2 \leq 10$, $y \geq 0$.

(d) $f(x,y)=\sqrt{1-x^2-y^2}$, D é o domínio de f.

(e) $f(x,y)=3-x-y$, D é a região triangular de vértices (3,0),(0,3) e (0,0).

Existem funções que não são integráveis. A seguir, destacaremos uma condição suficiente para a integrabilidade de uma função (isto é, se verificada, garante a integrabilidade):

Se uma função é contínua em uma região com área, então ela é integrável nessa região.

As seguintes propriedades, que serão enunciadas sem demonstração, são versões para as integrais duplas de propriedades das integrais simples. Para enunciá-las, é preciso dizer que, se f e g são funções de duas variáveis de mesmo domínio, e c um número real, definem-se as funções $f+g$ e cf, ambas com o referido domínio, por:

$$(f+g)(x,y) = f(x,y)+g(x,y) \quad \text{e} \quad (cf)(x,y) = cf(x,y)$$

Além disso, sendo M e N conjuntos, a reunião de M e N, indicada por $M \cup N$, é o conjunto formado pelos elementos de M e pelos de N (Figura 37-4(a)); e a interseção de M e N, indicada por $M \cap N$, é o conjunto formado pelos elementos comuns a M e N (Figura 37-4(b)).

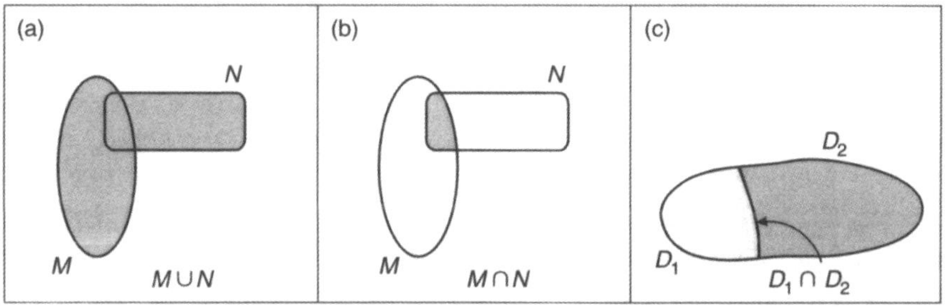

Figura 37-4

(ID$_1$) Se f e g são funções integráveis em D, e c é um número real, então:

$$\iint_D (f+g)dA = \iint_D f\,dA + \iint_D g\,dA \quad \text{e} \quad \iint_D (cf)dA = c\iint_D f\,dA$$

ou, equivalentemente, se a e b são números reais, tem-se:

$$\iint_D (af+bg)dA = a\iint_D f\,dA + b\iint_D g\,dA$$

(ID$_2$) Sejam D_1 e D_2 conjuntos com área tais que $D_1 \cap D_2$ tem área nula (Figura 37-4(c)). Então a relação:

$$\iint_{D_1\cup D_2} f\,dA = \iint_{D_1} f\,dA + \iint_{D_2} f\,dA$$

é válida, desde que f seja integrável em D_1 e em D_2, ou em $D_1 \cup D_2$.

(B) Cálculo por integrais iteradas

• ***Integração em uma região de tipo (I).*** Veremos agora como calcular uma integral dupla de uma função contínua em uma região D, quando esta tem a forma especial mostrada na Figura 37-5(a), as funções g_1 e g_2 sendo contínuas em $[a,b]$, com $g_1(x) \le g_2(x)$ nesse intervalo. Uma tal região é referida como **região de tipo (I)**.

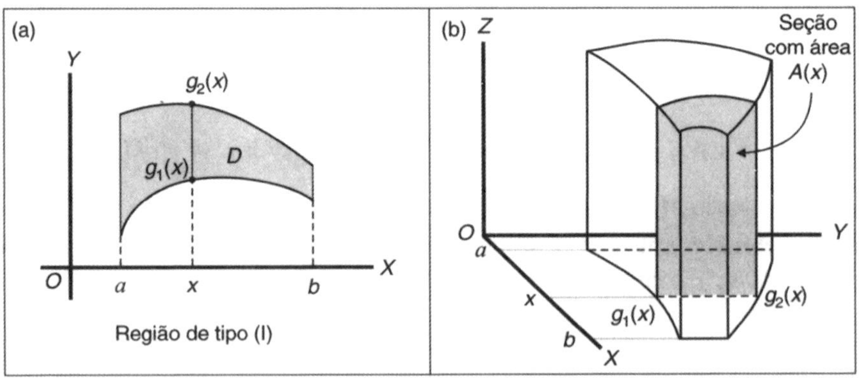

Figura 37-5

Vamos supor que f tenha valores positivos ou nulos em D, e seja G a região sob o gráfico de f que está sobre D. Para cada x de $[a,b]$, a seção transversal de G correspondente a x, destacada na Figura 37-5(b), é a interseção de G com o plano cujos pontos têm todos a mesma abscissa x. Observando a referida figura, vemos que a área $A(x)$ dessa seção transversal é a área sob o gráfico da função φ de domínio $[g_1(x), g_2(x)]$, dada por $\varphi(y) = f(x,y)$. Pela interpretação geométrica da integral simples:

$$A(x) = \int_{g_1(x)}^{g_2(x)} \varphi(y)dy = \int_{g_1(x)}^{g_2(x)} f(x, y)dy$$

Então (§20(B), volume 1) podemos escrever, para o volume $V(G)$ de G:

$$V(G) = \int_a^b A(x)dx = \int_a^b \Big(\int_{g_1(x)}^{g_2(x)} f(x, y)dy \Big)dx$$

Pela interpretação geométrica da integral, vista na seção anterior, temos $\iint_D f(x, y)\, dA = V(G)$, o que, combinado com a relação anterior, fornece:

$$\iint_D f(x, y)\, dA = \int_a^b \Big(\int_{g_1(x)}^{g_2(x)} f(x, y)dy \Big)dx$$

Bem, acontece que esta fórmula vale mesmo quando f deixa de ser não-negativa em D. Para deixar claro que a integral "interna" é feita em relação a y, escreveremos os extremos de integração na forma $y = g_1(x)$ e $y = g_2(x)$; e para deixar claro que a integral "externa" é feita em relação a x, escreveremos os extremos de integração na forma $x = a$ e $x = b$. A fórmula acima obtida fica, então, assim:

$$\boxed{\iint_D f(x, y)\, dA = \int_{x=a}^{x=b} \Big(\int_{y=g_1(x)}^{y=g_2(x)} f(x, y)dy \Big)dx} \qquad (\clubsuit)$$

As integrais do segundo membro de ($\clubsuit$) são referidas como **integrais iteradas**.

Observação. Para escrever o segundo membro, convém pensar assim:

(1) Vamos primeiro integrar em y, considerando x constante. Imediatamente escrevemos

$$\int_{y=}^{y=} f(x, y)dy$$

(2) Para esse x, traçamos o segmento vertical em D, como indicado na Figura 37-5(a). O valor de y da extremidade inferior desse segmento é o que comparece no extremo inferior da integral, e o valor de y da extremidade superior desse segmento é o que comparece no extremo superior da integral:

$$\int_{y=g_1(x)}^{y=g_2(x)} f(x, y)dy$$

(3) Em seguida, integramos em relação a x, de a a b:

$$\int_{x=a}^{x=b} \Big(\int_{y=g_1(x)}^{y=g_2(x)} f(x, y)dy \Big)dx$$

que é:

$$\iint_D f(x, y)\, dA.$$

Exemplo 37-2 Calcule $\iint_D x^2 y\, dA$, *D* sendo dado por $0 \leq x \leq 2$, $0 \leq y \leq 1$.

Resolução. A primeira coisa a fazer é representar esquematicamente o domínio de integração *D*, o que está feito na Figura 37-6(a). Seguiremos o procedimento indicado na observação anterior. Vamos integrar primeiramente em *y*; logo, escrevemos:

$$\int_{y=}^{y=} x^2 y dy$$

e traçamos, para um *x* genérico do intervalo [0,2], o segmento vertical destacado na referida figura. Vemos então que o valor de *y* da extremidade inferior desse segmento é $y = 0$, e o da extremidade superior é $y = 1$; logo, completamos a integral acima do seguinte modo:

$$\int_{y=0}^{y=1} x^2 y dy$$

Efetuemos agora o cálculo:

$$\int_{y=0}^{y=1} x^2 y dy = x^2 \frac{y^2}{2} \Bigg|_{y=0}^{y=1} = x^2 . \frac{1^2}{2} - x^2 . \frac{0^2}{2} = \frac{1}{2} x^2$$

Continuando de acordo com o indicado na observação anterior, devemos integrar agora em *x*, de 0 a 2, e o resultado é a integral dupla pedida:

$$\iint_D x^2 y\, dA = \int_{x=0}^{x=2} \frac{1}{2} x^2 dx = \frac{1}{2} . \frac{x^3}{3} \Bigg|_{x=0}^{x=2} = \frac{1}{2} . \frac{2^3}{3} - \frac{1}{2} . \frac{0^3}{3} = \frac{4}{3}$$ ◄

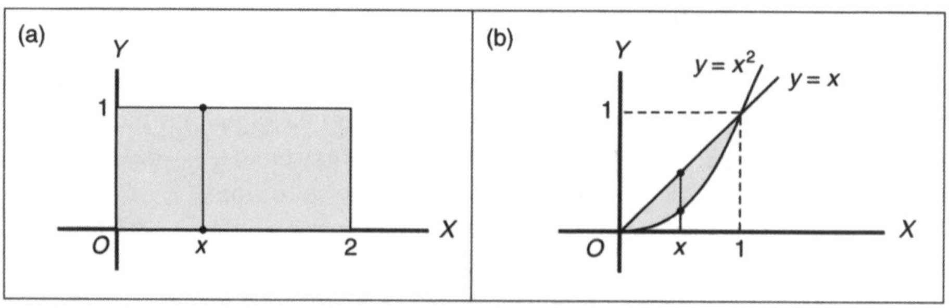

Figura 37-6

Exercício 37-2 Em cada caso, calcule a integral, a região D sendo dada pelas desigualdades:

(a) $\iint_D 6x^2 y\, dA$, $0 \le x \le 1$, $1 \le y \le 2$.
(b) $\iint_D (x^3 y^2 + x)\, dA$, $-1 \le x \le 1$, $0 \le y \le 1$.

(c) $\iint_D e^{x+y} dA$, $0 \le x \le \ln 2$, $0 \le y \le \ln 2$.
(d) $\iint_D (x + y - 4)\, dA$, $0 \le x \le 1$, $0 \le y \le 2$.

(e) $\iint_D (x^2 + y^2 - 10)\, dA$, $0 \le x \le 1$, $0 \le y \le 3$.
(f) $\iint_D \frac{1}{xy} dA$, $1 \le x \le 2$, $1 \le y \le 3$.

(g) $\iint_D 2\cos x \cos y\, dA$, $0 \le x \le \pi$, $0 \le y \le \pi/2$.

Exemplo 37-3 Calcule $\iint_D x^2 y\, dA$, D sendo a região limitada pela reta $y = x$ e pela parábola $y = x^2$.

Resolução. A representação esquemática de D é a primeira coisa a ser providenciada. Na Figura 37-6(b) representamos a reta e a parábola, onde as abscissas dos pontos de interseção foram achadas resolvendo o sistema formado por suas equações. Resulta $x = x^2$, que fornece $x = 0$ e $x = 1$. Seguindo o procedimento indicado na observação anterior, vamos integrar primeiramente em y; logo, escrevemos:

$$\int_{y=}^{y=} x^2 y dy$$

e traçamos, para um x genérico do intervalo $[0,1]$, o segmento vertical destacado na referida figura. Vemos então que o valor de y da extremidade inferior desse segmento é $y = x^2$, e o da extremidade superior é $y = x$; logo, completamos a integral acima do seguinte modo:

$$\int_{y=x^2}^{y=x} x^2 y dy$$

Efetuemos agora o cálculo:

$$\int_{y=x^2}^{y=x} x^2 y dy = x^2 \frac{y^2}{2} \Bigg|_{y=x^2}^{y=x} = x^2 . \frac{x^2}{2} - x^2 . \frac{(x^2)^2}{2} = \frac{1}{2} x^4 - \frac{1}{2} x^6$$

Continuando de acordo com o indicado na observação anterior, devemos integrar em x, de 0 a 1, para obter a integral dupla pedida:

$$\iint_D x^2 y\, dA = \int_{x=0}^{x=1} (\frac{1}{2} x^4 - \frac{1}{2} x^6) dx = (\frac{1}{2} . \frac{x^5}{5} - \frac{1}{2} \frac{x^7}{7}) \Bigg|_{x=0}^{x=1}$$

$$=\frac{1}{2}.\frac{1^5}{5}-\frac{1}{2}.\frac{1^7}{7}-(\frac{1}{2}.\frac{0^5}{5}-\frac{1}{2}.\frac{0^7}{7})=\frac{1}{35}$$

Exercício 37-3 Calcule:

(a) $\iint_D 160xy^3\,dA$, D sendo a região limitada pelas curvas $y=x^2$ e $y=\sqrt{x}$.

(b) $\iint_D x^2 y\,dA$, D sendo a região limitada pelas curvas $y=x^2$ e $y=-x^2+2x$.

(c) $\iint_D 10xy\,dA$, D sendo a região limitada pelas curvas $y=x^2-2x$ e $3y=x^2$.

(d) $\iint_D xy\,dA$, D sendo a região limitada pelas curvas $y=-\sqrt{x}$ e $y=-\frac{1}{2}x$.

(e) $\iint_D (2x+4y)\,dA$, D sendo a região limitada pelas curvas $y=2x^2-1$ e $y=x^2$.

Observação. A região limitada pelas curvas $y=x^3$ e $y=-x^2+2x$ está representada na Figura 37-7. A curva superior que limita a região é gráfico de uma função g_2 que tem expressões diferentes: $g_2(x)=x^3$, se $-2\le x\le 0$, e $g_2(x)=-x^2+2x$, se $0\le x\le 1$. Nesse caso, a integral de uma função nessa região pode ser calculada considerando as regiões D_1 e D_2 indicadas na referida figura e aplicando a propriedade (ID_2) vista na seção (A).

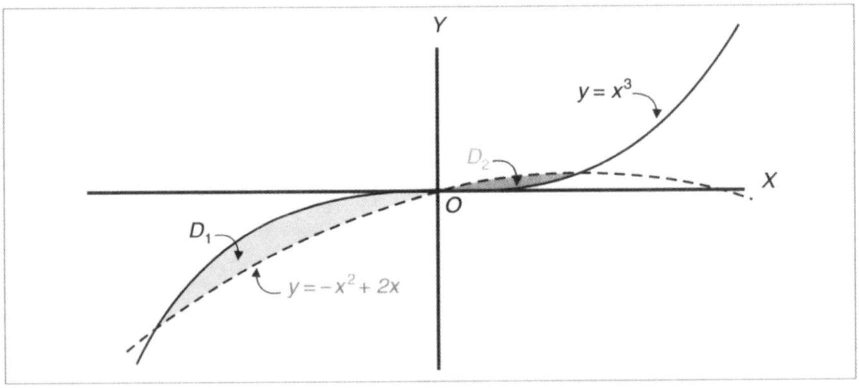

Figura 37-7

Exercício 37-4

(a) Calcule $\iint_D 210y\,dA$, D sendo a região limitada pelas curvas $y=x^3$ e $y=-x^2+2x$.

(b) Calcule $\iint_D 35x^2y\,dA$, D sendo a região limitada pelas curvas $y=x^2$, $y=x$, e pela reta $x=2$.

Exercício 37-5 Calcule, usando integral dupla, o volume do tetraedro de vértices (0,0,0), (3,0,0),(0,3,0) e (0,0,3).

• ***Integração em uma região de tipo (II).*** Veremos agora como calcular a integral dupla de uma função contínua f em uma região D, quando esta tem a forma especial mostrada na Figura 37-8, as funções h_1 e h_2 sendo contínuas em $[c,d]$, com $h_1(y) \leq h_2(y)$ nesse intervalo. Uma tal região é referida como **região de tipo (II)**. Vale uma fórmula análoga a (♣).

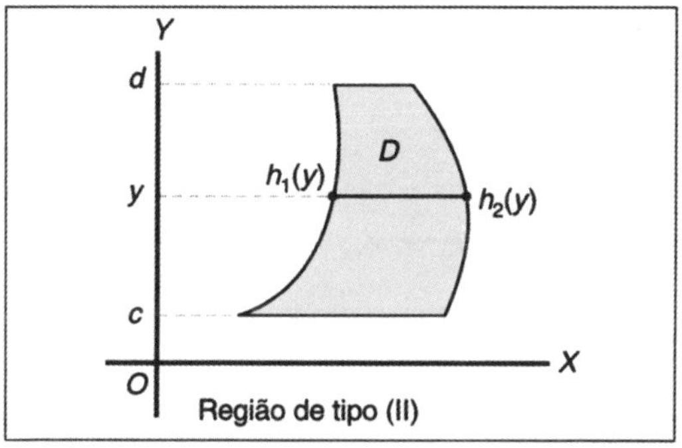

Figura 37-8

Descreveremos o procedimento a ser seguido.

(1) Vamos primeiro integrar em x, considerando y constante. Imediatamente escrevemos:

$$\int_{x=}^{x=} f(x,y)dx$$

(2) Para esse y, traçamos o segmento horizontal em D, como indicado na Figura 37-8. O valor de x da extremidade esquerda desse segmento é o que comparece no extremo inferior da integral, e o valor de x da extremidade direita desse segmento é o que comparece no extremo superior da integral:

$$\int_{x=h_1(y)}^{x=h_2(y)} f(x,y)dx$$

(3) Em seguida, integramos em relação a y, de c a d:

$$\int_{y=c}^{y=d} \left(\int_{x=h_1(y)}^{x=h_2(y)} f(x,y)dx \right) dy$$

que é $\iint_D f(x,y)\,dA$.

Destaquemos o resultado:

$$\iint_D f(x,y)\,dA = \int_{y=c}^{y=d} \left(\int_{x=h_1(y)}^{x=h_2(y)} f(x,y)dx \right) dy \qquad (\blacklozenge)$$

Exemplo 37-4 Calcule $\iint_D (x+3y)\,dA$, D sendo a região triangular de vértices (0,0), (1,1) e (2,0).

Resolução. A primeira coisa a ser feita é representar D (Figura 37-9(a)).

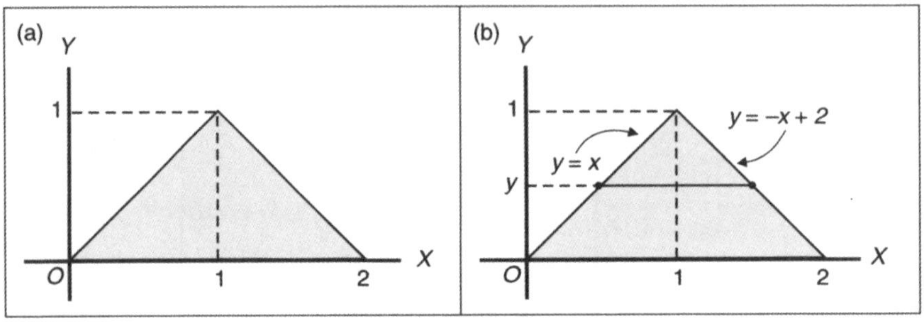

Figura 37-9

Necessitaremos de uma equação da reta por (0,0) e (1,1) e da reta por (1,1) e (2,0). Tais equações são da forma $y = mx + n$. No caso da segunda reta, como esta passa por (1,1), temos $1 = m.1 + n$; e como ela passa por (2,0), temos $0 = m.2 + n$. Resolvendo o sistema formado pelas equações obtidas, resulta $m = -1$ e $n = 2$, de modo que a reta tem equação $y = -x + 2$. De modo análogo, chega-se, para a outra reta, à equação $y = x$.

Vamos integrar primeiro em relação a x, para um y constante. Imediatamente escrevemos:

$$\int_{x=}^{x=} (x+3y)dx$$

Para esse y, traçamos o segmento horizontal em D, como indicado na Figura 37-9(b). O valor de x da extremidade esquerda desse segmento, que é tirado da equação da reta que contém essa extremidade, é $x = y$, e é o que deve comparecer no extremo inferior da integral; e o valor de x da extremidade direita desse segmento, que é tirado da equação da reta que contém essa extremidade, é $x = 2 - y$, e é o que deve comparecer no extremo superior da integral:

$$\int_{x=y}^{x=2-y} (x+3y)dx$$

Efetuando os cálculos, vem:

$$\int_{x=y}^{x=2-y} (x+3y)dx = (\frac{1}{2}x^2 + 3yx) \Bigg|_{x=y}^{x=2-y}$$

$$= \frac{1}{2}(2-y)^2 + 3y(2-y) - (\frac{1}{2}y^2 + 3yy) = 2 + 4y - 6y^2$$

Agora, integramos em y, de 0 a 1:

$$\int_{y=0}^{y=1} (\int_{x=y}^{x=2-y} (x+3y)dx)dy = \int_{y=0}^{y=1} (2+4y-6y^2)dy = (2y + 4.\frac{y^2}{2} - 6\frac{y^3}{3}) \Bigg|_{y=0}^{y=1} = 2$$

Portanto:

$$\iint_D (x+3y)\, dA = 2$$

Exercício 37-6 Calcule, integrando primeiro em relação a x:

(a) $\iint_D (3x-3y)\, dA$, D sendo a região triangular de vértices (0,0), (1,0) e (2,1).

(b) $\iint_D \frac{1}{y} dA$, D sendo a região triangular de vértices (1,1), (2e−1,1) e (e,e).

(c) $\iint_D 30x^2 y\, dA$, D sendo a região trapezoidal de vértices (0,0), (0,1), (1,1) e (2,0).

Exemplo 37-5 Calcule $\iint_D y\, dA$, D sendo a região limitada pela curva $y = \sqrt{x}$ e pelas retas $x + y = 2$ e $y = 0$.

Resolução. A região D está representada na Figura 37-10(a).

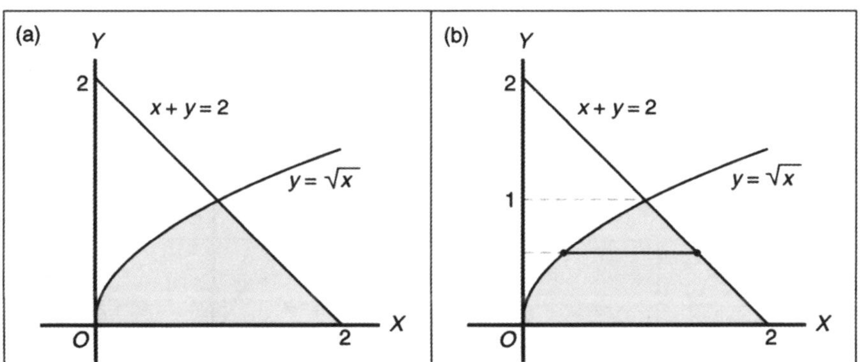

Figura 37-10

Necessitaremos da ordenada do ponto interseção da curva $y = \sqrt{x}$ com a reta $x + y = 2$. Desta última vem $x = 2 - y$; logo, a primeira equação fica $y = \sqrt{2 - y}$, e daí $y^2 = 2 - y$. Resolvendo esta equação do segundo grau resulta $y = -2$ e $y = 1$. Como $y \geq 0$, só serve $y = 1$.

Vamos efetuar a integração, primeiro em relação a x. Da equação $y = \sqrt{x}$ vem $x = y^2$, que vai ser o extremo inferior da integral, e da equação $x + y = 2$ vem $x = 2 - y$, que vai ser o extremo superior da integral (Figura 37-10(b)):

$$\int_{x=y^2}^{x=2-y} y dx = (yx) \Bigg|_{x=y^2}^{x=2-y} = y(2-y) - yy^2 = 2y - y^2 - y^3$$

Agora integramos em relação a y, de 0 a 1:

$$\int_{y=0}^{y=1} \int_{x=y^2}^{x=2-y} y dx = \int_{y=0}^{y=1} (2y - y^2 - y^3) dy = (2\frac{y^2}{2} - \frac{y^3}{3} - \frac{y^4}{4}) \Bigg|_{y=0}^{y=1} = \frac{5}{12}$$

Portanto:

$$\iint_D y\, dA = \frac{5}{12}$$

Exercício 37-7 Calcule:

(a) $\iint_D y\, dA$, D sendo a região do primeiro quadrante limitada pelas retas $x + y = 2$ e $y = 0$ e pela curva $y = x^2$.

(b) $\iint_D 2x\, dA$, D sendo a região mostrada na Figura 37-11(a).

(c) $\iint_D 2ye^x\, dA$, D sendo a região mostrada na Figura 37-11(b).

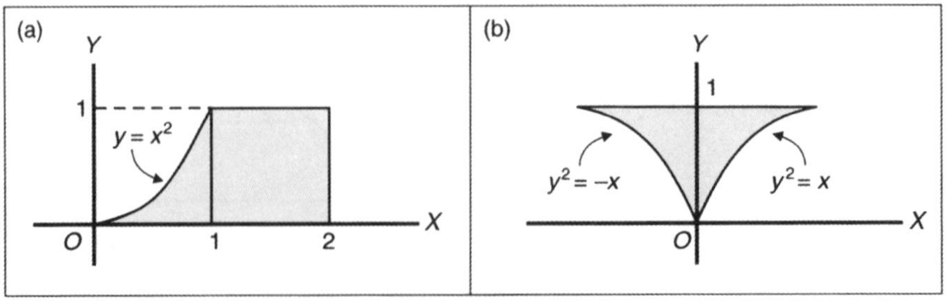

Figura 37-11

Observação. A área de uma região plana D pode ser calculada usando integral dupla. De fato, pela interpretação da integral dupla como volume, a integral $\iint_D 1\,dA$, que também é escrita $\iint_D dA$, é o volume da região G sob o gráfico da função constante 1 que está sobre D:

$$V(G) = \iint_D dA$$

Como G é um cilindro reto de base D e altura 1, então $V(G) = A(D).1 = A(D)$. Substituindo na expressão anterior, vem:

$$\boxed{A(D) = \iint_D dA} \qquad (\heartsuit)$$

Exemplo 37-6 Calcule a área da região D representada na Figura 37-12(a).

Resolução. Para achar a abscissa do ponto P indicado na figura, devemos resolver a equação $\cos x = \operatorname{sen} x$, para x entre 0 e $\pi/2$. A equação equivale a $\operatorname{tg} x = 1$. Portanto, $x = \pi/4$. Apliquemos ($\heartsuit$):

$$A(D) = \iint_D dA = \int_{x=0}^{x=\pi/4} \left(\int_{y=\operatorname{sen} x}^{y=\cos x} dy \right) dx = \int_{x=0}^{x=\pi/4} \left(y \,\Big|_{y=\operatorname{sen} x}^{y=\cos x} \right) dx = \int_{x=0}^{x=\pi/4} (\cos x - \operatorname{sen} x)\,dx$$

$$= (\operatorname{sen} x + \cos x)\,\Big|_{x=0}^{x=\pi/4} = \operatorname{sen}\left(\frac{\pi}{4}\right) + \cos\left(\frac{\pi}{4}\right) - (\operatorname{sen} 0 + \cos 0) = \sqrt{2} - 1 \qquad \blacktriangleleft$$

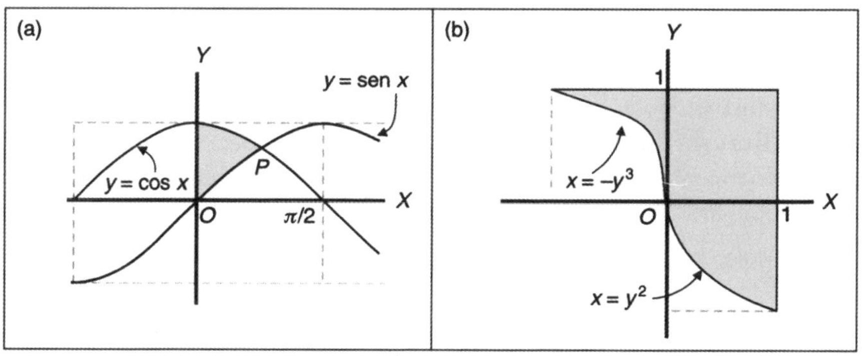

Figura 37-12

Exercício 37-8 Calcule, usando integral dupla, a área da região D especificada:

(a) D é limitada pela parábola $y = x^2$ e pela reta $x + y = 2$.

(b) D é limitada pela parábola $y^2 = 4x$ e pela reta $y - 2x = 0$.

(c) D é limitada pelas curvas $y = x^2$ e $y = x^3$.

(d) D pertence ao primeiro quadrante e é limitada pela curva $y = x^3$, pelo eixo Ox, pela reta $y = x - 2$ e pela reta $y = 1$.

(e) D está representada na Figura 37-12(b).

(C) Complementos

Simetrias. O cálculo da integral de uma função f em uma região D pode ser evitado quando as duas condições seguintes são verificadas simultaneamente:

- A região D é simétrica em relação a uma reta r (Figura 37-13(a)).
- Se p e p' são pontos de D simétricos em relação a r, tem-se $f(p) = -f(p')$.

Nesse caso, se f é integrável em D, vale que:

$$\iint_D f(x, y)dA = 0$$

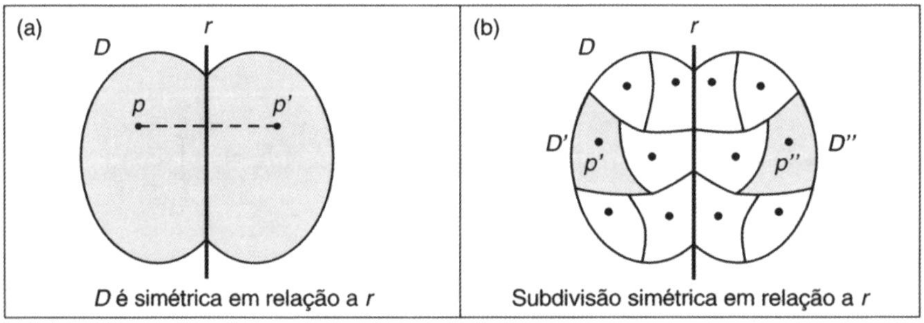

Figura 37-13

Podemos nos convencer disso assim: tomamos uma subdivisão de D simétrica em relação a r e escolhemos pontos simétricos em relação a r para formar a soma de Riemann correspondente (Figura 37-13(b)). Se D' e D'' são regiões simétricas da subdivisão, contendo, respectivamente, os pontos p' e p'' simétricos em relação a r, então a contribuição correspondente para a soma de Riemann é:

$$f(p')A(D') + f(p'')A(D'') = f(p')A(D') + (-f(p'))A(D') = 0$$

o que mostra que a soma de Riemann é nula. Tomando subdivisões deste tipo com o maior dos diâmetros tendendo a 0, as somas de Riemann tendem, por um lado, à integral de f em D, e, por outro, a 0, ou seja, tal integral vale 0.

Graças a este resultado, podemos dizer que é nula a integral de f dada por $f(x, y) = x^2 \operatorname{sen}(xy)\cos(3x^4 - 5y)$ em qualquer D (com área) simétrico em relação ao eixo Oy. Isto porque pontos simétricos em relação a Oy são da forma (x, y) e $(-x, y)$, e:

$$f(-x,y) = (-x)^2 \operatorname{sen}((-x)y)\cos(3(-x)^4 - 5y)$$

$$= x^2(-\operatorname{sen}(xy))\cos(3x^4 - 5y) = -x^2 \operatorname{sen}(xy)\cos(3x^4 - 5y) = -f(x,y)$$

Com argumentação análoga, pode-se entender que, se a segunda condição acima for substituída por $f(p) = f(p')$, então:

$$\iint_D f(x,y)dA = 2\iint_{D_1} f(x,y)dA$$

onde D_1 é qualquer uma das duas regiões em que D fica dividida pela reta r.

Escolha da ordem de integração. No caso em que a região D onde se vai integrar é simultaneamente de tipo (I) e de tipo (II), pode-se escolher, em princípio, a variável em relação à qual vai se integrar primeiro. Pode suceder que um caminho conduza a cálculos mais simples do que o outro. Pode suceder também que em uma ordem de integração seja impossível efetuar o cálculo, pelo fato de encontrarmos uma integral cuja primitiva não seja uma função elementar. Por exemplo, se D é a região limitada pelo triângulo de vértices (0,0), (1,1) e (0,1), e $f(x,y) = x\operatorname{sen}(y^3)$, a escolha de integrar primeiro em relação a y conduz à integral $\int_{y=x}^{y=1} \operatorname{sen}(y^3)\,dy$, mas $\operatorname{sen}(y^3)$ não tem primitiva elementar. Escolhido o outro caminho, isto é, que integra primeiro em relação a x, obtém-se que a integral de f em D vale $(1-\cos 1)/6$, o que deixamos para você verificar.

Respostas dos exercícios do §37

37-1 (a) 3. (b) 6π. (c) 5π. (d) $2\pi/3$. (e) 9/2.

37-2 (a) 3. (b) 0. (c) 1. (d) –5. (e) –20. (f) (ln2)(ln3). (g) 0.

37-3 (a) 6. (b) 1/15. (c) 27. (d) –8/3. (e) –16/15.

37-4 (a) –1511. (b) 210.

37-5 9/2.

37-6 (a) 1. (b) 2. (c) 13.

37-7 (a) 4/15. (b) 7/2. (c) $(e-1)^2/e$.

37-8 (a) 9/2. (b) 1/3. (c) 1/12. (d) 7/4. (e) 23/12.

§38- INTEGRAL DUPLA USANDO COORDENADAS POLARES

(A) Coordenadas polares

Até agora, vimos apenas um modo de associar coordenadas a um ponto P de um plano: tomados dois eixos perpendiculares Ox e Oy, a P associamos o par ordenado (x, y), onde x é a abscissa e y a ordenada de P. O sistema de coordenadas que se obtém é o sistema cartesiano (ou retangular) de coordenadas. Existem outras maneiras de associar coordenadas a um ponto, uma das quais é a seguinte:

Tomamos, no plano, uma semi-reta chamada **eixo polar**, cuja origem O é chamada de **pólo**. Considere um ponto P do plano.

- Designaremos por r sua distância a O, chamada **coordenada radial** de P.
- Se $P \neq O$, imaginemos uma semi-reta coincidente com o eixo polar, a qual será girada em torno de O, no sentido anti-horário (quer dizer, no sentido contrário ao do movimento dos ponteiros de um relógio), até atingir P. Sendo α a medida em radianos do ângulo varrido, $0 \leq \alpha < 2\pi$, e escolhido um inteiro k, o número $\theta = \alpha + 2k\pi$ é chamado **coordenada angular** de P (Figura 38-1(a)). No caso do ponto O, combinaremos que qualquer número real é coordenada angular de O.

A semi-reta acima referida pode, alternativamente, ser girada no sentido horário (quer dizer, no sentido do movimento dos ponteiros de um relógio) até atingir P. Nesse caso, $\theta = -\alpha + 2k\pi$ (Figura 38-1(b)).

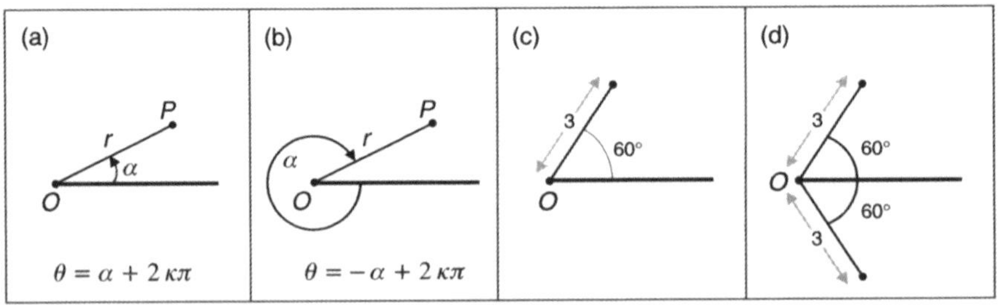

Figura 38-1

Exemplo 38-1

(a) Na Figura 38-1(c), o ponto P tem coordenadas polares $r = 3$ e $\theta = \pi/3$. Podemos dizer também que ele tem coordenadas polares $r = 3$ e $\theta = \pi/3 - 2\pi = -5\pi/3$. Este valor de θ corresponde a girar a semi-reta coincidente com o eixo polar de $5\pi/3$ (300 graus) no sentido horário, para que ela atinja P.

(b) Se dois pontos têm a mesma coordenada radial e coordenadas angulares opostas (por exemplo, $r = 3$, $\theta = \pi/3$ para um e $r = 3$, $\theta = -\pi/3$ para o outro), então eles são simétricos em relação à reta que contém o eixo polar (Figura 38-1(d)).

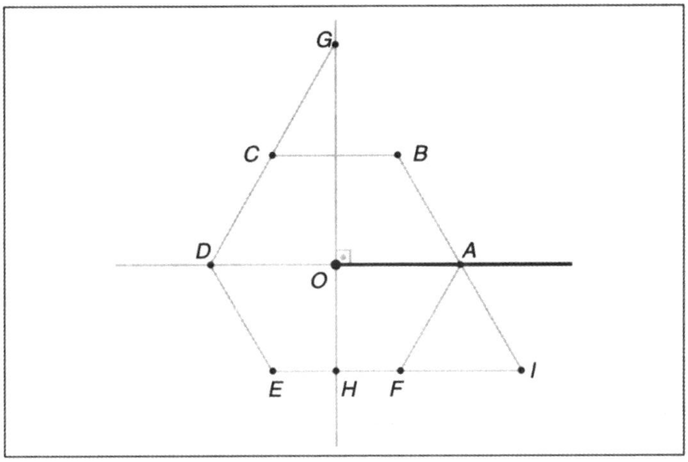

Figura 38-2

Exercício 38-1 Dê coordenadas polares dos pontos representados na Figura 38-2, com a restrição $-\pi < \theta \leq \pi$, sendo ABCDEF um hexágono regular de centro O e lado medindo 4.

Exercício 38-2 Represente o ponto cujas coordenadas polares são dadas:
A: $r = 1$, $\theta = \pi$. B: $r = 2$, $\theta = -\pi$. C: $r = 2$, $\theta = \pi/2$. D: $r = 2$, $\theta = 5\pi/6$.
E: $r = 3$, $\theta = -\pi/4$. F: $r = 3$, $\theta = -5\pi/6$. G: $r = 2$, $\theta = 3\pi/2$. H: $r = 2$, $\theta = 7\pi/4$.
I: $r = 3$, $\theta = \pi/3$. J: $r = 2$, $\theta = 2\pi/3$. L: $r = 3$, $\theta = -\pi/3$. M: $r = 3$, $\theta = \pi/6$.

Exemplo 38-2 Represente a curva, dada uma equação da mesma em coordenadas polares, sendo $a > 0$ uma constante:
(a) $r = a$. (b) $r = a(1 + \cos\theta)$. (c) $r = a\,\text{sen}(2\theta)$.

Resolução. A idéia é representar o gráfico da função $r = h(\theta)$ dada em cada caso, e depois interpretá-la convenientemente. Imaginamos um "cineminha": à medida que θ cresce, a semi-reta inicialmente coincidente com o eixo polar gira em torno de O; e para cada valor de θ marcamos, nessa semi-reta móvel, o valor de r dado por $r = h(\theta)$.

(a) Na Figura 38-3(a) representamos o gráfico de $r = h(\theta) = a$. À medida que θ cresce, a semi-reta móvel gira em torno de O, na qual marcamos, para cada valor de θ, o ponto cuja distância a O é a. Trata-se, pois, de uma circunferência de centro O e raio a.

(b) Antes de mais nada, notemos uma importante simetria: trocando θ por $-\theta$, o valor de r é o mesmo; logo, pelo Exemplo 38-1(b), a curva é simétrica em relação à reta que contém o eixo polar, razão pela qual representamos, na Figura 38-3(b), o gráfico de $r = h(\theta) = a(1 + \cos\theta)$, apenas no intervalo $[0, \pi]$, onde se vê que, quando θ cresce de 0 a

π, r decresce de $2a$ a 0. Agora, o "cineminha": à medida que θ cresce, a semi-reta móvel gira em torno de O, na qual marcamos, para cada valor de θ, o ponto cuja distância a O é $r = a(1+\cos\theta)$. Obtém-se representação da curva mostrada na referida figura. Uma tal curva é chamada de **cardióide**.

(c) Na Figura 38-3(c) representamos o gráfico de $r = h(\theta) = a\,\text{sen}\,2\theta$, para θ no intervalo $[0,2\pi]$. Como $r \geq 0$, vemos que não há pontos da curva para θ entre $\pi/2$ e π e entre $3\pi/2$ e 2π. Raciocinando como no item anterior, obtemos a representação da curva mostrada na referida figura, que recebe o nome de **rosácea de duas folhas**.

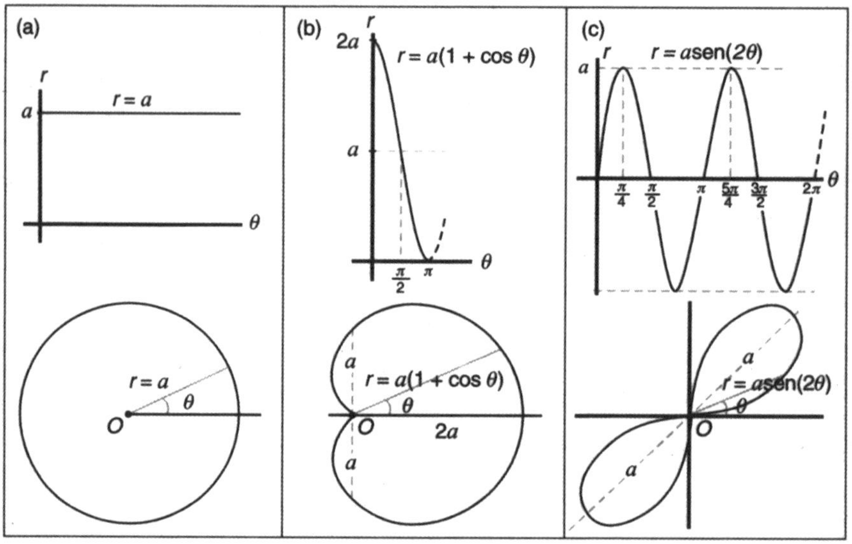

Figura 38-3

Exercício 38-3 Represente a curva, dada uma equação da mesma em coordenadas polares ($a > 0$ é uma constante):

(a) $r = a(1-\cos\theta)$.

(b) $r = a(1+\text{sen}\,\theta)$.

(c) $r^2 = a^2\cos(2\theta)$ (**Lemniscata de Bernoulli**).

(d) $r = a\theta$ (**Espiral de Arquimedes**).

(e) $r = a\,\text{sen}(3\theta)$ (**Rosácea de três folhas**).

(f) $r = 3+\cos\theta$ (**Limaçon**) (caracol, em francês).

A Figura 38-4(a) mostra eixos cartesianos de origem O e o eixo polar de pólo O coincidindo com o semi-eixo positivo Ox. Nesse caso, as coordenadas cartesianas x e y de um ponto se relacionam com as coordenadas polares r e θ desse ponto da seguinte maneira:

$$\begin{cases} x = r\cos\theta \\ y = r\,\text{sen}\,\theta \end{cases} \qquad (\clubsuit)$$

Aviso. Vamos supor, sem menção explícita, que os eixos cartesianos e o eixo polar são tomados da maneira explicada.

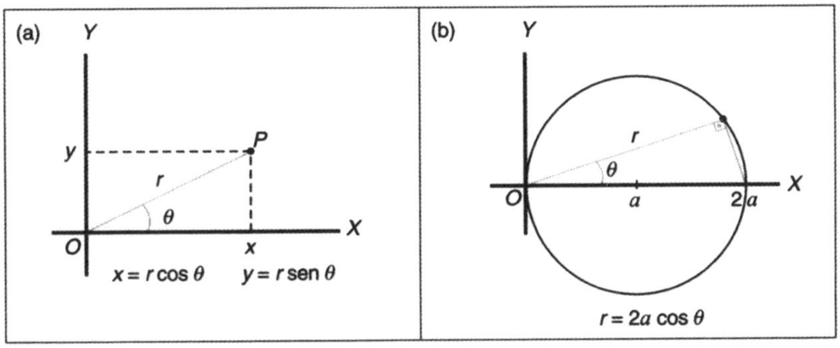

Figura 38-4

Exemplo 38-3 Obtenha, em coordenadas polares, uma equação da circunferência de centro $(a,0)$ e raio a $(a > 0)$.

Resolução. Primeiramente, escrevemos uma equação da circunferência em coordenadas cartesianas. A circunferência de centro (x_0, y_0) e raio a tem por equação $(x-x_0)^2+(y-y_0)^2=a^2$. Para o caso em questão, ela fica $(x-a)^2+y^2=a^2$, ou seja, $x^2-2ax+a^2+y^2=a^2$, de onde resulta:

$$x^2+y^2-2ax=0$$

Usando (♣), temos:

$$x^2+y^2=(r\cos\theta)^2+(r\,\text{sen}\,\theta)^2=r^2(\cos^2\theta+\text{sen}^2\,\theta)=r^2$$

de modo que a relação anterior fornece $r^2-2ar\cos\theta=0$, ou seja, $r(r-2a\cos\theta)=0$. Daí resulta que ou $r=0$ ou $r=2a\cos\theta$. Como esta última equação engloba a primeira, pois $r=0$ se $\theta=\pi/2$, ela é a equação procurada:

$$r=2a\cos\theta$$

Observação. Para reforçar o entendimento, representamos a circunferência do exemplo anterior na Figura 38-4(b), com indicação do ponto sobre a circunferência correspondente a um θ genérico. Note que, neste caso particular, a equação $r=2a\cos\theta$ pode ser obtida por Geometria Elementar.

Exercício 38-4 Obtenha uma equação em coordenadas polares do conjunto dado:
(a) Circunferência de centro $(0,a)$ e raio a.
(b) Conjunto de equação $x^2+y^2=\sqrt{x^2+y^2}-x$.

Exercício 38-5 Dê as coordenadas polares, com θ em $]-\pi,\pi]$, de cada ponto da interseção das curvas dadas:
(a) Circunferência de centro (3,0) e raio 3, e a cardióide $r=2(1+\cos\theta)$.

(b) Limaçon $r = 2 + \cos\theta$ e a curva $x^2 + y^2 = 1$.

Suponha que são dadas as coordenadas cartesianas x e y de um ponto P distinto de O e que sejam pedidas coordenadas polares de P. Das equações (♣) resulta que $\cos\theta = x/r$ e $\operatorname{sen}\theta = y/r$, e como r é a distância de P a O, então $r = \sqrt{x^2 + y^2}$. Assim, temos:

$$r = \sqrt{x^2 + y^2}, \qquad \operatorname{sen}\theta = \frac{y}{\sqrt{x^2 + y^2}}, \qquad \cos\theta = \frac{x}{\sqrt{x^2 + y^2}} \qquad (\blacklozenge)$$

Exemplo 38-4

(a) Dê as coordenadas polares r e θ de $P = (3,3)$, com a condição $-\pi < \theta \leq \pi$.

(b) Dê uma equação em coordenadas cartesianas da curva de equação $r = \cos\theta$.

Resolução.

(a) Usando (♦) para $x = 3$ e $y = 3$, vem:

$$r = \sqrt{3^2 + 3^2} = 3\sqrt{2}$$

e $\cos\theta = 3/3\sqrt{2} = \sqrt{2}/2$, $\operatorname{sen}\theta = 3/3\sqrt{2} = \sqrt{2}/2$. Como foi imposto que $-\pi < \theta \leq \pi$, temos que:

$$\theta = \frac{\pi}{4}$$

(b) Usando (♦), a equação dada $r = \cos\theta$ fica $\sqrt{x^2 + y^2} = x/\sqrt{x^2 + y^2}$, de onde resulta:

$$x^2 + y^2 = x$$

(esta equação se transforma, por completação de quadrados, em $(x - \frac{1}{2})^2 + y^2 = \frac{1}{4}$, equação da circunferência de centro (1/2,0) e raio 1/2).

Exercício 38-6 Dê coordenadas polares r e θ do ponto P, com $0 \leq \theta < 2\pi$:

(a) $P = (1,1)$. (b) $P = (\sqrt{3},1)$. (c) $P = (1,-\sqrt{3})$. (d) $P = (-\sqrt{2},-\sqrt{2})$.

Exercício 38-7 Dê uma equação em coordenadas cartesianas da curva dada:

(a) Cardióide $r = 1 + \cos\theta$. (b) Lemniscata $r^2 = \cos(2\theta)$.

(c) Circunferência $r = \cos\theta$.

(B) Cálculo da integral dupla usando coordenadas polares

Consideraremos agora uma região D da forma indicada na Figura 38-5(a), descrita em coordenadas polares, por $\alpha \leq \theta \leq \beta$, $0 \leq g_1(\theta) \leq r \leq g_2(\theta)$, onde as funções g_1 e g_2 são contínuas, e $\beta - \alpha \leq 2\pi$.

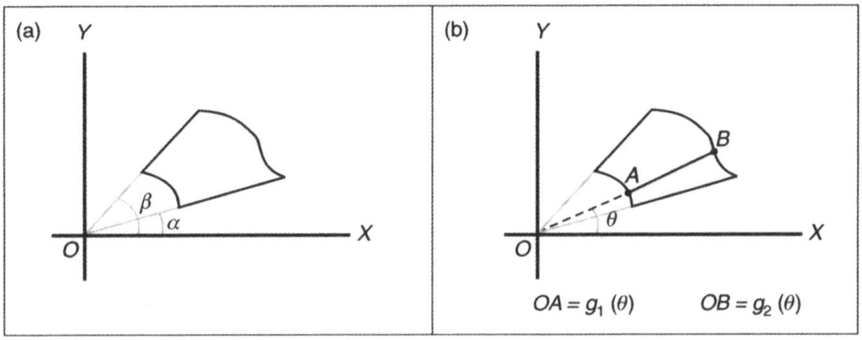

Figura 38-5

É conveniente, para o cálculo da integral dupla de uma função f em uma tal região, escrevê-la em coordenadas polares. Nesse caso, usamos (♣) para transformar $f(x, y)$ em $f(r\cos\theta, r\,\mathrm{sen}\,\theta)$. Mas, se você pensa que basta integrar esta função nas variáveis r e θ, você se enganou. É preciso multiplicar $f(r\cos\theta, r\,\mathrm{sen}\,\theta)$ por r, chamado **fator de área** (na seção (C) tentaremos explicar a razão desse nome). A fórmula correspondente à mudança das variáveis x e y para as variáveis r e θ é:

$$\iint_D f(x, y)dA = \int_{\theta=\alpha}^{\theta=\beta} \left(\int_{r=g_1(\theta)}^{r=g_2(\theta)} f(r\cos\theta, r\,\mathrm{sen}\,\theta) r dr \right) d\theta \qquad (\heartsuit)$$

O cálculo do segundo membro dessa equação pode ser feito assim:

(1) Primeiro integramos em r, considerando θ constante. Imediatamente escrevemos:

$$\int_{r=}^{r=} f(r\cos\theta, r\,\mathrm{sen}\,\theta) r dr$$

(2) Para esse θ, traçamos a semi-reta de origem O correspondente, determinando A e B na região, tais que $OA = g_1(\theta)$ e $OB = g_2(\theta)$, como indicado na Figura 38-5(b), que vão ser, respectivamente, o extremo inferior e o superior da integral citada:

$$\int_{r=g_1(\theta)}^{r=g_2(\theta)} f(r\cos\theta, r\,\mathrm{sen}\,\theta) r dr$$

(3) Em seguida, integramos em relação a θ, **do menor** valor α **ao maior** valor β:

$$\int_{\theta=\alpha}^{\theta=\beta} \left(\int_{r=g_1(\theta)}^{r=g_2(\theta)} f(r\cos\theta, r\,\mathrm{sen}\,\theta) r dr \right) d\theta$$

que é $\iint_D f(x, y)\, dA$.

Exemplo 38-5 Calcule $\iint\limits_D 24xy dA$, onde D é a região do primeiro quadrante interna à circunferência de centro na origem e raio 1.

Resolução. A região D está representada na Figura 38-6(a). Seguindo as instruções acima, fazemos $x = r\cos\theta$ e $y = r\operatorname{sen}\theta$ na função integranda, para obter $24r\cos\theta . r\operatorname{sen}\theta = 24r^2\cos\theta\operatorname{sen}\theta$. Multiplicamos o resultado pelo fator de área r, para obter $24r^3\cos\theta\operatorname{sen}\theta$. Agora, como vamos integrar em relação a r, escrevemos:

$$\int_{r=}^{r=} 24r^3 \cos\theta \operatorname{sen}\theta \, dr$$

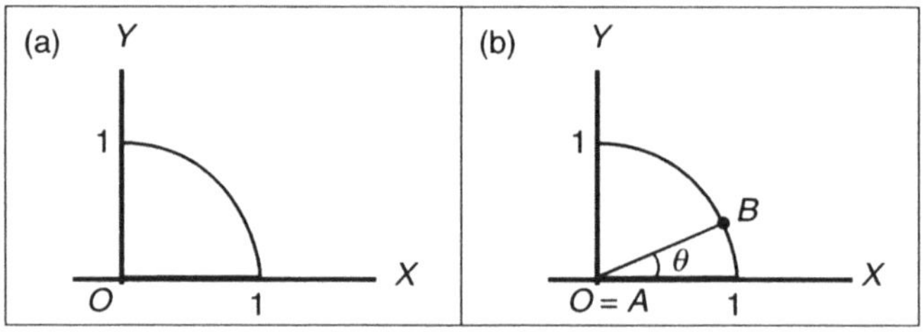

Figura 38-6

Para descobrir os extremos de integração, desenhamos, para um θ genérico, a semi-reta correspondente, que vai encontrar D segundo o segmento AB indicado na Figura 38-6(b), onde A coincide com O. O valor de r para A é 0, e o valor de r para B é 1; estes valores são, respectivamente, o extremo inferior e superior da integral anterior:

$$\int_{r=0}^{r=1} 24r^3 \cos\theta \operatorname{sen}\theta \, dr = 24.\frac{1}{4} r^4 \cos\theta \operatorname{sen}\theta \Bigg|_{r=0}^{r=1} = 6\cos\theta\operatorname{sen}\theta$$

Agora, integramos em relação a θ, de 0 a $\pi/2$, para obter a integral pedida:

$$\iint\limits_D 24xy dA = \int_{\theta=0}^{\theta=\pi/2} 6\cos\theta\operatorname{sen}\theta \, d\theta = \int_{\theta=0}^{\theta=\pi/2} 6\operatorname{sen}\theta \, d(\operatorname{sen}\theta) = 6.\frac{1}{2}\operatorname{sen}^2\theta \Bigg|_{\theta=0}^{\theta=\pi/2}$$

$$= 3\operatorname{sen}^2(\frac{\pi}{2}) - 3\operatorname{sen}^2 0 = 3$$

◄

Exercício 38-8 Calcule:

(a) $\iint_D 24xy\,dA$, D sendo a região interna à circunferência de centro O e raio 1 que está no semi-plano $x \geq 0$.

(b) $\iint_D (x^2 + y^2)dA$, D sendo a região interna à circunferência de centro O e raio 2 que está no primeiro quadrante.

(c) $\iint_D 6x\,dA$, D sendo a região interna à circunferência de centro O e raio 1 cujos pontos estão somente no primeiro, terceiro e quarto quadrantes.

(d) $\iint_D (x - 4y^2)dA$, D sendo o círculo de centro na origem e raio 2.

(e) $\iint_D \frac{4}{\sqrt{1 + x^2 + y^2}}dA$, D sendo a região do primeiro quadrante limitada pela circunferência $x^2 + y^2 = 4$, pela reta $y = x$ e pelo eixo Ox.

Exemplo 38-6 Sendo $f(x, y) = 4 - y$, calcule o volume da região G sob o gráfico de f que está sobre a região anular de centro na origem, raio interno 1 e raio externo 2.

Resolução. A região referida no enunciado está representada na Figura 38-7(a). O volume $V(G)$ procurado é:

$$V(G) = \iint_D (4 - y)dA$$

(note que f é positiva em D). Usando a segunda das relações (♣), a saber, $y = r\,\text{sen}\,\theta$, e multiplicando pelo fator de área r, o integrando fica $4r - r^2\,\text{sen}\,\theta$. Então:

$$V(G) = \iint_D (4 - y)dA = \int_{\theta=0}^{\theta=2\pi} \left(\int_{r=1}^{r=2} (4r - r^2\,\text{sen}\,\theta)dr \right) d\theta = \int_{\theta=0}^{\theta=2\pi} (2r^2 - \frac{1}{3}r^3\,\text{sen}\,\theta) \Bigg|_{r=1}^{r=2} d\theta$$

$$= \int_{\theta=0}^{\theta=2\pi} (2.2^2 - \frac{1}{3}2^3\,\text{sen}\,\theta - (2.1^2 - \frac{1}{3}1^3\,\text{sen}\,\theta)d\theta = \int_{\theta=0}^{\theta=2\pi} (6 - \frac{7}{3}\text{sen}\,\theta)d\theta$$

$$= (6\theta + \frac{7}{3}\cos\theta) \Bigg|_{\theta=0}^{\theta=2\pi} = 6.2\pi + \frac{7}{3}.1 - (6.0 + \frac{7}{3}.1) = 12\pi$$ ◄

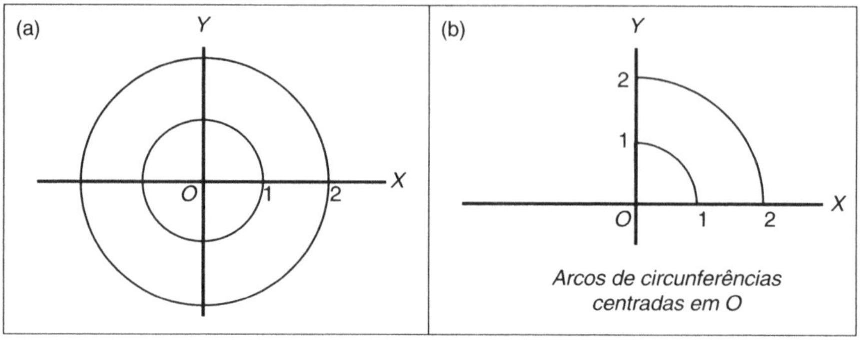

Figura 38-7

Exercício 38-9 Calcule:

(a) $\iint\limits_D \frac{9x^2y}{x^2+y^2}dA$, D sendo a região indicada na Figura 38-7(b).

(b) $\iint\limits_D e^{-(x^2+y^2)}\,dA$, D sendo a região do primeiro quadrante limitada pelas circunferências de centros em O e raios a e b ($a<b$).

Exemplo 38-7 Calcule $\iint\limits_D \frac{1}{\sqrt{x^2+y^2}}dA$, onde D é a região do semiplano $x \geq 0$ interna à cardióide $r=1+\cos\theta$ e externa à circunferência de centro na origem e raio 1.

Resolução. A região D está representada na Figura 38-8(a).

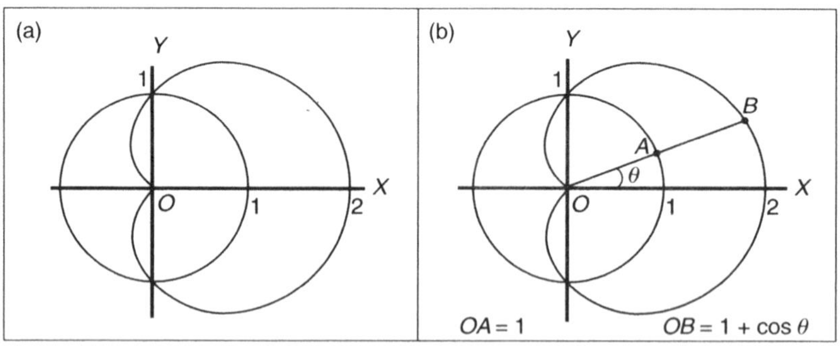

Figura 38-8

Seguindo as referidas instruções, fazemos $x=r\cos\theta$ e $y=r\operatorname{sen}\theta$ na função integranda, para obter:

$$\frac{1}{\sqrt{x^2+y^2}}=\frac{1}{\sqrt{r^2}}=\frac{1}{r}$$

Multiplicamos o resultado pelo fator de área *r*, para obter 1. Agora, como vamos integrar em relação a *r*, escrevemos:

$$\int_{r=}^{r=} 1\,dr = \int_{r=}^{r=} dr$$

Para descobrir os extremos de integração, desenhamos, para um θ genérico, a semi-reta correspondente, que vai encontrar *D* segundo o segmento *AB* indicado na Figura 38-8(b). Temos $OA = 1$ e $OB = 1 + \cos\theta$, que vão ser, respectivamente, o extremo inferior e superior da integral anterior:

$$\int_{r=1}^{r=1+\cos\theta} dr = r \Bigg|_{r=1}^{r=1+\cos\theta} = (1+\cos\theta) - 1 = \cos\theta$$

Agora, integramos em relação a θ, de $-\pi/2$ a $\pi/2$, para obter a integral pedida:

$$\iint_D \frac{1}{\sqrt{x^2+y^2}}\,dA = \int_{\theta=-\pi/2}^{\theta=\pi/2} \cos\theta\,d\theta = \operatorname{sen}\theta \Bigg|_{\theta=-\pi/2}^{\theta=\pi/2} = \operatorname{sen}(\frac{\pi}{2}) - \operatorname{sen}(-\frac{\pi}{2}) = 2$$

Exercício 38-10 Calcule:

(a) $\iint_D 12y\,dA$, sendo *D* a região do primeiro quadrante interna à cardióide $r = 1 + \cos\theta$ e externa à circunferência de centro na origem e raio 1.

Ajuda. $\operatorname{sen}\theta(1+\cos\theta)^3\,d\theta = -(1+\cos\theta)^3\,d(1+\cos\theta)$.

(b) $\iint_D \frac{1}{\sqrt{x^2+y^2}}\,dA$, sendo *D* a região externa à circunferência $x^2 + y^2 = 1$ e interna ao limaçon $r = 2 + \cos\theta$ (Exercício 38-3(f)).

(c) $\iint_D \frac{16x^2}{x^2+y^2}\,dA$, sendo *D* a região do primeiro quadrante limitada pela reta $y = x$, pelo eixo *Ox*, pela reta $x = 2$ e pela circunferência de centro na origem e raio 1.

(d) $\iint_D \frac{1}{\sqrt{x^2+y^2}}\,dA$, sendo *D* a região externa à circunferência de centro (1,0) e raio 1 e interna à circunferência de centro (2,0) e raio 2.

Ajuda. De acordo com o Exemplo 38-3, as circunferências têm por equações $r = 2\cos\theta$ e $r = 4\cos\theta$, respectivamente.

(e) Calcule $\iint_D 3y\,dA$, sendo *D* a região do primeiro quadrante limitada pela reta $y = x$ e pelas circunferências de centro (1,0) e raio 1 e centro *O* e raio 2.

Exemplo 38-8 Calcule a área da região externa à circunferência $x^2 + y^2 = 1$, interna ao limaçon $r = 3 + \cos\theta$, e abaixo da reta $y = x$.

Resolução. A região D do enunciado, cuja área $A(D)$ foi pedida, está representada na Figura 38-9(a) (veja o Exercício 38-3(f)).

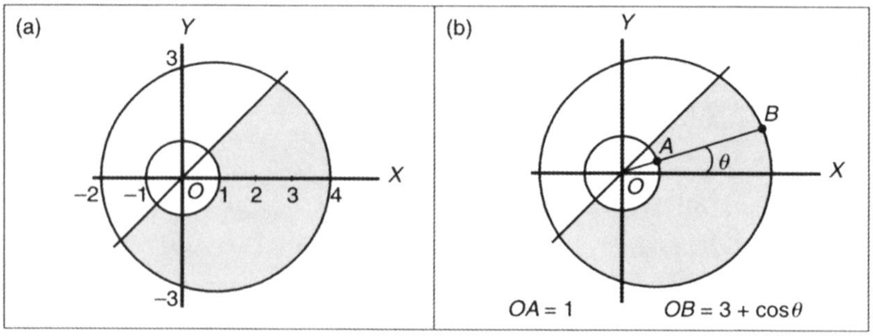

Figura 38-9

Desta vez faremos os cálculos de modo abreviado (não se esqueça do fator de área r):

$$A(D) = \iint_D dA = \int_{\theta=-3\pi/4}^{\theta=\pi/4} \left(\int_{r=1}^{r=3+\cos\theta} r\,dr \right) d\theta = \int_{\theta=-3\pi/4}^{\theta=\pi/4} \left(\frac{1}{2} r^2 \Big|_{\mathrm{r}=1}^{r=3+\cos\theta} \right) d\theta$$

$$= \frac{1}{2} \int_{\theta=-3\pi/4}^{\theta=\pi/4} [(3+\cos\theta)^2 - 1^2]\,d\theta = \frac{1}{2} \int_{\theta=-3\pi/4}^{\theta=\pi/4} (8 + 6\cos\theta + \cos^2\theta)\,d\theta$$

$$= \frac{1}{2} \int_{\theta=-3\pi/4}^{\theta=\pi/4} (8 + 6\cos\theta + \frac{1}{2} + \frac{1}{2}\cos(2\theta))\,d\theta$$

$$= \frac{1}{2} \int_{\theta=-3\pi/4}^{\theta=\pi/4} (\frac{17}{2} + 6\cos\theta + \frac{1}{2}\cos(2\theta))\,d\theta$$

$$= \frac{1}{2}(\frac{17}{2}\theta + 6\,\mathrm{sen}\,\theta + \frac{1}{4}\mathrm{sen}(2\theta)) \Big|_{\theta=-3\pi/4}^{\theta=\pi/4} = \frac{17}{4}\pi + 3\sqrt{2}$$ ∢

Exercício 38-11 Calcule a área da região limitada pela curva dada:
(a) Cardióide $r = a(1+\cos\theta)$, $a > 0$. (b) Rosácea de três folhas $r = a\,\mathrm{sen}(3\theta)$, $a > 0$.
(c) Uma folha da rosácea de duas folhas $r = a\,\mathrm{sen}(2\theta)$, $a > 0$.

(C) Complemento

Tentaremos explicar o aparecimento do fator de área r na fórmula (♥), no caso especial em que D é um segmento de setor circular, dado em coordenadas polares por $0 \leq a \leq r \leq b$, $\alpha \leq \theta \leq \beta$. Consideremos a função que a cada (r, θ) associa (x, y), sendo x e y dados por (♣): $x = r\cos\theta$, $y = r\operatorname{sen}\theta$. Tal função leva a região retangular D^* definida pelas desigualdades acima sobre a região D, com a particularidade de que cada ponto de D é o associado de um único ponto de D^* (Figura 38-10).

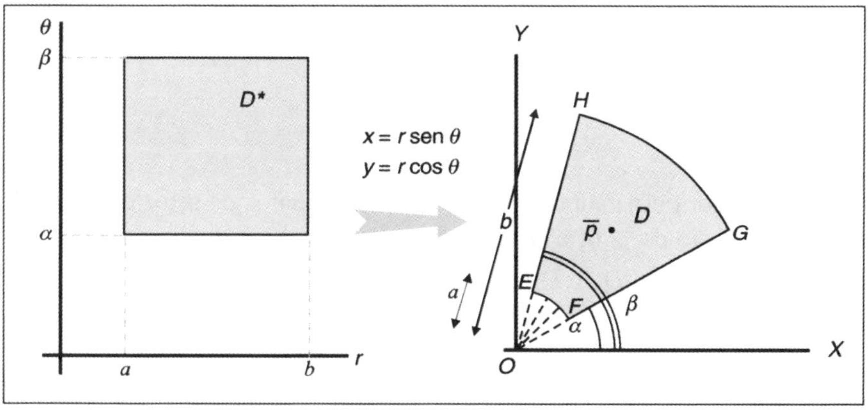

Figura 38-10

A área de D é obtida por diferença das áreas de setores circulares OGH e OFE:

$$A(D) = \frac{1}{2}b^2(\beta - \alpha) - \frac{1}{2}a^2(\beta - \alpha) = \frac{b^2 - a^2}{2}(\beta - \alpha) = \frac{b + a}{2}(b - a)(\beta - \alpha)$$

(A área de um setor circular de raio R e ângulo de medida ω em radianos pode ser obtida por uma simples regra de três: a 2π radianos corresponde a área πR^2, a ω corresponde a área do setor.) Claramente, $A(D^*) = (b - a)(\beta - \alpha)$. Designemos por $\overline{p}$ o ponto de D cujas coordenadas radial e angular são, respectivamente, $\overline{r} = (a + b)/2$ e $\overline{\theta} = (\alpha + \beta)/2$ (Figura 38-10), o qual chamaremos de centro de D. Então a fórmula acima fica:

$$A(D) = \overline{r}\, A(D^*) \qquad (\spadesuit)$$

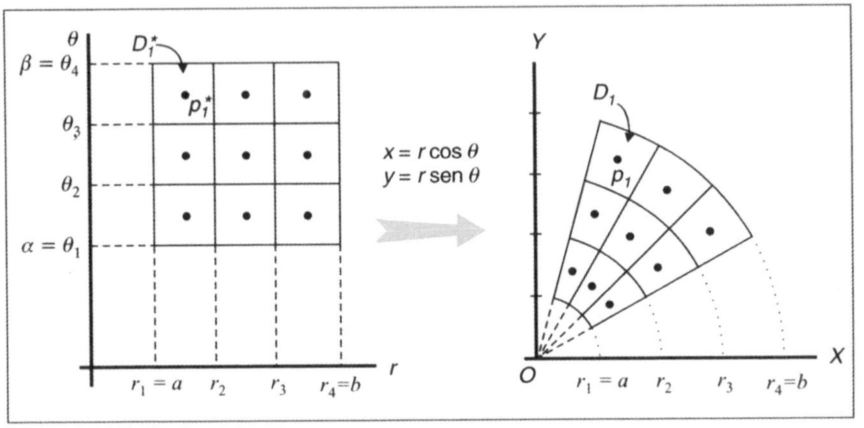

Figura 38-11

Consideremos agora uma subdivisão de D em segmentos de setor circular D_1, D_2, ..., D_n, obtida por subdivisão de [a,b] e $[\alpha, \beta]$ em partes iguais, à qual corresponde uma subdivisão de D^* em retângulos D_1^*, D_2^*, ..., D_n^*, como a Figura 38-11 exemplifica. Escolhamos, em cada D_i, o seu centro $p_i = (x_i, y_i)$, ao qual corresponde o centro p_i^* do retângulo D_i^*, cujas coordenadas polares r_i e θ_i verificam $x_i = r_i \cos\theta_i$, $y_i = r_i \operatorname{sen}\theta_i$. Por (♠), temos que $A(D_i) = r_i A(D_i^*)$. Então:

$$\sum_{i=1}^{n} f(p_i)A(D_i) = \sum_{i=1}^{n} f(x_i, y_i)A(D_i) = \sum_{i=1}^{n} f(r_i \cos\theta_i, r_i \operatorname{sen}\theta_i) r_i A(D_i^*)$$

O primeiro membro é uma soma de Riemann de f, e o segundo membro é uma soma de Riemann da função f^* dada por $f^*(r,\theta) = f(r\cos\theta, r\operatorname{sen}\theta)r$. Fazendo $\max diamD_i \to 0$, caso em que $\max diamD_i^* \to 0$, obtemos:

$$\iint_D f(x, y)dxdy = \iint_{D^*} f^*(r,\theta)drd\theta = \iint_{D^*} f(r\cos\theta, r\operatorname{sen}\theta)rdrd\theta \qquad (♠)$$

(admitimos a integrabilidade de f, da qual resulta, como se pode provar, a de f^*). Temos, assim, uma idéia de como aparece o fator r, cujo nome, **fator de área**, fica também explicado, já que tem origem na relação de área em coordenadas retangulares e polares.

A integral do último membro pode ser expressa por integrais iteradas, integrando-se primeiro em relação a r, e depois em relação a θ:

$$\iint_{D^*} f(r\cos\theta, r\operatorname{sen}\theta)rdrd\theta = \int_{\theta=\alpha}^{\theta=\beta} \left(\int_{r=a}^{r=b} f(r\cos\theta, r\operatorname{sen}\theta)rdr \right) d\theta$$

que é (♥) no caso particular que estamos considerando.

A fórmula (♠) é uma instância da **fórmula de mudança de variáveis**, que trata do caso em que x e y são funções de duas variáveis u e v, que foge dos nossos objetivos. Se você tiver interesse, consulte MARSDEN, J. E. e TROMBA A.J., *Cálculo Vectorial.* Wilmington, Addison-Wesley Iberoamericana, 1991.

Respostas dos exercícios do §38

38-1

A: $r=4$, $\theta=0$. B: $r=4$, $\theta=\pi/3$. C: $r=4$, $\theta=2\pi/3$. D: $r=4$, $\theta=\pi$.

E: $r=4$, $\theta=-2\pi/3$. F: $r=4$, $\theta=-\pi/3$. G: $r=4\sqrt{3}$, $\theta=\pi/2$. H: $r=2\sqrt{3}$, $\theta=-\pi/2$.

I: $r=4\sqrt{3}$, $\theta=-\pi/6$. O: $r=0$, θ qualquer número de $]-\pi,\pi]$.

38-2 Figura 38-12.

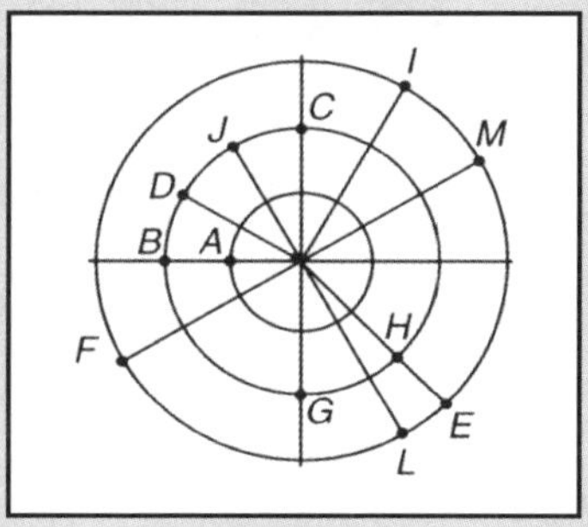

Figura 38-12

38-3

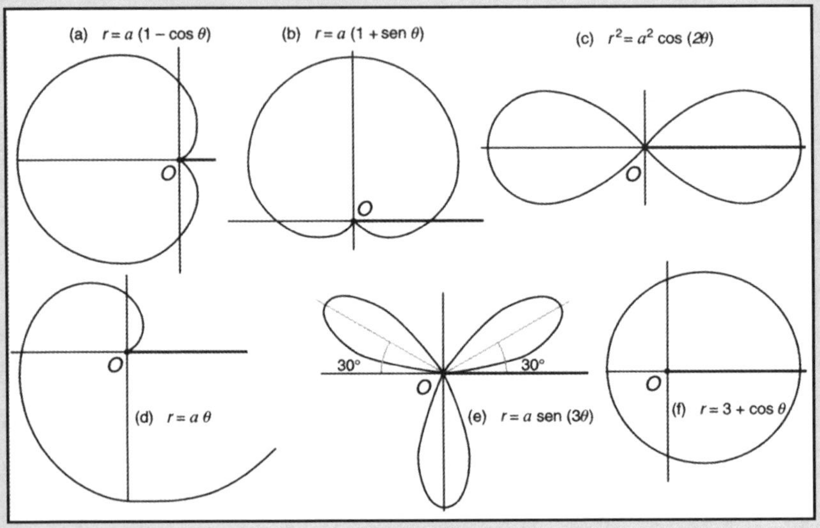

Figura 38-13

38-4 (a) $r = 2a\,\text{sen}\,\theta$. (b) $r = 1 - \cos\theta$.

38-5 (a) $r = 3,\ \theta = \pi/3;\ r = 3,\ \theta = -\pi/3$. (b) $r = 1,\ \theta = \pi$.

38-6

(a) $r = \sqrt{2},\ \theta = \pi/4$. (b) $r = 2,\ \theta = \pi/6$. (c) $r = 2,\ \theta = 5\pi/3$. (d) $r = 2,\ \theta = 5\pi/4$.

38-7 (a) $x^2 + y^2 = \sqrt{x^2 + y^2} + x$. (b) $(x^2 + y^2)^2 = x^2 - y^2$. (c) $x^2 + y^2 = x$.

38-8 (a) 0. (b) 2π. (c) 2. (d) -16π. (e) $(\sqrt{5} - 1)\pi$.

38-9 (a) 7. (b) $(e^{-a^2} - e^{-b^2})\pi/4$.

38-10 (a) 11. (b) 2π. (c) $7\pi - 2$. (d) 4. (e) $(13 - 8\sqrt{2})/2$.

38-11 (a) $3\pi a^2/2$. (b) $\pi a^2/4$. (c) $\pi a^2/8$.

§39- APLICAÇÕES DA INTEGRAL DUPLA

Uma lâmina ocupa uma região com área D e tem densidade superficial μ. Para calcular sua massa M, dividimos D em sub-regiões $D_1, D_2, \dots, D_n$, cada uma com área, de maneira que quaisquer duas ou não se interceptam ou a interseção tem área nula. Escolhemos p_1 em D_1, e aproximamos a densidade em D_1 pelo valor constante $\mu(p_1)$, de modo que a massa de D_1 é aproximada por $\mu(p_1)A(D_1)$. Repetindo o procedimento para as sub-regiões restantes, obtemos uma aproximação para a massa da lâmina, a saber:

$$\sum_{i=1}^{n} \mu(p_i)A(D_i)$$

Por um raciocínio semelhante ao do cálculo do volume sob o gráfico de uma função, esperamos que:

$$M = \lim_{\max diam D_i \to 0} \sum_{i=1}^{n} \mu(p_i)A(D_i) = \iint_D \mu dA$$

Usando o símbolo:

$$dm = \mu dA$$

vem que:

$$M = \iint_D dm$$

Os conceitos a seguir são explicados em Mecânica e tratados de modo semelhante. Aqui vamos nos limitar apenas a colocar as fórmulas (omitiremos unidades, deixando tal tarefa para os cursos de Física).

- O **centro de massa** $(\bar{x}, \bar{y})$ da lâmina é dado por:

$$\bar{x} = \frac{1}{M}\iint_D x dm \qquad \bar{y} = \frac{1}{M}\iint_D y dm$$

Quando a lâmina é **homogênea**, isto é, a densidade é constante, o centro de massa também é chamado de **centróide** de D, que, nesse caso, independe do valor da densidade. De fato:

$$M = \iint_D dm = \iint_D \mu dA = \mu \iint_D dA = \mu A(D)$$

$$\iint_D x\,dm = \iint_D x\mu\,dA = \mu\iint_D x\,dA \qquad \iint_D y\,dm = \iint_D y\mu\,dA = \mu\iint_D y\,dA$$

e, assim, as fórmulas para $\bar{x}$ e $\bar{y}$ ficam:

$$\bar{x} = \frac{1}{A(D)}\iint_D x\,dA \qquad \bar{y} = \frac{1}{A(D)}\iint_D y\,dA$$

• Os **momentos de inércia** da lâmina em relação ao eixo Ox e ao eixo Oy são, respectivamente:

$$I_x = \iint_D y^2\,dm \qquad I_y = \iint_D x^2\,dm$$

e o **momento polar de inércia** (pólo O) é:

$$I_O = \iint_D (x^2 + y^2)\,dm = I_x + I_y$$

Exemplo 39-1 A lâmina semicircular $x^2 + y^2 \leq 1$, $y \geq 0$, tem densidade, em cada ponto, proporcional à sua distância ao seu centro O, sendo c a constante de proporcionalidade. Calcule:

(a) as coordenadas do centro de massa;

(b) os momentos de inércia em relação ao eixo Ox, ao eixo Oy, e o momento de inércia polar.

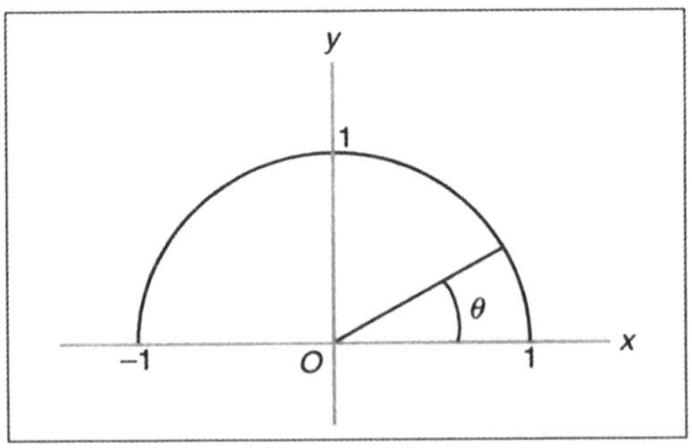

Figura 39-1

Resolução.

(a) A região D ocupada pela lâmina está representada na Figura 39-1. A densidade, de acordo com o enunciado, é dada por $\mu(x, y) = c\sqrt{x^2 + y^2}$, pois $\sqrt{x^2 + y^2}$ é a distância do ponto (x, y) à origem O. Temos:

$$M = \iint_D dm = \iint_D \mu(x,y)dA = \iint_D c\sqrt{x^2+y^2}dA = \int_{\theta=0}^{\theta=\pi}\left(\int_{r=0}^{r=1} c\sqrt{r^2}\,r dr\right)d\theta$$

$$= \int_{\theta=0}^{\theta=\pi}\left(\int_{r=0}^{r=1} cr^2 dr\right)d\theta = \int_{\theta=0}^{\theta=\pi} c\frac{r^3}{3}\Bigg|_{r=0}^{r=1} d\theta = \int_{\theta=0}^{\theta=\pi} c\frac{1}{3}d\theta = \frac{1}{3}c\theta\Bigg|_{\theta=0}^{\theta=\pi} = \frac{1}{3}c\pi$$

Por outro lado:

$$\iint_D ydm = \iint_D y\mu(x,y)dA = \iint_D yc\sqrt{x^2+y^2}dA = \int_{\theta=0}^{\theta=\pi}\left(\int_{r=0}^{r=1} r\,\mathrm{sen}\,\theta . c\sqrt{r^2}\,r dr\right)d\theta$$

$$= \int_{\theta=0}^{\theta=\pi}\left(\int_{r=0}^{r=1} cr^3\,\mathrm{sen}\,\theta dr\right)d\theta = \int_{\theta=0}^{\theta=\pi} c\,\mathrm{sen}\,\theta\frac{r^4}{4}\Bigg|_{r=0}^{r=1} d\theta = \int_{\theta=0}^{\theta=\pi} c\frac{1}{4}\mathrm{sen}\,\theta\, d\theta$$

$$= -\frac{1}{4}c\cos\theta\Bigg|_{\theta=0}^{\theta=\pi} = -\frac{1}{4}c(\cos\pi - \cos 0) = \frac{1}{2}c$$

Portanto:

$$\bar{y} = \frac{1}{M}\iint_D ydm = \frac{1}{\frac{1}{3}c\pi}.\frac{1}{2}c = \frac{3}{2\pi}$$

O cálculo de $\bar{x}$ se faz de modo semelhante; porém, usando simetria, podemos economizar tempo e escrever imediatamente:

$$\bar{x} = 0$$

(b) $$I_x = \iint_D y^2 dm = \iint_D y^2\mu(x,y)dA = \iint_D y^2 c\sqrt{x^2+y^2}dA$$

$$= \int_{\theta=0}^{\theta=\pi}\left(\int_{r=0}^{r=1}(r\,\mathrm{sen}\,\theta)^2 c\sqrt{r^2}\,r dr\right)d\theta = \int_{\theta=0}^{\theta=\pi}\left(\int_{r=0}^{r=1} cr^4\,\mathrm{sen}^2\,\theta dr\right)d\theta$$

$$= \int_{\theta=0}^{\theta=\pi} c\,\mathrm{sen}^2\,\theta\frac{r^5}{5}\Bigg|_{r=0}^{r=1} d\theta = \int_{\theta=0}^{\theta=\pi} c\frac{1}{5}\mathrm{sen}^2\,\theta\, d\theta$$

$$= \int_{\theta=0}^{\theta=\pi} c\frac{1}{5}.\frac{1-\cos(2\theta)}{2}d\theta = \frac{1}{10}c(\theta - \frac{1}{2}\mathrm{sen}(2\theta))\Bigg|_{\theta=0}^{\theta=\pi} = \frac{c\pi}{10}$$

De modo análogo, chega-se a:

$$I_y = \frac{c\pi}{10}$$

Portanto:

$$I_O = I_x + I_y = \frac{c\pi}{5}$$

Exercício 39-1 A lâmina semicircular $x^2 + y^2 \leq 1$, $y \geq 0$, tem densidade em cada ponto proporcional ao quadrado de sua distância ao seu centro O. Calcule as coordenadas do centro de massa.

Exercício 39-2 Uma lâmina retangular ocupa a região dada por $-1 \leq x \leq 1$, $0 \leq y \leq 1$, e tem densidade dada por $\mu(x, y) = y$. Calcule:

(a) As coordenadas do centro de massa.

(b) Os momentos de inércia em relação ao eixo Ox, ao eixo Oy, e o momento de inércia polar.

Exercício 39-3 Determine os momentos de inércia do disco homogêneo $x^2 + y^2 \leq a^2$, $a > 0$, de massa M, em relação a Ox, Oy, e o momento de inércia polar (use o fato de que, a densidade sendo constante, ela é a massa dividida pela área).

Exercício 39-4 Determine o centro de massa da lâmina que ocupa a região triangular de vértices (0,0), (2,0), (1,1), de densidade $\mu(x, y) = 3 + 6x + 3y$.

Exercício 39-5 Determine o centro de gravidade de um quarto de círculo de raio a, sabendo que a densidade em cada ponto é proporcional à distância do ponto ao centro do círculo.

Exercício 39-6 Determine o centróide da região dada:

(a) Semicírculo de raio a dado por $x^2 + y^2 \leq a^2$, $y \geq 0$.

(b) Quarto de círculo de raio a, contido no primeiro quadrante.

(c) Região limitada pela curva $y = x^2 - 6x$ e pela reta $y = -x$.

Respostas dos exercícios do §39

39-1 $\bar{x} = 0$, $\bar{y} = 8/5\pi$.

39-2 (a) $\bar{x} = 0$, $\bar{y} = 2/3$. (b) $I_x = 1/2$, $I_y = 1/3$, $I_O = 5/6$.

39-3 (a) $I_x = I_y = Ma^2/4$; $I_O = Ma^2/2$.

39-4 $\bar{x} = 11/10$, $\bar{y} = 7/20$.

39-5 Se o quarto de circunferência está no primeiro quadrante, com centro na origem, tem-se $\bar{x} = \bar{y} = 3a/2\pi$.

39-6 (a) $\bar{x} = 0$, $\bar{y} = 4a/3\pi$. (b) $\bar{x} = \bar{y} = 4a/3\pi$. (c) $\bar{x} = 5/2$, $\bar{y} = -5$.

§40- INTEGRAL TRIPLA

(A) Conceito e propriedades

O conceito de integral tripla é análogo ao de integral dupla. Partimos de uma função f cujo domínio contém uma região G de $\mathbb{R}^3$ com volume. Dividimos G em sub-regiões G_1, G_2, G_3, ..., G_n, todas com volume, com a propriedade de que quaisquer duas delas ou têm interseção vazia, ou sua interseção tem volume nulo (Figura 40-1(a)). Escolhemos pontos p_1 em G_1, p_2 em G_2, ... , p_n em G_n e, chamando $V(G_1)$, $V(G_2)$, ... , $V(G_n)$ os volumes de G_1, G_2, ... , G_n, respectivamente, formamos a soma:

$$f(p_1)V(G_1)+f(p_2)V(G_2)+...+f(p_n)V(G_n)=\sum_{i=1}^{n} f(p_i)V(G_i)$$

chamada **soma de Riemann de f**. Definindo o diâmetro de um conjunto B de $\mathbb{R}^3$ como o diâmetro da menor esfera que contém B, designado por diam$B$ (Figura 40-1(b)), e indicando o maior dos diâmetros dos G_i por max$diamG_i$, a **integral tripla de f em G** é definida por:

$$\iiint_G f(x,y,z)dV = \lim_{\text{maxdiam } G_i \to 0} \sum_{i=1}^{n} f(p_i)V(G_i)$$

quando o limite existe. Nesse caso, dizemos que **f é integrável em G**. Por vezes, a integral de f em G é também indicada por $\iiint_G f(x,y,z)dxdydz$. A função f é referida como **função integranda**, ou **integrando**. Nas notações acima, permite-se, para abreviá-las, omitir o símbolo (x,y,z): $\iiint_G fdV$.

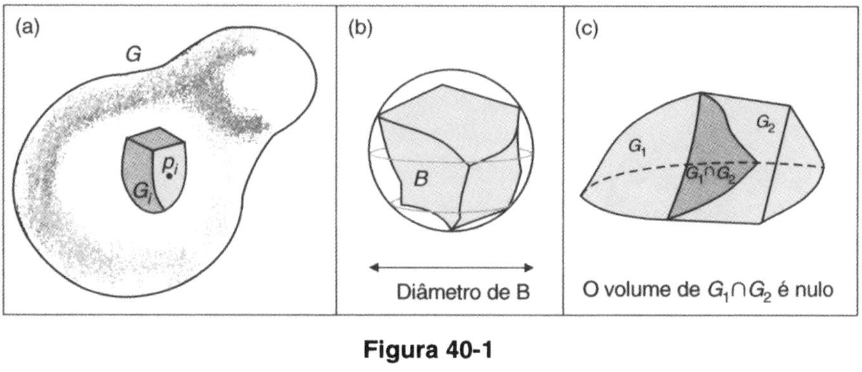

Figura 40-1

As propriedades da integral dupla que vimos têm suas contrapartidas para a integral tripla:

Se uma função é contínua em uma região com volume, então ela é integrável nessa região.

Se f e g são funções de três variáveis de mesmo domínio, e c um número real, definem-se as funções $f + g$ e cf, ambas com o referido domínio, por:

$$(f+g)(x,y,z) = f(x,y,z) + g(x,y,z) \quad \text{e} \quad (cf)(x,y,z) = cf(x,y,z)$$

(IT$_1$) Se f e g são funções integráveis em G, e c é um número real, então:

$$\iiint_G (f+g)dV = \iiint_G f\,dV + \iiint_G g dV \quad \text{e} \quad \iiint_G (cf)dV = c\iiint_G f\,dV$$

ou, equivalentemente, se a e b são números reais, tem-se:

$$\iiint_G (af+bg)dV = a\iiint_G f\,dV + b\iiint_G g dV$$

(IT$_2$) Sejam G_1 e G_2 conjuntos com volume tais que $G_1 \cap G_2$ tem volume nulo (Figura 40-1(c)). Então a relação:

$$\iiint_{G_1 \cup G_2} f\,dV = \iiint_{G_1} f\,dV + \iiint_{G_2} f\,dV$$

é válida, desde que f seja integrável em G_1 e em G_2, ou em $G_1 \cup G_2$.

(B) Cálculo por integrais iteradas

Veremos agora como calcular uma integral tripla de uma função contínua em uma região G de forma especial:

$$G = \{(x,y,z) \in \mathbb{R}^3 \mid (x,y) \in D \text{ e } g_1(x,y) \le z \le g_2(x,y)\}$$

sendo D um subconjunto de $\mathbb{R}^2$ com área, no qual g_1 e g_2 são funções contínuas verificando $g_1(x,y) \le g_2(x,y)$ (Figura 40-2).

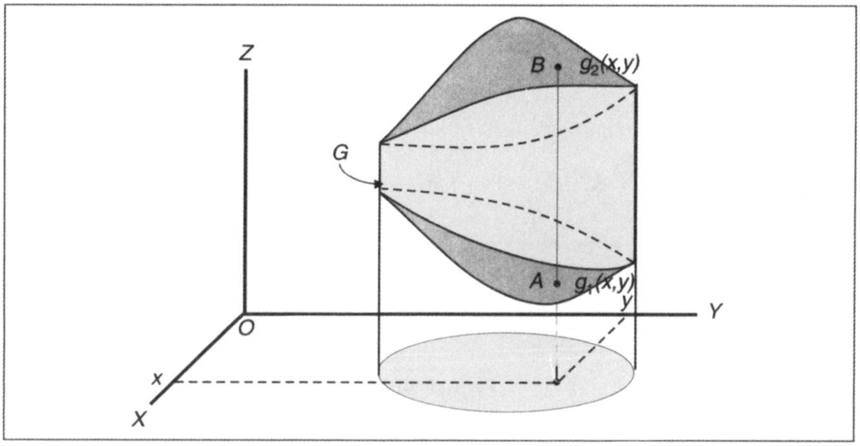

Figura 40-2

Nesse caso, integramos primeiro em relação a z, com x e y fixados. Para esses valores fixados, traçamos uma reta vertical (paralela a Oz), que encontra G segundo um segmento AB. A cota da extremidade inferior A, que é $z = g_1(x, y)$, é o extremo inferior da integral, e a cota da extremidade superior B, que é $z = g_2(x, y)$, é o extremo superior da integral:

$$\int_{z=g_1(x,y)}^{z=g_2(x,y)} f(x, y, z)dz$$

O resultado é uma função das variáveis x e y. Pois bem: a integral tripla de f em G é obtida integrando-se tal função em D, ou seja:

$$\iiint_G f(x, y, z)dV = \iint_D \left(\int_{z=g_1(x,y)}^{z=g_2(x,y)} f(x, y, z)dz \right) dA \qquad (\clubsuit)$$

Exemplo 40-1 Calcule $\iiint_G 2xdV$, G sendo a região limitada pelo tetraedro de vértices $O = (0,0,0)$, $A = (1,0,0)$, $B = (0,3,0)$, $C = (0,0,3)$.

Resolução. A região G está representada na Figura 40-3(a).

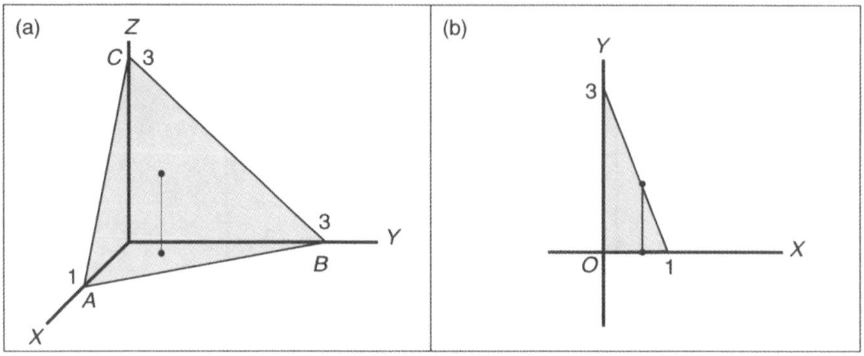

Figura 40-3

Da equação do plano por A, B e C, que é $x/1 + y/3 + z/3 = 1$, resulta $z = 3 - 3x - y$. Portanto, G está entre os gráficos das funções $z = 0$ e $z = 3 - 3x - y$. Temos:

$$\iiint_G 2x\,dV = \iint_D \left(\int_{z=0}^{z=3-3x-y} 2xdz\right)dA = \iint_D 2xz \Big|_{z=0}^{z=3-3x-y} dA = \iint_D (6x - 6x^2 - 2xy)dA$$

onde D é a região limitada pelo triângulo de vértices (0,0), (1,0) e (0,3) (Figura 40-3(b)). A reta por esses dois últimos pontos tem equação $x/1 + y/3 = 1$, obtida da equação do plano acima referido fazendo $z = 0$, de onde resulta $y = 3 - 3x$. Efetuamos agora a integral dupla:

$$\begin{aligned}
\iint_D (6x - 6x^2 - 2xy)dA &= \int_{x=0}^{x=1}\left(\int_{y=0}^{y=3-3x}(6x - 6x^2 - 2xy)dy\right)dx \\
&= \int_{x=0}^{x=1}(6xy - 6x^2y - xy^2)\Big|_{y=0}^{y=3-3x} dx \\
&= \int_{x=0}^{x=1}(6x(3-3x) - 6x^2(3-3x) - x(3-3x)^2)dx \\
&= \int_{x=0}^{x=1}(9x^3 - 18x^2 + 9x)dx = \left(9\frac{x^4}{4} - 18\frac{x^3}{3} + 9\frac{x^2}{2}\right)\Big|_{x=0}^{x=1} \\
&= \frac{9}{4} - \frac{18}{3} + \frac{9}{2} = \frac{3}{4}
\end{aligned}$$

Portanto:

$$\iiint_G 2x\,dV = \frac{3}{4}$$

◄

Exercício 40-1 Calcule:

(a) $\iiint_G x^2 y dV$, G sendo o paralelepípedo dado por $0 \le x \le 1,\ 1 \le y \le 2,\ 1 \le z \le 3$.

(b) $\iiint_G 2xyz dV$, G sendo o paralelepípedo dado por $0 \le x \le 2,\ 1 \le y \le 2,\ 1 \le z \le 2$.

(c) $\iiint_G 6(x^2 + 2y - z) dV$, G sendo o paralelepípedo dado por $0 \le x \le 2,\ 1 \le y \le 2,\ 1 \le z \le 2$.

(d) $\iiint_G (x + y + z) dV$, G sendo o cubo dado por $0 \le x \le 1,\ 0 \le y \le 1,\ 0 \le z \le 1$.

(e) $\iiint_G 24z dV$, G sendo a região limitada pelo tetraedro de vértices (0,0,0), (1,0,0), (0,1,0) e (0,0,1).

(f) $\iiint_G 5x^2 dV$, G sendo a região do primeiro oitante limitada pelo plano $2x + 3y + z = 6$.

(g) $\iiint_G \sqrt{x^2 + y^2}\, dV$, G sendo a região entre os gráficos das funções f e g, ambas tendo por domínio o círculo de centro na origem e raio 2, dadas por $f(x, y) = x^2 + y^2$ e $g(x, y) = 2(x^2 + y^2)$.

Outras formas especiais da região G são mostradas na Figura 40-4. No caso (a), é conveniente integrar primeiro em relação a y (x e z fixos) e depois efetuar a integral dupla em D (nas variáveis x e z). No caso (b), é conveniente integrar primeiro em relação a x (y e z fixos) e depois efetuar a integral dupla em D (nas variáveis y e z).

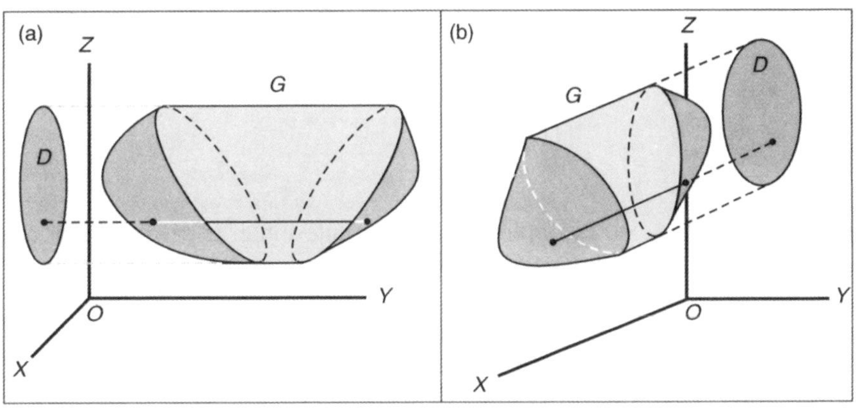

Figura 40-4

Exemplo 40-2 Calcule $\iiint_G 2z dV$, sendo G a região do primeiro oitante limitada pela superfície cilíndrica $z^2 + y^2 = 1$ e pelo plano $x = 1$.

Resolução. A região G está representada na Figura 40-5(a). Levando-se em conta que $z \geq 0$ no primeiro oitante, resulta, da equação da superfície cilíndrica, que $z = \sqrt{1-y^2}$, de modo que, integrando primeiro em relação a z, temos:

$$\iiint_G 2z\,dV = \iint_D \left(\int_{z=0}^{z=\sqrt{1-y^2}} 2z\,dz\right)dA = \iint_D \left(z^2 \,\Big|_{z=0}^{z=\sqrt{1-y^2}}\right)dA = \iint_D (1-y^2)\,dA$$

onde D é o quadrado dado por $0 \leq x \leq 1,\ \ 0 \leq y \leq 1$ (Figura 40-5(b)).

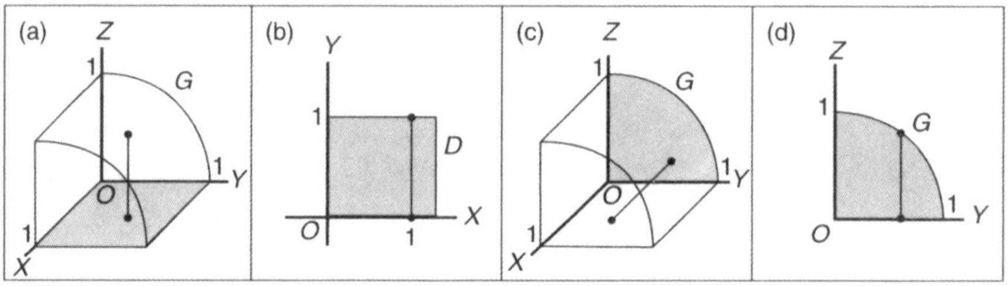

Figura 40-5

Efetuando a integral dupla, temos:

$$\iint_D (1-y^2)\,dA = \int_{x=0}^{x=1}\left(\int_{y=0}^{y=1}(1-y^2)\,dy\right)dx = \int_{x=0}^{x=1}\left(y-\frac{1}{3}y^3\right)\Big|_{y=0}^{y=1} dx = \int_{x=0}^{x=1}\frac{2}{3}\,dx = \frac{2}{3}$$

Portanto:

$$\iiint_G 2z\,dV = \frac{2}{3}$$

Observação. A forma de G no exemplo anterior permite integrar primeiro em x, para y e z fixos. Neste caso, a região D das variáveis y e z é um quarto de círculo (Figura 40-5(c)). Temos:

$$\iiint_G 2z\,dV = \iint_D \left(\int_{x=0}^{x=1} 2z\,dx\right)dA = \iint_D 2zx\,\Big|_{x=0}^{x=1} dA = \iint_D 2z\,dA = \int_{y=0}^{y=1}\int_{z=0}^{z=\sqrt{1-y^2}} 2z\,dz$$

$$= \int_{y=0}^{y=1} z^2\,\Big|_{z=0}^{z=\sqrt{1-y^2}} dy = \int_{y=0}^{y=1}(1-y^2)\,dy = \left(y-\frac{1}{3}y^3\right)\Big|_{y=0}^{y=1} = \frac{2}{3}$$

As aplicações que vimos para integrais duplas têm suas contrapartidas para a integral tripla, considerando um sólido G com volume.

- O volume de G é dado por $V(G) = \iiint\limits_G dV$.

Se o sólido tem densidade volumétrica μ, escrevendo $dm = \mu dV$, temos:

- A massa de G é $M = \iiint\limits_G dm$.
- O centro de massa tem coordenadas $(\bar{x}, \bar{y}, \bar{z})$ dadas por $M\bar{x} = \iiint\limits_G xdm$,

$M\bar{y} = \iiint\limits_G ydm$, $M\bar{z} = \iiint\limits_G zdm$. Se a densidade é constante, caso em que o centro de massa é chamado **centróide** de G, estas fórmulas nos dão $V(G)\bar{x} = \iiint\limits_G xdV$, $V(G)\bar{y} = \iiint\limits_G ydV$, $V(G)\bar{z} = \iiint\limits_G zdV$.

- Os momentos de inércia em relação a Ox, Oy e Oz são dados, respectivamente, por $I_x = \iiint (y^2 + z^2)dm$, $I_y = \iiint (x^2 + z^2)dm$ e $I_z = \iiint (x^2 + y^2)dm$.

Exemplo 40-3 Calcule a massa M do sólido G limitado pelos gráficos das funções $z = x^2 + y^2$ e $z = 2 - x^2 - y^2$, sabendo que a densidade em cada ponto é proporcional à distância do ponto ao eixo Oz.

Resolução. O sólido G está representado na Figura 40-6(a). Levando em conta que a distância de (x, y, z) a Oz é $\sqrt{x^2 + y^2}$, temos:

$$M = \iiint\limits_G dm = \iiint\limits_G \mu(x, y, z)dV = \iiint\limits_G c\sqrt{x^2 + y^2}dV = \iint\limits_D \left(\int\limits_{z=x^2+y^2}^{z=2-x^2-y^2} c\sqrt{x^2 + y^2}dz \right)dA$$

$$= \iint\limits_D (c\sqrt{x^2 + y^2}z) \Bigg|_{z=x^2+y^2}^{z=2-x^2-y^2} dA = \iint\limits_D (c\sqrt{x^2 + y^2})(2 - 2x^2 - 2y^2)dA$$

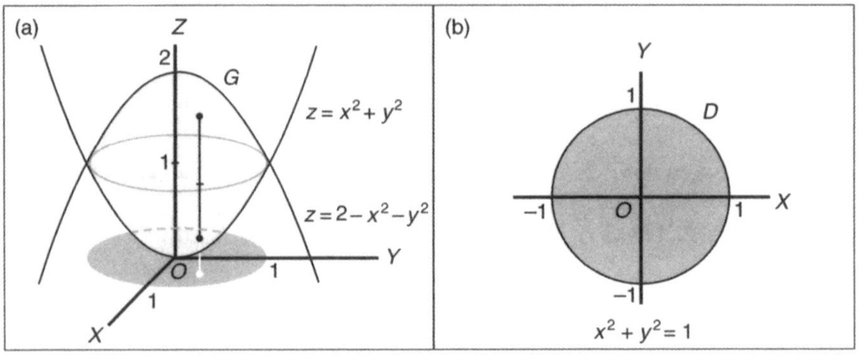

Figura 40-6

Para identificar a região D, determinamos a interseção dos gráficos: igualando as expressões das funções, temos $x^2 + y^2 = 2 - x^2 - y^2$; logo, $x^2 + y^2 = 1$. Portanto, D é o círculo de raio 1 e centro na origem (Figura 40-6(b)). Para resolver a integral dupla acima, usaremos coordenadas polares:

$$\iint_D (c\sqrt{x^2 + y^2})(2 - 2x^2 - 2y^2)dA = \int_{\theta=0}^{\theta=2\pi} \left(\int_{r=0}^{r=1} cr(2 - 2r^2)rdr \right) d\theta$$

$$= \int_{\theta=0}^{\theta=2\pi} \left(\int_{r=0}^{r=1} c(2r^2 - 2r^4)dr \right) d\theta$$

$$= \int_{\theta=0}^{\theta=2\pi} c\left(\frac{2}{3}r^3 - \frac{2}{5}r^5\right)\Bigg|_{r=0}^{r=1} d\theta = \int_{\theta=0}^{\theta=2\pi} c\frac{4}{15}d\theta = \frac{8\pi c}{15}$$

que é o valor de M. ◄

Exercício 40-2 Calcule:

(a) A massa do sólido cilíndrico dado por $x^2 + y^2 \leq 4$ e $1 \leq z \leq 3$, dada a densidade $\mu(x, y, z) = 1 + x^2 + y^2$.

(b) O volume do sólido do primeiro oitante limitado pelo parabolóide hiperbólico $z = xy$ (Figura 31-2) e pelo plano $x + y = 1$.

(c) O centro de massa do cubo $0 \leq x \leq 1$, $0 \leq y \leq 1$, $0 \leq z \leq 1$, cuja densidade em cada ponto é proporcional ao quadrado da distância do ponto à origem.

(d) O momento de inércia, em relação a Oz, do cubo $0 \leq x \leq 1$, $0 \leq y \leq 1$, $0 \leq z \leq 1$, cuja densidade é constante, valendo 3.

(C) Cálculo da integral tripla usando coordenadas cilíndricas

Coordenadas cilíndricas constituem outra maneira de identificar um ponto no espaço. Os ingredientes para defini-las são: um plano no qual se toma um eixo polar de pólo O, e um eixo Oz perpendicular ao plano. Dado um ponto P, sua projeção sobre Oz fornece a cota z, e sua projeção sobre o plano fornece coordenadas polares r e θ. As **coordenadas cilíndricas** de P são r, θ e z. Tomando eixos cartesianos Ox, Oy no plano (Figura 40-7(a)), temos então as nossas conhecidas relações $x = r\cos\theta$ e $y = r\,\text{sen}\,\theta$.

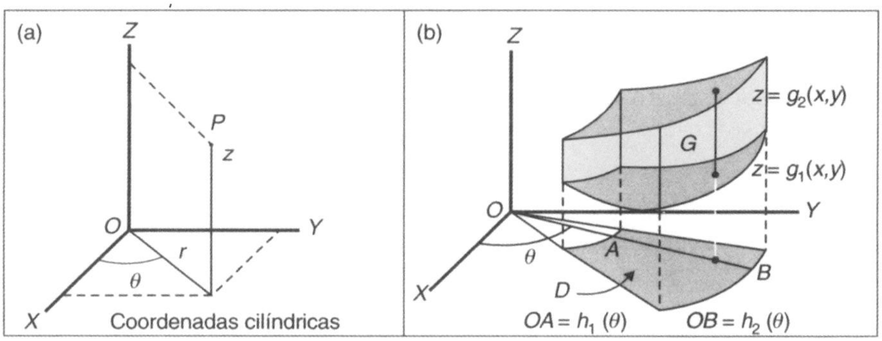

Figura 40-7

O uso de coordenadas cilíndricas no cálculo de uma integral tripla é conveniente quando a região G de integração é, como na seção anterior, dada por:

$$G = \{(x, y, z) \in \mathbb{R}^3 \mid (x, y) \in D \text{ e } g_1(x, y) \le z \le g_2(x, y)\}$$

com a suposição adicional de que D é como no §38(B): descrita em coordenadas polares por $\alpha \le \theta \le \beta$, $0 \le h_1(\theta) \le r \le h_2(\theta)$ (Figura 40-7(b)). Nesse caso, temos:

$$\iiint_G f(x, y, z)dV = \iint_D \Big(\int_{z=g_1(x,y)}^{z=g_2(x,y)} f(x, y, z)dz\Big)dA$$

$$= \int_{\theta=\alpha}^{\theta=\beta} \Big(\int_{r=h_1(\theta)}^{r=h_2(\theta)} \Big(\int_{z=g_1(r\cos\theta,\, r\,\text{sen}\,\theta)}^{z=g_2(r\cos\theta,\, r\,\text{sen}\,\theta)} f(r\cos\theta, r\,\text{sen}\,\theta, z)dz\Big)rdr\Big)d\theta$$

onde usamos (♣) na primeira igualdade, e (♥) do §38(B), na segunda.

Destaquemos:

$$\boxed{\iiint_G f(x, y, z)dV = \int_{\theta=\alpha}^{\theta=\beta} \Big(\int_{r=h_1(\theta)}^{r=h_2(\theta)} \Big(\int_{z=g_1(r\cos\theta,\, r\,\text{sen}\,\theta)}^{z=g_2(r\cos\theta,\, r\,\text{sen}\,\theta)} f(r\cos\theta, r\,\text{sen}\,\theta, z)dz\Big)rdr\Big)d\theta} \qquad (\blacklozenge)$$

Não há necessidade de decorar esta fórmula, conforme veremos no exemplo a seguir. A única diferença do procedimento visto na seção anterior é que, na integral em z, a substituição $x = r\cos\theta$ e $y = r\,\text{sen}\,\theta$ é feita de início, na função integranda e nos extremos de integração (não esqueça do fator de área).

Exemplo 40-4 Calcule o centróide da parte da esfera $x^2 + y^2 + z^2 \le a^2$ ($a > 0$) que está no primeiro oitante.

Resolução. A reta $x = y = z$ é reta de simetria do sólido G referido no enunciado, de modo que o centróide pertence a essa reta (Figura 40-8(a)). Assim, temos $\bar{x} = \bar{y} = \bar{z}$. Escolhemos calcular $\bar{z}$ (o cálculo das outras coordenadas conduz a integrais mais complicadas, como você pode comprovar). Temos:

$$V(G)\,\bar{z} = \iiint_G z\,dV$$

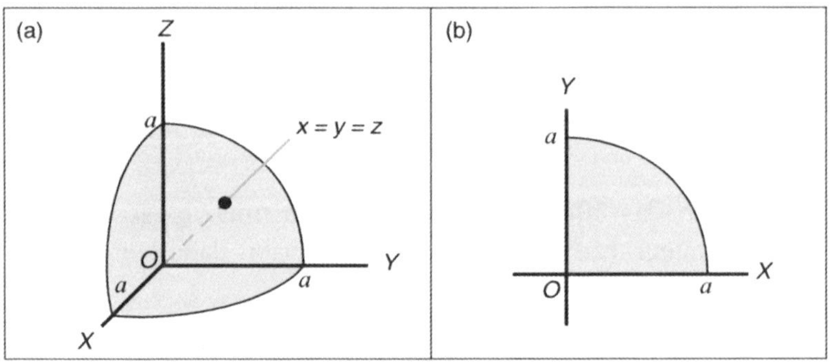

Figura 40-8

Se calcularmos a integral tripla como na seção anterior, devemos inicialmente integrar em z, de $z = 0$ a $z = \sqrt{a^2 - x^2 - y^2}$. Para usar coordenadas cilíndricas, fazemos, desde já, a substituição $x = r\cos\theta$, $y = r\,\text{sen}\,\theta$; e os limites de integração ficam $z = 0$ e $z = \sqrt{a^2 - r^2}$. Portanto:

$$\iiint_G z\,dV = \iint_D \left(\int_{z=0}^{z=\sqrt{a^2-r^2}} z\,dz \right) dA = \iint_D \frac{1}{2} z^2 \Bigg|_{z=0}^{z=\sqrt{a^2-r^2}} dA = \iint_D \frac{1}{2}(a^2 - r^2)\,dA$$

onde D é o quarto de círculo representado na Figura 40-8(b). Agora calculamos a integral dupla usando coordenadas polares:

$$\iint_D \frac{1}{2}(a^2 - r^2)dA = \int_{\theta=0}^{\theta=\pi/2} (\int_{r=0}^{r=a} \frac{1}{2}(a^2 - r^2)rdr)d\theta = \int_{\theta=0}^{\theta=\pi/2} (\int_{r=0}^{r=a} (\frac{1}{2}a^2 r - \frac{1}{2}r^3)dr)d\theta$$

$$= \int_{\theta=0}^{\theta=\pi/2} (\frac{1}{4}a^2 r^2 - \frac{1}{8}r^4)\Big|_{r=0}^{r=a} d\theta = \int_{\theta=0}^{\theta=\pi/2} \frac{1}{8}a^4 d\theta = \frac{1}{16}\pi a^4$$

Portanto:

$$\iiint_G z dV = \frac{1}{16}\pi a^4$$

Levando este resultado à expressão de $\bar{z}$, juntamente com $V(G) = \pi a^3/6$(o volume de uma esfera de raio a é $4\pi a^3/3$, e $V(G)$ é um oitavo disso), resulta:

$$\frac{1}{6}\pi a^3 \bar{z} = \frac{1}{16}\pi a^4 \qquad \therefore \qquad \bar{z} = \frac{3a}{8} = \bar{x} = \bar{y}$$ ◄

Exercício 40-3 Calcule, usando coordenadas cilíndricas:

(a) A massa do cone circular reto limitado pela superfície cônica $z = 2 - 2\sqrt{x^2 + y^2}$ e pelo plano $z = 0$, conhecendo sua densidade $\mu(x, y, z) = 30z\sqrt{x^2 + y^2}$.

(b) A massa do cilindro reto de altura 2, cuja base é o círculo, no plano xy, de centro na origem e raio 1, conhecendo a densidade $\mu(x, y, z) = 6(x^2 + y^2)(z + 1)$.

(c) O centróide do sólido limitado pelo parabolóide $z = x^2 + y^2$ e pelo plano $z = 3$.

(d) $\iiint_G 8z\sqrt{x^2 + y^2}dV$, G sendo o sólido do primeiro oitante limitado pela superfície cilíndrica $x^2 + y^2 = 1$, pelo plano $z = y$ e pelo plano $z = 0$.

(D) Cálculo da integral tripla usando coordenadas esféricas

Na Figura 40-9(a) indicamos os significados das **coordenadas esféricas** ρ, θ e ϕ de um ponto P, onde já escolhemos os eixos cartesianos da maneira como vamos trabalhar. Elas se compõem da coordenada polar angular θ de Q, projeção de P sobre o plano xy, e das coordenadas polares ρ e ϕ de P no semiplano de origem Oz que contém P.

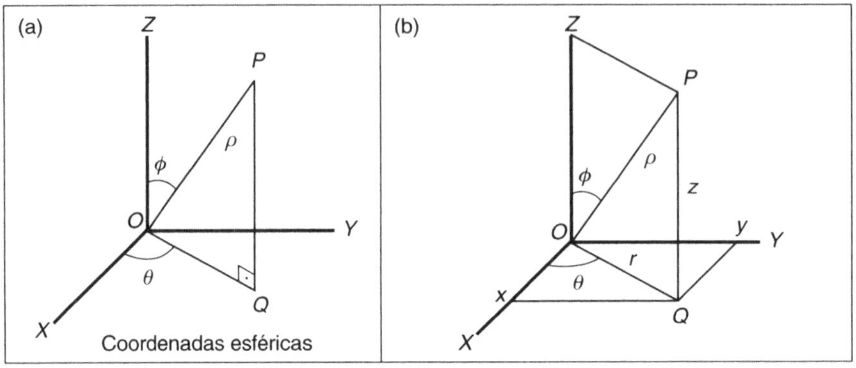

Figura 40-9

Sendo r a coordenada radial de Q (Figura 40-9(b)), temos as nossas conhecidas equações:

$$x = r\cos\theta \qquad y = r\,\text{sen}\,\theta$$

que têm as seguintes versões para o outro sistema polar:

$$z = \rho\cos\phi \qquad r = \rho\,\text{sen}\,\phi$$

Levando esta última informação às expressões de x e y anteriores, resulta:

$$x = \rho\,\text{sen}\,\phi\cos\theta \qquad y = \rho\,\text{sen}\,\phi\,\text{sen}\,\theta$$

de modo que temos as equações de mudança de coordenadas:

$$\begin{cases} x = \rho\,\text{sen}\,\phi\cos\theta \\ y = \rho\,\text{sen}\,\phi\,\text{sen}\,\theta \\ z = \rho\cos\phi \end{cases} \qquad (\heartsuit)$$

Dessas equações resulta que:

$$\rho = \sqrt{x^2 + y^2 + z^2} \qquad (\spadesuit)$$

relação que também pode ser obtida observando que ρ é a distância de P a O.

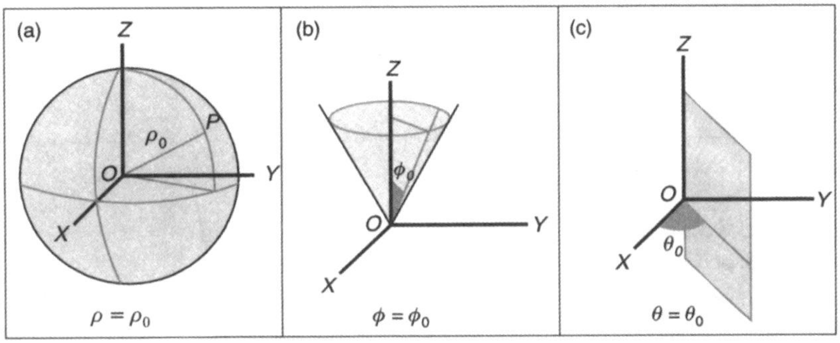

Figura 40-10

Exemplo 40-5

(a) O conjunto de equação $\rho = \rho_0$, ρ_0 uma constante positiva, é representado no sistema cartesiano por uma superfície esférica de centro O e raio ρ_0, pois tal equação caracteriza os pontos cujas distâncias a O valem ρ_0 (Figura 40-10(a)). Tal superfície pode ser obtida supondo ϕ variando no intervalo $[0,\pi]$ e θ no intervalo $[0,2\pi]$.

(b) A equação $\phi = \phi_0$, ϕ_0 uma constante, caracteriza o conjunto dos pontos P tais que a semi-reta OP faz ângulo constante ϕ_0 com o semi-eixo positivo de Oz, acrescido do ponto O. Portanto, tal conjunto é uma superfície cônica de vértice na origem se $0 < \phi_0 < \pi/2$ ou $\pi/2 < \phi_0 < \pi$, e o plano xy se $\phi_0 = \pi/2$ (na Figura 40-10(b) ilustramos o primeiro caso). A equação $\phi_0 = 0$ corresponde ao semi-eixo positivo de Oz.

(c) O conjunto de equação $\theta = \theta_0$, θ_0 uma constante, é um semiplano (Figura 40-9(c)).

O uso de coordenadas esféricas no cálculo de uma integral tripla é conveniente quando a região G de integração é um subconjunto de $\mathbb{R}^3$ dado, em coordenadas esféricas, por $\alpha \le \theta \le \beta$, $\gamma \le \phi \le \delta$, $\rho_1(\theta,\phi) \le \rho \le \rho_2(\theta,\phi)$, sendo $\beta - \alpha \le 2\pi$, $\delta - \gamma \le \pi$, as funções ρ_1 e ρ_2 sendo contínuas. Este tipo de região é difícil de desenhar, razão pela qual apenas indicamos, na Figura 40-11, como sua representação pode ser feita. Para f contínua em G, vale a fórmula:

$$\iiint_G f(x,y,z)dV = \int_{\theta=\alpha}^{\theta=\beta} \left(\int_{\phi=\gamma}^{\phi=\delta} \left(\int_{\rho=\rho_1(\theta,\phi)}^{\rho=\rho_2(\theta,\phi)} F(\rho,\phi,\theta)\rho^2 d\rho \right) \operatorname{sen}\phi \, d\phi \right) d\theta \qquad (\star)$$

onde $F(\rho,\phi,\theta) = f(\rho \operatorname{sen}\phi \cos\theta, \rho \operatorname{sen}\phi \operatorname{sen}\theta, \rho\cos\phi)$. Em outros termos, devemos substituir x, y, z em $f(x,y,z)$, pelas expressões dadas por (♥), substituir dV por

$\rho^2 \operatorname{sen}\phi \, d\rho \, d\phi \, d\theta$ e integrar, com os extremos apropriados, primeiro em ρ, depois em ϕ e depois em θ.

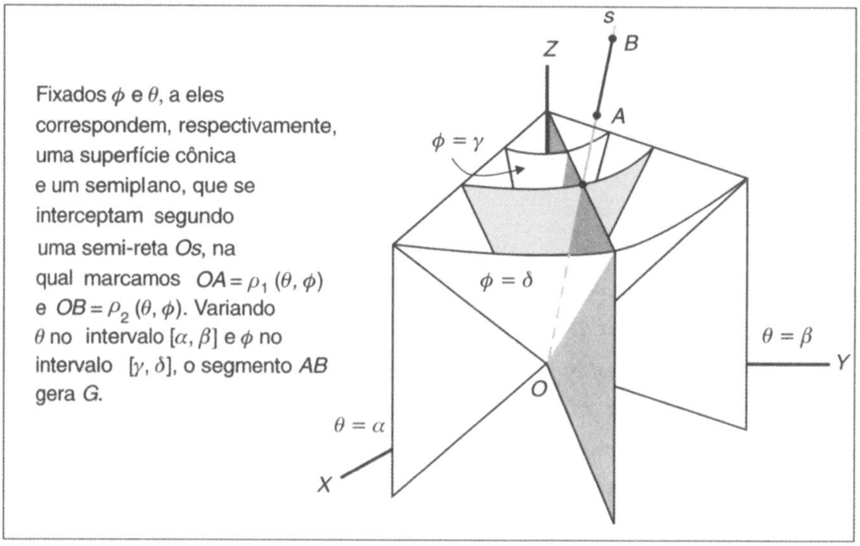

Figura 40-11

Exemplo 40-6 Determine o centróide do sólido G em forma de sorvete de casquinha limitado pela superfície cônica $z = \sqrt{3(x^2 + y^2)}$ e pela superfície esférica $x^2 + y^2 + (z-1)^2 = 1$.

Resolução. A região G está representada na Figura 40-12(a). Inicialmente, escreveremos as equações das superfícies em coordenadas esféricas.

Superfície esférica. A equação da superfície esférica se escreve $x^2 + y^2 + z^2 - 2z = 0$. Usando (♥) e (♠) obtemos $\rho^2 = 2\rho\cos\phi$, ou seja:

$$\rho = 2\cos\phi$$

Daqui vemos que os extremos de integração em ρ, para θ e ϕ fixos, são $\rho = 0$ e $\rho = 2\cos\phi$ (Figura 40-12(b)).

Superfície cônica. Notando que:

$$x^2 + y^2 = (\rho \operatorname{sen}\phi\cos\theta)^2 + (\rho\operatorname{sen}\phi\operatorname{sen}\theta)^2 = (\rho\operatorname{sen}\phi)^2(\cos^2\theta + \operatorname{sen}^2\theta) = \rho^2\operatorname{sen}^2\phi$$

a equação da superfície cônica fica $\rho\cos\phi = \sqrt{3\rho^2 \operatorname{sen}^2\phi} = \sqrt{3}\rho \operatorname{sen}\phi$, ($\operatorname{sen}\phi \geq 0$, pois $0 \leq \phi \leq \pi$), de onde resulta $\operatorname{tg}\phi = \sqrt{3}/3$, e daí, $\phi = \pi/6$. Portanto, os extremos de integração em ϕ são $\phi = 0$ e $\phi = \pi/6$ (Figura 40-12(b)).

É fácil ver que θ varia de 0 a 2π.

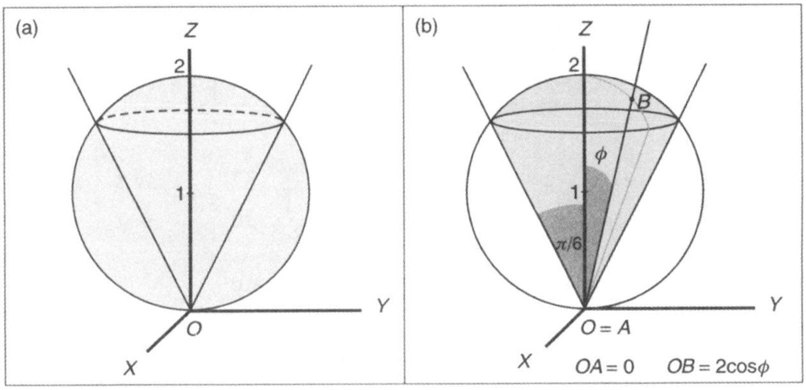

Figura 40-12

Determinemos, agora, o centróide $(\bar{x}, \bar{y}, \bar{z})$. Por simetria, temos $\bar{x} = \bar{y} = 0$. A terceira coordenada é dada pela fórmula:

$$V(G)\bar{z} = \iiint_G z\,dV$$

Temos:

$$V(G) = \iiint_G dV = \int_{\theta=0}^{\theta=2\pi} \left(\int_{\phi=0}^{\phi=\pi/6} \left(\int_{\rho=0}^{\rho=2\cos\phi} \rho^2 d\rho \right) \operatorname{sen}\phi \, d\phi \right) d\theta$$

$$= \int_{\theta=0}^{\theta=2\pi} \left(\int_{\phi=0}^{\phi=\pi/6} \left(\frac{1}{3}\rho^3 \Big|_{\rho=0}^{\rho=2\cos\phi} \right) \operatorname{sen}\phi \, d\phi \right) d\theta = \int_{\theta=0}^{\theta=2\pi} \left(\int_{\phi=0}^{\phi=\pi/6} \frac{8}{3}\cos^3\phi \operatorname{sen}\phi \, d\phi \right) d\theta$$

$$= \int_{\theta=0}^{\theta=2\pi} \frac{8}{3}\left(-\frac{1}{4}\cos^4\phi\right) \Big|_{\phi=0}^{\phi=\pi/6} d\theta = \int_{\theta=0}^{\theta=2\pi} \frac{7}{24} d\theta = \frac{7\pi}{12}$$

$$\iiint_G z\,dV = \int_{\theta=0}^{\theta=2\pi} \left(\int_{\phi=0}^{\phi=\pi/6} \left(\int_{\rho=0}^{\rho=2\cos\phi} \rho\cos\phi . \rho^2 d\rho \right) \operatorname{sen}\phi \, d\phi \right) d\theta$$

$$= \int_{\theta=0}^{\theta=2\pi} (\int_{\phi=0}^{\phi=\pi/6} (\int_{\rho=0}^{\rho=2\cos\phi} \rho^3 d\rho) \cos\phi \operatorname{sen}\phi \, d\phi) d\theta$$

$$= \int_{\theta=0}^{\theta=2\pi} (\int_{\phi=0}^{\phi=\pi/6} (\frac{1}{4}\rho^4 \Big|_{\rho=0}^{\rho=2\cos\phi}) \cos\phi \operatorname{sen}\phi \, d\phi) d\theta$$

$$= \int_{\theta=0}^{\theta=2\pi} (\int_{\phi=0}^{\phi=\pi/6} 4\cos^4\phi . \cos\phi \operatorname{sen}\phi \, d\phi) d\theta = \int_{\theta=0}^{\theta=2\pi} (\int_{\phi=0}^{\phi=\pi/6} 4\cos^5\phi \operatorname{sen}\phi \, d\phi) d\theta$$

$$= \int_{\theta=0}^{\theta=2\pi} (4.(-\frac{1}{6}\cos^6\phi) \Big|_{\phi=0}^{\phi=\pi/6}) d\theta = \int_{\theta=0}^{\theta=2\pi} \frac{37}{96} d\theta = \frac{37\pi}{48}$$

Substituindo os valores obtidos na fórmula de $\overline{z}$, vem:

$$\frac{7\pi}{12} . \overline{z} = \frac{37\pi}{48} \qquad \therefore \qquad \overline{z} = \frac{37}{28}$$

Portanto, o centróide é $(0,0,\frac{37}{28})$. ◅

Exercício 40-4 Calcule, usando coordenadas esféricas:

(a) O volume de uma esfera de raio a.

(b) A massa de um quarto de esfera de raio 4 e de densidade em cada ponto igual à distância do ponto ao centro.

(c) O volume da região limitada pela superfície cônica $z = \sqrt{x^2 + y^2}$ e pela superfície esférica de centro na origem e raio $\sqrt{2}$.

(d) A massa do cone limitado pela superfície cônica $z = \sqrt{x^2 + y^2}$ e pelo plano $z = 2$, sabendo que a densidade em cada ponto é igual ao triplo da distância do ponto ao vértice.

(e) $\iiint_G 3\cos(x^2 + y^2 + z^2)^{3/2} dV$, G a esfera de centro O e raio 1.

Respostas dos exercícios do § 40

40-1 (a) 1. (b) 9. (c) 34. (d) 3/2. (e) 1. (f) 27. (g) $64\pi/5$.

40-2 (a) 24π. (b) 1/24. (c) (7/12,7/12,7/12). (d) 2.

40-3 (a) 4π. (b) 12π. (c) (0,0,2). (d) $\pi/5$.

40-4 (a) $4\pi a^3/3$. (b) 32π. (c) $4\pi(\sqrt{2}-1)/3$. (d) $8\pi(2\sqrt{2}-1)$. (e) $4\pi \operatorname{sen} 1$.

Exercícios suplementares para o Capítulo 8

1. *Calcule* $\iint_D (2x+y)dA$, *onde D é a região triangular de vértices (1,0), (3,0) e (4,1).*

2. *Calcule* $\iint_D (x-2)dA$, *onde D é o conjunto dos pontos (x,y) entre a parábola* $y=x^2$ *e a reta* $y=x+6$.

3. *Calcule* $\iint_D 5x\,dA$, *sendo D a região entre os gráficos das funções* $y=x^3$ *e* $y=3x-2$.

4. *Calcule* $\iint_D e^{24y-3y^2-y^3}dA$, *onde D está indicado na figura.*

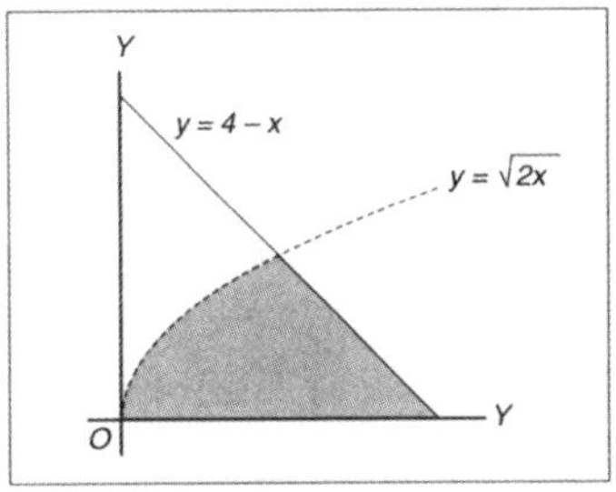

Exercício suplementar 4

5. *Calcule* $\iint_D 2e^{y^2}dA$, *onde D é a região triangular de vértices (0,0), (0,1) e (1,1).*

6. *Calcule a área da região entre a parábola* $y = -x^2+4$ *e a reta* $y = 3x$.

7. *Calcule a área da região entre a hipérbole* $y=1/x$, $x>0$, *e a reta* $y = -2x+3$.

8. *Calcule* $\iint_D \ln(xy)dA$, *sendo D a região entre as retas* $y=2x$ *e* $y = 3x$, *para* $1 \le x \le 3$.

9. *Calcule* $\iint_D 5x^2y\,dA$, *sendo D a região, no primeiro quadrante, entre as circunferências* $x^2+y^2=4$ *e* $x^2+y^2=6$.

10. *Calcule* $\iint_D 3\sqrt{x^2+y^2}\,dA$, *onde D é o círculo* $(x-1)^2+y^2 \le 1$.

11. *Calcule* $\iint_D \ln(1+x+y)dA$, *sendo D dado por* $x \ge 0$, $y \ge 0$, $x+y \le 1$.

12. *Calcule* $\iint_D (x^2+y^2+4)^{-2}dA$, *sendo D dado por* $x \ge 0$, $y \ge 0$, $1 \le x^2+y^2 \le 16$.

13. *Calcule* $\iint_D 9\sqrt{x^2+y^2}\,dA$, *sendo D a região do semiplano* $y \ge 0$ *que é interior ao círculo de centro na origem e raio 1 e que é exterior à circunferência de centro (0,1) e raio 1.*

14. *Sendo D dada por* $x \ge 1$, $(x-1)^2+y^2 \le 1$, *calcule* $\iint_D (x^2+y^2)^{-2}dA$.

15. *Você aprendeu, no §38, que, quando fazemos* $x = r\cos\theta$ *e* $y = r\,sen\theta$, *a integral dupla* $\iint_D f(x,y)dxdy$ *se transforma em* $\iint_{D^*} f(r\cos\theta, r\,sen\,\theta)r\,dr\,d\theta$, *onde* D^* *é uma região conveniente. Em uma versão um pouco mais geral, pode–se verificar que a substituição* $x=\alpha+Ar\cos\theta$, $y=\beta+Br\,sen\,\theta$, *com* α, β, *A e B números reais,* $A \ne 0$, $B \ne 0$ *transfor-*

ma $\iint_D f(x,y)dxdy$ em $\iint_{D^{**}} f(\alpha + A\,r\cos\theta,\ \beta + B\,r\,\text{sen}\,\theta)|\,A\,B\,|\ r\,dr\,d\theta$, onde D^{**} é uma região conveniente.

Aplicação. Para calcular $I = \iint_D \sqrt{(x-1)^2 + y^2}\,dxdy$, onde D é a região do plano definida por $(x-1)^2 + y^2 \leq 1$, fazemos $X = x - 1$ e $Y = y$, obtendo $X^2 + Y^2 \leq 1$. Usando coordenadas polares, vem $X = r\cos\theta$, $Y = r\,\text{sen}\,\theta$, $0 \leq \theta \leq 2\pi$, $0 \leq r \leq 1$. Daí, $x - 1 = r\cos\theta$, $y = r\,\text{sen}\,\theta$.

Neste caso, $A = B = 1$. Assim, $I = \int_0^{2\pi}\int_0^1 \sqrt{r^2}\,r\,dr\,d\theta$. Deixamos os cálculos a seu cargo.

16. Calcule a área da região limitada pela elipse $(x^2/a^2) + (y^2/b^2) = 1$. (Use o exercício 15).

17. Calcule $\iint_D 6\sqrt{x^2 + (y-2)^2}\,dxdy$, onde D é a região dada por $x^2 + (y-2)^2 \leq 4$, $x \geq 0$, $y \geq 0$.

18. Calcule $\iint_D 3y\,dA$, sendo D a região do semi–plano $y \geq 0$ limitada pela cardióide $r = 1 + \cos\theta$.

19. Calcule o volume do sólido limitado pelas superfícies:

(a) $x^2 + y^2 = 9$, $x^2 + z^2 = 9$.

(b) $4x^2 + 16y^2 + z = 4$, $z = 0$.

(c) $2x + y + z = 1$, $x + y = 1$, $y = 0$, $z = 0$.

(d) $9x^2 + y^2 = 9$, $z = x$, $2z = x$.

20. Calcule o centro de massa do sólido dado por $x^2 + y^2 + z^2 \leq 9$, com $z \geq 0$, sabendo que a densidade em cada ponto é proporcional à distância desse ponto ao eixo Oz.

21. Calcule o volume do sólido limitado pelas superfícies $(y-1)^2 + z^2 = 1$ e $x^2 - 2y = 0$.

22. Calcule o volume do sólido limitado, no primeiro oitante, pela superfície $\sqrt{x} + \sqrt{y} + \sqrt{z} = 1$.

23. Sendo f a função cujo domínio é a região triangular de vértices (0,0), (0,1) e (1,0), definida por $f(x,y) = e^x 2^y$, calcule o volume da região sob o gráfico de f.

24. Determine o centróide da região limitada entre a curva $y = -x^2 + 4x$ e a reta $y = x + 2$.

25. Uma lâmina retangular, dada por $-1 \leq x \leq 1$, $3 \leq y \leq 5$, tem densidade, em cada ponto, igual ao triplo de sua distância ao eixo Ox. Dê o centro de massa e os momentos de inércia em relação a Ox e a Oy.

26. Calcule $\iiint_G 8xyz\,dV$, sendo G a região dada por $0 \leq x \leq 1$, $1 \leq y \leq 2$, $2 \leq z \leq 3$.

27. Calcule $\iiint_G 2xz\,dV$, sendo G a região sob o gráfico da função $f(x,y) = x^2 + 2y$, $1 \leq x \leq 2$, $0 \leq y \leq 1$.

28. Calcule $\iiint_G x^2\,dV$, sendo G a região limitada pelo cilindro $x^2 + y^2 = 4$, $2 \leq z \leq 3$.

29. *Calcule* $\iiint\limits_G 2z\,dV$, *sendo G o sólido do primeiro oitante limitado pelas superfícies cilíndricas* $x^2+y^2=1$, $x^2+y^2=4$, *e pelos planos* $z=0$ *e* $z=y$.

30. *Calcule a massa do sólido limitado pelos parabolóides* $z=5-x^2-y^2$ *e* $z=1+x^2+y^2$, *sabendo que a densidade de massa é dada por* $\mu(x,y,z)=e^z$.

31. *Calcule* $\iiint\limits_G 5\sqrt{x^2+y^2+z^2}\,dV$, *onde G é a região limitada superiormente pela esfera* $x^2+y^2+(z-1)^2=1$ *e inferiormente pelo cone* $z=\sqrt{x^2+y^2}$.

32. *Em uma integral tripla, quando passamos de coordenadas cartesianas para esféricas, é necessário multiplicar pelo fator* $\rho^2\,sen\phi$. *Se a substituição é dada por* $x=\alpha+A\rho\,sen\phi\cos\theta$, $y=\beta+B\rho\,sen\phi\,sen\theta$, $z=\gamma+C\rho\cos\phi$, *onde A, B, C, α, β, γ são números reais,* $A\neq 0$, $B\neq 0$, $C\neq 0$, *o "fator de correção" passa a ser* $|ABC|\,\rho^2\,sen\phi$ *(isto decorre do importante Teorema de Mudança de Variável, que não veremos aqui).*

Aplicação. *Para calcular* $W=\iiint\limits_G \sqrt{[(x-1)^2/4]+(y-1)^2+(z^2/9)}\,dV$, *G sendo a região limitada pelo elipsóide* $[(x-1)^2/4]+(y-1)^2+(z^2/9)=1$, *fazemos* $X=(x-1)/2$, $Y=y-1$ *e* $Z=z/3$. *A região de integração é descrita então por* $X^2+Y^2+Z^2\leq 1$. *Usando coordenadas esféricas, temos* $X=\rho\,sen\phi\cos\theta$, $Y=\rho\,sen\phi\,sen\theta$, $Z=\rho\cos\phi$, $0\leq\theta\leq 2\pi$, $0\leq\phi\leq\pi$, $0\leq\rho\leq 1$, *ou seja,* $[(x-1)/2]=\rho\,sen\phi\cos\theta$, $y-1=\rho\,sen\phi\,sen\theta$, $(z/3)=\rho\cos\phi$. *Substituindo na integral, e notando que o fator de correção é* $2.1.3\rho^2\,sen\phi$, *resulta* $W=\int_0^{2\pi}\int_0^{\pi}\int_0^{1}\sqrt{\rho^2}\,6\rho^2\,sen\phi\,d\rho\,d\phi\,d\theta$. *Deixamos os cálculos a seu cargo.*

33. *Calcule o volume da região limitada pelo elipsóide* $(x^2/a^2)+(y^2/b^2)+(z^2/c^2)=1$ *(Exercício 32).*

34. *Calcule* $\iiint\limits_G \frac{1}{1+x^2+y^2+z^2}\,dV$, *G sendo a região dada por* $1\leq x^2+y^2+z^2\leq 4$, $z\geq 0$.

35. *Calcule* $\iiint\limits_G 2z\cos(x^2+y^2)\,dV$, *D sendo o hemisfério* $x^2+y^2+z^2\leq\pi$, $z\geq 0$.

36. *Seja f uma função real de classe* C^2 *em* $\mathbb{R}$ *tal que* $f'(1)=0$ *e* $f'(2)=1$. *Calcule* $\iiint\limits_G [f''(\rho)+\frac{2}{\rho}f'(\rho)]\,dV$, *sendo* $\rho=\sqrt{x^2+y^2+z^2}$ *e G a região entre as superfícies esféricas de centro na origem e raios 1 e 2, respectivamente.*

37. *Calcule o momento de inércia em relação a Oz do sólido homogêneo de massa 9 limitado pelas superfícies* $x^2+y^2-2x=0$ *e* $z^2-4x=0$.

38. *Um sólido de forma cúbica tem aresta medindo 2 e densidade em cada ponto proporcional ao quadrado de sua distância a um vértice fixo. Determine a constante de proporcionalidade se sua massa vale 32.*

39. *Um sólido ocupa a região entre duas superfícies esféricas concêntricas de raios 1 e 2 e tem densidade em cada ponto inversamente proporcional à distância do ponto ao centro comum. Determine a constante de proporcionalidade, sabendo que a massa do sólido é 6.*

40. *Ache a massa de um cone circular reto de altura 6, raio da base 1, e de densidade em cada ponto igual ao dobro da distância do ponto ao eixo do cone.*

41. *Mostre que o centróide de um cone circular reto é um ponto do seu eixo que dista do vértice 3/4 da altura do cone.*

42. *Mostre que o centróide da região destacada do cone* $\sqrt{3}\,z \geq \sqrt{x^2+y^2}$ *pela esfera* $x^2+y^2+z^2 \leq 4$ *está no eixo do cone, e dista 9/8 do vértice.*

43. *Mostre que o centróide de um hemisfério está na reta perpendicular à base pelo centro, distando deste 3/8 do raio.*

44. *Calcule o centróide da região situada no semiespaço* $z \geq 0$ *entre as superfícies esféricas de centro na origem e raios 1 e 2, respectivamente.*

45. *Calcule o momento de inércia de um cubo homogêneo de massa M e aresta medindo L, em relação a uma reta que contém uma aresta.*

46. *Calcule o momento de inércia de um cone circular reto homogêneo de massa M, raio da base R e altura H, (a) em relação ao seu eixo; (b) em relação a uma reta pelo vértice perpendicular ao seu eixo; (c) em relação a uma reta contendo um diâmetro da base.*

47. *Calcule o momento de inércia de uma esfera homogênea de massa M e raio R, em relação a uma reta tangente*

Respostas dos exercícios suplementares para o Capítulo 8

1. $17/3$. **2.** $-125/4$. **3.** -27. **4.** $(e^{28}-1)/6$.
5. $e-1$. **6.** $125/6$. **7.** $(3-4\ln 2)/4$. **8.** $21\ln 3 - 8\ln 2 - 8$.
9. $(36\sqrt{6}-32)/3$. **10.** $32/3$. **11.** $1/4$. **12.** $3\pi/80$.
13. $\pi + 18\sqrt{3} - 32$. **14.** $\pi/8$. **15.** $2\pi/3$. **16.** πab.
17. 16π. **18.** 4. **19.** (a) 144 (b) π (c) $1/12$ (d) 2.
20. $(0, 0, 16/5\pi)$. **21.** $128/15$. **22.** $1/90$.
23. $(e\ln 2 - \ln 2 - 1)/(\ln 2 - \ln^2 2)$ **24.** $(3/2, 18/5)$.
25. $(0, 49/12)$, $I_x = 816$, $I_y = 16$. **26.** 15. **27.** 20.
28. 4π. **29.** $15\pi/16$. **30.** $\pi e(e^2-1)^2$.
31. $\pi(8-\sqrt{2})$. **32.** 6π. **33.** $4\pi abc/3$. **34.** $2\pi(1 - \operatorname{arctg} 2 + \pi/4)$.
35. 2π. **36.** 16π. **37.** 16. **38.** 1. **39.** $1/\pi$.
40. 2π. **44.** $45/56$. **45.** $2ML^2/3$.
46. (a) $3MR^2/10$; (b) $3M(4H^2+R^2)/20$; (c) $M(2H^2+3R^2)/20$.
47. $7MR^2/5$

Capítulo 9

Noções de Equações Diferenciais Ordinárias

§41- O QUE É UMA EQUAÇÃO DIFERENCIAL?

Estrôncio-90 é um elemento radioativo. Como todo elemento dessa natureza, ele sofre desintegração. Qual é o tempo decorrido, desde um certo instante, para que uma amostra tenha sua massa reduzida a 80% do seu valor? Para equacionar este problema, devemos utilizar a lei que rege o fenômeno da desintegração, que é a seguinte: sendo $Q(t)$ a massa presente no instante t, a taxa de variação de Q é proporcional à massa presente nesse instante, isto é:

$$\frac{dQ}{dt} = c\,Q$$

onde c é uma constante conhecida. Estamos em presença de uma equação cuja incógnita é uma função, a saber, Q. Pelo fato de aparecer a sua derivada, a equação é referida como equação diferencial. Exemplos como este aparecem com extraordinária freqüência nas ciências aplicadas, o que confere uma importância destacada à teoria das equações diferenciais. Um pouco desta teoria será focalizada neste capítulo.

Em geral, uma **equação diferencial ordinária** (abreviada por EDO) é uma equação onde figuram algumas derivadas de uma função incógnita. Na equação pode aparecer a função incógnita e a variável independente. A **ordem** da equação é a maior ordem de derivada que comparece na equação. Costuma-se indicar a função incógnita por y, suas derivadas por y', y'' etc., e a variável independente por x. Eis algumas equações diferenciais e suas respectivas ordens:

$y''' = 2y$	(ordem 3)	$y'' - 2y' + y - x = 0$	(ordem 2)
$y' = 2y + xy$	(ordem 1)	$(y''')^4 = x + 1$	(ordem 3)

Note: no caso da última equação, a função incógnita y não comparece; e, no caso da primeira, a variável independente x não comparece. Uma **solução** de uma EDO é uma função cujo domínio é um intervalo aberto e que verifica a equação.

Exemplo 41-1 Considere a EDO:

$$y'' + y = 0$$

(a) A função f dada por $f(x) = \text{sen}\, x$ é solução dela. De fato, em primeiro lugar, notemos que seu domínio é um intervalo aberto, a saber, $\mathbb{R}$. Em seguida, vejamos se ela verifica a EDO. Como $f'(x) = \cos x$ e $f''(x) = -\text{sen}\, x$, temos, para todo x real:

$$f''(x) + f(x) = (-\text{sen}\, x) + (\text{sen}\, x) = 0$$

(b) Vamos mostrar que, sendo A e B duas constantes arbitrárias (isto é, dois números reais quaisquer), a função f dada por $f(x) = A\cos x + B\,\text{sen}\, x$ é solução. De fato, o domínio $\mathbb{R}$ é um intervalo aberto, e como:

$$f'(x) = -A \text{ sen } x + B \cos x, \qquad f''(x) = -A \cos x - B \text{ sen } x$$

tem-se, para todo x real, que:

$$f''(x) + f(x) = (-A \cos x - B \text{ sen } x) + (A \cos x + B \text{ sen } x) = 0$$

o que mostra que f verifica a EDO.

(c) A função f dada por $f(x) = x^2$, tendo por domínio um intervalo aberto I, não é solução da EDO. De fato, $f'(x) = 2x, f''(x) = 2$, e, portanto:

$$f''(x) + f(x) = 2 + x^2$$

Como não se tem $2 + x^2 = 0$ para todo x de I, a função f não é solução da EDO. ◄

Observações. (1) Continuamos com a convenção (segunda observação do §3) de que, quando se dá uma função por uma expressão, subentende-se que o domínio é o maior possível. Esta convenção foi usada no item (a) do exemplo anterior, quando foi dito que a função $f(x) = \text{sen } x$ é solução; além de verificar a EDO, ela tem por domínio o conjunto dos números reais, que é um intervalo aberto, fato exigido na definição de solução (não convém discutir agora a razão dessa exigência).

(2) Sendo $f(x) = 1/x$, a função f verifica a EDO $x^2 y' + 1 = 0$, como facilmente se comprova. Pode-se dizer que f é solução da equação? A resposta é não, pois, de acordo com nossa convenção, o domínio de uma solução deve ser um intervalo aberto. No caso da função em questão, seu domínio é formado pelos números reais $x \neq 0$, que não é um intervalo: é uma reunião dos intervalos dados, respectivamente, por $x < 0$ e $x > 0$. Porém, a restrição de f a cada um desses intervalos é solução.

(3) O item (c) do exemplo anterior já nos mostra que, quando se trata de uma EDO, as soluções dependem de constantes.

(4) A fim de não tornar a exposição pesada, vamos relaxar um pouco a notação, evitando nomear a função-solução. Assim, para o caso do exemplo acima, escreveremos: a função $y = \text{sen } x$ é solução da EDO $y'' + y = 0$, pois:

$$y'' + y = (\text{sen } x)'' + (\text{sen } x) = -\text{sen } x + \text{sen } x = 0$$

Exercício 41-1 Dê a ordem da EDO e verifique se a função dada é solução (A e B são constantes arbitrárias):

(a) $y' = y, \quad y = e^x$.

(b) $y' = y, \quad y = Ae^x$.

(c) $y' = y, \quad y = \ln x$.

(d) $y'' - y = 0, \quad y = e^{-x}$.

(e) $y'' - y = 0, \quad y = A e^{-x} + B e^x$.

(f) $y' - 4x^3 y^2 = 0, \quad y = -x^{-4}$.

(g) $2x^2 y'' + 3xy' - y = 0, \quad y = \sqrt{x}, \; x > 0$.

(h) $x^3 y''' + x^2 y'' - 1 = 0, \quad y = \ln x$.

Exemplo 41-2 Determine as soluções da EDO $y' = 2x$.

Resolução. Uma solução dessa EDO é uma primitiva de $2x$. Como:

$$\int 2x dx = x^2$$

é uma tal primitiva, então (§16(A), volume1) a primitiva mais geral de $2x$ é dada por:

$$y = x^2 + C$$

onde C é uma constante arbitrária. Esta é a expressão de qualquer solução da EDO. ≺

Observação. O conjunto de todas as soluções da EDO do exemplo acima é formado das funções f cujos domínios são intervalos abertos e que têm expressões da forma $f(x) = x^2 + C$. Evitaremos dizer tudo isso, afirmando apenas que "as soluções são dadas por $y = x^2 + C$, C uma constante arbitrária". Procederemos assim para uma EDO qualquer.

Nos próximos parágrafos deste capítulo aprenderemos a achar as soluções de algumas equações diferenciais especiais. É importante esclarecer o seguinte:

Resolver uma equação diferencial significa achar as suas soluções.

A maneira de apresentar as soluções varia. No Exemplo 41-2, temos uma maneira explícita de dar as soluções. Muitas vezes a solução é dada implicitamente (§8(C)), como, por exemplo, $y^5 + y = x + C$ onde C, é uma constante. Isto você verá aos poucos, nos parágrafos seguintes.

Exercício 41-2 Resolva as equações a seguir:
(a) $y' = 3x^2$. (b) $y' = \text{sen}\, x$. (c) $y' = 1/(1+x^2)$. (d) $y' = e^x$.

Agora que você já viu exemplos, e resolveu exercícios, tem condições de entender a seguinte formulação:

Uma **equação diferencial ordinária** (EDO) é uma equação da forma $G(x, y, y' y'' ..., y^{(n)}) = 0$, onde G é uma função real de $n + 2$ variáveis reais, tendo por domínio um conjunto aberto, a incógnita sendo uma função real de variável real.
Se G não é independente da última variável, a equação é dita de **ordem *n***.
Uma **solução** da EDO é uma função real f, tendo por domínio um intervalo aberto, tal que, para todo x desse intervalo, $(x, f(x), f'(x), f''(x), ..., f^{(n)}(x))$ está no domínio de G, e $G(x, f(x), f'(x), f''(x), ..., f^{(n)}(x)) = 0$.

Respostas dos exercícios do §41

41-1 (a) Ordem 1; sim. (b) Ordem 1; sim. (c) Ordem 1; não. (d) Ordem 2; sim.
(e) Ordem 2; sim. (f) Ordem 1; sim. (g) Ordem 2; sim. (h) Ordem 3; sim.

41-2 (a) $x^3 + C$. (b) $-\cos x + C$. (c) $\text{arctg}\, x + C$. (d) $e^x + C$.

§42- EQUAÇÕES DIFERENCIAIS DE 1ª ORDEM

(A) Generalidades

Uma EDO de primeira ordem pode ser indicada por $G(x, y, y') = 0$, onde G é uma função real de três variáveis reais. Por exemplo, na EDO $xy + x^2(y')^6 - 1 = 0$, temos $G(x, y, z) = xy + x^2z^6 - 1$. De acordo com a definição de solução dada no §41, uma solução dessa equação é uma função f, tendo um intervalo aberto por domínio, tal que $G(x, f(x), f'(x)) = 0$, para todo x do intervalo. Continuaremos, por questões práticas, a indicar uma solução por y, quando isto não for motivo de ambigüidade.

As EDO de primeira ordem mais fáceis de lidar são as que podem ser colocadas na forma $y' = F(x, y)$, dita **forma normal**, por exemplo, $y' = \text{sen}(xy) + 4$. Uma tal equação deve vir, a rigor, acompanhada da indicação do subconjunto D do domínio de F onde ela é considerada, o qual é referido como o **domínio da EDO**. Diz-se que **a EDO está definida em *D***. D será sempre um conjunto aberto de $\mathbb{R}^2$. Quando o domínio da EDO não for especificado, prevalece a convenção de que ele é o domínio de F.

Se (x_0, y_0) é um ponto do domínio de uma EDO, e f é uma solução tal que $f(x_0) = y_0$, dizemos que ***f* passa por (x_0, y_0)**. Neste contexto, o ponto (x_0, y_0) é referido como **condição inicial**, e o problema de se achar uma solução da EDO que passa por um ponto, como **problema de valor inicial**.

(B) Equações de variáveis separáveis

Uma EDO possível de ser colocada na forma:

$$y' = Q(x)R(y) \qquad (\clubsuit)$$

onde Q e R são funções não-nulas, cada uma tendo por domínio um intervalo aberto, chama-se **equação diferencial de variáveis separáveis**.

(Função nula é a função constante que assume só o valor 0; uma função não-nula pode se anular, como, por exemplo, $f(x) = x$.)

Exemplo 42-1

(a) A EDO $y' = x(y-1)$ é de variáveis separáveis, pois é da forma ($\clubsuit$), com $Q(x) = x$ e $R(y) = y - 1$.

(b) A EDO $y' = y$ é de variáveis separáveis, pois é da forma ($\clubsuit$), com $Q(x) = 1$ e $R(y) = y$.

(c) A EDO de primeira ordem:

$$y' = \frac{x-y}{x+y}$$

não é de variáveis separáveis. De fato, se $(x-y)/(x+y) = Q(x)R(y)$, fazendo $x=0$, e depois $y=0$, obtém-se $-1=Q(0)R(y)$ e $1=Q(x)R(0)$, equações que mostram que Q e R são constantes, um absurdo. ∢

Exercício 42-1 Quais equações diferenciais são de variáveis separáveis?

(a) $y' = xy$. (b) $y' = \dfrac{x}{y}$. (c) $y' = \dfrac{\operatorname{sen} x}{y^2}$. (d) $y' = \operatorname{sen}(x+y)$. (e) $y' = x$. (f) $y'' = xy$.

Para determinar uma solução constante de (♣), fazemos $y=c$, c uma constante. Então $y'=0$. Substituindo em (♣) vem $0=Q(x)R(c)$ e, como $Q(x)$ não é identicamente 0, a igualdade acima equivale a $R(c)=0$, ou seja, c é raiz de R.

Exemplo 42-2 Determine as soluções constantes da EDO, nos casos:

(a) $y' = x(y-1)(y-2)$. (b) $y' = \dfrac{\text{sen x}}{\text{y}^2}$.

Resolução.

(a) Temos $R(y)=(y-1)(y-2)$. As raízes de R são 1 e 2. Assim, as soluções constantes são $y=1$ e $y=2$ (que fique bem claro: $y=1$ significa $y(x)=1$, para todo x real, o mesmo valendo para $y=2$). ∢

(b) Temos $R(y)=1/y^2$. R não tem raízes, de modo que a EDO não possui soluções constantes. ∢

Exercício 42-2 Dê as soluções constantes das seguintes equações diferenciais:

(a) $y' = \dfrac{2(y^2-1)}{3^x}$. (b) $y' = y^3 - 8$. (c) $y' = x^2 y$. (d) $y' = e^x \operatorname{sen} x$.

Vamos determinar agora as soluções não-constantes de uma equação de variáveis separáveis. Os cálculos que faremos são relativos a um intervalo onde R não se anula. Inicialmente, escrevemos y' na notação de Leibniz, ou seja, dy/dx. Então (♣) fica:

$$\frac{dy}{dx} = Q(x)R(y)$$

e vamos fazer de conta que a derivada é um quociente. A seguir, passamos $R(y)$ para o primeiro membro e dx para o segundo, obtendo:

$$\frac{dy}{R(y)} = Q(x)dx$$

(estamos separando as variáveis x e y, daí o nome da EDO). Agora colocamos o sinal de integral em ambos os membros:

$$\int \frac{dy}{R(y)} = \int Q(x)\,dx + C \qquad (\blacklozenge)$$

onde C é uma constante. As soluções são dadas por esta relação. Este procedimento pode ser justificado. Além disso, pode-se provar que:

Se Q e R' são contínuas, então uma função tendo por domínio um intervalo aberto é solução de (♣) se e somente se ela é constante ou verifica (♦), para alguma constante C.

Os exemplos mostrarão como funciona o processo descrito.

Exemplo 42-3 Resolva a EDO $y' = \dfrac{2x(y^3+y)}{3y^2+1}$ e dê uma solução que passa por $(0,1)$.

Resolução.

- *Soluções constantes.* Devemos achar as raízes da função R, onde $R(y) = (y^3+y)/(3y^2+1)$. A única raiz é 0. Assim, a única solução constante é $y=0$.
- *Soluções não-constantes.* Usamos o procedimento faz-de-conta acima explicado. A EDO se escreve, usando a notação de Leibniz:

$$\frac{dy}{dx} = \frac{2x(y^3+y)}{3y^2+1}$$

Separando as variáveis, vem:

$$\frac{(3y^2+1)dy}{y^3+y} = 2xdx \quad \therefore \quad \int \frac{(3y^2+1)dy}{y^3+y} = \int 2xdx + C \quad \therefore \quad \ln|y^3+y| = x^2 + C$$

$$\therefore \quad |y^3+y| = e^{x^2+C} = e^{x^2}e^C \quad \therefore \quad y^3+y = \pm e^{x^2}e^C$$

Chamando $A = \pm e^C$, obtemos (usando o fato de y ser contínua):

$$y^3 + y = Ae^{x^2}$$

onde A é uma constante positiva ou negativa. Permitindo o valor 0 para A, fica incluída, nesta expressão, a solução nula obtida anteriormente. Portanto, as soluções são dadas por esta relação, A uma constante arbitrária (na Fig. 42-1(a) representamos curvas dadas pela relação acima, para alguns valores de A). ◄

Para achar uma solução que passa por $(0,1)$, fazemos, na relação anterior, $x=0$ e $y=1$. Obtemos $2=A$. Portanto, uma solução que passa por $(0,1)$ é dada por:

$$y^3 + y = 2e^{x^2}$$

Observação. No exemplo acima, temos que nos contentar com a relação que define as soluções, já que não é possível tirar y em função de x. Ela define implicitamente (§8(C)) as soluções da equação: se f é uma solução de domínio I, então existe A tal que, para todo x de I, tem-se $(f(x))^3 + f(x) = Ae^{x^2}$.

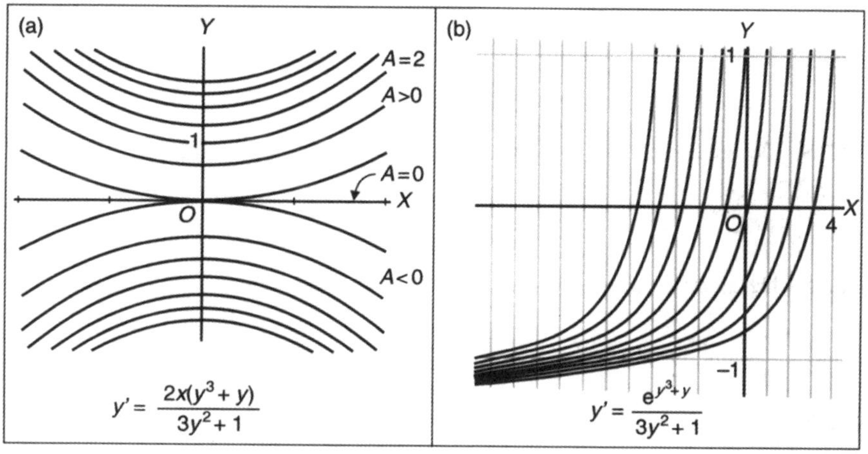

Figura 42-1

Exercício 42-3 Resolva a equação $y' = \dfrac{1}{5y^4 + 1}$ e dê uma solução que passa por (3,0):

Exercício 42-4 Considere a equação $y' = \dfrac{e^{y^3+y}}{3y^2 + 1}$.

(a) Colocando a relação que descreve suas soluções na forma $g(y) + x = C$, com g(0) = 1, dê g.

(b) Na Figura 42-1(b) estão representadas soluções da equação. Determine C para cada uma delas.

Pode acontecer que o método de separação de variáveis conduza a uma relação que permita explicitar a solução. O exemplo a seguir ilustra esse fato.

Exemplo 42-4 Determine as soluções de $y' = (4x^3 + 1)y^2$.

Resolução.

- *Soluções constantes.* A única solução constante é obtida fazendo $y^2 = 0$, ou seja, é a função $y = 0$.

- *Soluções não-constantes*. Procedemos como anteriormente:

$$\frac{dy}{dx} = (4x^3+1)y^2 \quad \therefore \quad \frac{dy}{y^2} = (4x^3+1)dx \quad \therefore \quad \int \frac{dy}{y^2} = \int (4x^3+1)dx + C$$

$$\therefore -\frac{1}{y} = x^4 + x + C \quad \therefore \quad y = -\frac{1}{x^4+x+C}$$

Dessa forma, as soluções da EDO são dadas pela função nula $y = 0$ e pelas funções da forma $y = -1/(x^4 + x + C)$. (Note que não há valor de C nesta expressão que dê a solução $y = 0$.) ≺

Exercício 42-5 Determine as soluções das EDO a seguir:

(a) $y' = 4x^3y^2$. (b) $y' = -\frac{1}{3}e^x y^4$. (c) $y' = -\frac{1}{3}e^x(y-2)^4$.

Exercício 42-6 Determine as soluções das EDO a seguir:

(a) $y' = y$. (b) $y' = -2xy$. (c) $y' = y - 3$. (d) $y' = -\frac{x}{3y^2}$. (e) $e^y y' = 2x$. (f) $y' = \frac{4x^3}{3y^2}$.

Exercício 42-7 Dê a expressão de uma solução de $y' = \frac{1}{2}(y^2 - 1)$ que passa pelo ponto dado:

(a) (2,1). (b) (2,−1). (c) (0,0). (d) (−ln 2, 3). (e) (ln 2,−3).

Observação. Representamos, na Figura 42-2, os gráficos de algumas soluções da EDO do exercício anterior, inclusive das soluções constantes $y = -1$ e $y = 1$. As constantes indicadas correspondem à fórmula que dá as soluções $y = (1+Ce^x)/(1-Ce^x)$, que você deve ter obtido ao resolver o exercício. Atribuindo um valor para C, por exemplo $C = 20$, temos $y = (1+20e^x)/(1-20e^x)$. É importante notar que, de acordo com a convenção já estabelecida, o domínio dessa função é formado pelos x tais que $x \neq -\ln 20$, como é fácil verificar. Como, por definição, uma solução tem por domínio um intervalo aberto, tal função *não é* solução da EDO em questão. Uma afirmação correta é: a expressão acima define duas soluções; uma no intervalo dado por $x < -\ln 20$, e outra no dado por $x > -\ln 20$.

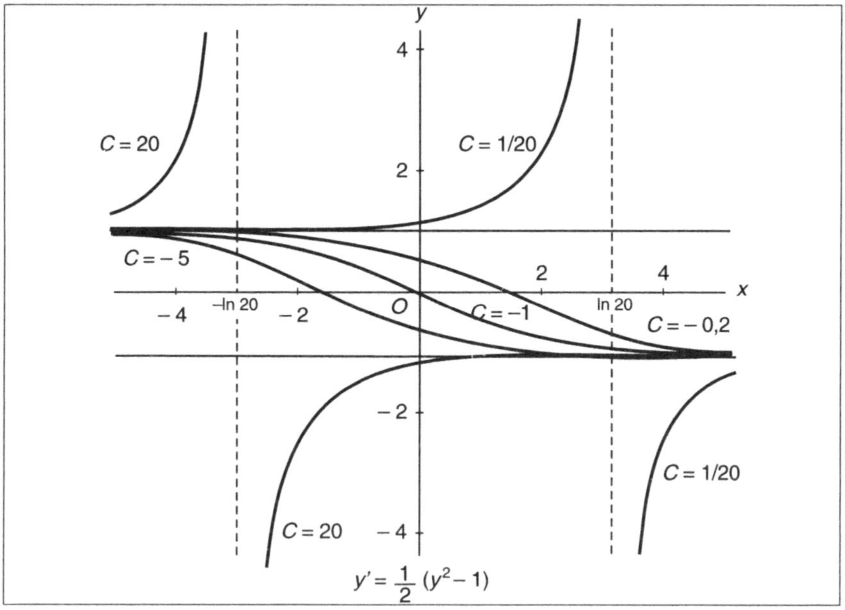

Figura 42-2

(C) Equações homogêneas

Uma EDO da forma $y' = H(\frac{y}{x})$, onde H é uma função real de variável real, é chamada **homogênea**.

Sem nenhuma preocupação matemática, mostraremos que uma EDO homogênea recai em uma de variáveis separáveis. De fato, definindo $v = y/x$, temos $y = xv$, de onde resulta $y' = v + xv'$. Substituindo na equação homogênea dada, temos $v + xv' = H(v)$, ou seja, $v' = \frac{1}{x}.(H(v) - v)$, que é uma EDO de variáveis separáveis.

Exemplo 42-5 Para achar as soluções de $y' = \frac{x^2 + y^2}{4xy}$, em $\mathbb{R}^2$ menos os eixos coordenados, devemos verificar, para aplicar o procedimento citado, se o segundo membro só depende de y/x. Para isso, fazemos $y = xv$. Se, após a substituição, aparecer só a letra v, isto é verdade. Temos:

$$\frac{x^2 + y^2}{4xy} = \frac{x^2 + (vx)^2}{4xvx} = \frac{x^2 + v^2x^2}{4vx^2} = \frac{1 + v^2}{4v}$$

Da relação $y = xv$ resulta $y' = v + xv'$. Substituindo na equação dada, obtém-se:

$$v + xv' = \frac{1+v^2}{4v} \quad \therefore \quad v' = \frac{1}{x}.\frac{1-3v^2}{4v}$$

Esta é uma equação de variáveis separáveis. Procedendo como na seção anterior, vem, após cálculos (verifique, por favor):

$$1 - 3v^2 = A|x|^{-3/2}$$

Voltando à variável y, através de $v = y/x$, resulta:

$$1 - 3\frac{y^2}{x^2} = A|x|^{-3/2} \quad \therefore \quad x^2 - 3y^2 = A|x|^{1/2}$$ ◄

Exercício 42-8 Dê as soluções das equações:

(a) $y' = \dfrac{y-x}{x}$ $(x \neq 0)$.

(b) $xy^3y' = x^4 + 2y^4$ $(xy \neq 0)$.

(c) $y' = \dfrac{x+y}{x-y}$ $(x \neq y)$.

(d) $x^2 - xy + y^2 = xyy'$ $(xy \neq 0)$.

(D) Equações exatas

Seja F uma função diferenciável em um aberto D de $\mathbb{R}^2$, e f uma função diferenciável tendo um intervalo aberto I por domínio, tal que $(x, f(x))$ está em D, para todo x de I. Então claramente são equivalentes as afirmações:

- Existe uma constante C tal que $F(x, f(x)) = C$, para todo x de I.
- $\dfrac{d}{dx}(F(x, f(x)) = 0$, para todo x de I.
- $\dfrac{\partial F}{\partial x}(x, f(x)) + \dfrac{\partial F}{\partial y}(x, f(x)).f'(x) = 0$, para todo x de I.
- f é solução da EDO $\dfrac{\partial F}{\partial x}(x, y) + \dfrac{\partial F}{\partial y}(x, y).y' = 0$, esta EDO tendo D como domínio.

Uma EDO que pode ser colocada na forma $\dfrac{\partial F}{\partial x}(x, y) + \dfrac{\partial F}{\partial y}(x, y).y' = 0$ é referida como **equação diferencial exata**. F é chamada uma **função potencial** da equação.

Pelo resultado acima, temos:

As soluções da equação $\frac{\partial F}{\partial x}(x,y)+\frac{\partial F}{\partial y}(x,y).y'=0$, onde F é diferenciável no domínio da equação, são dadas implicitamente por $F(x,y)=C$.

Dada a EDO $P(x,y)+Q(x,y).y'=0$, onde P e Q são de classe C^1 no aberto D, domínio da EDO, somos levados então a procurar uma função potencial F para a equação: $\frac{\partial F}{\partial x}=P$ e $\frac{\partial F}{\partial y}=Q$. Admitida sua existência, temos, derivando a primeira igualdade em relação a y e a segunda em relação a x, que $\frac{\partial^2 F}{\partial y \partial x}=\frac{\partial P}{\partial y}$ e $\frac{\partial^2 F}{\partial x \partial y}=\frac{\partial Q}{\partial x}$. Como F é de classe C^2 em D, temos, pelo Teorema de Schwarz, que os primeiros membros são iguais; logo, $\frac{\partial P}{\partial y}=\frac{\partial Q}{\partial x}$. Por outro lado, se D é um conjunto especial, chamado domínio simplesmente conexo, prova-se que esta condição é suficiente para garantir a existência de uma tal F. Uma classe de domínios simplesmente conexos suficiente para os nossos propósitos nesta seção é constituída por conjuntos abertos que são convexos, segundo a seguinte definição:

Um subconjunto de $\mathbb{R}^n$ é **convexo** se dois pontos quaisquer dele são extremidades de um segmento contido no subconjunto.

Assim, são convexos: $\mathbb{R}^2$, a região limitada por uma elipse, um semiplano sem a sua reta origem etc. Tais conjuntos, por serem abertos, são, de acordo com o que informamos acima, domínios simplesmente conexos. Para a definição de domínio simplesmente conexo, veja o §53(F).

A EDO $P(x,y)+Q(x,y).y'=0$, definida em um domínio simplesmente conexo de $\mathbb{R}^2$ no qual P e Q são de classe C^1, é exata se e somente se nesse domínio se verifica $\frac{\partial P}{\partial y}=\frac{\partial Q}{\partial x}$ (**condição de exatidão**).

Exemplo 42-6 Para achar as soluções da equação $3x^2-y^3+(2y-3xy^2)y'=0$, verifiquemos a condição de exatidão referida, sendo $P(x,y)=3x^2-y^3$, $Q(x,y)=2y-3xy^2$: $\frac{\partial P}{\partial y}(x,y)=-3y^2=\frac{\partial Q}{\partial x}(x,y)$. Como o domínio é $\mathbb{R}^2$, que é simplesmente conexo, existe F tal que:

$$\frac{\partial F}{\partial x}(x,y)=P(x,y)=3x^2-y^3 \qquad \frac{\partial F}{\partial y}(x,y)=Q(x,y)=2y-3xy^2$$

Uma função que satisfaz a primeira equação é:

$$F(x,y)=\int(3x^2-y^3)dx+g(y)=x^3-y^3x+g(y)$$

Impondo que ela verifique a segunda, vem $-3y^2x+g'(y)=2y-3xy^2$, de onde resulta $g'(y)=2y$. Uma função que verifica esta equação é dada por $g(y)=y^2$. Substituindo na expressão acima de F, vem $F(x,y)=x^3-y^3x+y^2$. Portanto, as soluções da EDO são dadas por $x^3-y^3x+y^2=C$, onde C é uma constante. ≺

Observações. (1) A condição de exatidão referida e o método de determinação de F serão novamente encontrados no §53(E), relacionados com a noção de campo conservativo. Na verdade, o que fizemos aqui é uma aplicação da teoria apresentada naquele parágrafo.

(2) A constante C que aparece na solução não é, em geral, arbitrária. Por exemplo, se a EDO do exemplo fosse condiderada no domínio D dado por $x>0$, $y<0$, então $x^3-y^3x+y^2>0$, o que limita C a ser positivo.

(3) Se a condição de exatidão não for verificada para uma equação, ela não será exata, pois esta condição é, como vimos, necessária à existência de função potencial. Porém, se a condição de exatidão estiver verificada, e o domínio não for simplesmente conexo, poderá haver ou não função potencial. Para um exemplo do primeiro caso, basta considerar a EDO do exemplo acima em $\mathbb{R}^2-\{(0,0)\}$. Para um exemplo do segundo caso, temos a equação:

$$\frac{y}{x^2+y^2}-\frac{x}{x^2+y^2}y'=0$$

de domínio $\mathbb{R}^2-\{(0,0)\}$; você pode verificar que a condição de exatidão está satisfeita, mas, como veremos na observação que segue o Exemplo 53-11, não existe uma função potencial para a equação.

Exercício 42-9 Dê as soluções da equação diferencial dada, nos casos:

(a) $(x+2y)y'=2x-y$.

(b) $3x^2y-6x+(x^3+2y)y'=0$.

(c) $3x^2y+2xy+(x^3+2y+x^2)y'=0$.

(d) $x^2\cos(xy).y'+\text{sen}(xy)+xy\cos(xy)=0$.

(e) $\dfrac{x-y}{xy}=\dfrac{x}{y^2}y'$.

(E) Equações redutíveis a uma equação exata através de fator integrante

Pode acontecer que a equação $P(x,y)+Q(x,y).y'=0$, em cujo domínio D as funções P e Q são de classe C^1, não satisfaça a condição de exatidão vista anteriormente, mas que exista uma função μ de classe C^1 em D tal que a equação:

$$\mu(x, y)P(x, y) + \mu(x, y)Q(x, y).y' = 0$$

verifique tal condição. A função μ é chamada de **fator integrante** da equação diferencial. Se μ não se anula em *D*, as duas equações diferenciais apresentam as mesmas soluções, de modo que, achando as soluções da segunda, teremos as soluções da primeira.

De acordo com a definição de fator integrante, devemos ter:

$$\frac{\partial(\mu P)}{\partial y} = \frac{\partial(\mu Q)}{\partial x}, \qquad \text{ou seja,} \qquad \frac{\partial \mu}{\partial y}.P + \mu\frac{\partial P}{\partial y} = \frac{\partial \mu}{\partial x}.Q + \mu\frac{\partial Q}{\partial x}.$$

Dividindo por μ (supondo que não se anula), vem:

$$P\frac{1}{\mu}\frac{\partial \mu}{\partial y} + \frac{\partial P}{\partial y} = Q\frac{1}{\mu}\frac{\partial \mu}{\partial x} + \frac{\partial Q}{\partial x}$$

ou seja:

$$P\frac{\partial \ln \mu}{\partial y} + \frac{\partial P}{\partial y} = Q\frac{\partial \ln \mu}{\partial x} + \frac{\partial Q}{\partial x}$$

A determinação de uma função μ que verifica esta última equação é, em geral, muito difícil. Eis dois casos particulares:

- Se μ só depende de x, $\mu = \mu(x)$, resulta, da última equação, que:

$$\frac{d \ln \mu}{dx} = \frac{1}{Q}\left(\frac{\partial P}{\partial y} - \frac{\partial Q}{\partial x}\right) \qquad (\spadesuit)$$

e vemos que, para a existência de um fator integrante que só depende de x, é necessário e suficiente que o segundo membro de $(\spadesuit)$ só dependa de x.

- Analogamente, existe um fator integrante que só depende de y, $\mu = \mu(y)$, se e somente se $\frac{1}{P}\left(\frac{\partial Q}{\partial x} - \frac{\partial P}{\partial y}\right)$ só depende de y, caso em que se tem

$$\frac{d \ln \mu}{dy} = \frac{1}{P}\left(\frac{\partial Q}{\partial x} - \frac{\partial P}{\partial y}\right) \qquad (\bigstar)$$

Exemplo 42-7 Considere a EDO $y' = \frac{x + y^2}{2xy}$. Ela está definida no conjunto *D* dos pares (x, y) tal que $xy \neq 0$. Escrevendo-a na forma $x + y^2 - 2xyy' = 0$, podemos ver que não é exata, pois, sendo $P(x, y) = x + y^2$, $Q(x, y) = -2xy$, temos:

$$\frac{\partial P}{\partial y}(x,y)=2y \qquad \frac{\partial Q}{\partial x}(x,y)=-2y$$

Como $\frac{1}{Q}(\frac{\partial P}{\partial y}-\frac{\partial Q}{\partial x})=\frac{1}{-2xy}(2y+2y)=-\frac{2}{x}$, existe fator integrante que depende só de x, dado por (♠):

$$\frac{d\ln\mu}{dx}=\frac{1}{Q}(\frac{\partial P}{\partial y}-\frac{\partial Q}{\partial x})=-\frac{2}{x} \quad \therefore \quad \ln\mu=\int -\frac{2}{x}dx=-2\ln|x|=\ln|x|^{-2} \quad \therefore \quad \mu=\frac{1}{x^2}$$

Dessa forma, multiplicando $x+y^2-2xyy'=0$ por esse fator, obtemos uma equação exata:

$$\frac{x+y^2}{x^2}-\frac{2y}{x}y'=0$$

Usando o método já explicado de achar soluções, cuja tarefa deixamos para você executar, obtém-se

$$\ln|x|-\frac{y^2}{x}=C$$

◄

Exercício 42-10 Dê as soluções da equação dada, nos casos:

(a) $y'=\frac{x^2+y}{x}$. (b) $y'=\frac{y^2-e^{2x}}{y}$. (c) $y'=\frac{2xy}{x^2-y^2-1}$.

(d) $y'=\frac{y^2}{x(2y-x)}$. (e) $y'=-\frac{3x^2y+6xy+y^3}{3(x^2+y^2)}$. (f) $y'=-\frac{y(x^2+2x+y)}{x(x+1)(x+2y)}$.

Observação. Considere a EDO de variáveis separáveis $y'=Q(x)R(y)$ de domínio $\{(x,y)\,|\,x\in I, y\in J\}$, onde I e J são intervalos abertos nos quais Q e R são respectivamente contínuas, R não se anulando em nenhum ponto de J. Mostraremos que ela é uma equação exata. De fato, podemos escrevê-la na forma:

$$Q(x)-\frac{1}{R(y)}y'=0$$

Uma função potencial F dessa equação, se existe, deve satisfazer:

$$\frac{\partial F}{\partial x}=Q \qquad \frac{\partial F}{\partial y}=-\frac{1}{R(y)}.$$

Uma função que satisfaz a primeira equação é dada por $F(x, y) = \int Q(x)dx + h(y)$, h uma função diferenciável. Substituindo na segunda equação, vem $h'(y) = -\dfrac{1}{R(y)}$. Uma função que satisfaz esta equação é $h(y) = -\int \dfrac{1}{R(y)}dy$. Substituindo na expressão de F, resulta $F(x, y) = \int Q(x)dx - \int \dfrac{1}{R(y)}dy$. Portanto, a equação dada é exata.

(F) Complemento

A nossa experiência com as equações diferenciais de primeira ordem sugere que, dado um ponto do domínio da equação, existe uma única solução da EDO que passa pelo ponto. No entanto, isto está longe de ser verdade: o problema de valor inicial $y' = 3\sqrt[3]{y}/2$, $y(0) = 0$, apresenta duas soluções: uma é a solução $y = 0$; a outra é dada por $y = 0$, se $x < 0$, $y = \sqrt{x^3}$ se $x \geq 0$, como se pode verificar. Ambas as soluções passam por (0,0). Por outro lado, pode-se provar que o problema de valor inicial $y' = g(x)$, $y(0) = 0$, onde $g(x) = x/|x|$ se $x \neq 0$ e $g(0) = 0$ não tem solução. Portanto, põe-se o problema de existência e unicidade de solução. A título de curiosidade, citamos o seguinte:

Teorema de existência e unicidade de soluções. Se F e $\dfrac{\partial F}{\partial y}$ são contínuas em um aberto D de $\mathbb{R}^2$, domínio da EDO $y' = F(x, y)$, dado $\boldsymbol{p}_0$ de D, existe uma solução que passa por esse ponto. Duas soluções que passam por $\boldsymbol{p}_0$ coincidem na interseção de seus domínios.

Geometricamente, podemos dizer que, nas condições desse teorema, gráficos de soluções distintas não podem se cruzar. Para completar a interpretação geométrica, introduzimos o conceito de solução maximal.

Uma **solução maximal** de uma EDO é uma solução f cujo gráfico não está propriamente contido em nenhum outro gráfico de uma solução da EDO.

Esclarecemos que um conjunto A contido no conjunto B está **propriamente contido** em B se $A \neq B$. Portanto, solução maximal é aquela que não pode ser estendida a uma outra solução. Pode-se provar o seguinte:

Nas condições do teorema de existência e unicidade referido, dado um ponto de D, por ele passa uma única solução maximal.

Portanto, sob as hipóteses do teorema, D fica preenchido pelos gráficos das soluções maximais da equação, duas quaisquer sem pontos comuns (Figura 42-3(a)).

No caso da equação de variáveis separáveis $y' = Q(x)R(y)$ vista na seção (B), a continuidade de Q e R' garante que a hipótese do teorema está verificada. De fato, R é contínua (por ser derivável); logo, QR é contínua no domínio da EDO; e a derivada parcial de QR em relação a y é QR', que é contínua como produto de funções contínuas. A interpretação geométrica acima permite dizer que as soluções constantes, quando existem, "separam" as soluções não-constantes. É interessante que, com estas informações, você reveja a Figura 42-2.

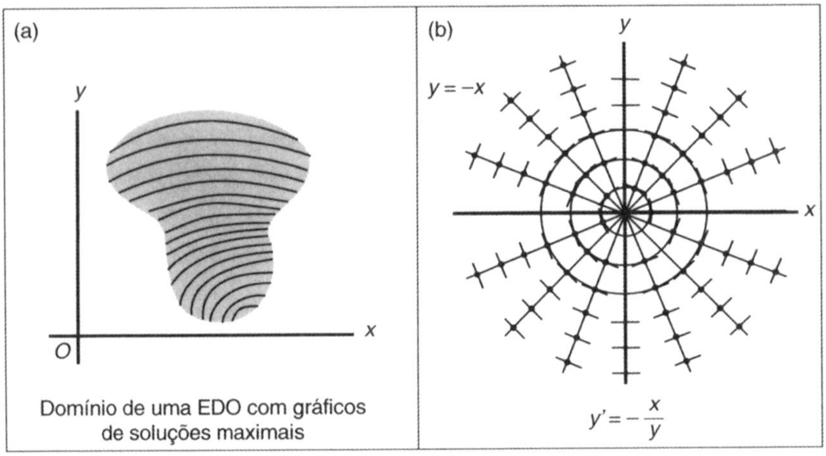

Figura 42-3

Obter expressões de soluções de uma EDO é, em geral, muito difícil. Vimos alguns casos em que isto é possível; outros serão focalizados em parágrafos subseqüentes. Mesmo tendo uma expressão de uma solução, pode suceder que seja difícil vislumbrar o seu comportamento. Mesmo assim, é possível ter uma idéia de como é o gráfico de uma solução. Nesse aspecto, uma observação básica é a seguinte:

> Se uma solução f da equação $y' = F(x, y)$ passa pelo ponto (x_0, y_0) do domínio D da equação, a inclinação da reta tangente ao gráfico de f nesse ponto é $F(x_0, y_0)$.

De fato, por definição de solução, devemos ter, para todo x do domínio de f, $f'(x) = F(x, f(x))$, e, em particular, $f'(x_0) = F(x_0, f(x_0)) = F(x_0, y_0)$.

Exemplo 42-8 Sendo $y' = 2\operatorname{sen}(xy)$, a inclinação da reta tangente ao gráfico da solução que passa por $(1, \pi/2)$ é $2\operatorname{sen}(1.\pi/2) = 2$. ◅

Considerando, para cada ponto (x, y) de D, um segmento de inclinação $F(x, y)$ centrado no ponto, podemos ter uma idéia de como são os gráficos das soluções. Traçamos esses segmentos com tamanho pequeno, para um número suficiente de pontos, que nos permita "ver" como são as soluções. Convém sistematizar o procedimento, desenhando **isóclinas** da equação, que são curvas de nível de F. A curva de nível k de F, sendo formada pelos pontos (x, y) de D tais que $F(x, y) = k$, as soluções que passam por pontos dessa curva o fazem com mesma inclinação k.

Exemplo 42-9 Seja a equação:

$$y' = -\frac{x}{y}$$

com domínio D formado pelos (x, y) tais que $y \neq 0$.

- A isóclina correspondente à inclinação 1 é dada por $-x/y = 1$, ou seja, é a reta $y = -x$, da qual se retirou (0,0). Observe, na Figura 42-3(b), tal reta "furada" e os segmentos marcados sobre ela, todos de inclinação 1. Note que os segmentos são perpendiculares à isóclina. É uma peculiaridade do exemplo.

- A isóclina correspondente a 0 é dada por $-x/y = 0$, ou seja, por $x = 0$, que é o eixo Oy, do qual se retirou a origem. Observe, na referida figura, os pequenos segmentos marcados, todos com inclinação 0, ou seja, horizontais. Novamente, eles são perpendiculares à isóclina.
- Em geral, a isóclina correspondente a k é dada por $-x/y = k$, ou seja, é uma reta pela origem, com a origem excluída (deixamos a seu cargo a verificação de que os segmentos são perpendiculares à isóclina). Na figura, está mostrado o resultado para diversos valores de k. Fica fortemente sugerido que uma solução que passa por um ponto está contida em uma circunferência. De fato, as soluções, que você pode facilmente obter, são dadas por $x^2 + y^2 = C$. ⋞

Exemplo 42-10 Na Figura 42-4(a) representamos algumas isóclinas da equação $y' = x^2 + y^2$, que são circunferências de centro na origem, e a isóclina correspondente a 0, que é formada apenas pela origem, bem como os gráficos de algumas soluções. ⋞

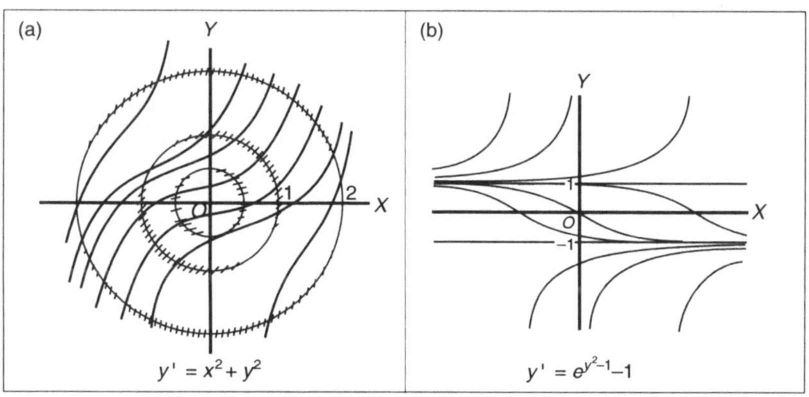

Figura 42-4

Sem ter de resolver a equação nem usar o expediente de representá-la como acima, podemos obter, em alguns casos, informações sobre o comportamento de uma solução. O exemplo a seguir ilustra isso.

Exemplo 42-11 Considere a equação $y' = e^{y^2-1} - 1$, com domínio $\mathbb{R}^2$.

• Pelo Teorema de Existência e Unicidade de Soluções, podemos dizer que os gráficos das soluções maximais não se cruzam e preenchem todo $\mathbb{R}^2$. Ela admite as soluções constantes $y = -1$ e $y = 1$, que separam os gráficos das restantes soluções maximais.

• Estudando o sinal do segundo membro, vemos facilmente que se $y < -1$ ou $y > 1$, temos $y' > 0$, ou seja, as soluções são crescentes nas regiões definidas por essas desigualdades, ao passo que se $-1 < y < 1$, temos $y' < 0$, e as soluções são decrescentes.

• Derivando membro a membro a equação, vem $y'' = e^{y^2-1}2yy' = e^{y^2-1}2y(e^{y^2-1} - 1)$. A tabela a seguir resume o estudo do sinal da função do último membro:

$y=-1$ $\quad$ $y=0$ $\quad$ $y=1$

$e^{y^2-1}2y$	−	−	+	+
$e^{y^2-1} - 1$	+	−	−	+
$y'' = e^{y^2-1}2y(e^{y^2-1} - 1)$	−	+	−	+

Portanto, as soluções têm concavidade para baixo nas regiões dadas, respectivamente, por $y < -1$ e $0 < y < 1$; e concavidade para cima nas dadas, respectivamente, por $-1 < y < 0$ e $y > 1$.

Levando em conta apenas estas informações, podemos representar as soluções como mostrado na Figura 42-4(b). ⋞

Respostas dos exercícios do §42

42-1 Todas são, exceto (d) e (f).

42-2 (a) $y = -1$ e $y = 1$. (b) $y = 2$. (c) $y = 0$. (d) Não existe.

42-3 $y^5 + y = x + C$; $y^5 + y = x - 3$.

42-4 (a) $g(y) = e^{-(y^3+y)}$.

(b) Da esquerda para a direita, $C = -4$, $C = -3$, $C = -2$, $C = -1$, $C = 0$, $C = 1$, $C = 2$, $C = 3$, $C = 4$.

42-5 (a) $y=0$ e $y=-\dfrac{1}{x^4+C}$. (b) $y=0$ e $y=\dfrac{1}{\sqrt[3]{e^x+C}}$.

(c) $y=2$ e $y=2+\dfrac{1}{\sqrt[3]{e^x+C}}$.

42-6 (a) $y=Ae^x$. (b) $y=Ae^{-x^2}$. (c) $y=Ae^x+3$.

(d) $y=\sqrt[3]{A-x^2/2}$. (e) $y=\ln(x^2+A)$. (f) $y=\sqrt[3]{x^4+C}$.

42-7 As soluções são dadas por $y=\dfrac{1+Ce^x}{1-Ce^x}$, $y=-1$, $y=1$.

(a) $y=1$. (b) $y=-1$. (c) $y=\dfrac{1-e^x}{1+e^x}$. (d) $y=\dfrac{1+e^x}{1-e^x}$. (e) $y=\dfrac{1+e^x}{1-e^x}$.

42-8 (a) $y=(C-\ln|x|)x$. (b) $x^4+y^4=Cx^8$.

(c) $\operatorname{arctg}(\frac{y}{x})-\frac{1}{2}\ln(x^2+y^2)=C$. (d) $(y-x)e^{y/x}=C$.

42-9 (a) $xy+y^2-x^2=C$. (b) $x^3y+y^2-3x^2=C$. (c) $x^3y+x^2y+y^2=C$.

(d) $x\,\mathrm{sen}(xy)=C$. (e) $y=\dfrac{x}{\ln|x|+C}$.

42-10 (a) $y=x(x-C)$, $x\neq 0$. (b) $y^2e^{-2x}+2x=C$. (c) $x^2+y^2+Cy-1=0$.

(d) $xy-y^2-Cx=0$. (e) $(3x^2+y^3)ye^x=C$. (f) $xy(x+y)=C(x+1)$.

§43- EQUAÇÕES DIFERENCIAIS LINEARES DE 1ª ORDEM

(A) Definição

Uma EDO que pode ser colocada na forma

$$f(x)y'+g(x)y=h(x) \qquad (\clubsuit)$$

onde f, g e h são funções tendo por domínio um mesmo intervalo aberto, f não sendo a função nula, é chamada **equação (diferencial ordinária) linear (de primeira ordem)**. Se a função h for a função nula, a equação se diz **homogênea** (não tem nada a ver com as equações do §42 (c)); caso contrário, **não-homogênea**.

Chama-se equação **homogênea associada** a (♣) à EDO

$$f(x)y'+g(x)y=0$$

Exemplo 43-1

(a) As seguintes EDO são lineares:

$xy'+x^2y=\operatorname{sen}x.$	Neste caso,	$f(x)=x,$	$g(x)=x^2,$	$h(x)=\operatorname{sen}x.$
$y'-(\cos x)y=1.$	Neste caso,	$f(x)=1,$	$g(x)=-\cos x,$	$h(x)=1.$
$x^3y'+e^xy=0.$	Neste caso,	$f(x)=x^3,$	$g(x)=e^x,$	$h(x)=0.$

Apenas a última é homogênea.

(b) As seguintes EDO não são lineares:

$$x(y')^2+x^2y=\operatorname{sen}x \qquad y'-(\cos y)y^2=1 \qquad yy'+e^xy=1$$

(c) A equação homogênea associada à equação $y'-(\cos y)y=\ln x$ é $y'-(\cos y)y=0$.

Exercício 43-1 Quais das EDO seguintes são lineares e quais destas são homogêneas?

(a) $e^xy'-2x^3y=\operatorname{sen}x.$ (b) $(y')^5+(\cos x)(\operatorname{sen}y)=0.$ (c) $y'+2\operatorname{sen}y=x.$

(d) $y'+(x\ln x)y=0.$ (e) $y'-x\ln x=y.$ (f) $(\operatorname{sen}x)y'+xy=e^y.$

O nosso estudo se restringirá ao caso de equações lineares da forma

$$y'+p(x)y=q(x) \qquad (\blacklozenge)$$

onde p e q são funções contínuas, tendo por domínio um mesmo intervalo aberto I. Quando f não se anula, a equação (♣) pode ser dividida membro a membro por $f(x)$, sendo, pois, equivalente à equação (♦).

(B) Solução geral usando fator integrante

Escrevendo (♦) na forma

$$p(x)y-q(x)+y'=0 \qquad (\blacklozenge')$$

ela fica da forma $P(x,y)+Q(x,y)y'=0$, sendo $P(x,y)=p(x)y-q(x)$ e $Q(x,y)=1$.

Temos:

$$\frac{\partial P}{\partial y}(x,y)=p(x) \qquad \frac{\partial Q}{\partial x}=0$$

que não é exata, a menos que p seja a função nula, caso que deixaremos de lado, pois então a determinação das soluções é imediata. Como $\frac{1}{Q}(\frac{\partial P}{\partial y}-\frac{\partial Q}{\partial x})=p$, a equação admite um fator integrante μ que só depende de x (§42(E)), dado por:

$$\frac{d\ln\mu}{dx}=\frac{1}{Q}(\frac{\partial P}{\partial y}-\frac{\partial Q}{\partial x})=p \qquad \therefore \qquad \ln\mu=\int p(x)dx$$

de onde resulta que um fator integrante μ é dado por

$$\mu(x)=e^{\int p(x)dx}$$

Multiplicando ambos os membros de (♦') por $\mu(x)$, obtemos a equação

$$\mu(x)p(x)y-\mu(x)q(x)+\mu(x)y'=0 \qquad (\heartsuit)$$

a qual tem as mesmas soluções que a equação dada. Como o domínio da equação é uma faixa retangular, é simplesmente conexo; existe, pois, uma função potencial F. Em vez de prosseguirmos como no §42(E), cortaremos caminho observando que $\mu\, p=\mu'$ (verifique, por favor), e que a equação acima fica:

$$\mu'(x)y-\mu(x)q(x)+\mu(x)y'=0 \qquad \therefore \qquad (\mu y)'(x)-\mu(x)q(x)=0$$

da qual y é solução se e somente se existe uma constante C tal que $\mu(x)y=\int\mu(x)q(x)dx+C$, ou seja,

$$\boxed{y=\frac{1}{\mu(x)}(\int\mu(x)q(x)dx+C)}$$

Observação. Note que a equação define soluções de domínio I, o mesmo das funções p e q, e que, pela forma da equação, C é uma constante arbitrária, no sentido de que pode ter qualquer valor real.

Eis um roteiro:

Para resolver a EDO

$$y'+p(x)y=q(x) \qquad (\blacklozenge)$$

(a) Calcule o fator integrante $\mu(x)=e^{\int p(x)dx}$.

(b) Multiplique ambos os membros da EDO por $\mu(x)$, lembrando que o primeiro membro se escreve como a derivada de μy:

$$(\mu y)'(x) = \mu(x)q(x)$$

(c) Integre ambos os membros (não se esqueça da constante). Do primeiro membro, você obterá $\mu(x)y$. Tire o valor de y.

Exemplo 43-2 Dê as soluções da equação $y'+3x^2y = x^2$.

Resolução. Esta é uma EDO linear, com $p(x) = 3x^2$ e $q(x) = x^2$. Um fator integrante é dado por $\mu(x) = e^{\int p(x)dx} = e^{\int 3x^2dx} = e^{x^3}$. Multiplicando a equação por esse fator integrante, obtemos:

$$(e^{x^3}y)' = x^2e^{x^3} \quad \therefore \quad e^{x^3}y = \int x^2e^{x^3}dx + c = \int e^{x^3}\frac{d(x^3)}{3} + C = \frac{1}{3}e^{x^3} + C$$

Portanto,

$$y = \frac{1}{e^{x^3}}(\frac{1}{3}e^{x^3} + C) = \frac{1}{3} + \frac{C}{e^{x^3}}$$ ◄

Exemplo 43-3 Resolva a equação $xy' - y = \text{sen}(\frac{1}{x}),\ x < 0$.

Resolução. Esta é uma EDO linear; para colocar sob a forma (♦), vamos dividir por x, para obter

$$y' - \frac{1}{x}y = \frac{1}{x}\text{sen}(\frac{1}{x})$$

que é da forma (♦), com $p(x) = -\frac{1}{x}$, e $q(x) = \frac{1}{x}\text{sen}(\frac{1}{x})$, ambas tendo por domínio o intervalo dado por $x < 0$. Um fator integrante é

$$\mu(x) = e^{\int p(x)dx} = e^{\int -\frac{1}{x}dx} = e^{-\ln|x|} = \frac{1}{e^{\ln|x|}} = \frac{1}{|x|} = -\frac{1}{x}$$

onde usamos o fato de que $|x| = -x$, por ser $x < 0$. Multiplicando a equação por esse fator integrante, obtemos

$$(-\frac{1}{x}y)' = -\frac{1}{x^2}\text{sen}(\frac{1}{x})$$

Logo

$$-\frac{1}{x}y = \int -\frac{1}{x^2}\text{sen}(\frac{1}{x})dx + C = \int \text{sen}(\frac{1}{x})d(\frac{1}{x}) + C = -\cos(\frac{1}{x}) + C$$

de onde resulta

$$y = x\cos(\frac{1}{x}) - Cx$$

Exemplo 43-4 Resolva o seguinte problema de valor inicial:

$$y' + y = x, \qquad y(0) = 1,$$

isto é, determine a solução da EDO que, para $x = 0$, toma o valor $y = 1$.

Resolução. A EDO é linear, da forma (♦), com $p(x) = 1$ e $q(x) = x$. Um fator integrante é dado por $\mu(x) = e^{\int p(x)d} = e^{\int dx} = e^x$. Multiplicando a equação por esse fator integrante, obtemos

$$(e^x y)' = xe^x \qquad \therefore \qquad e^x y = \int xe^x dx + C$$

Usando uma tabela de integrais, ou um *software* adequado, ou o Exemplo 25-7 (volume 1), temos

$$\int xe^x dx = xe^x - e^x$$

de modo que

$$e^x y = \int xe^x dx + c = xe^x - e^x + C$$

de onde resulta

$$y = x - 1 + \frac{C}{e^x}$$

Para determinar C, usamos o dado que, para $x = 0$, temos $y = 1$:

$$1 = 0 - 1 + \frac{C}{e^0} \qquad \therefore \qquad C = 2.$$

Substituindo na expressão de y acima, vem $\quad y = x - 1 + \dfrac{2}{e^x}$.

Exercício 43-2 Determine as soluções de cada EDO:

(a) $y' + \frac{1}{x}y = 3x$, $x > 0$. (b) $\frac{dy}{dx} + 2y = e^{-5x}$. (c) $x^2 y' + 4xy = x^5$, $x < 0$.

(d) $y' + 2xy = 2x$. (e) $y' - y\,\mathrm{tg}\,x = 4\,\mathrm{sen}\,x$, $-\frac{\pi}{2} < x < \frac{\pi}{2}$.

(f) $y' + xy = 2xe^{x^2/2}$. (g) $y' + (\mathrm{sh}\,x)y = (1 + \mathrm{ch}\,x)\mathrm{sh}\,x$. (h) $xy' + y = 0$, $x \neq 0$.

(i) $xy' + y = 3x^2 + 4x + 4$, $x \neq 0$.

Exercício 43-3 Resolva cada problema de valor inicial:

(a) $x^2 y'+2xy = \text{sen}(3x),\ \ y(\pi) = 0.$ (b) $xe^x\, y'+e^x(1+x)y-1=0,\ \ y(1)=e^{-1}.$

(c) $(1+x^2)y'+y=1,\ \ y(0)=1.$ (d) $y'\text{ch}\, x+y\,\text{sh}\, x=\text{ch}\, x,\ \ y(\ln 2)=\dfrac{7}{5}.$

(e) $y'+\dfrac{3y}{x}+\dfrac{2}{x^2}=0,\ \ y(1)=0.$ (f) $xy'+y=\dfrac{x+(1+x^2)\,\text{arctg}\, x}{1+x^2},\ \ y(1)=\dfrac{\pi}{4}.$

(C) Linearidade

Uma propriedade importante que uma EDO linear *homogênea* de primeira ordem tem é a seguinte:

Propriedade da linearidade. Se y_1 e y_2 são soluções de uma EDO linear homogênea de primeira ordem, então toda **combinação linear** delas também é solução, isto é, se c_1 e c_2 são números reais quaisquer, então a função $u = c_1 y_1 + c_2 y_2$ é solução.

De fato: se y_1 e y_2 são soluções da EDO $f(x)y'+g(x)y=0,$ temos:

$$f(x)y_1'+g(x)y_1=0 \quad \text{e} \quad f(x)y_2'+g(x)y_2=0.$$

Então,

$$\begin{aligned} f(x)u'+g(x)u &= f(x)(c_1y_1+c_2y_2)'+g(x)(c_1y_1+c_2y_2) \\ &= f(x)(c_1y'_1+c_2y'_2)+g(x)(c_1y_1+c_2y_2) \\ &= f(x)c_1y'_1+f(x)c_2y'_2+g(x)c_1y_1+g(x)c_2y_2 \\ &= c_1(f(x)y_1'+g(x)y_1)+c_2(f(x)y_2'+g(x)y_2) \\ &= c_1.0+c_2.0=0 \end{aligned}$$

(D) Complemento

Uma equação diferencial que pode ser colocada na forma

$$y'+p(x)y=q(x)y^{\alpha} \qquad (\spadesuit)$$

onde α é um número real, e p e q são funções contínuas, tendo por domínio um intervalo aberto I, é chamada **equação de Bernoulli**.

Para $\alpha = 0$ e $\alpha = 1$, a equação é linear de primeira ordem, que já sabemos como resolver. Portanto, vamos supor, no que se segue, que α não assume tais valores.

Notemos inicialmente que, para $\alpha > 0$, a função $y=0$ é solução, e para $\alpha < 0$, uma solução não pode se anular. As soluções que não se anulam podem ser determinadas pelo seguinte:

Processo de resolução. Dividindo a equação por y^α, obtemos:

$$y'y^{-\alpha} + p(x)y^{-\alpha+1} = q(x) \qquad (\bigstar)$$

Façamos

$$v = y^{-\alpha+1} \qquad (\star)$$

Temos, então, $v' = (-\alpha+1)y^{-\alpha}y'$. Substituindo em ($\bigstar$), vem:

$$\frac{v'}{-\alpha+1} + p(x)v = q(x)$$

que é uma linear de primeira ordem. Encontrada uma solução desta, obteremos uma solução da equação proposta através de ($\star$).

Exemplo 43-5 Resolva as equações:

(a) $y' - x^3y = x^3y^5$. (b) $y' - (\text{tg}\,x)y = (\text{tg}\,x)y^{-\sqrt{2}}$, $\frac{-\pi}{2} < x < \frac{\pi}{2}$.

(a) Nesse caso, $\alpha = 5 > 0$, e $y = 0$ é solução da equação. Para obter as demais soluções, dividimos a equação por y^5, ficando com $y^{-5}y' - x^3y^{-4} = x^3$. Fazendo $v = y^{-4}$, temos que $v' = -4y^{-5}y'$, que, colocada na última equação, fornece

$$\frac{v'}{-4} - x^3v = x^3 \qquad \therefore \qquad v' + 4x^3v = -4x^3$$

Resolvendo esta equação linear, temos $v = -1 + Ce^{-x^4}$. Lembrando que $v = y^{-4}$, resulta:

$$y^4 = \frac{1}{-1 + Ce^{-x^4}}$$

Dessa forma, as soluções da equação (veja a observação após o exemplo) são dadas por:

$$y = 0, \quad y = \frac{1}{\sqrt[4]{-1 + Ce^{-x^4}}} \quad \text{e} \quad y = -\frac{1}{\sqrt[4]{-1 + Ce^{-x^4}}}$$ ∢

(b) Agora, $\alpha = -\sqrt{2} < 0$; dividindo a equação por $y^{-\sqrt{2}}$, obtemos $y^{\sqrt{2}}y' - (\text{tg}\,x)y^{\sqrt{2}+1} = \text{tg}\,x$. Fazendo $v = y^{\sqrt{2}+1}$, temos $v' = (\sqrt{2}+1)y^{\sqrt{2}}y'$. Substituindo na última equação:

$$\frac{v'}{\sqrt{2}+1}-(\operatorname{tg} x)v=\operatorname{tg} x \quad \therefore \quad v'-(\sqrt{2}+1)(\operatorname{tg} x)v=(\sqrt{2}+1)\operatorname{tg} x$$

Resolvendo a equação linear, vem $v=-1+\dfrac{C}{(\cos x)^{\sqrt{2}+1}}$. Lembrando que $v=y^{\sqrt{2}+1}$, resulta que as equações da equação proposta (veja a observação após o exemplo) são dadas por:

$$y^{\sqrt{2}+1}=-1+\frac{C}{(\cos x)^{\sqrt{2}+1}}$$

$\prec$

Observação. Uma questão importante é saber se o processo de resolução descrito, e aplicado nos exemplos, fornece, juntamente com a eventual solução nula, *todas* as soluções da equação. De modo geral, isto não é verdade. Por exemplo, para a equação $y'=3xy^{1/3}$, que admite a solução nula, o processo nos dá as soluções $y=(x^2+C)^{3/2}$. No entanto, a função f definida por:

$$f(x)=\begin{cases}0, & \text{se } x<0\\ x^3, & \text{se } x\geq 0\end{cases}$$

também é solução, como se pode verificar, e não está contemplada na expressão da solução fornecida pelo processo. Pode-se provar, com base no Teorema de Existência e Unicidade de Soluções (§42(F)) que:

- Para α irracional, o processo nos dá todas as soluções. Neste caso, o domínio da equação de Bernoulli (♠) é a "faixa" $\{(x,y)\in\mathbb{R}^2|\ x\in I, y>0\}$.
- Para α inteiro negativo, o processo também nos dá todas as soluções, e o domínio da equação de Bernoulli (♠) é a reunião das "faixas" $\{(x,y)\in\mathbb{R}^2|\ x\in I, y>0\}$ e $\{(x,y)\in\mathbb{R}^2|\ x\in I, y<0\}$.
- Para α inteiro positivo, $\alpha\neq 1$, a função $y=0$ é solução, e as demais são obtidas pelo processo. O domínio da equação é a "faixa" $\{(x,y)\in\mathbb{R}^2|\ x\in I, y\in\mathbb{R}\}$.

Exercício 43-4 Resolva as equações:

(a) . $y'-xy=\dfrac{x}{y}$.

(b) $y'-xy=\dfrac{x}{y}$.

(c) $y'-\dfrac{y}{x}=\dfrac{y^3e^x}{x^2}$.

(d) $y'-\dfrac{4y}{x}=\sqrt{y}$.

Respostas dos exercícios do §43

43-1 (a), (d) e (e); apenas (d) é homogênea.

43-2 Nos itens (h) e (i), as soluções devem ser consideradas nos intervalos $]-\infty,0[$ e $]0,\infty[$.

(a) $y = x^2 + \dfrac{C}{x}$. (b) $y = -\dfrac{1}{3}e^{-5x} + Ce^{-2x}$. (c) $y = \dfrac{x^4}{8} + \dfrac{C}{x^4}$.

(d) $y = 1 + Ce^{-x^2}$. (e) $y = (C + 2\operatorname{sen}^2 x)\sec x$. (f) $y = e^{-x^2/2}(e^{x^2} + C)$.

(g) $y = \operatorname{ch} x + Ce^{-\operatorname{ch} x}$. (h) $y = \dfrac{C}{x}$. (i) $y = x^2 + 2x + 4 + \dfrac{C}{x}$.

43-3 (a) $y = -\dfrac{\cos(3x)+1}{3x^2}$. (b) $y = e^{-x}$. (c) $y = 1$. (d) $y = \dfrac{\operatorname{sh} x + 1}{\operatorname{ch} x}$.

(e) $y = \dfrac{1-x^2}{x^3}$. (f) $y = \operatorname{arctg} x$.

43-4 (a) $y^2 = Ce^{x^2} - 1$. (b) $y^3 = Ce^{3x^2/2} - 1$.

(c) $y^2 = \dfrac{x^2}{C - 2e^x}$ e $y = 0$. (d) $y = (Cx^2 - \dfrac{x}{2})^2$ e $y = 0$.

§44- EQUAÇÕES DIFERENCIAIS LINEARES DE 2ª ORDEM, HOMOGÊNEAS

(A) Definição de equação diferencial linear de 2ª ordem

Uma EDO que pode ser colocada na forma:

$$f(x)y'' + g(x)y' + h(x)y = l(x) \qquad (\clubsuit)$$

chama-se **equação (diferencial ordinária) linear de segunda ordem**, ou **de ordem 2**. Aqui, f, g e h, chamadas **coeficientes** da equação, são funções que têm por domínio um mesmo intervalo aberto, f não sendo a função nula. Se l for a função nula, a equação se diz **homogênea**; caso contrário, **não-homogênea**.

Chama-se equação **homogênea associada** a ($\clubsuit$) à EDO

$$f(x)y'' + g(x)y' + h(x)y = 0$$

Exemplo 44-1

(a) As seguintes EDO são lineares:

$xy''+x^2y'+3y=\text{sen}\,x$	$f(x)=x$	$g(x)=x^2$	$h(x)=3$	$l(x)=\text{sen}\,x$
$y''+(1+x^2)y'=2$	$f(x)=1$	$g(x)=1+x^2$	$h(x)=0$	$l(x)=2$
$2x^2y''-e^xy=0$	$f(x)=2x^2$	$g(x)=0$	$h(x)=-e^x$	$l(x)=0$

(b) As seguintes EDO não são lineares:

$x(y'')^2+x^2y'+3y=\text{sen}\,x$ $\qquad$ $y''+(1+x^2)\ln y'=2$ $\qquad$ $2x^2y''\,y'-e^xy=0$

(c) A equação homogênea associada à equação não-homogênea $xy''+x^2y'+3y=\text{sen}\,x$ é $xy''+x^2y'+3y=0$.

Exercício 44-1 Quais das EDO seguintes são lineares de segunda ordem?

(a) $(\text{sen}\,x)y''+(\cos x)y'+xy=\ln x$. (b) $y''+y'+xy=2x$. (c) $y''+y'+xy=2^y x$.

(d) $y''+y=\text{tg}\,x$. (e) $yy''-y'+y=0$. (f) $y''\,xy'=\text{sh}\,x$.

Observação. A noção de EDO linear de ordem n existe, e sua definição é uma generalização óbvia da de ordem 2.

O nosso estudo se restringirá ao caso de equações lineares de segunda ordem da forma:

$$y''+p(x)y'+q(x)y=s(x) \qquad (\blacklozenge)$$

onde p, q e s são funções contínuas, tendo por domínio um mesmo intervalo aberto, à qual (♣) se reduz sempre que f não toma o valor 0, pois então podemos dividi-la por $f(x)$.

(B) Equações diferenciais lineares de 2ª ordem, homogêneas

Um resultado básico sobre as EDO lineares *homogêneas* de segunda ordem é o seguinte:

Propriedade da linearidade. Se y_1 e y_2 são soluções de uma EDO linear homogênea de segunda ordem, então toda **combinação linear** delas também é solução, isto é, se c_1 e c_2 são números reais quaisquer, então a função $u=c_1y_1+c_2y_2$ é solução.

No §43(C) demonstramos esta propriedade para as equações lineares homogêneas de primeira ordem. Na verdade, ela vale para equações lineares homogêneas de ordem qualquer, e uma demonstração pode ser feita de modo muito parecido com a feita para as de primeira ordem, e por isso será omitida.

Veremos agora outra propriedade fundamental das EDO lineares *homogêneas* de segunda ordem. Para enunciá-la, teremos de usar o conceito de funções linearmente independentes, que passamos a definir:

As funções y_1 e y_2 são ditas **linearmente independentes** em um intervalo se nenhuma delas é igual ao produto da outra por uma constante. Caso contrário, elas são ditas **linearmente dependentes** no intervalo.

Exemplo 44-2

(a) As funções $y_1 = e^x$ e $y_2 = e^{3x}$ são linearmente independentes em $\mathbb{R}$, pois:

- $\dfrac{y_1}{y_2} = \dfrac{e^x}{e^{3x}} = e^{-2x}$ não é constante, ou seja, y_1 não é uma constante vezes y_2.
- $\dfrac{y_2}{y_1} = \dfrac{e^{3x}}{e^x} = e^{2x}$ não é constante, ou seja, y_2 não é uma constante vezes y_1.

(b) As funções $y_1 = x^3$ e $y_2 = 4x^3$ são linearmente dependentes em $\mathbb{R}$, pois $y_2 = 4y_1$.

Exercício 44-2 Mostre que (sendo r, r_1, r_2 números reais):

(a) $y_1 = e^{r_1 x}$ e $y_2 = e^{r_2 x}$ são linearmente independentes em $\mathbb{R}$ se e somente se $r_1 \neq r_2$.

(b) $y_1 = e^{rx}$ e $y_2 = xe^{rx}$ são linearmente independentes em $\mathbb{R}$.

(c) $y_1 = \operatorname{sh} x$ e $y_2 = \operatorname{ch} x$ (§21(C)) são linearmente independentes em $\mathbb{R}$.

Se y_1 e y_2 são soluções **linearmente independentes** da EDO linear *homogênea* (♦), então as soluções são dadas por $y = c_1 y_1 + c_2 y_2$, onde c_1 e c_2 são constantes arbitrárias.

A demonstração está fora do objetivo deste livro. Com o resultado acima, vemos que o problema de se achar as soluções de uma EDO linear homogênea se reduz a achar duas soluções dela que sejam linearmente independentes. Esta tarefa é muito difícil, mas, no caso em que as funções coeficientes são constantes, temos uma solução completa, como veremos.

(C) Equações diferenciais lineares de 2ª ordem, homogêneas, com coeficientes constantes

Estudaremos agora uma EDO da forma:

$$y'' + py' + qy = 0 \qquad (\heartsuit)$$

onde p e q são números reais. Vamos buscar soluções da forma $y = e^{rx}$, onde r é um número a determinar. Temos $y' = re^{rx}$, $y'' = r^2 e^{rx}$. Substituindo na equação (♥), vem:

$$r^2 e^{rx} + pre^{rx} + qe^{rx} = 0 \quad \therefore \quad (r^2 + pr + q)\, e^{rx} = 0$$

Como $e^{rx} \neq 0$, então $r^2 + pr + q = 0$. Vendo esta relação como uma equação em r, a qual é chamada **equação característica** da EDO (♥), temos, portanto:

Uma solução de (♥) é da forma $y = e^{rx}$ se e somente se r é raiz da equação característica $r^2 + pr + q = 0$.

Atenção sobre como é construída a equação característica: ela é obtida da equação diferencial substituindo y'' por r^2, y' por r, e y por 1.

Temos três casos:

1º caso. *A equação característica apresenta duas raízes (reais distintas)* r_1 *e* r_2. Nesse caso, temos as soluções $y_1 = e^{r_1 x}$ e $y_2 = e^{r_2 x}$. Como elas são linearmente independentes (Exercício 44-2(a)), então as soluções de (♥) são dadas por $y = c_1 e^{r_1 x} + c_2 e^{r_2 x}$, de acordo com o último resultado enunciado na seção anterior, onde c_1 e c_2 são constantes arbitrárias.

Exemplo 44-3 Resolva as equações:

(a) $y''-2y'-3y=0$. (b) $y''-2y'=0$. (c) $y''-4y=0$.

Resolução.

(a) A equação característica é obtida substituindo y'' por r^2, y' por r, e y por 1, ou seja, ela é $r^2-2r-3=0$, cujas raízes são -1 e 3. As soluções são dadas por $y=c_1e^{-x}+c_2e^{3x}$. ◄

(b) A equação característica é obtida substituindo y'' por r^2, y' por r, e y por 1, ou seja, ela é $r^2-2r=0$, cujas raízes são 0 e 2. As soluções são dadas por $y=c_1e^{0.x}+c_2e^{2x}=c_1+c_2e^{2x}$. ◄

(c) A equação característica é obtida substituindo y'' por r^2, y' por r, e y por 1, ou seja, ela é $r^2-4=0$, cujas raízes são -2 e 2. As soluções são dadas por $y=c_1e^{-2.x}+c_2e^{2x}$. ◄

Exercício 44-3 Resolva as equações:

(a) $y''-9y'+20y=0$. (b) $y''-y'-6y=0$. (c) $y''-4y'=0$. (d) $y''-16y=0$.
(e) $4y''-8y'+3y=0$. (f) $2y''-3y'-2y=0$. (g) $5y''-y'=0$. (h) $y''=y'$.

2º caso. *A equação característica apresenta uma única raiz (dupla)* r_0. Nesse caso, pelo que fizemos no início desta seção, temos apenas a solução $y_1 = e^{r_0 x}$. Pode-se provar que $y_2 = xe^{r_0 x}$ é uma outra solução, e y_1 e y_2 são linearmente independentes. Como chegar a descobrir y_2 será feito no complemento, ao fim da seção.

Exemplo 44-4 Dê as soluções da equação $y''+6y'+9y=0$.

Resolução. A equação característica é $r^2 + 6r + 9 = 0$, que tem apenas a raiz -3. Então, pelo que foi dito anteriormente, as soluções são dadas por $y = c_1 e^{-3x} + c_2 x e^{-3x}$. ◁

Exercício 44-4 Resolva a equação, em cada caso:

(a) $y'' - 2y' + y = 0$. (b) $y'' + 2y' + y = 0$. (c) $9y'' - 6y' + y = 0$. (d) $4y'' = 0$.

3º caso. *A equação característica não tem raízes reais.* Escrevendo as raízes complexas da equação característica na forma $\alpha \pm i\beta$ onde $\beta > 0$ e i é a unidade imaginária, pode-se provar que as funções:

$$y_1 = e^{\alpha x} \cos(\beta x) \qquad \text{e} \qquad y_2 = e^{\alpha x} \operatorname{sen}(\beta x)$$

são soluções linearmente independentes de (♥). Usaremos $\sqrt{z}$ para indicar a raiz quadrada de z de menor argumento.

Exemplo 44-5 Dê as soluções da equação, em cada caso:

(a) $y'' - 2y' + 10y = 0$. (b) $y'' + 16y = 0$.

Resolução.

(a) A equação característica é $r^2 - 2r + 10 = 0$. As raízes são dadas por:

$$r = \frac{-(-2) \pm \sqrt{(-2)^2 - 4.1.10}}{2.1} = \frac{2 \pm \sqrt{-36}}{2} = \frac{2 \pm 6i}{2} = 1 \pm 3i$$

Portanto, $\alpha = 1$, $\beta = 3$. As soluções são dadas por:

$$y = c_1 e^x \cos(3x) + c_2 e^x \operatorname{sen}(3x)$$ ◁

(b) A equação característica é $r^2 + 16 = 0$; logo, $r^2 = -16$. As raízes são dadas por $r = \pm\sqrt{-16} = \pm 4i$. Portanto, $\alpha = 0$, $\beta = 4$. As soluções são dadas por:

$$y = c_1 e^{0.x} \cos(4x) + c_2 e^{0.x} \operatorname{sen}(4x), \qquad \text{ou seja,} \qquad y = c_1 \cos(4x) + c_2 \operatorname{sen}(4x)$$ ◁

Exercício 44-5 Resolva as equações:

(a) $y'' - 4y' + 13y = 0$. (b) $y'' + 4y = 0$. (c) $y'' - 2y' + 5y = 0$.

(d) $8y'' + 4y' + y = 0$. (e) $y'' + \omega^2 y = 0$ ($\omega > 0$). (f) $y'' + y' + y = 0$.

Eis um resumo dos três casos:

A EDO $y'' + py' + qy = 0$, onde p e q são constantes, tem equação característica $r^2 + pr + q = 0$.

1º caso. *A equação característica apresenta duas raízes (reais distintas)* r_1 *e* r_2. As soluções são dadas por $y = c_1e^{r_1x} + c_2e^{r_2x}$, onde c_1 e c_2 são constantes arbitrárias.

2º caso. *A equação característica apresenta uma única raiz (dupla)* r_0. As soluções são dadas por $y = c_1e^{r_0x} + c_2xe^{r_0x}$, onde c_1 e c_2 são constantes arbitrárias.

3º caso. *A equação característica não tem raízes reais.* Sendo $\alpha \pm i\beta$, $\beta > 0$, (i a unidade imaginária) as raízes da equação característica, as soluções são dadas por $y = c_1e^{\alpha x}\cos(\beta x) + c_2e^{\alpha x}\,\mathrm{sen}(\beta x)$, onde c_1 e c_2 são constantes arbitrárias.

Observação. A equação diferencial $y''-c^2y = 0$, onde $c > 0$, tem equação característica $r^2 - c^2 = 0$, cujas raízes são c e $-c$. As soluções são dadas por $y = c_1e^{cx} + c_2e^{-cx}$. Neste caso, é possível exprimi-la em termos do seno hiperbólico e do co-seno hiperbólico. Podemos ver isso notando que as funções $y_1 = \mathrm{sh}(cx)$ e $y_2 = \mathrm{ch}(cx)$ são soluções linearmente independentes da equação (deixamos a verificação para você), e, portanto, as soluções são dadas por $y = A\,\mathrm{sh}(cx) + B\,\mathrm{ch}(cx)$.

Complemento. Considere a equação $y''+py'+qy = 0$, cuja equação característica $r^2 + pr + q = 0$ vamos supor ter uma única raiz r_0. Como vimos, uma solução da EDO é $y_1 = e^{r_0x}$. Mostraremos, de forma natural dentro do contexto teórico de que dispomos, como é possível chegar a uma outra solução y_2 da EDO, com y_1 e y_2 linearmente independentes. É natural fazer $v = y_2/y_1$ e impor que v não seja constante, por definição de funções linearmente independentes. Temos que:

$$y_2 = vy_1 = ve^{r_0x} \qquad (\spadesuit)$$

Vamos impor que y_2 seja solução da EDO, ou seja, que:

$$y_2''+py_2'+qy_2 = 0 \qquad (\bigstar)$$

De ($\spadesuit$) resulta:

$$y_2' = (ve^{r_0x})' = v'e^{r_0x} + vr_0e^{r_0x} = e^{r_0x}(v'+r_0v)$$

$$y_2'' = r_0e^{r_0x}(v'+r_0v) + e^{r_0x}(v''+r_0v') = e^{r_0x}(v''+2r_0v'+r_0^2v)$$

Substituindo em ($\bigstar$), usando ($\spadesuit$), vem:

$$e^{r_0x}(v''+2r_0v'+r_0^2v) + pe^{r_0x}(v'+r_0v) + qve^{r_0x} = 0$$

Cancelando e^{r_0x} e agrupando convenientememte os termos, obtemos:

$$v''+(2r_0 + p)v'+(r_0^2 + pr_0 + q)v = 0$$

Observemos que, como r_0 é raiz da equação característica, o termo dentro do segundo parêntese é nulo. Além disso, como é raiz dupla da equação característica, então o discriminante Δ da equação é nulo; logo:

$$r_0 = \frac{-p \pm \sqrt{\Delta}}{2.1} = \frac{-p}{2} \qquad \therefore \qquad 2r_0 = -p \qquad \therefore \qquad 2r_0 + p = 0$$

Assim, o termo dentro do primeiro parêntese também é nulo, e a relação fica $v'' = 0$. Você pode integrar duas vezes e obter a função v mais geral; porém, como estamos interessados em uma particular v não-nula, tomamos $v = x$. Substituindo em (♠), obtemos, finalmente:

$$y_2 = xe^{r_0 x}$$ ∢

(D) Problema de valores iniciais e problema de valores de contorno

Um **problema de valores iniciais** para uma EDO de ordem 2 consiste em se achar uma solução y dela que verifica as condições (chamadas **condições iniciais**) $y(x_0) = y_0$ e $y'(x_0) = a$, onde x_0 é um ponto dado, e as constantes y_0 e a também são dadas.

Exemplo 44-6 Resolva o seguinte problema de valores iniciais:

$$y'' + 2y' - 8y = 0 \qquad y(0) = 5 \qquad y'(0) = -2$$

Resolução. A equação característica é $r^2 + 2r - 8 = 0$, cujas raízes são -4 e 2. As soluções são dadas por $y = c_1e^{-4x} + c_2e^{2x}$. Então $y' = -4c_1e^{-4x} + 2c_2e^{2x}$. Portanto:

$$y(0) = c_1 + c_2 = 5 \qquad y'(0) = -4c_1 + 2c_2 = -2$$

Resolvendo o sistema, resulta $c_1 = 2$ e $c_2 = 3$. Substituindo na expressão de y, vem:

$$y = 2e^{-4x} + 3e^{2x}$$ ∢

Exercício 44-6 Resolva o problema de valores iniciais, em cada caso:
(a) $y'' + 9y = 0 \quad y(0) = -\sqrt{3} \quad y'(0) = 3$. (b) $y'' + 4y' + 3y = 0 \quad y(0) = 2 \quad y'(0) = -4$.

Exercício 44-7 Mostre que:
(a) A função exponencial é a única função que verifica o problema de condições iniciais $y' - y = 0$, $y(0) = 1$.
(b) A função seno hiperbólico é a única função que verifica o problema de condições iniciais $y'' - y = 0$, $y(0) = 0$, $y'(0) = 1$.
(c) A função co-seno hiperbólico é a única função que verifica o problema de condições iniciais $y'' - y = 0$, $y(0) = 1$, $y'(0) = 0$.

Um **problema de valores de contorno** para uma EDO de ordem 2 consiste em se achar uma solução y dela que verifica as condições $y(x_0) = y_0$ e $y(x_1) = y_1$ (chamadas **condições de contorno**), onde x_0 e x_1 são pontos dados, e as constantes y_0 e y_1 também são dadas.

Exemplo 44-7 Resolva o seguinte problema de valores de contorno:

$$y''-4y=0 \qquad y(0)=3 \qquad y(\ln 3)=\frac{163}{9}$$

Resolução. A equação característica é $r^2-4=0$, cujas raízes são -2 e 2. As soluções são dadas por $y=c_1e^{-2x}+c_2e^{2x}$. Temos:

$$y(0)=c_1+c_2=3 \qquad y(\ln 3)=c_1e^{-2\ln 3}+c_2e^{2\ln 3}=\frac{1}{9}c_1+9c_2=\frac{163}{9}$$

(usamos que $e^{-2\ln 3}=e^{\ln 3^{-2}}=3^{-2}=\dfrac{1}{9}$ e $e^{2\ln 3}=e^{\ln 3^2}=3^2=9$). Resolvendo o sistema, resulta $c_1=1$ e $c_2=2$. Substituindo na expressão de y, vem:

$$y=e^{-2x}+2e^{2x}$$

Exercício 44-8 Resolva o problema de valores de contorno, em cada caso:

(a) $y''-9y=0 \quad y(0)=0 \quad y(\frac{1}{3})=\dfrac{e^2-1}{e}$. (b) $y''+y=0 \quad y(0)=1 \quad y(2\pi)=2$.

Respostas dos exercícios do §44

44-1 Todas, menos (c) e (e).

44-3 (a) $y=c_1e^{4x}+c_2e^{5x}$. (b) $y=c_1e^{-2x}+c_2e^{3x}$. (c) $y=c_1+c_2e^{4x}$.
(d) $y=c_1e^{-4x}+c_2e^{4x}$. (e) $y=c_1e^{x/2}+c_2e^{3x/2}$. (f) $y=c_1e^{-x/2}+c_2e^{2x}$.
(g) $y=c_1+c_2e^{x/5}$. (h) $y=c_1+c_2e^{x}$.

44-4 (a) $y=c_1e^{x}+c_2xe^{x}$. (b) $y=c_1e^{-x}+c_2xe^{-x}$.
(c) $y=c_1e^{x/3}+c_2xe^{x/3}$. (d) $y=c_1+xc_2$.

44-5 (a) $y=c_1e^{2x}\cos(3x)+c_2e^{2x}\operatorname{sen}(3x)$. (b) $y=c_1\cos(2x)+c_2\operatorname{sen}(2x)$.
(c) $y=c_1e^{x}\cos(2x)+c_2e^{x}\operatorname{sen}(2x)$. (d) $y=c_1e^{-x/4}\cos(\frac{x}{4})+c_2e^{-x/4}\operatorname{sen}(\frac{x}{4})$.

(e) $y = c_1 \cos(\omega x) + c_2 \operatorname{sen}(\omega x)$. (f) $y = c_1 e^{-x/2} \cos(\frac{\sqrt{3}}{2} x) + c_2 e^{-x/2} \operatorname{sen}(\frac{\sqrt{3}}{2} x)$.

44-6 (a) $y = -\sqrt{3}\cos(3x) + \operatorname{sen}(3x)$. (b) $y = e^{-x} + e^{-3x}$.

44-8 (a) $y = e^{3x} - e^{-3x}$. (b) Não existe solução.

§45- EQUAÇÕES DIFERENCIAIS LINEARES DE 2ª ORDEM, NÃO-HOMOGÊNEAS

O resultado básico sobre uma EDO linear de 2ª ordem é o seguinte:

Sendo p, q, e s funções contínuas tendo por domínio um mesmo intervalo aberto I, considere a equação:

$$y'' + p(x)y' + q(x)y = s(x) \qquad (\clubsuit)$$

e a homogênea a ela associada:

$$y'' + p(x)y' + q(x)y = 0 \qquad (\blacklozenge)$$

Seja y_p uma solução particular de ($\clubsuit$). Então uma função y é solução de ($\clubsuit$) se e somente se $y - y_p$ é solução de ($\blacklozenge$).

A demonstração é muito fácil: sendo y uma função duas vezes derivável em I temos:

$$\begin{aligned}(y - y_p)'' + p(x)(y - y_p)' + q(x)(y - y_p) &= y'' - y_p'' + p(x)(y' - y_p') + q(x)(y - y_p)\\ &= y'' + p(x)y' + q(x)y - (y_p'' + p(x)y_p' + q(x)y_p)\\ &= y'' + p(x)y' + q(x)y - s(x)\end{aligned}$$

Então, y é solução de ($\clubsuit$), isto é, $y'' + p(x)y' + q(x)y = s(x)$, se e somente se o segundo membro da relação anterior é nulo, o que equivale a dizer que $y - y_p$ é solução de ($\blacklozenge$).

Por este resultado, temos:

As soluções da equação não-homogênea ($\clubsuit$) são dadas por :

$$y = y_p + y_{gh}$$

onde y_p é uma solução particular de ($\clubsuit$) e y_{gh} é a expressão que dá as soluções da homogênea associada ($\blacklozenge$).

O nosso objetivo aqui é o estudo de equações com *coeficientes constantes*, para as quais já aprendemos a calcular y_{gh} (parágrafo anterior). Precisamos aprender a achar y_p, uma solução particular da equação (♣). Esta tarefa não é fácil. Existe um processo, que se inspira na forma de y_{gh} e que se chama **método da variação das constantes**, que tem a desvantagem de conduzir, em geral, a integrais complicadas e que, por isso, não será apresentado. Estudaremos a equação (♣) para alguns tipos especiais de funções do segundo membro, usando o chamado **método dos coeficientes indeterminados**. Vamos explicá-lo através de exemplos. Antes, porém, daremos uma referência em que o leitor poderá encontrar as demonstrações das afirmações que faremos, bem como generalizações a equações lineares de ordem qualquer. Trata-se do volume 2 de APOSTOL, T. M. *Calculus*. Nova York, Blaisdell Publishing Company, 1964.

Exemplo 45-1 Dê as soluções da equação $y''-16y=32$.

Resolução.

• *Soluções da homogênea.* A equação característica é $r^2-16=0$, cujas raízes são -4 e 4. Portanto, as soluções da homogênea associada são dadas por:

$$y_{gh}=c_1e^{-4x}+c_2e^{4x}$$

• *Solução particular da equação dada.* O segundo membro da equação dada é um polinômio; no caso, o polinômio constante 32. Em princípio, uma solução a ser tentada é um polinômio, de mesmo grau que 32, ou seja, um polinômio constante:

$$y_p=A \qquad \therefore \qquad y_p'=0 \qquad \therefore \qquad y_p''=0$$

Substituindo na equação dada, vem:

$$0-16A=32 \qquad \therefore \qquad A=-2 \qquad \therefore \qquad y_p=-2$$

• *Soluções da equação dada.* De acordo com o resultado acima, as soluções da equação proposta são dadas por:

$$y=y_p+y_{gh}=-2+c_1e^{-4x}+c_2e^{4x}$$ ◄

Exemplo 45-2 Resolva a equação $y''-16y'=32$.

Resolução.

• *Soluções da homogênea.* A equação característica é $r^2-16r=0$, cujas raízes são 0 e 16. Portanto, as soluções da homogênea associada são dadas por:

$$y_{gh}=c_1+c_2e^{16x}$$

• *Solução particular da equação dada.* Raciocinando como no exemplo anterior, em princípio, uma solução a ser tentada é um polinômio constante:

$$y_p = A \quad \therefore \quad y_p' = 0 \quad \therefore \quad y_p'' = 0$$

Substituindo na equação dada, vem:

$$0 - 16.0 = 32 \quad \therefore \quad 0 = 32 \quad \text{um absurdo!}$$

Assim, não há solução constante da equação. Isto se deu porque a solução tentada também é solução da equação homogênea associada (basta fazer $c_2 = 0$ na expressão de y_{gh}). Quando isso acontece, deve-se modificar a solução particular tentada, multiplicando-a por x:

$$y_p = xA \quad \therefore \quad y_p' = A \quad \therefore \quad y_p'' = 0$$

Substituindo na equação, vem:

$$0 - 16A = 32 \quad \therefore \quad A = -2 \quad \therefore \quad y_p = x(-2) = -2x$$

• *Soluções da equação dada.* As soluções da equação proposta são dadas por:

$$y = y_p + y_{gh} = -2x + c_1 + c_2 e^{16x}$$ ◄

Exemplo 45-3 Dê as soluções da equação $y'' - 3y' - 4y = 4x^2$.

Resolução.

• *Soluções da homogênea.* A equação característica é $r^2 - 3r - 4 = 0$, cujas raízes são -1 e 4. Portanto, as soluções da homogênea associada são dadas por:

$$y_{gh} = c_1 e^{-x} + c_2 e^{4x}$$

• *Solução particular da equação dada.* O segundo membro da equação dada é um polinômio de grau 2. Em princípio, uma solução a ser tentada é um polinômio de mesmo grau, $y_p = ax^2 + bx + c$. Note que nenhuma parcela dessa solução é solução da equação homogênea; logo, não é necessário modificá-la. Temos:

$$y_p = ax^2 + bx + c \quad \therefore \quad y_p' = 2ax + b \quad \therefore \quad y_p'' = 2a$$

Substituindo na equação dada, vem:

$$2a - 3(2ax + b) - 4(ax^2 + bx + c) = 4x^2$$

Ordenando segundo as potências de x, resulta:

$$-4ax^2+(-6a-4b)x+2a-3b-4c=4x^2$$

Igualando coeficientes, temos:

$$-4a=4 \qquad -6a-4b=0 \qquad 2a-3b-4c=0$$

Este sistema é facilmente resolvido pois, da primeira equação, vem que $a=-1$; substituindo na segunda, resulta $b=3/2$: levando os valores encontrados à terceira, resulta $c=-13/8$. Assim, temos:

$$y_p=-x^2+\frac{3}{2}x-\frac{13}{8}$$

• *Soluções da equação dada.* As soluções da equação proposta são dadas por:

$$y=y_p+y_{gh}=-x^2+\frac{3}{2}x-\frac{13}{8}+c_1e^{-x}+c_2e^{4x}$$

Observação. Para a equação $y''-y'=x+2$, as soluções da homogênea associada são dadas por $y_{gh}=c_1+c_2e^x$. Uma tentativa para a solução particular é, em princípio, $y_p=ax+b$. Porém, a parcela b é solução da equação homogênea, como sua solução geral mostra, pois basta fazer $c_2=0$ e $c_1=b$. Então é preciso modificar tal solução tentativa. Repetindo o truque do Exemplo 45-2, vamos multiplicá-la por x: $y_p=x(ax+b)=ax^2+bx$. Agora nenhuma parcela é solução da homogênea, e esta escolha vai funcionar. Experimente para ver!

Exercício 45-1 Dê as soluções das equações:

(a) $y''-3y'+2y=12$. (b) $y''+y'=2$. (c) $y''+y'-2y=2x$.

(d) $y''+y'+y=3x^2+7x+6$. (e) $y''-y'=x+2$. (f) $y''-y'=x^2+1$.

Exemplo 45-4 Dê as soluções da equação $y''-y'-2y=-2e^{3x}$.

Resolução.

• *Soluções da homogênea.* A equação característica é $r^2-r-2=0$, cujas raízes são -1 e 2. Portanto, as soluções da homogênea associada são dadas por:

$$y_{gh}=c_1e^{-x}+c_2^{2x}$$

• *Solução particular da equação dada.* O segundo membro da equação dada é uma função exponencial. Em princípio, uma solução a ser tentada é uma função do mesmo tipo, pois suas derivadas são funções dadas por constantes vezes exponencial:

$$y_p=ae^{3x} \qquad \therefore \qquad y_p'=3ae^{3x} \qquad \therefore \qquad y_p''=9ae^{3x}$$

Substituindo na equação dada, vem:

$$9ae^{3x} - 3ae^{3x} - 2ae^{3x} = -2e^{3x} \quad \therefore \quad 4ae^{3x} = -2e^{3x} \quad \therefore \quad a = -\frac{1}{2}$$

Assim, temos:

$$y_p = -\frac{1}{2}e^{3x}$$

• *Soluções da equação dada.* As soluções da equação proposta são dadas por:

$$y = y_p + y_{gh} = -\frac{1}{2}e^{3x} + c_1e^{-x} + c_2e^{2x}$$ ◄

Exemplo 45-5 Resolva a equação $y'' - y' - 2y = 2e^{2x}$.

Resolução.

• *Soluções da homogênea.* Como vimos no exemplo anterior, elas são dadas por:

$$y_{gh} = c_1e^{-x} + c_2e^{2x}$$

• *Solução particular da equação dada.* O segundo membro da equação dada é uma função exponencial. Em princípio, uma solução a ser tentada é uma função do mesmo tipo, pois suas derivadas são funções dadas por constantes vezes exponencial, como no exemplo anterior. Porém, no caso presente, se tomarmos $y_p = ae^{2x}$, vamos nos dar mal, pois esta função é solução da equação homogênea, como se pode ver olhando sua solução geral. Isto quer dizer que, se substituirmos esta solução particular no primeiro membro da equação dada, vamos obter 0, que não pode ser igual ao segundo membro, $2e^{2x}$. Nesse caso, teremos de modificar a solução particular tentada. Esta modificação consiste em multiplicá-la por x (isto pode ser provado): $y_p = axe^{2x}$. Esta função não é solução da homogênea, conforme a expressão de y_{gh} mostra. Temos:

$$y_p = axe^{2x} \quad \therefore \quad y_p' = (1 + 2x)ae^{2x} \quad \therefore \quad y_p'' = (1 + x)4ae^{2x}$$

onde os cálculos das derivadas são deixados para você conferir. Substituindo na equação dada, vem:

$$(1 + x)4ae^{2x} - (1 + 2x)ae^{2x} - 2\,axe^{2x} = 2e^{2x}$$

equação que, simplificada, nos fornece $3a = 2$; logo, $a = 2/3$. Portanto:

$$y_p = \frac{2}{3}xe^{2x}$$

• *Soluções da equação dada.* As soluções da equação proposta são dadas por:

$$y = y_p + y_{gh} = \frac{2}{3}xe^{2x} + c_1e^{-x} + c_2e^{2x}$$

Observação. Pode suceder que, mesmo modificando uma solução tentativa, ainda assim a modificada seja solução da equação homogênea associada. Nesse caso, devemos multiplicar mais uma vez por x. Por exemplo: para a equação $y''-2y'+y = e^x$, você pode verificar que $y_{gh} = c_1e^x + c_2xe^x$. Uma tentativa para a solução particular é $y_p = ae^x$, que não serve, pois é solução da homogênea. Modificando-a, temos $y_p = axe^x$, que também não serve, pois é solução da homogênea. Modificando esta última, temos $y_p = ax^2e^x$, que serve, pois não é solução da homogênea.

Exercício 45-2 Dê a solução geral da equação, em cada caso:

(a) $y''-y'-2y = -2e^x$. (b) $y''+3y'+2y = e^x$. (c) $y''-y = e^{3x}$.

(d) $y''-4y'+3y = e^{3x}$. (e) $y''-2y'-3y = 16e^{3x}$. (f) $y''-2y'+y = e^x$.

Exemplo 45-6 Dê as soluções da equação $y''-y' = -2\cos x$.

Resolução.

• *Soluções da homogênea.* A equação característica é $r^2 - r = 0$, cujas raízes são 0 e 1. Portanto, as soluções da homogênea associada são dadas por:

$$y_{gh} = c_1 + c_2e^x$$

• *Solução particular da equação dada.* Em princípio, uma solução a ser tentada é da forma $y_p = a\cos x + b\,\text{sen}\, x$. Temos:

$$y_p = a\cos x + b\,\text{sen}\, x \quad \therefore \quad y_p' = -a\,\text{sen}\, x + b\cos x \quad \therefore \quad y_p'' = -a\cos x - b\,\text{sen}\, x$$

Substituindo na equação dada, vem:

$$-a\cos x - b\,\text{sen}\, x - (-a\,\text{sen}\, x + b\cos x) = -2\cos x$$

ou seja:

$$(a-b)\,\text{sen}\, x + (-a-b)\cos x = -2\cos x$$

Esta equação é verificada se impusermos $a - b = 0$ e $-a - b = -2$. Resolvendo este sistema, resulta $a = 1$ e $b = 1$. Assim, temos:

$$y_p = \text{sen}\, x + \cos x$$

• *Soluções da equação dada.* As soluções da equação proposta são dadas por:

$$y = y_p + y_{gh} = \text{sen}\,x + \cos x + c_1 + c_2 e^x$$ ∢

Exemplo 45-7 Resolva a equação $y'' + y = \text{sen}\,x$.

Resolução.

• *Soluções da homogênea.* A equação característica é $r^2 + 1 = 0$, cujas raízes são i e $-i$. Portanto, as soluções da homogênea associada são dadas por:

$$y_{gh} = c_1 \cos x + c_2\,\text{sen}\,x$$

• *Solução particular da equação dada.* Em princípio, uma solução a ser tentada é da forma $y_p = a\cos x + b\,\text{sen}\,x$. Como ela é solução da homogênea (bastaria que uma parcela fosse), devemos modificar esta solução tentativa, multiplicando-a por x:

$$y_p = x(a\cos x + b\,\text{sen}\,x)$$

Calculando as derivadas primeira e segunda, chega-se a:

$$y_p' = (a + bx)\cos x + (b - ax)\,\text{sen}\,x \qquad y_p'' = (2b - ax)\cos x + (-2a - bx)\,\text{sen}\,x$$

Substituindo na equação dada, vem:

$$(2b - ax)\cos x + (-2a - bx)\,\text{sen}\,x + x(a\cos x + b\,\text{sen}\,x) = \text{sen}\,x$$

que fornece:

$$2b\cos x - 2a\,\text{sen}\,x = \text{sen}\,x$$

Esta equação é verificada se impusermos $2b = 0$ e $-2a = 1$, ou seja, $a = -1/2$ e $b = 0$. Assim, temos:

$$y_p = -\frac{1}{2}x\cos x$$

• *Soluções da equação dada.* As soluções da equação proposta são dadas por:

$$y = y_p + y_{gh} = -\frac{1}{2}x\cos x + c_1\cos x + c_2\,\text{sen}\,x$$ ∢

Observações.

(1) Para achar uma solução particular de uma equação linear em que o segundo membro é da forma $s_1(x) + s_2(x)$, basta achar uma para o segundo membro só com $s_1(x)$, uma para o segundo membro só com $s_2(x)$, e somar as duas. De fato, se:

$$y_1'' + p(x)y_1' + q(x)y_1 = s_1(x) \quad \text{e} \quad y_2'' + p(x)y_2' + q(x)y_2 = s_2(x)$$

temos, somando as duas relações membro a membro:

$$(y_1''+y''_2)+p(x)(y_1'+y_2')+q(x)(y_1+y_2)=s_1(x)+s_2(x)$$

Como $y_1''+y''_2=(y_1+y_2)''$ e $y_1'+y_2'=(y_1+y_2)'$, então:

$$(y_1+y_2)''+p(x)(y_1+y_2)'+q(x)(y_1+y_2)=s_1(x)+s_2(x)$$

Assim, uma solução particular de $y''-y'=-2\cos x+1$ é obtida somando uma solução particular de $y''-y'=-2\cos x$, que é $\operatorname{sen} x+\cos x$ (Exemplo 45-6) com uma solução particular de $y''-y'=1$, que é $-x$ (verifique), isto é, uma solução particular de $y''-y'=-2\cos x+1$ é $y_p=\operatorname{sen} x+\cos x-x$.

(2) O método que vimos para achar soluções particulares se aplica também quando o segundo membro da equação diferencial é da forma $e^{ax}r(x)$ ou da forma $e^{mx}(r(x)\cos(bx)+s(x)\operatorname{sen}(bx))$, onde r e s são funções polinomiais (veja a referência citada no início deste parágrafo).

Respostas dos exercícios do §45

45-1

(a) $y=6+c_1e^x+c_2e^{2x}$. (b) $y=2x+c_1+c_2e^{-x}$.

(c) $y=-\frac{1}{2}-x+c_1e^{-2x}+c_2e^x$. (d) $y=3x^2+x-1+c_1e^{-x/2}\cos(\frac{\sqrt{3}}{2}x)+c_2e^{-x/2}\operatorname{sen}(\frac{\sqrt{3}}{2}x)$.

(e) $y=-\frac{1}{2}x^2-3x+c_1+c_2e^x$. (f) $y=-\frac{1}{3}x^3-x^2-3x+c_1+c_2e^x$.

45-2

(a) $y=e^x+c_1e^{-x}+c_2e^{2x}$. (b) $y=\frac{1}{6}e^x+c_1e^{-x}+c_2e^{-2x}$. (c) $y=\frac{1}{8}e^{3x}+c_1e^{-x}+c_2e^x$.

(d) $y=\frac{1}{2}xe^{3x}+c_1e^x+c_2e^{3x}$. (e) $y=4xe^{3x}+c_1e^{-x}+c_2e^{3x}$. (f) $y=\frac{1}{2}x^2e^x+c_1e^x+c_2xe^x$.

§46- APLICAÇÕES DE EQUAÇÕES DIFERENCIAIS

O ramo da Matemática mais diretamente inspirado pela Mecânica e, de modo geral, pela Física, é o das equações diferenciais. É que as leis da Física, em grande número, são expressas por equações diferenciais. Tais leis são, naturalmente, uma aproximação da realidade. Um conjunto de equações diferenciais adotado para descrever um fenômeno é chamado de **modelo** desse fenômeno.

Desintegração radioativa. Existem elementos na natureza que se desintegram ao longo do tempo: são os chamados elementos radioativos. A lei que governa o fenômeno diz que se $Q(t)$ é a quantidade presente no instante t, então a taxa de variação (isto é, $Q'(t)$) no instante t é proporcional à quantidade $Q(t)$. Dessa forma, podemos escrever:

$$\frac{dQ}{dt} = -kQ \qquad (\clubsuit)$$

onde k é uma constante positiva, chamada **constante de desintegração** do elemento. O sinal *menos* foi colocado porque, como há decrescimento da quantidade de material, a derivada do primeiro membro é negativa. Esta é uma equação diferencial de variáveis separáveis (também pode ser vista como uma equação linear, passando o segundo membro para o primeiro), cuja solução geral já aprendemos a achar (§42):

$$Q(t) = ce^{-kt} \qquad (\blacklozenge)$$

onde c é uma constante arbitrária. Tal constante poderá ser determinada se soubermos a quantidade inicial do material. Escolhendo esse instante como sendo 0, teremos, fazendo $t = 0$ em ($\blacklozenge$): $Q(0) = ce^{-k.0}$, ou seja, $Q(0) = c$. Portanto:

$$Q(t) = Q(0)e^{-kt} \qquad (\heartsuit)$$

Exemplo 46-1 O Estrôncio-90 tem constante de desintegração $k = 0{,}0244\,\text{ano}^{-1}$. Calcule a massa que uma amostra de 20 kg terá 10 anos depois.

Resolução. Substituindo, em ($\heartsuit$), $k = 0{,}0244$, $Q(0) = 20$ e $t = 10$, vem:

$$Q(10) = 20e^{-0{,}0244.10} = 20e^{-0{,}244} \cong 15{,}7 \text{ kg}$$

◄

Observação. Usando ($\blacklozenge$) temos:

$$\frac{Q(t+\Delta t)}{Q(t)} = \frac{ce^{-k(t+\Delta t)}}{ce^{-kt}} = \frac{ce^{-kt}e^{-k\Delta t}}{ce^{-kt}} = e^{-k\Delta t}$$

o que mostra que a relação entre a massa no instante $t + \Delta t$ e a massa no instante t independe do instante t, só dependendo do tempo Δt decorrido entre esses instantes. Em particular, quando o quociente acima vale 1/2, caso em que indicaremos Δt por T, T recebe o nome de **meia-vida**. É o tempo decorrido, a partir de um instante qualquer t, para que a massa se reduza à metade do seu valor no instante t. Podemos calcular facilmente a meia-vida. Combinando as duas últimas fórmulas, vem:

$$\frac{1}{2} = \frac{Q(t+T)}{Q(t)} = e^{-kT} \quad \therefore \quad e^{-kT} = \frac{1}{2} \quad \therefore \quad \frac{1}{e^{kT}} = \frac{1}{2} \quad \therefore \quad e^{kT} = 2 \quad \therefore \quad kT = \ln 2$$

Logo:

$$T = \frac{ln\,2}{k}$$

Exemplo 46-2 Calcule a meia-vida do Carbono-14, sabendo que sua constante de desintegração vale 0,0001210 ano^{-1}.

Resolução. Temos, pela fórmula acima:

$$T = \frac{ln\,2}{0{,}0001210} \cong 5.728 \text{ anos}$$

Portanto, qualquer amostra dessa substância fica reduzida à sua metade após aproximadamente 5.728 anos.

Exercício 46-1 Calcule a constante de desintegração de um elemento radioativo, sabendo que após 10 dias, uma amostra dele tem sua massa reduzida a 40%.

Movimento de uma partícula em um meio viscoso. Uma partícula de massa m é abandonada de um ponto O em um meio viscoso, isto é, que oferece resistência da forma kv, onde $k > 0$ é uma constante e v, a velocidade escalar. Por uma lei de Newton, o movimento se dará sobre uma reta vertical por O (Figura 46-1(a)) e é regido pela equação:

$$ma = mg - kv$$

onde g é a aceleração da gravidade (suposta constante) e $a = dv/dt$ é a aceleração escalar.

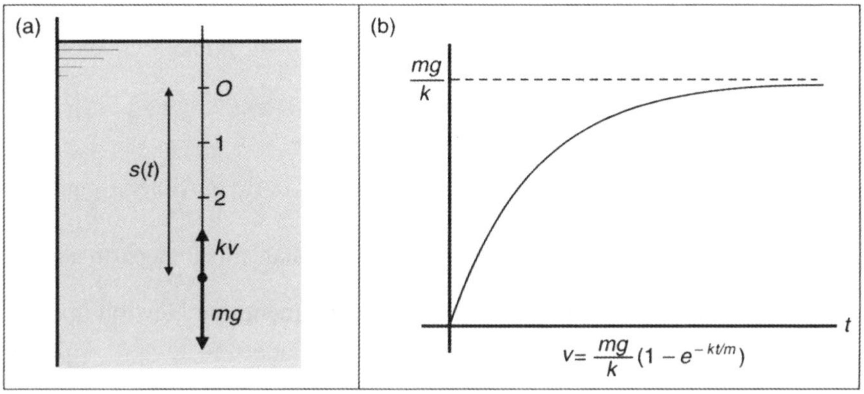

Figura 46-1

Então

$$m\frac{dv}{dt} = mg - kv$$

que é uma equação linear de primeira ordem, equivalente à seguinte:

$$\frac{dv}{dt} + \frac{k}{m}v = g$$

Um fator integrante é $e^{\int \frac{k}{m}dt} = e^{\frac{k}{m}t}$; logo:

$$(e^{\frac{k}{m}t}v)' = ge^{\frac{k}{m}t} \quad \therefore \quad e^{\frac{k}{m}t}v = \int ge^{\frac{k}{m}t}dt + C = \frac{g}{k/m}\int e^{\frac{k}{m}t}d(\frac{k}{m}t) + C = \frac{mg}{k}e^{\frac{k}{m}t} + C$$

Portanto:

$$v = \frac{mg}{k} + Ce^{-\frac{k}{m}t}$$

Para determinar a constante C, usamos a informação (adotando o instante inicial como sendo 0) de que, para $t = 0$, tem-se $v = 0$:

$$0 = \frac{mg}{k} + Ce^{-\frac{k}{m}.0} = \frac{mg}{k} + C \quad \therefore \quad C = -\frac{mg}{k}$$

Substituindo na expressão de v, resulta, colocando o fator mg/k em evidência, que:

$$v = \frac{mg}{k}(1 - e^{-\frac{k}{m}t})$$

Observando que $\lim\limits_{t\to\infty} e^{-\frac{k}{m}t} = 0$, vemos que $\lim\limits_{t\to\infty} v = \dfrac{mg}{k}$, ou seja, a velocidade tem um limite, que é o número mg/k, fato ilustrado na Figura 46-1(b).

Exercício 46-2

(a) Para a partícula do exemplo anterior, ache a função horária do movimento (quer-se $s(t)$; lembre-se de que $v = ds/dt$).

(b) Refaça o exemplo anterior, supondo que a velocidade escalar inicial da partícula é v_0.

Lei do Resfriamento de Newton. A Lei do Resfriamento de Newton diz que dT/dt, a taxa de variação da temperatura de um corpo em relação ao tempo, é proporcional à diferença da sua temperatura T e da temperatura ambiente T_0, ou seja:

$$\frac{dT}{dt} = -k(T - T_0)$$

onde $k > 0$ é uma constante. Vamos supor a temperatura ambiente constante. Nesse caso, a equação diferencial é de variáveis separáveis, e também linear. Deixamos para você a tarefa de mostrar que as soluções da equação são dadas por:

$$T = T_0 + ce^{-kt}$$

c uma constante arbitrária, que fica determinada se for dada uma condição inicial. Note que, se $t \to \infty$, tem-se $T \to T_0$, ou seja, a temperatura do corpo tende à temperatura ambiente, o que é razoável do ponto de vista da Física.

Exemplo 46-3 Um corpo resfria-se de 300°C a 150°C em 30 minutos quando imerso em um meio de temperatura constante, igual a 15°C. Determine a temperatura do corpo 30 minutos depois de a temperatura ter atingido 150°C.

Resolução. Vamos adotar $t = 0$ quando $T = 300$. Substituindo na fórmula da temperatura, lembrando que $T_0 = 15$, vem:

$$300 = 15 + ce^{-k.0} = 15 + c \qquad \therefore \qquad c = 285$$

Portanto, a fórmula fica:

$$T = 15 + 285e^{-kt}$$

Como $T = 150$ para $t = 30$, temos $150 = 15 + 285e^{-k.30}$; logo:

$$e^{-30k.} = \frac{135}{285} \qquad \therefore \qquad (e^{-k})^{30} = \frac{135}{285} \qquad \therefore \qquad e^{-k} = (\frac{135}{285})^{1/30}$$

Substituindo na expressão de T, vem:

$$T = 15 + 285e^{-kt} = 15 + 285(\frac{135}{285})^{t/30}$$

O problema pediu a temperatura quando o tempo decorrido após o instante inicial é 30+30 = 60 minutos, o que se obtém fazendo $t = 60$:

$$T = 15 + 285(\frac{135}{285})^{60/30} = 15 + 285(\frac{135}{285})^2 = 15 + \frac{135^2}{285} \cong 78{,}9^\circ \text{C}.$$

Exercício 46-3 Um corpo, em um quarto mantido à temperatura constante de 20°C, tem temperatura de 100°C às 12 horas e 60°C às 12h20. Qual a temperatura do corpo às 12h40?

Partícula presa a uma mola. A Figura 46-2(a) mostra uma partícula de massa m vinculada sem atrito a uma haste horizontal, presa à extremidade de uma mola, a outra extremidade da mola estando fixa. Tomando um sistema de coordenadas sobre a haste de modo que a origem O corresponde à posição da partícula em que a mola não exerce força sobre ela, seja s a função horária do seu movimento. No desenho Figura 46-2(a), mostra-se a posição da partícula em um instante t e o correspondente valor $s(t)$ da função horária.

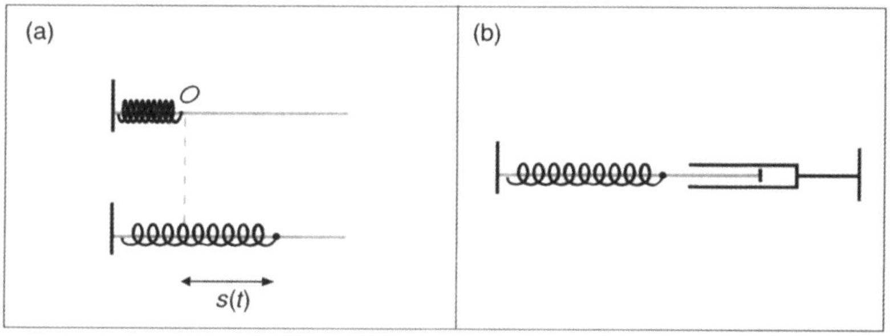

Figura 46-2

Pela Lei de Hooke, a força exercida pela mola sobre a partícula é dada por:

$$F_{\text{el}} = -ks$$

chamada **força elástica**, onde $k > 0$ é uma constante, chamada **constante elástica da mola**. Note que, se $s > 0$, ou seja, se a partícula se encontra à direita de O — caso em que a mola está distendida — a força está dirigida para a esquerda, e aí $F_{\text{el}} < 0$; o contrário ocorrendo se $s < 0$ — caso em que a mola está sendo comprimida.

Se o sistema está em um meio que oferece resistência proporcional à velocidade escalar (resistência viscosa), e cujo sentido é contrário ao sentido do movimento, podemos escrever, para a força correspondente:

$$F_{\text{vis}} = -cv$$

onde $c > 0$ é uma constante relativa ao meio, e v a velocidade escalar da partícula. Este mesmo tipo de resistência pode ser obtido se, em vez do meio, tomarmos um amortecedor, cuja representação está na Figura 46-2(b).

Se F é uma força externa exercida sobre a partícula, podemos escrever, usando uma lei de Newton:

$$ma = F_{\text{el}} + F_{\text{vis}} + F = -ks - c\frac{ds}{dt} + F$$

onde a é a aceleração da partícula (em relação à haste, suposta um referencial inercial). Portanto, lembrando que $a = dv/dt = d^2s/dt^2$, obtemos:

$$m\frac{d^2s}{dt^2} = -ks - c\frac{ds}{dt} + F$$

Logo:

$$\frac{d^2s}{dt^2} + \frac{c}{m}\frac{ds}{dt} + \frac{k}{m}s = \frac{F}{m} \qquad (\spadesuit)$$

Uma discussão detalhada desse modelo, que inclui interpretações físicas interessantes, pode ser vista nas seções 5-4 a 5-7 da referência KAPLAN, W., *Ordinary Differential Equations*. Addison-Wesley Publishing Company, Reading, 1958.

A seguir, damos a nomenclatura usada no caso em questão.

A palavra **vibração** se refere ao movimento da partícula. Se $y''+\omega^2 y = 0$, diz-se que a vibração é **livre**; caso contrário, fala-se em vibração **forçada**. Se $c \neq 0$, diz-se que a vibração é **com amortecimento**; caso contrário, fala-se em vibração **sem amortecimento**.

No exemplo e exercícios a seguir, vamos supor os dados no Sistema Internacional.

Exemplo 46-4 No sistema massa-mola considerado, suponha que ele é livre, sem amortecimento, e que $k/m = 9$. Determine a função horária do movimento da partícula, conhecendo as seguintes condições iniciais:

$s(0) = -\sqrt{3}$ (posição inicial); $\dfrac{ds}{dt}(0) = 3$ (velocidade inicial).

Resolução. Pelo enunciado, temos $F = 0$ e $c = 0$, ou seja, o sistema fica reduzido à partícula e à mola. A equação ($\spadesuit$) fica:

$$\frac{d^2s}{dt^2} + 9s = 0$$

cuja solução geral, deixada para você obter, é:

$$s(t) = c_1 \cos(3t) + c_2 \operatorname{sen}(3t)$$

de onde resulta:

$$\frac{ds}{dt}(t) = -3c_1 \operatorname{sen}(3t) + 3c_2 \cos(3t)$$

Impondo $s(0) = -\sqrt{3}$ e $\frac{ds}{dt}(0) = 3$, as duas últimas equações nos dão, respectivamente:

$$-\sqrt{3} = s(0) = c_1 \cos(3.0) + c_2 \operatorname{sen}(3.0) = c_1$$

$$3 = \frac{ds}{dt}(0) = -3c_1 \operatorname{sen}(3.0) + 3c_2 \cos(3.0) = 3c_2$$

Portanto, $c_1 = -\sqrt{3}$ e $c_2 = 1$. Substituindo na expressão de $s(t)$, resulta:

$$s(t) = -\sqrt{3}\cos(3t) + \operatorname{sen}(3t)$$ ∢

Exercício 46-4 No sistema massa-mola considerado, tem-se $k/m = 16$. No instante inicial, a partícula é colocada em uma posição distante 3 de O (Figura 46-2(a)) e solta em seguida. Determine a função horária do movimento, sabendo que o sistema é livre e sem amortecimento.

Exercício 46-5 Determine a função horária do movimento da partícula massa-mola mostrado na Figura 46-2(a), sabendo que é livre com amortecimento, nos casos:

(a) $k/m = 3$, $c/m = 4$; $s(0) = 2$, $v(0) = -4$.

(b) $k/m = 2$, $c/m = 2$; $s(0) = 1$, $v(0) = 0$.

(c) $k/m = 1/9$, $c/m = 2/3$; $s(0) = 1$, $v(0) = 5/3$.

Respostas dos exercícios do § 46

46-1 $\frac{\ln 5 - \ln 2}{10} \cong 0{,}0916$ dia^{-1}.

46-2 (a) $s = \frac{mg}{k}t - \frac{m^2 g}{k^2}(1 - e^{-\frac{k}{m}t})$. (b) $v = \frac{mg}{k} + (v_0 - \frac{mg}{k})e^{-\frac{k}{m}t}$.

46-3 40°C.

46-4 $s(t) = 3\cos(4t)$.

46-5 (a) $s(t) = e^{-t} + e^{-3t}$. (b) $s(t) = e^{-t}(\cos t + \operatorname{sen} t)$. (c) $s(t) = (1 + 2t)e^{-t/3}$.

Exercícios suplementares para o Capítulo 9

1. *Resolva as seguintes equações:*

(a) $y' = 4x^3(y-4)$. (b) $y' = 2xy^2+2x$.

(c) $y' = (x^4+7)\cos^2 y$. (d) $y' = 2\sqrt{xy}$, $x>0$.

2. *Determine uma solução da equação* $y^2y' = x^2+2x$ *que passa pelo ponto* $(1,3)$.

3. *Determine uma função (expressão e domínio) que seja solução da equação* $y' = e^y e^x$ *e que passe pelo ponto* $(0,0)$.

4. *Resolva as seguintes equações homogêneas:*

(a) $y' = \dfrac{x+2y}{x}$. (b) $y^2-3xy = x^2y'$, $x>0$.

(c) $y' = \dfrac{x^3+4y^3}{xy^2}$. (d) $y+\sqrt{x^2+xy} = x\,y'$, $x>0$.

5. *Verifique que as seguintes equações são exatas e ache as suas soluções na região em que elas podem ser colocadas na forma normal:*

(a) $y' = -\dfrac{15x^2y^5+4x}{25x^3y^4+7}$. (b) $6xe^{x^2+y^4}+(12y^3e^{x^2+y^4}+\dfrac{1}{1+y^2})y' = 0$.

(c) $\dfrac{2x}{1+x^2+3y^4}+1+\dfrac{12y^3}{1+x^2+3y^4}y' = 0$. (d) $3x^2y^2\cos(x^3y)+[\operatorname{sen}(x^3y)+x^3y\cos(x^3y)]\,y' = 0$.

6. *Encontre um fator integrante para as equações a seguir e resolva-as, na região em que elas podem ser colocadas na forma normal:*

(a) $4y^2+1+5xyy' = 0$. (b) $4x^3y^2+2yy' = 0$.

(c) $x^2y-y+(x^3+x)y' = 0$. (d) $2xy^2+y^3+(xy^2-1)y' = 0$.

7. *Mostre que a equação* $(3x+2)y+(x^2+x)2y' = 0$, *definida para* $x>0$, $y>0$, *admite um fator integrante da forma* $x^m y^n$ *e resolva-a. Em seguida, resolva-a como uma equação de variáveis separadas. Encontre uma solução que passe pelo ponto* $(1,1)$.

8. *Encontre as soluções das equações lineares de primeira ordem:*

(a) $y'+3x^2y = x^2$. (b) $(\cos x)y'-(\operatorname{sen} x)y = \dfrac{2\operatorname{tg} x}{\cos^2 x}$, $-\dfrac{\pi}{2}<x<\dfrac{\pi}{2}$.

(c) $xy'+(1+x)y = 1$, $x>0$. (d) $y'+\dfrac{2x+3x^2}{x^2+x^3}y = \dfrac{6}{x+1}$.

9. *Resolva os seguintes problemas de valor inicial:*

(a) $(x^2-x)y'+xy = \ln x$, $y(e) = \dfrac{1}{e-1}$. (b) $(\sec(x^2))y'+2xy = 4x$, $y(0) = 2$.

10. *Resolva as equações:*

(a) $y'+\dfrac{2y}{x} = xy^2$ $(x>0)$. (b) $y'+\dfrac{y}{1+x} = y^3$.

11. *Resolva as equações:*
(a) $y''-6y'+5y=0$. (b) $y''+5y=0$. (c) $y''-8y'+16y=0$. (d) $y''-6y'+34y=0$.

12. *Resolva o problema de valores iniciais:* $y''-7y'+12y=0$, $y(1)=7e^4$, $y'(1)=5e^4$.

13. *Resolva as equações:*
(a) $y''-y'-6y=2e^x$. (b) $y''+9y=9x^3-12x$. (c) $y''-y'-6y=10e^{-2x}$. (d) $y''+9y=3e^{2x}$.

14. *Encontre uma solução da equação* $y''-4y'+4y=6e^{2x}$ *tal que* $y(0)=5$ *e* $y'(0)=13$.

15. *Resolva a equação* $y''-5y'+6y=4xe^x$. *(**Ajuda.** Tente uma solução particular do tipo* $y_p=(ax+b)e^x$*, sendo a e b reais.)*

16. *Encontre as soluções da equação* $y''-2y'+y=2e^x \operatorname{sen} x$. *(**Ajuda.** Tente, como solução particular, uma função do tipo* $y_p=e^x(A\operatorname{sen}x+B\cos x)$*, com A e B reais.)*

17. *Um corpo tem, em certo instante, temperatura superior à ambiente* T_a*, esta suposta constante. Usando a lei do resfriamento de Newton, mostre que a temperatura decresce com o tempo, mantendo-se superior a* T_a.

18. *Um corpo tem temperatura* T_i *no instante* t_i, $i=1,2,3$. *Se* $t_1<t_2<t_3$ *e* $T_1>T_a$*, onde* T_a *é a temperatura ambiente, suposta constante, mostre, com base na lei do resfriamento de Newton, que*

$$\frac{T_2-T_a}{T_3-T_a}=\left(\frac{T_1-T_a}{T_2-T_a}\right)^m, \text{ sendo } m=\frac{t_3-t_2}{t_2-t_1}.$$

19. *Uma equipe de detetives, ao encontrar um cadáver, verifica que sua temperatura é 36° C. Decorridas duas horas, nova medida dá 30° C. Admitindo-se que por ocasião do falecimento a temperatura era normal (37° C), e que a temperatura ambiente se manteve constante, igual a 38° C, calcule, com base na lei do resfriamento de Newton, o lapso de tempo entre a morte e o encontro do cadáver.*

20. *Um tanque contém 200 litros de salmoura, a concentração de sal sendo 0,2 kg/l (l:litro). Em um certo instante* t_0 *(em segundos), injeta-se no tanque salmoura de concentração 0,4 kg/l, à taxa de 2 l/s (s: segundo), enquanto que a mistura, mantida homogênea, é escoada à mesma taxa. Qual é a quantidade de sal no tanque no instante* t_0+100 *segundos? (**Ajuda.** No instante t: a taxa de sal que entra é (0,4)2 = 0,8 kg/s; sendo y a quantidade de sal, a taxa de sal que sai é (y/200)2 = 0,01y kg/s. Logo, (dy/dt) = 0,8 – 0,01y.)*

21. *As meias-vidas das substâncias A e B são, respectivamente,* T_A *e* T_B*, sendo* $T_A<T_B$. *Em um certo instante, a massa de uma amostra de A é o dobro de uma amostra de B. Depois de quanto tempo as duas amostras terão mesma massa?*

22. *Admita que a taxa com que é produzida uma substância C a partir da reação química das substâncias A e B é proporcional ao produto das quantidades presentes destas últimas, e que cada unidade de C é formada pela combinação de uma unidade de A e uma de B. No instante inicial, existem 4 kg de A, 3 kg de B, e nada de C. Calcule a quantidade de substância C decorridas t horas após o instante inicial, em função da constante k de proporcionalidade.*

23. *Determine todas as funções contínuas em* $\mathbb{R}$ *tais que, para todo x real,* $f(x)+\int_0^x sh[f(t)]dt=0$.

24. *A EDO*

$$\frac{dy}{dx}=f\left(\frac{ax+by+c}{mx+ny+p}\right)$$

é homogênea se $c=0$ *e* $p=0$. *Se isto não ocorre, fazemos a mudança* $x=X+h$, $y=Y+k$, *e escolhemos h e k de modo a anular os termos independentes de X e Y:* $ah+bk+c=0$,

$mh+nk+p=0$, o que é possível se $an-bm\neq 0$. Obtenha a EDO em Y como função de X, e verifique que é homogênea. **Aplicação.** *Resolva:* $\dfrac{dy}{dx}=\dfrac{4x-y+1}{x-2y-2}$.

Respostas dos exercícios suplementares do Capítulo 9

1. (a) $y=4+Ce^{x^4}$. (b) $y=tg(x^2+C)$.

(c) $tgy=\dfrac{x^5}{5}+7x+C$ e $y=\dfrac{(2k+1)\pi}{2}$, k inteiro. (d) $y=(\frac{2}{3}\sqrt{x^3}+C)^2$ e $y=0$.

2. $y=\sqrt[3]{x^3+3x^2+23}$. **3.** $y=-ln(2-e^x)$, $x<ln2$.

4. (a) $y=Cx^2-x$. (b) $y=4x/(1-Cx^4)$ e $y=0$.

(c) $y=\sqrt[3]{(Cx^{12}-x^3)/3}$. (d) $y=x(\ln^2(Cx)-4)/4$.

5. (a) $5x^3y^5+2x^2+7y=C$. (b) $3e^{x^2+y^4}+arctgy=C$.

(c) $ln(1+x^2+3y^4)+x=C$. (d) $y\,sen(x^3y)=C$.

6. (a) Fator integrante: $x^{3/5}$; $5x^{8/5}(1+4y^2)=C$. (b) Fator integrante: e^{x^4}; $e^{x^4}y^2=C$.

(c) Fator integrante: $\dfrac{1}{x^2}$; $y=\dfrac{Cx}{1+x^2}$. (d) Fator integrante: $\dfrac{1}{y^2}$; $x^2+xy+\dfrac{1}{y}=C$.

7. Fator integrante: xy; $(x^3+x^2)y^2=C$, e a que passa por $(1,1)$ é $(x^3+x^2)y^2=2$.

8. (a) $y=\dfrac{1}{3}+Ce^{-x^3}$. (b) $y=\dfrac{tg^2x+C}{cosx}$. (c) $y=\dfrac{1}{x}+\dfrac{Ce^{-x}}{x}$. (d) $y=\dfrac{2x^3+C}{x^2+x^3}$.

9. (a) $y=\dfrac{ln^2x+1}{2(x-1)}$. (b) $y=2$.

10. (a) $y=(Cx^2-x^2\ln x)^{-1}$ e $y=0$. (b) $y^2=[C(1+x)^2+2(1+x)]^{-1}$ e $y=0$.

11. (a) $y=c_1e^x+c_2e^{5x}$. (b) $y=c_1cos(\sqrt{5}x)+c_2sen(\sqrt{5}x)$.

(c) $y=c_1e^{4x}+c_2xe^{4x}$. (d) $y=e^{3x}(c_1cos(5x)+c_2sen(5x))$.

12. $y=23e^{3x+1}-16e^{4x}$.

13. (a) $y=c_1e^{-2x}+c_2e^{3x}-(e^x/3)$. (b) $y=x^3-2x+c_1cos(3x)+c_2sen(3x)$.

(c) $y=-2xe^{-2x}+c_1e^{-2x}+c_2e^{3x}$. (d) $y=c_1cos(3x)+c_2sen(3x)+(3e^{2x}/13)$.

14. $y=(5+3x+3x^2)e^{2x}$. **15.** $y=(2x+3)e^x+c_1e^{2x}+c_2e^{3x}$.

16. $y=-2e^x\,sen\,x+c_1e^x+c_2xe^x$. **19.** 1 hora. **20.** $80-40e^{-1}$.

21. $T_AT_B/(T_B-T_A)$. **22.** $Q(t)=\dfrac{12(e^{kt}-1)}{4e^{kt}-3}$. **23.** $f(x)=0$.

24. $\dfrac{dY}{dX}=f(\dfrac{aX+bY}{mX+nY})$; $2x^2+y^2-xy+x+2y=C$.

Capítulo 10

Séries

§47- SEQÜÊNCIAS

Uma seqüência de números reais pode ser entendida como uma lista infinita e ordenada de números reais, como, por exemplo:

$$0,1,2,3,4,5, \dots , n, \dots \qquad \text{ou, então:} \qquad \frac{1}{\ln 2}, \frac{1}{\ln 4}, \frac{1}{\ln 8}, \dots \frac{1}{\ln 2^n}, \dots$$

Eis a definição:

Uma **seqüência de números reais** é uma função tendo por domínio um conjunto da forma $\{N, N+1, N+2, \dots\}$, N um número inteiro ≥ 0, que a cada n associa um número real a_n, a qual é indicada por um dos seguintes símbolos:

$$a_N, a_{N+1}, a_{N+2}, \dots, a_n, \dots \qquad (a_n)_{n \geq N} \qquad (a_n)$$

Cada a_n é chamado de **termo** da seqüência, e n é referido como **índice**.

Exemplo 47-1

(a) Sendo $a_n = \dfrac{1}{n}$, temos a seqüência $1, \dfrac{1}{2}, \dfrac{1}{3}, \dots.$

(b) Sendo $a_n = 7$, temos a seqüência constante $7, 7, 7, \dots, 7, \dots$

(c) Sendo $a_n = \dfrac{(-1)^n + 1}{n}$, temos a seqüência $0, 1, 0, \dfrac{1}{2}, 0, \dfrac{1}{3}, 0, \dfrac{1}{4}, \dots$ ◄

Às vezes é interessante representar uma seqüência marcando alguns a_n sobre uma reta. Na Figura 47-1 ilustramos esta representação para os casos do exemplo acima.

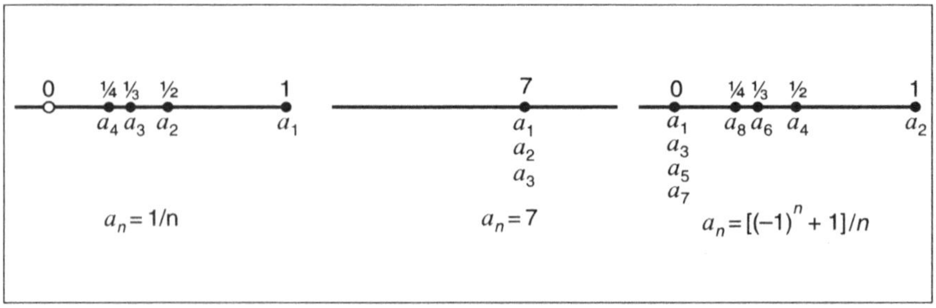

Figura 47-1

O conceito fundamental para uma seqüência é o de limite, que será considerado intuitivamente:

Se, quando n tende a ∞ (isto é, cresce além de qualquer número), a_n tende a um número L, dizemos que a seqüência (a_n) **converge para** $\boldsymbol{L}$ e indicamos este fato por:

$$\lim_{n\to\infty} a_n = L \qquad \text{ou por} \qquad a_n \to L \text{ se } n \to \infty$$

Neste caso, a seqüência é dita **convergente**. Uma seqüência que não é convergente é referida como **divergente**.

Observação. Nas situações descritas respectivamente pelos símbolos $\lim_{n\to\infty} a_n = -\infty$ e $\lim_{n\to\infty} a_n = \infty$, cujos significados são análogos aos dos casos correspondentes para funções (volume 1, §13(E)), costuma-se dizer que a seqüência **diverge para** $-\infty$, no primeiro caso, e **diverge para** ∞, no segundo. Claramente, são casos em que a seqüência é divergente.

Para o cálculo de limite de uma seqüência, usaremos o seguinte resultado, bastante intuitivo, cuja utilidade será mostrada no exemplo que se segue:

Teorema de Substituição. Se $\lim_{x\to\infty} f(x) = L$, então $\lim_{n\to\infty} f(n) = L$, L sendo um número real, $-\infty$ ou ∞.

Exemplo 47-2 Usaremos alguns limites vistos no §13(E). A conclusão, em cada caso, se baseia no Teorema de Substituição.

(a) Para $p > 0$ inteiro, temos $\lim_{x\to\infty} \frac{1}{x^p} = 0$; logo, $\lim_{n\to\infty} \frac{1}{n^p} = 0$.

(b) Como $\lim_{x\to\infty} (1+\frac{1}{x})^x = e$, vale igualmente que $\lim_{n\to\infty} (1+\frac{1}{n})^n = e$.

(c) O Exercício 24-8 (§24(D)), uma vez resolvido, fornece $\lim_{x\to\infty} x^{1/x} = 1$. Portanto, $\lim_{n\to\infty} n^{1/n} = 1$, ou seja, $\lim_{n\to\infty} \sqrt[n]{n} = 1$. ◄

Observação. Vimos, no §13(E), como calcular o limite de uma função racional para x tendendo a ∞. Usando o Teorema de Substituição, podemos usar os resultados para calcular limites de seqüências em que o termo geral tem expressão racional. No entanto, achamos conveniente tratar diretamente o caso das seqüências, usando, como sempre, a intuição.

Exemplo 47-3 Para calcular $\lim_{n\to\infty} (2n^5 - 6n^2 + 1)$, escrevemos:

$$2n^5 - 6n^2 + 1 = 2n^5(1 - \frac{6n^2}{2n^5} + \frac{1}{2n^5}) = 2n^5(1 - \frac{6}{2n^3} + \frac{1}{2n^5})$$

de onde se vê que, para n grande, temos a aproximação $2n^5 - 6n^2 + 1 \cong 2n^5$. Portanto:

$$\lim_{n\to\infty}(2n^5-6n^2+1)=\lim_{n\to\infty}2n^5=\infty$$

Este exemplo evidencia o seguinte fato geral: se a_n tem uma expressão polinomial, a seqüência (a_n) é divergente. Considere agora uma função racional, por exemplo, $(3n^4-6n^3+n)/(5n^4+n-5)$. Para n grande, temos:

$$\frac{3n^4-6n^3+n}{5n^4+n-5}\cong\frac{3n^4}{5n^4}=\frac{3}{5}\qquad\therefore\qquad\lim_{n\to\infty}\frac{3n^4-6n^3+n}{5n^4+n-5}=\frac{3}{5}$$

Este exemplo evidencia o seguinte fato geral: se a_n tem uma expressão racional em que o grau do numerador é igual ao do denominador, a seqüência converge para o quociente dos coeficientes dos termos de maior grau. E se o grau do numerador for maior do que o do denominador? Veja: para n grande, temos:

$$\frac{3n^6-6n^3+n}{5n^4+n-5}\cong\frac{3n^6}{5n^4}=\frac{3n^2}{5}\qquad\therefore\qquad\lim_{n\to\infty}\frac{3n^6-6n^3+n}{5n^4+n-5}=\lim_{n\to\infty}\frac{3n^2}{5}=\infty$$

Este exemplo indica o fato geral de que, se o grau do numerador é maior do que o do denominador, a seqüência é divergente. Deixamos para você refletir que, se o grau do numerador é menor do que o do denominador, a seqüência converge a 0.

Exercício 47-1 Decida se (a_n) é convergente ou divergente e dê o limite, quando for o caso:

(a) $a_n=2n^5+1$.

(b) $a_n=-2n^6+5n^5-8$.

(c) $a_n=\dfrac{2n^5-n^4-1}{3n^5+1}$.

(d) $a_n=\dfrac{n-5n^5-n^4}{3n^7+n-5}$.

(e) $a_n=\dfrac{7n^5-3n^4-1}{3n^3+n}$.

(f) $a_n=\sqrt{\dfrac{4n^2-1}{n^2+1}}$.

(g) $a_n=e^{1/n}$.

(h) $a_n=\ln(\dfrac{3n+4}{n+2})$.

(i) $a_n=\operatorname{sen}(\dfrac{4n^3+5n}{6n^4-n+1})$.

(j) $a_n=\operatorname{arctg}(\dfrac{1-n^7}{1+n})$.

(l) $a_n=\ln(\dfrac{3n^3+4}{3n+5})$.

(m) $a_n=(\dfrac{n}{n+1})^n$.

Observação. Uma seqüência pode ser divergente e não divergir nem para $-\infty$ nem para ∞. É o caso de $a_n=(-1)^n$. Escrevendo-a como uma lista:

$$1,-1,1,-1,1,-1,1,\ \dots,\ (-1)^n,\ \dots$$

vemos que seus termos oscilam entre -1 e 1, e nossa intuição nos diz que não há possibilidade de eles se aproximarem de nenhum número real. Outros exemplos desse fato são $a_n=(-1)^n+2$, $a_n=(-1)^n n$, $a_n=\operatorname{sen}(n\pi/2)$: para verificar, escreva as seqüências correspondentes como uma lista.

Limites de seqüência têm propriedades semelhantes a limites de funções, vistos no §13. Enunciaremos algumas delas:

Se $\lim\limits_{n\to\infty} a_n = L$ e $\lim\limits_{n\to\infty} b_n = M$ então:

(S₁) $\lim\limits_{n\to\infty} (a_n \pm b_n) = L \pm M$ **(S₂)** $\lim\limits_{n\to\infty} (ca_n) = cL$ (c real)

(S₃) $\lim\limits_{n\to\infty} (a_n b_n) = LM$ **(S₄)** $\lim\limits_{n\to\infty} (\frac{a_n}{b_n}) = \frac{L}{M}$ (se $M \neq 0$)

Exercício 47-2 Calcule:

(a) $\lim\limits_{n\to\infty} [\ln(\frac{n^3-1}{n^3+4}) - 2\,\mathrm{arctg}(n^2)]$. (b) $\lim\limits_{n\to\infty} (1+\frac{1}{n})^n \,\mathrm{arcsen}(\frac{1}{n})$. (c) $\lim\limits_{n\to\infty} \frac{\mathrm{arctg}\, n}{e^{\frac{n}{n^2-1}}}$.

Se $(a_n)_{n\geq N}$ é divergente, e $c \neq 0$ então $(ca_n)_{n\geq N}$ é divergente.

De fato, se $(ca_n)_{n\geq N}$ fosse convergente, então, por **(S₂)**, também seria convergente a seqüência $(\frac{1}{c}ca_n)_{n\geq N} = (a_n)_{n\geq N}$, contra a hipótese.

Outra propriedade análoga ao caso de limite de função é a seguinte:

Se $\lim\limits_{n\to\infty} |a_n| = 0$ então $\lim\limits_{n\to\infty} a_n = 0$.

Exemplo 47-4 Sendo r um número real, tem-se:

$$\lim_{n\to\infty} r^n = \begin{cases} 0 & \text{se } |r|<1 \\ 1 & \text{se } r=1 \end{cases}$$

Se $|r|>1$, ou $r=-1$, a seqüência (r^n) é divergente.

De fato, $\lim\limits_{x\to\infty} |r|^x = 0$ se $|r|<1$ (§22(A)); logo, pelo Teorema de Substituição, resulta $\lim\limits_{n\to\infty} |r|^n = 0$, ou seja, $\lim\limits_{n\to\infty} |r^n| = 0$. Pela propriedade acima, $\lim\limits_{n\to\infty} r^n = 0$. Se $r=1$, temos $r^n = 1$, e daí $\lim\limits_{n\to\infty} r^n = \lim\limits_{n\to\infty} 1 = 1$.

Como $\lim\limits_{x\to\infty} |r|^x = \infty$ se $|r|>1$, tem-se $\lim\limits_{n\to\infty} |r|^n = \infty$. Neste caso, os termos da seqüência (r^n) correspondentes a valores pares de n crescem além de qualquer número quando n aumenta, o que a impede de ser convergente. O caso $r=-1$ resulta da observação anterior. ◄

Exercício 47-3 Decida se (a_n) é convergente ou divergente e dê o limite, quando for o caso:

(a) $a_n = 2^n$. (b) $a_n = (1{,}03)^n$. (c) $a_n = (0{,}4)^n$. (d) $a_n = (\frac{1}{2})^n + (\frac{1}{3})^n$.

(e) $a_n = 23(2^n + 1)$. (f) $a_n = 4(-0{,}5)^n$. (g) $a_n = 4(-2)^n$. (h) $a_n = (-\frac{1}{2})^n + (\frac{4}{3})^n$.

(i) $a_n = \dfrac{(-1)^n}{n}$. (j) $a_n = (-1)^n n$. (l) $a_n = 4$. (m) $a_n = 3^n + \dfrac{1}{n}$.

Exemplo 47-5 Uma seqüência em que cada termo, a partir do segundo, é o produto do anterior por uma constante r chama-se **progressão geométrica** (abrevia-se P.G.). A constante r chama-se **razão** da progressão geométrica. Se a_1 é o primeiro termo, temos $a_2 = a_1 r$, $a_3 = a_2 r = a_1 r.r = a_1 r^2$, e assim por diante. Vê-se que:

$$a_n = a_1 r^{n-1}$$

Para saber se a seqüência $(\frac{1}{2}, \frac{1}{4}, \ldots, \frac{1}{2^n}, \ldots)$ é uma P.G., dividimos um termo genérico pelo anterior:

$$\frac{\dfrac{1}{2^{n+1}}}{\dfrac{1}{2^n}} = \frac{2^n}{2^{n+1}} = \frac{1}{2}$$

Logo, trata-se de uma P.G. de razão $r = 1/2$. No caso da seqüência de termo geral $a_n = n + \dfrac{1}{n}$, temos:

$$\frac{a_{n+1}}{a_n} = \frac{n + 1 + \dfrac{1}{n+1}}{n + \dfrac{1}{n}}$$

que parece não ser constante. De fato, fazendo $n = 1$ e $n = 2$, obteremos, respectivamente, $a_2/a_1 = 5/4$ e $a_3/a_2 = 4/3$, e daí podemos concluir que não se trata de uma P.G.

Pelo exemplo anterior, e usando a propriedade **(S_2)**, vemos que, se $|r| < 1$, a P.G. é convergente a 0. Deixamos para você se convencer de que ela é divergente se $|r| > 1$. Se $r = 1$, temos $a_n = a_1$, e a P.G. é constante, convergente a a_1. Finalmente, se $r = -1$, temos $a_n = a_1(-1)^{n-1}$ e a P.G. se escreve $(a_1, -a_1, a_1, -a_1, \ldots)$; logo, se $a_1 = 0$, ela é constante, convergente a 0, e se $a_1 \neq 0$, ela é divergente. ◄

Exercício 47-4 Em quais casos do exercício anterior a_n é termo geral de uma P.G.?

Para enunciar o mais importante teorema sobre seqüências, necessitaremos dos conceitos a seguir (Figura 47-2) (nos textos, a nomenclatura pode variar):

(a) Uma seqüência (a_n) é **crescente no sentido amplo** [respect. **decrescente no sentido amplo**] se, para todo índice i, tem-se $a_i \leq a_{i+1}$ [respect. $a_i \geq a_{i+1}$]. Se em lugar de $\leq$ figurar $<$, a seqüência é dita **crescente**, e se, em lugar de $\geq$ figurar $>$, a seqüência é dita **decrescente**.

(b) Uma seqüência (a_n) é **limitada superiormente** [respect. **limitada inferiormente**] se para algum número real A tem-se $a_n \leq A$ [respect. $A \leq a_n$], para todo índice n. A é dito uma **limitação superior** [respect. **limitação inferior**] de (a_n). Uma seqüência é **limitada** se for limitada superiormente e inferiormente.

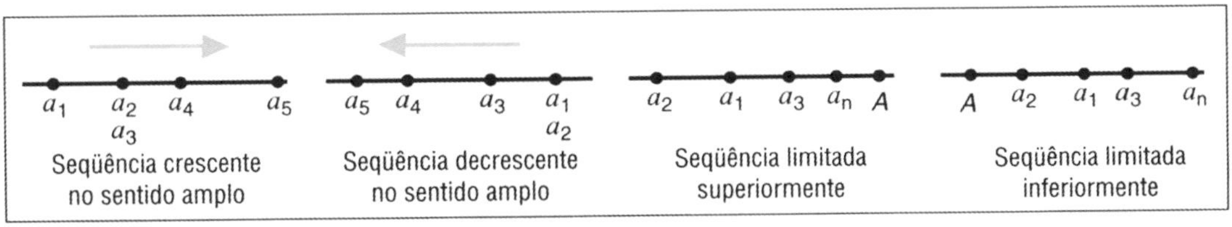

Figura 47-2

TEOREMA FUNDAMENTAL SOBRE SEQÜÊNCIAS. Se (a_n) é crescente no sentido amplo e limitada superiormente, então (a_n) é convergente. Se A é uma limitação superior, então $a_n \leq \lim\limits_{n\to\infty} a_n \leq A$, para todo índice n (Figura 47-3(a)).

Observações. (1) Deduz-se facilmente que se (a_n) é decrescente no sentido amplo e limitada inferiormente, então (a_n) é convergente. Se B é uma limitação inferior, então $B \leq \lim\limits_{n\to\infty} a_n \leq a_n$, para todo índice n (Figura 47-3(b)).

(2) Se (a_n) é uma seqüência crescente no sentido amplo e não é limitada superiormente, então a_n supera qualquer número positivo, para todo índice suficientemente grande; logo, diverge para ∞. De modo análogo, se uma seqüência é decrescente no sentido amplo e não é limitada inferiormente, ela diverge para $-\infty$.

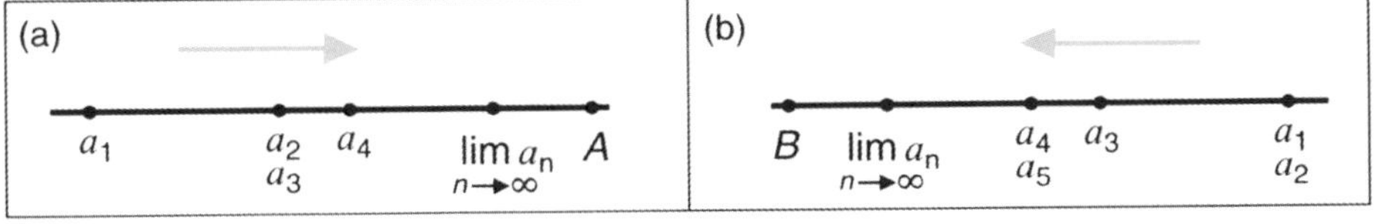

Figura 47-3

Eis algumas propriedades de limite de seqüência envolvendo desigualdades :

(1) Se $\lim\limits_{n\to\infty} a_n = L$ e $\lim\limits_{n\to\infty} b_n = M$ e, a partir de um certo índice, tem-se $a_n \leq b_n$, então $L \leq M$.

(2) Se (a_n) é limitada e $\lim\limits_{n\to\infty} b_n = 0$, então $\lim\limits_{n\to\infty} (a_n b_n) = 0$.

(3) ***Teorema do Sanduíche.*** Se $\lim\limits_{n\to\infty} a_n = L$, $\lim\limits_{n\to\infty} b_n = L$, e a partir de um índice tem-se $a_n \le c_n \le b_n$, então $\lim\limits_{n\to\infty} c_n = L$.

Com o auxílio de (2), podemos concluir que $\lim\limits_{n\to\infty}[(\operatorname{sen} n)/n] = 0$: a seqüência de termo geral $\operatorname{sen} n$ é limitada ($|\operatorname{sen} n| \le 1$) e $\lim\limits_{n\to\infty}(1/n) = 0$. Do mesmo modo, $\lim\limits_{n\to\infty}[(2+(-1)^n)/n^3)] = 0$ △, pois a seqüência de termo geral $2+(-1)^n$ é limitada ($1 \le (-1)^n + 2 \le 3$), e $\lim\limits_{n\to\infty}(1/n^3) = 0$.

Exercício 47-5 Calcule $\lim_{n\to\infty} a_n$:(a) $a_n = [4+(-1)^n]n^{-7}$. (b) $a_n = [(2\operatorname{sen} n + \cos n) + (-1)^n]n^{-1/2}$. (c) $\sqrt[n]{n} \le a_n < \sqrt[n]{n} + 1/n$. (d) $n(n+1)^n \le n^{n+1} a_n \le (n+1)^{n+1}$.

Complemento. Neste complemento, *n* designa um número inteiro positivo ou nulo.

Definição. Sejam (a_n) uma seqüência de números e *L* um número real.

(1) O símbolo $\lim\limits_{n\to\infty} a_n = L$ significa que dado $\varepsilon > 0$, existe um índice *N* tal que $n \ge N \Rightarrow |a_n - L| < \varepsilon$.

(2) O símbolo $\lim\limits_{n\to\infty} a_n = \infty$ significa que dado $M > 0$, existe um índice *N* tal que $n \ge N \Rightarrow a_n > M$.

(3) O símbolo $\lim\limits_{n\to\infty} a_n = -\infty$ significa que $\lim\limits_{n\to\infty}(-a_n) = \infty$.

Observações. **(1)** Na definição acima, se cada implicação for verdadeira para $n > \alpha$, α um número *real*, é claro que ela se verifica para *n* maior do que um índice *N*, bastando para isto tomar $N > \alpha$.

(2) Se $\lim\limits_{n\to\infty} a_n = L$, $L \in \mathbb{R}$, pode-se dizer que para qualquer intervalo aberto $]b,c[$ de centro *L* existe um índice a partir do qual todos os a_n estão nele, ou seja, $b < a_n < c$.

Exemplo. (a) Mostremos que $\lim\limits_{n\to\infty}(1/n) = 0$. Como $|(1/n) - 0| < \varepsilon$ equivale a $n > 1/\varepsilon$, a afirmação segue da observação (1) acima.

(b) Mostremos que $\lim\limits_{n\to\infty} n^2 = \infty$. De fato, como $n^2 > M$ equivale a $n > \sqrt{M}$ $(M > 0)$, o resultado segue da observação (1) acima.

Teorema. Se $\lim\limits_{n\to\infty} a_n = L$ e $\lim\limits_{n\to\infty} b_n = M$ então $\lim\limits_{n\to\infty}(a_n + b_n) = L + M$.

Demonstração. Dado $\varepsilon > 0$, consideremos $\varepsilon/2$. Como $\lim\limits_{n\to\infty} a_n = L$, existe N_1 tal que $n \ge N_1 \Rightarrow |a_n - L| < \varepsilon/2$; como $\lim\limits_{n\to\infty} b_n = M$, existe N_2 tal que $n \ge N_2 \Rightarrow |b_n - M| < \varepsilon/2$. Portanto, se $N = max\{N_1, N_2\}$, temos, para $n \ge N$:

$$|(a_n + b_n) - (L+M)| = |(a_n - L) + (b_n - M)| \le |a_n - L| + |b_n - M| < \varepsilon/2 + \varepsilon/2 = \varepsilon \quad \blacktriangleleft$$

Teorema. Se (a_n) é limitada e $\lim\limits_{n\to\infty} b_n = 0$ então $\lim\limits_{n\to\infty}(a_n b_n) = 0$.

Demonstração. Temos, para todo índice n, $|a_n| < P$, para algum $P > 0$. Dado $\varepsilon > 0$, existe um índice N tal que $n \geq N \Rightarrow |b_n| < \varepsilon/P$. Então, $n \geq N \Rightarrow |a_n b_n| = |a_n||b_n| < P(\varepsilon/P) = \varepsilon$. ∢

Teorema. Se $\lim\limits_{n\to\infty} a_n = L$, $\lim\limits_{n\to\infty} b_n = L$, e para um índice N, $n \geq N \Rightarrow a_n \leq c_n \leq b_n$, então $\lim\limits_{n\to\infty} c_n = L$.

Demonstração. Como $\lim\limits_{n\to\infty} a_n = L$ e $\lim\limits_{n\to\infty} b_n = L$, dado $\varepsilon > 0$, existem índices N_1 e N_2 tais que $n \geq N_1 \Rightarrow |a_n - L| < \varepsilon$ e $n \geq N_2 \Rightarrow |b_n - L| < \varepsilon$, de onde decorre que $n \geq N_1 \Rightarrow -\varepsilon < a_n - L$ e $n \geq N_2 \Rightarrow b_n - L < \varepsilon$. Portanto, sendo $N_3 = \max\{N, N_1, N_2\}$ tem-se

$$n \geq N_3 \Rightarrow -\varepsilon < a_n - L \leq c_n - L \leq b_n - L < \varepsilon \Rightarrow |c_n - L| < \varepsilon$$ ∢

Lema. Seja $\lim\limits_{n\to\infty} a_n = L$. Então existe um índice N e números A e B tais que $n \geq N \Rightarrow A < a_n < B$. Se $L > 0$ [respect. $L < 0$] podemos tomar $A > 0$ [respect. $B < 0$].

Demonstração. Sendo $M \geq 0$, com $L^2 + M^2 \neq 0$, escolhamos $\varepsilon = M + (|L|/2)$. Então existe um índice N tal que $n \geq N \Rightarrow |a_n - L| \leq M + (|L|/2)$. Esta última desigualdade equivale às seguintes: $L - (|L|/2) - M < a_n < L + (|L|/2) + M$. Fazendo $A = L - (|L|/2) - M$ e $B = L + (|L|/2) + M$, temos, então, $n \geq N \Rightarrow A < a_n < B$. Para $L \neq 0$, podemos tomar $M = 0$. Se $L > 0$ [respect. $L < 0$], obtemos $A = L/2 > 0$ [respect. $B = L/2 < 0$]. ∢

Teorema. Suponhamos $\lim\limits_{n\to\infty} a_n = L$.

(a) Existem $P > 0$ e um índice N tais que $n \geq N \Rightarrow |a_n| < P$.

(b) Se $L \neq 0$, existem $P > 0$ e um índice N tal que $n \geq N \Rightarrow |a_n| > P$.

(c) Se $L \neq 0$, existe um índice N tal que $n \geq N \Rightarrow La_n > 0$.

Demonstração. (a) Imediato do lema, pois $A < a_n < B \Leftrightarrow -P < a_n < P$ para algum $P > 0$.

(b) e (c): Se $L > 0$, temos, pelo Lema, $n \geq N \Rightarrow 0 < A < a_n$; logo, podemos tomar $P = A$. Neste caso, $n \geq N \Rightarrow La_n > 0$. Se $L < 0$, temos, pelo Lema, $n \geq N \Rightarrow a_n < B < 0 \Rightarrow |a_n| = -a_n > -B$; logo, podemos tomar $P = -B$. Note que, neste caso, $n \geq N \Rightarrow La_n > 0$. ∢

Teorema. Se $\lim\limits_{n\to\infty} a_n = L$, $\lim\limits_{n\to\infty} b_n = M$, e para um índice N tem-se $n \geq N \Rightarrow a_n \leq b_n$, então $L \leq M$.

Demonstração. Como $\lim\limits_{n\to\infty}(a_n - b_n) = L - M$, se fosse $L > M$, ou seja, $L - M > 0$, existiria um índice a partir do qual $a_n - b_n > 0$, de acordo com o item (c) do teorema anterior. Isto contradiz a hipótese de que a partir de N tem-se $a_n \leq b_n$. ∢

Respostas dos exercícios do § 47 (C significa *convergente*; D, *divergente*)

47-1 (a) D. (b) D. (c) 2/3. (d) 0. (e) D. (f) 2.
(g) 1. (h) ln 3. (i) 0. (j) $-\pi/2$. (l) D. (m) $1/e$.

47-2 (a) $-\pi$. (b) 0. (c) $\pi/2$.

47-3 (a) D. (b) D. (c) 0. (d) 0. (e) D. (f) 0.
(g) D. (h) D. (i) 0. (j) D. (l) 4. (m) D.

47-4 (a) razão 2. (b) razão 1,03. (c) razão 0,4. (f) razão −0,5. (g) razão −2. (l) razão 1.

47-5 (a) 0. (b) 0. (c) 1. (d) e.

§48- SÉRIES

(A) O que é uma série?

A Figura 48-1 mostra uma fita de comprimento 1. Tentemos recompô-la, partindo de uma metade, cujo comprimento é 1/2, etapa 1 do processo (vá acompanhando na figura). Cortemos a metade restante ao meio, obtendo uma fita de comprimento $1/2^2$, a qual é justaposta à metade inicial, etapa 2 do processo. Continuando, dividimos o que restou ao meio, obtendo uma fita de comprimento $1/2^3$, que vamos justapor à fita anteriormente construída, etapa 3 do processo, e assim por diante.

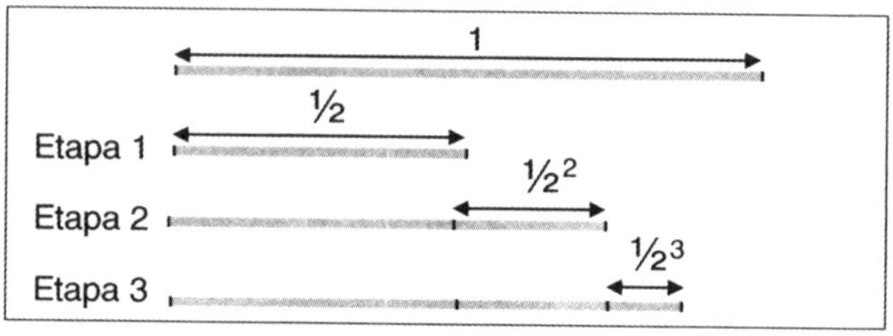

Figura 48-1

Na primeira etapa, o comprimento da fita é $s_1 = 1/2$; na segunda, é $s_2 = s_1 + 1/2^2 = 1/2 + 1/2^2$; na terceira, é $s_3 = s_2 + 1/2^3 = 1/2 + 1/2^2 + 1/2^3$; na etapa n, o comprimento é $s_n = s_{n-1} + 1/2^n = 1/2 + 1/2^2 + 1/2^3 + ... + 1/2^n$. Parece natural esperar que

$$\frac{1}{2} + \frac{1}{2^2} + \frac{1}{2^3} + ... + \frac{1}{2^n} + ... = 1$$

onde as últimas reticências pretendem indicar que a soma deve ser feita indefinidamente, isto é, trata-se de uma soma com infinitas parcelas. Ora, esta igualdade é impossível de ser verificada durante uma vida que dura um tempo finito, como a nossa. Do ponto de vista lógico, estamos, na verdade, diante de um conceito novo a ser definido, que é o de uma soma infinita. Parece natural definir tal soma como sendo $\lim\limits_{n\to\infty} s_n$. É o que faremos. Usando a fórmula

$$a + ar + ar^2 + ar^3 + ... + ar^{n-1} = a\frac{r^n - 1}{r-1} \qquad (r \neq 1)$$

(que será provada no Exemplo 48-1), para o nosso caso, em que $a = 1/2$, $r = 1/2$, vem:

$$s_n = \frac{1}{2} + \frac{1}{2^2} + \frac{1}{2^3} + ... + \frac{1}{2^n} = \frac{1}{2}\frac{(1/2)^{n+1} - 1}{(1/2) - 1} = 1 - (\frac{1}{2})^{n+1} \qquad \therefore \qquad \lim_{n\to\infty} s_n = 1$$

Obtivemos, então, com a definição dada de soma infinita, o valor 1, que é o comprimento da fita dada inicialmente. Bem, agora vamos às definições:

Dada a seqüência $(a_n)_{n\geq 1}$, sejam $s_1 = a_1$, $s_2 = a_1 + a_2$, e, em geral,

$s_n = a_1 + a_2 + a_3 + \ldots + a_n$.

A seqüência $(s_n)_{n\geq 1}$ chama-se **série associada à seqüência** $(a_n)_{n\geq 1}$. Cada s_n é referida como **soma parcial de ordem n**.

Se existe $\lim_{n\to\infty} s_n = s$, o número real s é chamado de **soma** da série.

Atenção. Indicaremos a série por $\sum_{n\geq 1} a_n$ ou, mais simplesmente, por $\sum a_n$, e sua soma, quando for o caso, por $\sum_{n=1}^{\infty} a_n$. Esta distinção não é usual na literatura, daí o nosso cuidado em destacar isso. Uma outra notação para série, às vezes conveniente, é:

$$a_1 + a_2 + a_3 + \ldots$$

também usada para sua soma. Acreditamos que esta ambigüidade não trará prejuízo ao entendimento.

Observações. (1) Como uma série é uma seqüência, pode-se falar em série convergente e série divergente.

(2) Na definição e nas notações anteriores, o índice inicial 1 pode ser substituído por um outro natural N, caso em que a série é indicada por $\sum_{n\geq N} a_n$. Isto ficará subentendido nas considerações de todo este capítulo, sem menção explícita.

Exemplo 48-1 A **série geométrica** $\sum_{n\geq 1} ar^{n-1} = a + ar + ar^2 \ldots (a \neq 0)$ é convergente se e somente se $|r| < 1$, caso em que sua soma é $\dfrac{a}{1-r}$:

$$a + ar + ar^2 \ldots + ar^n + \ldots = \frac{a}{1-r} \qquad (\clubsuit)$$

De fato:

• Se $r = 1$, então $s_n = a + a + \ldots + a = na$, que tende a ∞ ou $-\infty$, conforme seja $a > 0$ ou $a < 0$. Portanto, a série é divergente.

• Se $r \neq 1$, temos:

$$s_n = a + ar + ar^2 \ldots + ar^{n-1} \qquad \therefore \qquad rs_n = ar + ar^2 + ar^3 \ldots + ar^{n-1} + ar^n$$

Subtraindo estas equações membro a membro, vem:

$$s_n - rs_n = a - ar^n \qquad \therefore \qquad s_n = \frac{a(1-r^n)}{1-r} = \frac{a}{1-r} - \frac{a}{1-r}.r^n$$

Pelo Exemplo 47-4, a seqüência (r^n) é divergente se $r \leq -1$ ou $r > 1$; logo, pela expressão anterior, o mesmo sucede com s_n, e a série é divergente. Pelo citado exemplo, se $-1 < r < 1$, a seqüência (r^n) converge a 0; dessa forma:

$$\lim_{n\to\infty} s_n = \lim_{n\to\infty} (\frac{a}{1-r} - \frac{a}{1-r}.r^n) = \frac{a}{1-r} - \frac{a}{1-r} \lim_{n\to\infty} .r^n = \frac{a}{1-r}$$

que é a soma da série. ≺

Exemplo 48-2

(a) Calcule a soma da série geométrica $-3 + \frac{12}{5} - \frac{48}{25} \ldots$

(b) Escreva o número $3{,}4\overline{13} = 3{,}413131313\ldots$ como quociente de inteiros.

Resolução. (a) Para descobrir a razão, dividimos o segundo termo pelo primeiro:

$$r = \frac{\frac{12}{5}}{-3} = -\frac{4}{5}$$

Como $a = -3$, usamos (♣) para obter a soma pedida:

$$\frac{-3}{1-(-\frac{4}{5})} = \frac{-3}{1+\frac{4}{5}} = \frac{-3}{\frac{9}{5}} = -\frac{5}{3}$$ ≺

(b) Temos:

$$3{,}4\overline{13} = 3{,}413131313\ldots = 3{,}4 + 0{,}0131313\ldots = 3{,}4 + 0{,}013 + 0{,}00013 + 0{,}0000013 + \ldots$$

$$= \frac{34}{10} + \frac{13}{10^3} + \frac{13}{10^5} + \frac{13}{10^7} + \ldots = \frac{34}{10} + \frac{\frac{13}{10^3}}{1 - \frac{1}{10^2}} = \frac{34}{10} + \frac{13}{990} = \frac{3379}{990}$$ ≺

(usamos (♣), com $a = 13/10^3$ e $r = 1/10^2$).

Exercício 48-1 Calcule a soma da série geométrica dada.

(a) $\frac{2}{3} + \frac{2}{9} + \frac{2}{27} + \ldots$ (b) $-\frac{2}{3} + \frac{2}{9} - \frac{2}{27} + \ldots$ (c) $-\frac{3}{4} + \frac{5}{4} + \ldots$ (d) $\frac{1}{3} - \frac{1}{9} + \ldots$

Exercício 48-2 Calcule a soma da série dada.

(a) $\sum_{n\geq 0} 2(\frac{1}{3})^n.$ (b) $\sum_{n\geq 1} 2(\frac{1}{3})^n.$ (c) $\sum_{n\geq 0} (-1)^n (\frac{1}{3})^n.$ (d) $\sum_{n\geq 2} (-1)^{n-1} (\frac{1}{3})^n.$

Exercício 48-3 Exprima o número dado como quociente de inteiros.

(a) $2,\overline{21}$. (b) $0,0\overline{13}$. (c) $20,6\overline{36}$. (d) $5,\overline{27}$.

Observação. Alterando ou suprimindo um número finito de termos de uma série, não mudamos seu caráter, quer dizer, a série e sua alterada são ambas convergentes ou ambas divergentes. No entanto, no caso de convergência, as somas das séries são, em geral, diferentes. A verificação dessas afirmações não é difícil, mas provocaria um desvio indesejável no momento.

(B) Propriedades das séries

Lembrando que uma série nada mais é do que uma seqüência, aplicando as propriedades (S_1) e (S_2) do parágrafo anterior, obtém-se as seguintes propriedades:

Se $\sum_{n\geq 1} a_n$ e $\sum_{n\geq 1} b_n$ são convergentes, e c é um número real, tem-se:

(s₁) $\sum_{n=1}^{\infty}(a_n \pm b_n) = \sum_{n=1}^{\infty} a_n \pm \sum_{n=1}^{\infty} b_n$ **(s₂)** $\sum_{n=1}^{\infty}(ca_n) = c\sum_{n=1}^{\infty} a_n$

Exemplo 48-3 Calcule $\sum_{n=0}^{\infty}(\frac{1}{3^n} - \sqrt{7}\,\frac{3^n}{4^n})$.

Resolução. Temos:

$$\sum_{n=0}^{\infty}(\frac{1}{3^n}) = \frac{1}{1-\frac{1}{3}} = \frac{3}{2} \quad \text{e} \quad \sum_{n=0}^{\infty}(\frac{3^n}{4^n}) = \frac{1}{1-\frac{3}{4}} = 4$$

Usando as propriedades acima, vem:

$$\sum_{n=0}^{\infty}(\frac{1}{3^n} - \sqrt{7}\,\frac{3^n}{4^n}) = \sum_{n=0}^{\infty}(\frac{1}{3^n}) - \sqrt{7}(\sum_{n=0}^{\infty}\frac{3^n}{4^n}) = \frac{3}{2} - 4\sqrt{7}$$ ◄

Exercício 48-4 Calcule:

(a) $\sum_{n=1}^{\infty}(\frac{1}{3^n} + \frac{(-1)^n}{3^n})$. (b) $\sum_{n=2}^{\infty}(3\frac{1}{5^n} + 8\frac{(-1)^n}{3^n})$. (c) $\sum_{n=1}^{\infty}(\frac{4^n - 3^n}{6^n})$.

Mostraremos que, se $c \neq 0$, $\sum a_n$ é convergente se e somente se $\sum(ca_n)$ é convergente. De fato, se $\sum a_n$ é convergente, então $\sum(ca_n)$ é convergente, por **(s₂)**. Se $\sum(ca_n)$ é convergente, então, ainda por **(s₂)**, é convergente a série $\sum \frac{1}{c}(ca_n) = \sum a_n$. O resultado que acabamos de provar é equivalente ao seguinte:

Se $c \neq 0$, então as séries $\sum a_n$ e $\sum (ca_n)$ são ambas convergentes ou ambas divergentes.

(C) Soma de uma série telescópica

Até agora, aprendemos a calcular apenas somas de séries geométricas. Na verdade, a tarefa de calcular a soma de uma série é muito difícil. No entanto, podemos fabricar muitos exemplos de séries para as quais conseguimos calcular suas somas, observando o seguinte: se $a_n = b_n - b_{n+1}$, caso em que a série $\sum a_n$ se diz **telescópica**, então:

$$\begin{aligned} s_n &= a_1 + a_2 + a_3 + a_4 + \ldots + a_{n-1} + a_n \\ &= (b_1 - b_2) + (b_2 - b_3) + (b_3 - b_4) + (b_4 - b_5) + \ldots + (b_{n-1} - b_n) + (b_n - b_{n+1}) \\ &= b_1 - b_{n+1} \end{aligned}$$

Portanto, existe o limite de s_n se e somente se existe o limite de b_{n+1}. Caso afirmativo:

$$\lim_{n\to\infty} s_n = b_1 - \lim_{n\to\infty} b_{n+1}$$

onde o limite do segundo membro pode ser substituído, claro, por $\lim_{n\to\infty} b_n$. Temos, portanto, que:

$$\sum_{n=1}^{\infty} a_n = b_1 - \lim_{n\to\infty} b_n$$

Exemplo 48-4

(a) Fazendo $b_n = \dfrac{1}{n}$, temos $a_n = \dfrac{1}{n} - \dfrac{1}{n+1} = \dfrac{1}{n(n+1)}$. Pela fórmula acima:

$$\sum_{n=1}^{\infty} \frac{1}{n(n+1)} = 1 - \lim_{n\to\infty} \frac{1}{n} = 1$$

(b) Fazendo $b_n = \ln n$, temos $a_n = \ln n - \ln(n+1) = \ln \dfrac{n}{n+1}$. Como $\lim_{n\to\infty} b_n = \lim_{n\to\infty} \ln n = \infty$, então, pelo que dissemos anteriormente, a série $\sum_{n\geq 1} \ln \dfrac{n}{n+1}$ é divergente.

Como conseqüência, usando o último resultado da seção anterior, podemos dizer que é divergente a série $\sum_{n\geq 1} (-\ln \dfrac{n}{n+1}) = \sum_{n\geq 1} \ln \dfrac{n+1}{n}$.

(c) Fazendo $b_n = \frac{1}{\sqrt{n}}$, temos $a_n = \frac{1}{\sqrt{n}} - \frac{1}{\sqrt{n+1}} = \frac{\sqrt{n+1}-\sqrt{n}}{\sqrt{n(n+1)}}$. Pela fórmula anterior:

$$\sum_{n=1}^{\infty} \frac{\sqrt{n+1}-\sqrt{n}}{\sqrt{n(n+1)}} = 1 - \lim_{n\to\infty} \frac{1}{\sqrt{n}} = 1$$

Observação. Se for dado a_n, pode ser que $a_n = b_n - b_{n+1}$; a obtenção de b_n pode exigir uma certa habilidade. Por exemplo, se for pedido para calcular $\sum_{n=1}^{\infty} \frac{1}{n(n+1)}$, o truque é usar decomposição em frações parciais (§27(B)): escrevemos:

$$\frac{1}{n(n+1)} = \frac{A}{n} + \frac{B}{n+1}$$

e, em seguida, determinamos as constantes A e B, como no citado parágrafo, obtendo $A=1$ e $B=-1$, de modo que:

$$\frac{1}{n(n+1)} = \frac{1}{n} - \frac{1}{n+1}$$

Agora procedemos como no exemplo anterior.

Respostas dos exercícios do §48

48-1 (a) 1.	(b) −1/2.	(c) −9/32.	(d) 1/4.
48-2 (a) 3.	(b) 1.	(c) 3/4.	(d) −1/12.
48-3 (a) 219/99.	(b) 13/990.	(c) 227/11.	(d) 58/11.
48-4 (a) 1/4.	(b) 49/60.	(c) 1.	

§49- CRITÉRIOS DE CONVERGÊNCIA DE SÉRIES

(A) Uma condição necessária à convergência

Suponha que $\sum_{n\geq 1} a_n$ é convergente a s. Então, como:

$$a_n = (a_1 + a_2 + ... + a_n) - (a_1 + a_2 + ... + a_{n-1}) = s_n - s_{n-1}$$

resulta que:

$$\lim_{n\to\infty} a_n = \lim_{n\to\infty} s_n - \lim_{n\to\infty} s_{n-1} = s - s = 0$$

Registremos:

Condição necessária à convergência de uma série. Se uma série é convergente, seu termo geral tende a 0 para n tendendo a ∞.

Observação. É importante ressaltar que a condição acima não é suficiente para garantir a convergência de uma série, isto é, se o termo geral tende a 0 para n tendendo a ∞, não há garantia de que a série converge. Vimos, no §48(C), que a série $\sum_{n\geq 1} \ln \frac{n+1}{n}$ é divergente; no entanto, $\lim_{n\to\infty} \ln \frac{n}{n+1} = \ln 1 = 0$.

Como conseqüência imediata da condição necessária acima, temos:

Se não ocorrer $\lim_{n\to\infty} a_n = 0$, a série $\sum a_n$ é divergente.

Exemplo 49-1 As séries $\sum_{n\geq 2} \frac{n+1}{n-1}$, $\sum_{n\geq 0} n$, $\sum_{n\geq 0} (-1)^n$ são todas divergentes, pois seus termos gerais não tendem a 0 para n tendendo a ∞. No primeiro caso, tem-se:

$$\lim_{n\to\infty} \frac{n+1}{n-1} = \lim_{n\to\infty} \frac{n}{n} = \lim_{n\to\infty} 1 \neq 0$$

e, em cada um dos restantes, não existe o limite do termo geral para n tendendo a ∞.

Exercício 49-1 Mostre que a série dada é divergente:

(a) $\sum_{n\geq 0} \frac{n}{2n-1}$. (b) $\sum_{n\geq 0} \frac{n^2 - n + 1}{2n-1}$. (c) $\sum_{n\geq 0} \text{sen}(n\frac{\pi}{2})$. (d) $\sum_{n\geq 0} \frac{n}{\ln n}$. (e) $\sum_{n\geq 0} \frac{(-1)^n + 1}{2}$.

(B) Critério da comparação

Passaremos a estudar condições sob as quais uma série converge ou diverge, sem ter de tentar a tarefa, em geral difícil, de calcular sua soma. Inicialmente, vamos nos restringir a séries de termos maiores ou iguais a 0. O resultado mais importante, sobre o qual os outros se apóiam, e que permite decidir se uma série converge ou não comparando-a com outra série de comportamento conhecido é o seguinte:

Critério da comparação. Suponha que, a partir de um certo índice, verifica-se $0 \le a_n \le b_n$.

(a) Se $\sum b_n$ é convergente, então $\sum a_n$ é convergente.

(b) Se $\sum a_n$ é divergente, então $\sum b_n$ é divergente.

Mostraremos apenas a afirmação (a), deixando (b) para sua reflexão. Para não complicar a argumentação, vamos supor as séries começando com o índice 1 e a hipótese verificada para todo índice. Nestas condições, temos:

$$a_1 + a_2 + \ldots + a_n \le b_1 + b_2 + \ldots + b_n \le \sum_{n=1}^{\infty} b_n$$

o que mostra que a seqüência $s_n = a_1 + a_2 + \ldots + a_n$ é limitada superiormente por $\sum_{n=1}^{\infty} b_n$. Como a seqüência (s_n) é crescente no sentido amplo, pois $s_{n+1} - s_n = a_{n+1} \ge 0$, podemos dizer, pelo Teorema Fundamental (§47), que ela é convergente, o que quer dizer precisamente que a série $\sum a_n$ é convergente.

Uma aplicação simples do critério da comparação permite provar o seguinte resultado, que usaremos no §50:

Critério do Sanduíche para Convergência. Se, a partir de um certo índice, tem-se $a_n \le b_n \le c_n$ e as séries $\sum a_n$ e $\sum c_n$ são convergentes, o mesmo sucede com $\sum b_n$.

De fato: a convergência de $\sum a_n$ e $\sum c_n$ acarreta a de $\sum (c_n - a_n)$; pela hipótese, temos, a partir de um certo índice, que $0 \le b_n - a_n \le c_n - a_n$; logo, pelo critério da comparação, a série $\sum (b_n - a_n)$ é convergente; portanto, também é convergente a série $\sum [(b_n - a_n) + a_n] = \sum b_n$.

O critério da comparação acarreta o seguinte critério, mais fácil de ser aplicado:

Critério da comparação usando limite. Suponha que, a partir de um certo índice, verifica-se $a_n \ge 0$, $b_n > 0$, e que $\lim_{n\to\infty} \frac{a_n}{b_n} = L$.

(a) Se $0 < L < \infty$, então $\sum a_n$ e $\sum b_n$ são ambas convergentes ou ambas divergentes.

(b) Se $L = 0$ e $\sum b_n$ é convergente, então $\sum a_n$ é convergente.

(c) Se $L = \infty$ e $\sum b_n$ é divergente, então $\sum a_n$ é divergente.

Exemplo 49-2 Sendo p real, a série $\sum \frac{1}{n^p}$ é convergente se $p > 1$ e divergente se $p \leq 1$.

De fato:

- Se $p > 1$, então $p = 1 + h$, com $h > 0$. Como $\lim_{n \to \infty} n^{-h} = 0$, a série telescópica $\sum [n^{-h} - (n+1)^{-h}]$ é convergente, de acordo com o §48(C). Comparemos esta série com a série $\sum n^{-p}$. Para isto, calculemos:

$$\frac{x^{-h} - (x+1)^{-h}}{x^{-p}} = \frac{x^{-h} - (x+1)^{-h}}{x^{-1-h}} = \frac{x^{-h} - (x+1)^{-h}}{x^{-1} x^{-h}} = x[1 - \frac{(x+1)^{-h}}{x^{-h}}] = [1 - (\frac{x}{x+1})^h]x$$

Para $x \to \infty$, temos indeterminação da forma $0.\infty$ (§24(C)). Usando uma regra de L'Hôpital, vem:

$$\lim_{x \to \infty} \frac{x^{-h} - (x+1)^{-h}}{x^{-p}} =$$

$$\lim_{x \to \infty} [1 - (\frac{x}{x+1})^h]x = \lim_{x \to \infty} \frac{1 - (\frac{x}{x+1})^h}{1/x} = \lim_{x \to \infty} \frac{-h(\frac{x}{x+1})^{h-1} \frac{1}{(x+1)^2}}{-1/x^2}$$

$$= \lim_{x \to \infty} h \frac{x^2}{(x+1)^2} (\frac{x}{x+1})^{h-1} = h > 0$$

Pelo critério da comparação usando limite, podemos concluir então que $\sum (1/n^p)$ é convergente.

- A série é divergente se $p = 1$. De fato, vimos, no Exemplo 48-4(b), que a série $\sum \ln[(n+1)/n]$ é divergente. Como

$$\lim_{n \to \infty} \frac{\ln[(n+1)/n]}{1/n} = \lim_{n \to \infty} \frac{\ln(1 + 1/n)}{1/n} = \lim_{n \to \infty} n \ln(1 + 1/n) = \lim_{n \to \infty} \ln(1 + 1/n)^n = \ln e = 1$$

segue, pelo critério da comparação usando limite, que $\sum (1/n)$ é divergente.

- A série é divergente se $p < 1$. De fato, sabemos que $\sum (1/n)$ é divergente; como

$$\lim_{n \to \infty} \frac{1/n^p}{1/n} = \lim_{n \to \infty} \frac{n}{n^p} = \lim_{n \to \infty} n^{1-p} = \infty$$

o mesmo sucede com a série $\sum (1/n^p)$ (critério da comparação usando limite, item (c)). ◄

$\sum (1/n)$ é chamada **série harmônica**, e a série $\sum (1/n^p)$, $p \neq 1$, **série harmônica generalizada**.

Exemplo 49-3 Decida se a série é convergente ou divergente:

(a) $\sum \frac{n+3}{\sqrt{n}(2n^4+n-5)}$. (b) $\sum \frac{\sqrt[3]{n+3}}{3n+1}$. (c) $\sum \frac{1}{n2^n}$.

Resolução. (a) Para n grande temos (veja o Exemplo 47-3):

$$\frac{n+3}{\sqrt{n}(2n^4+n-5)} \cong \frac{n}{\sqrt{n}(2n^4)} = \frac{n}{n^{1/2}.2n^4} = \frac{1}{2n^{(1/2)+4-1}} = \frac{1}{2n^{7/2}} \qquad (\bigstar)$$

Isto sugere a comparação da série dada com a série de termo geral $1/n^{7/2}$, convergente, pelo exemplo anterior. Temos:

$$\lim_{n\to\infty} \frac{(n+3)/\sqrt{n}(2n^4+n-5)}{1/n^{7/2}} = \lim_{n\to\infty} \frac{1/2n^{7/2}}{1/n^{7/2}} = \frac{1}{2}$$

Pelo critério da comparação usando limite, a série dada é convergente. ⋞

Observação. Você deve ter percebido que poderíamos dispensar o cálculo do limite, e concluir a convergência da série dada usando (★). Isto abrevia a resolução.

(b) Procedendo como no item anterior, vem:

$$\frac{\sqrt[3]{n+3}}{3n+1} \cong \frac{\sqrt[3]{n}}{3n} = \frac{n^{1/3}}{3n} = \frac{1}{3n^{(1/3)-1}} = \frac{1}{3n^{-2/3}}$$

Usando a observação acima, concluímos que, pelo fato da série $\sum 1/n^{-2/3}$ ser divergente, a série dada também é. ⋞

(c) Comparemos com a série geométrica convergente $\sum (1/2^n)$:

$$\lim_{n\to\infty} \frac{1/n2^n}{1/2^n} = \lim_{n\to\infty} \frac{1}{n} = 0$$

Logo, pelo critério da comparação usando limite, parte (b), a série dada é convergente. ⋞

Exercício 49-2 Decida se a série é convergente ou divergente:

(a) $\sum \frac{1}{n^2-2}$. (b) $\sum \frac{3n-1}{n^4-2}$. (c) $\sum \frac{\sqrt{n}}{5n^3-2n+1}$. (d) $\sum \frac{\sqrt{n}+1}{\sqrt[3]{n}}$.

(e) $\sum \frac{5n+2}{\sqrt{n^4-n-1}}$. (f) $\sum \frac{\sqrt[3]{n^3+1}}{\sqrt[4]{n^5+n+1}}$. (g) $\sum \frac{n}{3n+1}$. (h) $\sum \frac{(6n^3-n)\sqrt[4]{n^2}}{5\sqrt[5]{4n+1}}$.

(i) $\sum \frac{1}{n^2 3^n}$. (j) $\sum \frac{2^n}{n3^n}$. (l) $\sum \frac{4^n n(n-1)}{3^n\sqrt{n^4+1}}$. (m) $\sum \frac{n^{3/2}-1}{e^n n^3}$.

Complemento. Demonstraremos o critério da comparação usando limite.
(a) Se $\lim_{n\to\infty}(a_n/b_n) = L > 0$, pelo Lema à pág. 223, existe um índice N e $A > 0$, $B > 0$ tais que

$$n \geq N \Rightarrow A < (a_n/b_n) < B \Rightarrow Ab_n < a_n < Bb_n \qquad (\clubsuit)$$

Se $\sum b_n$ é convergente, $\sum Ab_n$ e $\sum Bb_n$ também são, e daí, pelo Critério do Sanduíche para Convergência à pág. 231, $\sum a_n$ é convergente. Se $\sum b_n$ é divergente, também o é $\sum Ab_n$; por ($\clubsuit$), $n \geq N \Rightarrow Ab_n < a_n$, e o critério da comparação nos diz que $\sum a_n$ é divergente.
(b) Se $\lim_{n\to\infty}(a_n/b_n) = 0$, escolhendo $\varepsilon = 1$, existe um índice N tal que $n \geq N \Rightarrow (a_n/b_n) < 1 \Rightarrow a_n < b_n$. Pelo critério da comparação, se $\sum b_n$ é convergente, também o é $\sum a_n$.
(c) Se $\lim_{n\to\infty}(a_n/b_n) = \infty$, escolhendo $M = 1$, existe um índice N tal que $n \geq N \Rightarrow (a_n/b_n) > 1 \Rightarrow a_n > b_n$. Pelo critério da comparação, se $\sum b_n$ é divergente, também o é $\sum a_n$. ⋞

(C) Critério da razão, ou de D'Alembert

Apresentaremos agora o critério da razão para decidir o comportamento de uma série Σa_n de termos positivos. Ele utiliza a própria série, ao contrário dos critérios vistos na seção anterior. Uma demonstração se encontra no final desta seção.

Critério da razão, ou de D'Alembert. Se Σa_n é uma série de termos positivos, e $\lim_{n\to\infty}(a_{n+1}/a_n) = L$, tem-se:
(a) Se $L < 1$, a série é convergente.
(b) Se $L > 1$, ou $L = \infty$, a série é divergente.

Exemplo 49-4 Decida se a série é convergente ou divergente:

(a) $\sum \frac{n}{3^n}$. (b) $\sum \frac{1}{n!}$. (c) $\sum \frac{4^n}{n^2}$.

Resolução.
(a) Temos $a_n = n/3^n$. Então,

$$\frac{a_{n+1}}{a_n} = \frac{(n+1)/3^{n+1}}{n/3^n} = \frac{n+1}{n}.\frac{3^n}{3^{n+1}} = \frac{n+1}{n}.\frac{3^n}{3^n.3} = \frac{n+1}{n}.\frac{1}{3}$$

$$\lim_{n\to\infty} \frac{a_{n+1}}{a_n} = \lim_{n\to\infty} \frac{n+1}{n}.\frac{1}{3} = \lim_{n\to\infty} \frac{n}{n}.\frac{1}{3} = \lim_{n\to\infty} \frac{1}{3} = \frac{1}{3} < 1$$

Pelo critério da razão, a série dada é convergente. ∢

(b) Lembremos que $n! = 1.2.3.\ \ldots\ .n$. Portanto, $(n+1)! = n!(n+1)$. Temos $a_n = 1/n!$. Logo,

$$\frac{a_{n+1}}{a_n} = \frac{1/(n+1)!}{1/n!} = \frac{n!}{(n+1)!} = \frac{n!}{n!(n+1)} = \frac{1}{n+1}$$

$$\lim_{n\to\infty} \frac{a_{n+1}}{a_n} = \lim_{n\to\infty} \frac{1}{n+1} = 0 < 1$$

Pelo critério da razão, a série dada é convergente. ∢

(c) Temos $a_n = 4^n/n^2$. Então,

$$\frac{a_{n+1}}{a_n} = \frac{4^{n+1}/(n+1)^2}{4^n/n^2} = \frac{4^{n+1}}{(n+1)^2}.\frac{n^2}{4^n} = \frac{4^n.4}{(n+1)^2}.\frac{n^2}{4^n} = \frac{4n^2}{(n+1)^2} = 4(\frac{n}{n+1})^2$$

$$\lim_{n\to\infty} \frac{a_{n+1}}{a_n} = \lim_{n\to\infty} 4(\frac{n}{n+1})^2 = \lim_{n\to\infty} 4(\frac{n}{n})^2 = \lim_{n\to\infty} 4 = 4 > 1$$

Pelo critério da razão, a série dada é divergente. ∢

Observação. Se $L = 1$, o critério da comparação não decide quanto à convergência ou divergência da série: para as séries $\sum 1/n$ e $\sum 1/n^2$, verifica-se facilmente que $\lim_{n\to\infty} (a_{n+1}/a_n) = 1$; a primeira é divergente e a segunda é convergente, conforme vimos no Exemplo 49-2.

Exercício 49-3 Decida se a série é convergente ou divergente:

(a) $\sum \frac{n}{7^n}$. (b) $\sum \frac{n^3}{7^n}$. (c) $\sum \frac{8^n}{7^n n}$. (d) $\sum \frac{n+1}{2^n n}$.

(e) $\sum \frac{5^n}{n!}$. (f) $\sum \frac{7^n}{n!}$. (g) $\sum \frac{a^n}{n!}$ $(a > 0)$. (h) $\sum \frac{\sqrt{5^n + 1}}{2^n}$.

(i) $\sum \frac{\sqrt[5]{n}}{8^n}$. (j) $\sum \frac{1.3.5.\ \ldots\ .(2n-1)}{(0,3)^n (2.4.6.\ \ldots\ .2n)}$. (l) $\sum \frac{n!}{n^n}$. (m) $\sum \frac{(2n)^n}{n!n}$.

Observação. Por (l) e (g), as séries $\sum n!/n^n$ e $\sum a^n/n!$ $(a > 0)$ são convergentes; logo,

$$\lim_{n\to\infty} \frac{n!}{n^n} = 0 \qquad \lim_{n\to\infty} \frac{a^n}{n!} = 0 \quad (a > 0)$$

(condição necessária à convergência, seção (A)), resultados não tão fáceis de se obter diretamente.

Complemento. Provaremos o Critério de D'Alembert.

Lema. Sejam (a_n) e (b_n) seqüências de termos positivos para as quais existe um índice N tal que $n \geq N \Rightarrow (a_{n+1}/a_n) \leq (b_{n+1}/b_n)$. Então existe $k > 0$ tal que $n \geq N \Rightarrow a_n \leq kb_n$. Em particular, se $\sum b_n$ é convergente, também o é $\sum a_n$.

Demonstração. Da hipótese vem que $n \geq N \Rightarrow (a_{n+1}/b_{n+1}) \leq (a_n/b_n)$, ou seja, $(a_n/b_n)_{n\geq N}$ é decrescente no sentido amplo. Daí, $n \geq N \Rightarrow (a_n/b_n) \leq (a_N/b_N) \Rightarrow a_n \leq (a_N/b_N)b_n$. Basta tomar $k = (a_N/b_N)$. A afirmação restante decorre do item (a) do critério da comparação (seção (B)). ≺

Demonstração do Critério de D'Alembert. Seja $\lim\limits_{n\to\infty}(a_{n+1}/a_n) = L$.

- Se $L < 1$, seja c tal que $L < c < 1$. Então existe um intervalo aberto centrado em L de extremidade superior c. Por definição de limite, existe um índice N a partir do qual a_{n+1}/a_n está nesse intervalo, e daí $(a_{n+1}/a_n) < c = (c^{n+1}/c^n)$. O resultado segue do Lema acima pois, como $c < 1$, $\sum c^n$ é convergente.
- Se $L > 1$ (o caso $L = \infty$ se prova com uma pequena adaptação), existe um intervalo aberto de centro L e extremidade inferior 1. Por definição de limite, existe um índice N a partir do qual a_{n+1}/a_n está nesse intervalo, e daí $(a_{n+1}/a_n) > 1$; logo, $a_{n+1} > a_n$. Então, para $n \geq N$ tem-se $a_n \geq a_N > 0$, o que impede a_n de tender a 0, acarretando a divergência da série $\sum a_n$. ≺

(D) Critério da raiz, ou de Cauchy

Como o critério da razão, o critério de Cauchy, que veremos a seguir, utiliza a própria série para decidir sua convergência, sem ter de examinar sua soma. A idéia é que se a partir de um índice se tem $a_n < c^n$, para algum c, $0 < c < 1$, ou seja, $\sqrt[n]{a_n} < c$, a série $\sum a_n$ é convergente, pelo critério da comparação. Uma condição suficiente para isso é que $\lim\limits_{n\to\infty} \sqrt[n]{a_n} < 1$, conforme se pode ver examinando a demonstração feita no final da seção.

Critério da raiz, ou de Cauchy. Seja $\sum a_n$ uma série de termos positivos, e $\lim\limits_{n\to\infty} \sqrt[n]{a_n} = L$.

(a) Se $L < 1$, a série é convergente. (b) Se $L > 1$, ou $L = \infty$, a série é divergente.

Exemplo 49-5 Decida se a série é convergente ou divergente:

(a) $\sum \dfrac{(3n+1)^n}{(n+8)^n}$. (b) $\sum \dfrac{1}{n^n}$. (c) $\sum (\dfrac{n}{n+1})^{n^2}$.

Resolução. (a) $\lim\limits_{n\to\infty} \sqrt[n]{\dfrac{(3n+1)^n}{(n+8)^n}} = \lim\limits_{n\to\infty} \dfrac{3n+1}{n+8} = \lim\limits_{n\to\infty} \dfrac{3n}{n} = \lim\limits_{n\to\infty} 3 = 3>1$

Pelo critério da raiz, a série dada é divergente. ◅

(b) $\lim\limits_{n\to\infty} \sqrt[n]{\dfrac{1}{n^n}} = \lim\limits_{n\to\infty} \dfrac{1}{n} = 0 < 1$

Pelo critério da raiz, a série dada é convergente. ◅

(c) $\lim\limits_{n\to\infty} \sqrt[n]{(\dfrac{n}{n+1})^{n^2}} = \lim\limits_{n\to\infty} [(\dfrac{n}{n+1})^{n^2}]^{1/n} = \lim\limits_{n\to\infty} (\dfrac{n}{n+1})^{n^2/n} = \lim\limits_{n\to\infty} (\dfrac{n}{n+1})^n$

$$= \lim_{n\to\infty} \frac{1}{(1+1/n)^n} = \frac{1}{e} < 1$$

Pelo critério da raiz, a série dada é convergente. ◅

Exercício 49-4 Decida se a série é convergente ou divergente:

(a) $\sum \dfrac{2^n}{n+1}$. (b) $\sum \dfrac{3^n n}{10^n}$. (c) $\sum \dfrac{e^n}{n^2}$. (d) $\sum (\dfrac{3n}{4n+1})^{2n}$.

(e) $\sum \dfrac{(n!)^n}{n^{n^2}}$. (f) $\sum \dfrac{1}{\ln^n n}$. (g) $\sum \dfrac{n^n}{\ln^n n}$. (h) $\sum (\operatorname{arctg} n - \dfrac{\pi}{2})^n$.

Observação. Se $L = 1$, o critério da raiz nada decide com relação à convergência ou divergência da série, o que é evidenciado considerando-se as séries $\sum 1/n$ e $\sum 1/n^2$, para as quais você pode facilmente comprovar que $\lim\limits_{n\to\infty} \sqrt[n]{a_n} = 1$ (use o Exemplo 47-2(c)); a primeira é divergente e a segunda é convergente (Exemplo 49-2).

Complemento. Provemos o critério de Cauchy. Seja $\lim\limits_{n\to\infty} \sqrt[n]{a_n} = L$.

• Se $L<1$, existe um intervalo aberto de centro L de extremidade superior c menor do que 1. Por definição de limite, existe um índice a partir do qual $\sqrt[n]{a_n}$ está no intervalo, e daí $\sqrt[n]{a_n} < c$, ou seja, $a_n < c^n$. Como a série geométrica $\sum c^n$ é convergente (pois $c<1$), então a série $\sum a_n$ é convergente, pelo item (a) do critério da comparação (seção (B)).

• Se $L>1$, existe um intervalo de centro L e extremidade inferior 1. Por definição de limite, existe um índice a partir do qual $\sqrt[n]{a_n}$ está no intervalo, e daí $\sqrt[n]{a_n} > 1$, ou seja, $a_n > 1$. Logo, o termo geral a_n não pode tender a 0, e por isso a série $\sum a_n$ é divergente (seção (A)).

• O caso $L=\infty$ fica como exercício.

(E) Complementos

(1) Pode-se provar que se existe $\lim_{n\to\infty} \sqrt[n]{a_n} = L$ então $\lim_{n\to\infty} (a_{n+1}/a_n) = L$. Assim quando, pelo critério da raiz, obtemos $L = 1$, não adianta apelar para o da razão, porque este também fornecerá $L = 1$. Para esta situação, existem critérios mais finos, que podem decidir se a série é convergente ou divergente. Um deles é o seguinte:

Critério de Raabe. Seja $\sum a_n$ uma série de termos positivos tal que $\lim_{n\to\infty}[n(1 - \frac{a_{n+1}}{a_n})] = L$.

(a) se $L > 1$ ou $L = \infty$, a série é convergente. (b) Se $L < 1$ ou $L = -\infty$, a série é divergente.

Demonstração. (a) Suponhamos $L > 1$ (o caso $L = \infty$ se prova com uma pequena adaptação do que segue). Então existe $h > 0$ tal que $L > 1 + h$. Considerando o intervalo centrado em L de extremidade inferior $1 + h$, resulta da definição de limite que existe um índice N a partir do qual $n(1 - a_{n+1}/a_n)$ está no intervalo; logo, $n(1 - a_{n+1}/a_n) > 1 + h$, ou seja, $0 < ha_n < (n-1)a_n - na_{n+1}$. Esta relação garante que se provarmos que a série telescópica $\sum[(n-1)a_n - na_{n+1}]$ é convergente, pelo critério da comparação a série $\sum ha_n$ também é, e valerá o mesmo para $\sum a_n$. A citada relação acarreta $0 < (n-1)a_n - na_{n+1}$, ou seja, a seqüência $((n-1)a_n)_{n\geq N}$ é decrescente, e como ela é limitada inferiormente (por 0), ela é convergente. Isto mostra que a série telescópica referida acima é convergente.
(b) Se $L < 1$ ou $L = -\infty$, podemos afirmar que a partir de um certo índice $N > 1$ se tem $n(1 - a_{n+1}/a_n) < 1$, ou seja, $a_n < na_{n+1}/(n-1) < a_{n+1}$. Isto mostra que $(a_n)_{n\geq N}$ é crescente, e como seus termos são positivos, não se tem $\lim_{n\to\infty} a_n = 0$, o que mostra que $\sum a_n$ é divergente. ◁

Exemplo 49-6 Sendo $a_n = 1/n^2$, temos $(a_{n+1}/a_n) = n^2/(n+1)^2$ que tende a 1 para $n \to \infty$, e o critério da razão não decide. Temos $n(1 - a_{n+1}/a_n) = (2n^2 + n)/(n^2 + 2n + 1)$, que tende a 2 para $n \to \infty$. Pelo critério de Raabe, $\sum a_n$ é convergente. ◁

Exercício 49-5 Decida se $\sum a_n$ é convergente ou divergente, nos casos a seguir :

(a) $(2.4.6...2n)(2n+1)a_n = 1.3.5...(2n-1)$.

(b) $(2.4.6...2n)a_n = 1.3.5...(2n-1)$.

(c) $(x+1)(x+2)...(x+n)a_n = n!$, $x \geq 0$.

(d) $(n+1)!c(c+1)...(c+n)a_n = a(a+1)...(a+n)b(b+1)...(b+n)$.

No caso (d), supor a, b, c positivos, com $c \neq a + b$.

(2) Em casos como o da série $\sum[(\text{sen}^2 n)/n^3]$, a tentativa de usar o critério da comparação usando limite é frustrante, ao passo que o uso do critério (sem limite) é eficaz: sendo $\text{sen}^2 n \leq 1$, tem-se

$$\frac{\text{sen}^2 n}{n^3} \leq \frac{1}{n^3}$$

Como $\sum(1/n^3)$ é convergente, então, pelo critério da comparação, a série $\sum[(\text{sen}^2 n)/n^3]$ é convergente. Um outro exemplo mais interessante dessa situação é obtido quando se considera a representação decimal de um número real:

$$a_0 + a_1 10^{-1} + a_2 10^{-2} + a_3 10^{-3} + ... + a_n 10^{-n} + ...$$

onde a_0 é inteiro qualquer, e a_1, a_2, a_3, ... são inteiros que variam no conjunto $\{0,1,2, ... ,9\}$. Para mostrar que a série converge, notamos que $a_n 10^{-n} \leq 9.10^{-n}$. Como $\sum 9.10^{-n}$ é convergente, por ser uma série geométrica de razão $r = 1/10$ menor que 1, a série $\sum a_n 10^{-n}$ é convergente, pelo critério da comparação.

Exercício 49-6 Decida se $\sum a_n$ é convergente ou divergente, nos casos:

(a) $a_n = \dfrac{\text{sen}^4(n^3) + 4\cos^2 n}{n^2}$. (b) $a_n = e^{-n}\,\text{sen}^2(e^n)$. (c) $a_n = \dfrac{1}{n + n\,\text{sen}^4 n}$.

(d) $a_n = \dfrac{\text{arcsen}\, n}{n^5}$. (e) $a_n = \dfrac{e^n(e^{-|\cos n|} + 3\cos^8 n)}{2^n}$. (f) $a_n = \text{arcsen}(\dfrac{1}{n})$.

Respostas dos exercícios do § 49

Abreviaremos *convergente* por C, *divergente* por D.

49-2 (a) C. (b) C. (c) C. (d) D. (e) C. (f) D. (g) D. (h) D. (i) C. (j) C. (l) D. (m) C.
49-3 (a) C. (b) C. (c) D. (d) C. (e) C. (f) C. (g) C. (h) D. (i) C. (j) D. (l) C. (m) D.
49-4 (a) D. (b) C. (c) D. (d) C. (e) C. (f) C. (g) D. (h) C.
49-5 (a) C. (b) D. (c) C se $x > 1$, D se $0 \leq x \leq 1$. (d) C se $c > a + b$, D se $0 < c < a + b$.
49-6 (a) C. (b) C. (c) D. (d) C. (e) D. (f) D.

§50-SÉRIES DE TERMOS QUAISQUER

(A) Séries alternadas

Até agora estudamos séries de termos que não são negativos. Um caso que não é desse tipo é o das **séries alternadas**, cujo nome provém do fato de seus termos sucessivos alternarem em sinal.

Exemplo 50-1 As seguintes séries são alternadas:

$$\sum_{n\geq 1}(-1)^{n-1}n = 1-2+3-4+\dots \qquad \sum_{n\geq 1}(-1)^{n}n = -1+2-3+4-\dots$$

O resultado a seguir é pertinente:

Critério de Leibniz. Seja (a_n) uma seqüência verificando $\lim_{n\to\infty} a_n = 0$, e para a qual existe um índice N tal que $n \geq N \Rightarrow a_n \geq a_{n+1} \geq 0$. Então a série $\sum(-1)^{n-1}a_n$ é convergente.

Exemplo 50-2 (a) Para a série alternada $\sum(-1)^{n-1}(1/n)$, as hipóteses do Critério de Leibniz são claramente verificadas: a seqüência $(1/n)$ tem termos positivos, é decrescente e $\lim_{n\to\infty}(1/n) = 0$. Portanto, a série é convergente. Analogamente, pode-se concluir que a série $\sum(-1)^{n-1}n^{-p}$ é convergente para $p > 0$. Se $p \leq 0$, o termo geral não tende a 0, e a série é divergente (§ 49(A)).

(b) Consideremos a série $\sum(-1)^{n-1}(\ln n)/n$. Temos que $(\ln n)/n > 0$ para $n \geq 2$. Usando o Teorema de Substituição visto no § 47 (e uma regra de L'Hôpital, § 24(B)), vem:

$$\lim_{n\to\infty}\frac{\ln n}{n} = \lim_{x\to\infty}\frac{\ln x}{x} = \lim_{x\to\infty}\frac{1/x}{1} = \lim_{x\to\infty}\frac{1}{x} = 0$$

Para verificar o comportamento da seqüência $((\ln n)/n)$, consideremos $f(x) = (\ln x)/x$. Temos

$$f'(x) = \frac{\frac{1}{x}x - (\ln x).1}{x^2} = \frac{1-\ln x}{x^2}$$

Vemos que $f'(x) < 0$ se e somente se $1 - \ln x < 0$, o que equivale a $\ln x > 1 = \ln e$, ou seja, a $x > e$. Portanto, f é decrescente no intervalo dado por $x > e$. Como $e = 2{,}718\ldots$, resulta, em particular, que se $n \geq 3$ tem-se

$$\frac{\ln n}{n} \geq \frac{\ln(n+1)}{n+1}$$

Pelo Critério de Leibniz, a série $\sum(-1)^{n-1}\dfrac{\ln n}{n}$ é convergente. ∢

Exercício 50-1 Mostre que a série é convergente, em cada caso:

(a) $\sum(-1)^{n-1}\frac{1}{\sqrt{n}}$. (b) $\sum(-1)^{n-1}\frac{1}{\sqrt[3]{n}}$. (c) $\sum(-1)^{n}\frac{\sqrt[3]{n}}{\sqrt{n}}$. (d) $\sum(-1)^{n}\frac{1}{n^2}$.

(e) $\sum(-1)^{n}\frac{1}{2n+3}$. (f) $\sum(-1)^{n-1}\frac{\ln n}{\sqrt{n}}$. (g) $\sum(-1)^{n}\frac{1}{n\,\mathrm{arctg}\,n}$. (h) $\sum\frac{(-1)^{n-1}}{\ln(\mathrm{e}^{n}+\mathrm{e}^{-n})}$.

Exercício 50-2 (a) Dê três exemplos de série alternada divergente.
(b) A série $\sum(-1)^{n-1}\operatorname{sen} n$ é alternada?

Complemento. Demonstraremos o Critério de Leibniz supondo que o índice N referido no enunciado seja 1 (isto não restringe a generalidade, bastando desprezar, se $N > 1$, os $N-1$ primeiros termos da série, e proceder a uma re-enumeração).
Sendo

$$s_n = a_1 - a_2 + \ldots + (-1)^{n-1} a_n$$

temos:

$s_{2n+1} = s_{2n-1} - a_{2n} + a_{2n+1} \leq s_{2n-1}$. Portanto, (s_{2n-1}) é decrescente no sentido amplo.

$$s_{2n-1} = (a_1 - a_2) + \ldots + (a_{2n-3} - a_{2n-2}) + a_{2n-1} \geq 0$$

Pelo Teorema Fundamental sobre Seqüências, existe $\lim_{n\to\infty} s_{2n-1} = s$. Como $s_{2n} = s_{2n-1} + a_{2n}$, resulta então $\lim_{n\to\infty} s_{2n} = \lim_{n\to\infty} s_{2n-1} + \lim_{n\to\infty} a_{2n} = s$. Portanto, $\lim_{n\to\infty} s_n = s$, isto é, $\sum a_n$ é convergente. ∢

(B) Convergência absoluta

Um expediente para investigar a convergência de uma série $\sum a_n$ de termos quaisquer é considerar a série $\sum |a_n|$. Se esta for convergente, então $\sum a_n$ é convergente. De fato: se $\sum |a_n|$ é convergente, segue que $-\sum |a_n| = \sum(-|a_n|)$ também é; e como $-|a_n| \leq a_n \leq |a_n|$, pelo Critério do Sanduíche para Convergência (§ 49 (B)), $\sum a_n$ é convergente.

A série $\sum a_n$ é chamada **absolutamente convergente** se $\sum |a_n|$ é convergente.

Com esta definição, o resultado obtido fica:

Uma série absolutamente convergente é convergente.

Exemplo 50-3

(a) A série $\sum \frac{(-1)^n}{n^2}$ é convergente, por ser absolutamente convergente. De fato, $\sum \left| \frac{(-1)^n}{n^2} \right| = \sum \frac{1}{n^2}$ é convergente (Exemplo 49-2). ◄

(b) Mostraremos que a série $\sum \frac{\cos(n^2+n)}{\sqrt{2n^3+1}}$ é absolutamente convergente, de onde decorrerá que ela é convergente. De fato:

$$\left| \frac{\cos(n^2+n)}{\sqrt{2n^3+1}} \right| \leq \frac{1}{\sqrt{2n^3+1}}$$

Pelo critério da comparação (§49(B)), basta, agora, mostrar que $\sum \frac{1}{\sqrt{2n^3+1}}$ é convergente, para concluir o afirmado. Para n grande, temos:

$$\frac{1}{\sqrt{2n^3+1}} \cong \frac{1}{\sqrt{2n^3}} = \frac{1}{\sqrt{2}\sqrt{n^3}} = \frac{1}{\sqrt{2}} \cdot \frac{1}{n^{3/2}}$$

Isto nos permite concluir, pelo fato de a série $\sum \frac{1}{\sqrt{n^3}} = \sum \frac{1}{n^{3/2}}$ ser convergente (Exemplo 49-2), que a série $\sum \frac{1}{\sqrt{2n^3+1}}$ é convergente. ◄

Exercício 50-3 Neste exercício, (c_n) é uma seqüência de números inteiros. Verifique que as séries dadas são convergentes:

(a) $\sum \frac{(-1)^{c_n}}{n^p}$, sendo $p > 1$.

(b) $\sum (-1)^{c_n} r^n$, $|r| < 1$.

(c) $\sum \frac{\text{sen}(n+2)}{\sqrt[4]{n^7+n+1}}$.

(d) $\sum \frac{\cos^5(5n^4+2)}{\sqrt[4]{3n^8+1}}$.

(e) $\sum \frac{(-1)^{n(n+1)/2} e^{-n}}{\sqrt[4]{6n^5-1}}$.

(f) $\sum \frac{\text{arcsen}(\frac{1-n}{n+1})}{\sqrt[3]{3n^5-n}}$.

Atenção. Se a série $\sum |a_n|$ é divergente, tome cuidado para não concluir que a série $\sum a_n$ é divergente! Pode acontecer que esta última seja convergente. Falaremos sobre tal tipo de série na seção (C).

Os critérios da razão e da raiz têm as seguintes versões para séries de termos quaisquer:

Critério da razão. Suponha que $\lim\limits_{n\to\infty} \dfrac{|a_{n+1}|}{|a_n|} = L.$

(a) Se $L < 1$, a série $\sum a_n$ é convergente.

(b) Se $L > 1$, ou $L = \infty$, a série $\sum a_n$ é divergente.

Critério da raiz. Suponha que existe $\lim\limits_{n\to\infty} \sqrt[n]{|a_n|} = L.$

(a) Se $L < 1$, a série $\sum a_n$ é convergente.

(b) Se $L > 1$, ou $L = \infty$, a série $\sum a_n$ é divergente.

A demonstração da parte (a) nos dois casos é fácil: pelo critério correspondente, visto no §49, a série $\sum |a_n|$ é convergente; logo, $\sum a_n$ é convergente. A parte (b) decorre de que, se $L > 1$, ou $L = \infty$, não há como o termo geral tender a 0, e portanto (pela condição necessária à convergência vista no §49(A)), a série $\sum a_n$ é divergente.

Exemplo 50-4 Decida se é convergente ou divergente a série dada:

(a) $\sum (-1)^{3n+1} \dfrac{2^{2n}}{2^2.4^2.\dots.(2n)^2}$ (b) $\sum \dfrac{(-6n)^{3n}}{(5n^3+3)^n}$.

Resolução.

(a) Temos, sendo $a_n = (-1)^{3n+1} \dfrac{2^{2n}}{2^2.4^2.\dots.(2n)^2}$, que $|a_n| = \dfrac{2^{2n}}{2^2.4^2.\dots.(2n)^2}$; logo:

$$\frac{|a_{n+1}|}{|a_n|} = \frac{\dfrac{2^{2n+2}}{2^2.4^2.\dots.(2n)^2\ (2n+2)^2}}{\dfrac{2^{2n}}{2^2.4^2.\dots.(2n)^2}} = \frac{2^{2n+2}}{2^2.4^2.\dots.(2n)^2\ (2n+2)^2} \cdot \frac{2^2.4^2.\dots.(2n)^2}{2^{2n}}$$

$$= \frac{2^2}{(2n+2)^2}$$

Portanto:

$$\lim_{n\to\infty} \frac{|a_{n+1}|}{|a_n|} = \lim_{n\to\infty} \frac{2^2}{(2n+2)^2} = 0 < 1$$

Pelo critério anteriormente enunciado, a série dada é convergente. ◄

(b) Temos, sendo $a_n = \dfrac{(-6n)^{3n}}{(5n^3+3)^n}$, que $|a_n| = \dfrac{(6n)^{3n}}{(5n^3+3)^n}$; logo:

$$\sqrt[n]{|a_n|} = \sqrt[n]{\frac{(6n)^{3n}}{(5n^3+3)^n}} = \left(\frac{(6n)^{3n}}{(5n^3+3)^n}\right)^{1/n} = \frac{(6n)^3}{5n^3+3}$$

Portanto:

$$\lim_{n\to\infty} \sqrt[n]{|a_n|} = \lim_{n\to\infty} \frac{(6n)^3}{5n^3+3} = \lim_{n\to\infty} \frac{(6n)^3}{5n^3} = \lim_{n\to\infty} \frac{6^3}{5} > 1$$

e, assim, a série dada é divergente. ◄

Exercício 50-4 Decida se a série é convergente ou divergente, em cada caso:

(a) $\sum (-1)^{4n-2} \dfrac{1.3.5.\ldots.(2n-1)}{2.4.6.\ldots.(2n)} \pi^n$. (b) $\sum \dfrac{(-1)^n n^8}{e^n}$. (c) $\sum \dfrac{(-1)^n \ln n}{e^n}$.

(d) $\sum \dfrac{(-1)^{n+1} n^n}{(2n)!}$. (e) $\sum \dfrac{(-1)^n (3n^2+8)^n}{n(2n^2+n)^n}$. (f) $\sum \dfrac{n!(-1)^n 2^n}{n^n}$.

(C) Convergência condicional

Vimos, na seção anterior, que uma série absolutamente convergente é convergente, ou seja, se $\sum |a_n|$ é convergente, então $\sum a_n$ é convergente. A recíproca não vale: se $\sum a_n$ é convergente, não se pode concluir que $\sum |a_n|$ é convergente. Em outras palavras, existe uma série $\sum a_n$ convergente, tal que $\sum |a_n|$ é divergente; tal série recebe nome especial.

Uma série convergente que não é absolutamente convergente se chama série **condicionalmente convergente**.

Exemplo 50-5 A série $\sum \dfrac{(-1)^n}{n^p}$, com $0 < p \le 1$, é condicionalmente convergente: é convergente, conforme vimos no Exemplo 50-2, mas não é absolutamente convergente, pois $\sum \left|(-1)^{n-1} \dfrac{1}{n^p}\right| = \sum \dfrac{1}{n^p}$ é divergente se $0 < p \le 1$ (Exemplo 49-2).

Exercício 50-5 Decida se a série dada é convergente ou divergente. No caso de convergência, diga se a convergência é absoluta ou condicional.

(a) $\sum \dfrac{(-1)^n}{\sqrt{n}}$. (b) $\sum \dfrac{(-1)^n}{\sqrt[5]{n^4}}$. (c) $\sum \dfrac{(-1)^n}{\sqrt[5]{n^6}}$. (d) $\sum \dfrac{(-1)^n}{n^{10}}$.

(e) $\sum \frac{(-1)^n}{2n+1}$. (f) $\sum \frac{(-n-1)^n}{(2n^2+1)^n}$. (g) $\sum \frac{\cos(n\pi)}{\sqrt[3]{2n+3}}$. (h) $\sum (-1)^{n-1} \frac{\ln n}{n}$.

(D) Complementos

(a) Semelhanças e diferenças entre somas finitas e "somas infinitas". Em uma soma finita, podemos associar termos que ela não se altera. Pode-se provar que se parênteses são inseridos em uma série convergente Σa_k, a série resultante Σb_k terá a mesma soma que Σa_k. E que se Σa_k diverge para ∞ ou para $-\infty$, o mesmo sucede com Σb_k. Por exemplo, a série geométrica de primeiro termo 1 e razão 1/2 tem soma 1/(1 – 1/2) = 2:

$$1+\frac{1}{2}+\frac{1}{4}+\frac{1}{8}+\frac{1}{16}+\frac{1}{32}\ldots=2$$

Pelo que informamos, podemos escrever

$$(1+\frac{1}{2})+(\frac{1}{4}+\frac{1}{8})+(\frac{1}{16}+\frac{1}{32})+\ldots=2\text{, ou seja, }\frac{3}{2}+\frac{3}{8}+\frac{3}{32}+\ldots=2$$

Se Σa_k diverge, porém, nem para ∞ ou para $-\infty$, a inserção de parênteses pode alterar o caráter da série, isto é, a série resultante pode ser convergente: 1 – 1 + 1 – 1 + 1 – 1 + ... é divergente, pois $s_1 = 1$, $s_2 = 1-1 = 0$, $s_3 = 1-1+1 = 1$, ... ; a seguinte colocação de parênteses produz uma série convergente a 0: (1 – 1) + (1 – 1) + (1 – 1) + ...

O acréscimo de um número finito de zeros entre os elementos de uma série Σa_k produz uma nova série Σb_k que tem o mesmo caráter que a série original: Σb_k diverge se Σa_k diverge, converge se Σa_k converge e, neste caso, à mesma soma. Assim, podemos escrever 1 + 0 + 0 + 1/2 + 0 + 1/4 + 0 + 0 + 1/8 + 0 + 1/16 + 0 + 0 + 0 + 1/32 + ... = 2.

Já a propriedade comutativa, válida para somas finitas, não vale para as somas infinitas e foi a causa de muitos enganos cometidos pelos que iniciaram o estudo das séries. Antes, precisamos esclarecer o que significa a propriedade comutativa no caso de uma soma infinita. Para isso, introduz-se a noção de **reordenação** de uma série $\sum a_n$, que é uma série obtida fazendo-se uma permutação dos índices. Por exemplo:

$$a_2+a_1+a_4+a_3+a_6+a_5+\ldots \qquad \text{e}$$
$$a_1+a_3+a_5+a_2+a_4+a_6+a_7+a_9+a_{11}+a_8+a_{10}+a_{12}+\ldots$$

são reordenações de $a_1 + a_2 + a_3 + a_4 + a_5 + a_6 + \ldots$. Se toda reordenação de uma série convergente é uma série convergente de mesma soma que a inicial, ela se diz **comutativamente convergente**. O interessante é que comutativamente convergente equivale a absolutamente convergente. Portanto, se a série é condicionalmente convergente, certamente existe pelo menos uma reordenação que tem soma diferente da série inicial. Na verdade, um notável teorema, devido a G. F. B. Riemann (1826-1866), diz que se uma série é condicionalmente convergente, dado um número real qualquer, existe uma reordenação dela convergente a esse número e existem reordenações da série que divergem para ∞ ou $-\infty$.

(b) Delimitação de erro de truncamento. As séries oferecem grande interesse para cálculo de valores de funções. Isto será visto mais adiante. Esse cálculo é feito de modo aproximado, considerando um número finito de termos. É fundamental, então, delimitar o erro cometido.

- No caso de uma série alternada $\sum(-1)^{n-1}a_n$, sendo s sua soma, e adotando-se a aproximação dessa soma pela soma parcial s_m, pode-se mostrar que o erro $s - s_m$, chamado **erro de truncamento**, verifica $|s - s_m| \leq a_{m+1}$. Assim, se aproximarmos $s_{20} = 1 - \frac{1}{2} + \frac{1}{3} - \ldots - \frac{1}{20}$ como soma da série convergente $\sum_{n\geq 1}(-1)^{n-1}/n$, o erro cometido será, em valor absoluto, menor ou igual a $1/21 = 0{,}0476\ldots$, portanto, menor do que 0,05.
- Um outro critério que se presta a delimitar erro de truncamento é o critério da integral, primeiramente provado por Cauchy em 1837:

Seja f uma função positiva e decrescente em $[N, \infty[$, N inteiro positivo. Então:

$\sum_{n\geq N} f(n)$ é convergente se e somente se $\int_N^{\infty} f(x)dx$ é convergente.

No caso de convergência, sendo s a soma da série e s_m a soma parcial de ordem m, então:

$$\int_{m+1}^{\infty} f(x)dx \leq s - s_m \leq \int_m^{\infty} f(x)dx$$

Como exemplo, considere $\sum \frac{1}{(n+1)\ln^2(n+1)}$. Temos:

$$\int_N^c \frac{dx}{(x+1)\ln^2(x+1)} = \int_N^c \frac{d(\ln(x+1))}{\ln^2(x+1)} = -\frac{1}{\ln(x+1)}\Bigg|_N^c = \frac{1}{\ln(N+1)} - \frac{1}{\ln(c+1)}$$

Logo:

$$\int_N^\infty \frac{dx}{(x+1)\ln^2(x+1)} = \frac{1}{\ln(N+1)}$$

Portanto, a série considerada é convergente. Se quisermos calcular o valor aproximado de sua soma como sendo $s_{50} = \frac{1}{2\ln^2 2} + \ldots + \frac{1}{51\ln^2 51}$, o erro $s - s_{50}$ fica entre $\int_{51}^\infty \frac{dx}{(x+1)\ln^2(x+1)} = \frac{1}{\ln 52}$ e $\int_{50}^\infty \frac{dx}{(x+1)\ln^2(x+1)} = \frac{1}{\ln 51}$, ou seja, entre 0,2530... e 0,2543... .

Respostas dos exercícios do §50

50-2 (a) $\sum(-1)^n$, $\sum(-1)^n n$, $\sum(-1)^{n-1}\text{sen}^2 n$. (b) Não.

50-4 (a) Divergente. (b) Convergente. (c) Convergente.
(d) Convergente. (e) Divergente. (f) Convergente.

50-5
(a) Condicionalmente convergente. (b) Condicionalmente convergente.
(c) Absolutamente convergente. (d) Absolutamente convergente.
(e) Condicionalmente convergente. (f) Absolutamente convergente.
(g) Condicionalmente convergente. (h) Condicionalmente convergente.

§51- SÉRIES DE POTÊNCIAS

Muitas funções têm suas expressões escritas como um "polinômio infinito", isto é, uma soma infinita de termos da forma $c(x - x_0)^m$. Por exemplo, já sabemos que, se $|x| < 1$, tem-se:

$$\frac{1}{1-x} = 1 + x + x^2 + x^3 + \ldots + x^n + \ldots$$

Veremos posteriormente que, para todo x real, tem-se:

$$e^x = 1 + \frac{x}{1!} + \frac{x^2}{2!} + \frac{x^3}{3!} + \ldots + \frac{x^n}{n!} + \ldots$$

Tais resultados são importantes em termos computacionais. Uma calculadora nos dá valores de funções essencialmente usando a representação delas como polinômio infinito. O nome técnico de polinômio infinito é série de potências, que definiremos a seguir. Antes, porém, devemos ressaltar que estamos em presença de uma **série de funções**, em que cada termo, em vez de ser um número (caso das séries que estudamos até agora, ditas numéricas), é uma função. Para cada valor de x, obtemos uma série numérica. Naturalmente, para facilitar a exposição, continuamos com o hábito de confundir a função f com sua expressão $f(x)$.

Uma série (de funções) da forma $\sum_{n\geq N} c_n(x-a)^n$ é chamada **série de potências (em torno de *a*)**, onde cada número c_n é chamado **coeficiente** da série.

Exemplo 51-1 Determine para quais x a série é convergente, em cada caso:

(a) $\sum \frac{x^n}{n}$. (b) $\sum \frac{x^n}{n!}$. (c) $\sum (-1)^n n^n (x-5)^n$.

Resolução.

(a) Sendo $a_n = \frac{x^n}{n}$, temos:

$$\lim_{n\to\infty} \frac{|a_{n+1}|}{|a_n|} = \lim_{n\to\infty} \frac{\frac{|x^{n+1}|}{n+1}}{\frac{|x^n|}{n}} = \lim_{n\to\infty} \left(\frac{|x|^{n+1}}{n+1}.\frac{n}{|x|^n}\right) = \lim_{n\to\infty} \left(|x|.\frac{n}{n+1}\right) = |x|$$

Portanto, pelo critério da razão do §50, a série é (absolutamente) convergente, se $|x|<1$, e divergente, se $|x|>1$. Examinemos o caso $|x|=1$, isto é, $x=-1$ e $x=1$.

Se $x=-1$, a série fica $\sum \frac{(-1)^n}{n}$, que é convergente (Exemplo 50-2). Se $x=1$, a série fica $\sum \frac{1}{n}$, que é divergente (Exemplo 49-2).

Conclusão: a série é convergente, se x está no intervalo $[-1,1[$, e divergente, caso contrário.

(b) Sendo $a_n = \frac{x^n}{n!}$, temos:

$$\lim_{n\to\infty} \frac{|a_{n+1}|}{|a_n|} = \lim_{n\to\infty} \frac{\dfrac{|x^{n+1}|}{(n+1)!}}{\dfrac{|x^n|}{n!}} = \lim_{n\to\infty} \left(\frac{|x|^{n+1}}{(n+1)!}.\frac{n!}{|x|^n}\right) = \lim_{n\to\infty} \left(|\,x\,|.\frac{n!}{n!(n+1)}\right) =$$

$$= \lim_{n\to\infty} \frac{|x|}{n+1} = 0$$

Portanto, pelo critério da razão do §50, a série é (absolutamente) convergente, para qualquer número real x. ◄

(c) Sendo $a_n = (-1)^n n^n (x-5)^n$, temos $|a_n| = n^n |(x-5)^n|$, e

$$\lim_{n\to\infty} \sqrt[n]{|a_n|} = \lim_{n\to\infty} \sqrt[n]{n^n |x-5|^n} = \lim_{n\to\infty} n|x-5| = \begin{cases} 0 \text{ se } x=5 \\ \infty \text{ se } x\neq 5 \end{cases}$$

Pelo critério da raiz do §50, a série é convergente apenas para $x=5$. ◄

Este exemplo é um testemunho do seguinte resultado:

Para a série $\sum c_n (x-a)^n$ ocorre um dos seguintes fatos:

(a) A série é absolutamente convergente para todo x real.

(b) A série é convergente apenas para $x=a$.

(c) Existe um (único) número positivo R tal que a série é (absolutamente) convergente, se $|x-a|<R$, e divergente, se $|x-a|>R$.

O número R citado no item (c) chama-se **raio de convergência** da série $\sum c_n (x-a)^n$. Convencionaremos que, no caso (a), o raio de convergência é infinito e escrevemos $R=\infty$; e no caso (b), o raio de convergência é 0 e escrevemos $R = 0$. O conjunto dos x para os quais a série converge, que é um intervalo, chama-se **intervalo de convergência** da série.

Exemplo 51-2 No exemplo anterior, caso (a), o raio de convergência é 1, e o intervalo de convergência é $[-1,1[$; no caso (b), o raio de convergência é ∞, e o intervalo de convergência é R; e, no caso (c), o raio de convergência é 0, e o intervalo de convergência é formado apenas por 5.

Exercício 51-1 Para cada série, determine o raio de convergência e o intervalo de convergência.

(a) $\sum x^n$. (b) $\sum (x-9)^n$. (c) $\sum (x+9)^n$. (d) $\sum (2x)^n$.

(e) $\sum \dfrac{x^n}{2^n}$. (f) $\sum \dfrac{x^n}{(2n)^n}$. (g) $\sum \dfrac{x^n}{(2n)!}$. (h) $\sum nx^n$.

(i) $\sum \frac{n(x-1)^n}{2^n}$. (j) $\sum \frac{x^n \ln n}{n}$. (l) $\sum \frac{\sqrt{n}}{n^4+2n} x^n$. (m) $\sum (\frac{n+3}{5n+2})^n x^n$.

(n) $\sum (\frac{2n+1}{n})^n x^n$. (o) $\sum \frac{3^n}{n!} x^n$. (p) $\sum \frac{(2n)! x^n}{n!}$.

Observação. Considere as séries:

$$\sum_{n\geq 0} \frac{1+(-1)^n}{2} x^n = 1 + 0.x + x^2 + 0.x^3 + x^4 + 0.x^5 + x^6 + \ldots$$

$$\sum_{n\geq 0} x^{2n} = 1 + x^2 + x^4 + x^6 + \ldots$$

Elas são séries diferentes, pois a soma parcial de ordem 2 da primeira é $s_2 = 1 + 0.x = 1$, diferente da soma parcial de ordem 2 da segunda, $S_2 = 1 + x^2$. A primeira é uma série de potências, porém a segunda não é. No entanto, como a inserção de um número finito de zeros entre termos consecutivos não altera o comportamento de uma série (conforme já informamos no § 50(D)), ambas têm o mesmo comportamento. Isto nos sugere uma certa flexibilidade na definição, no sentido de que a segunda série seja considerada série de potências. Para estudar a convergência, é mais cômodo trabalhar com a segunda. Sendo $a_n = x^{2n}$, temos:

$$\lim_{n\to\infty} \frac{|a_{n+1}|}{|a_n|} = \lim_{n\to\infty} \frac{|x^{2n+2}|}{|x^{2n}|} = \lim_{n\to\infty} |x|^2 = |x|^2$$

Portanto, se $|x|^2 < 1$, ou seja, $|x| < 1$, a série é (absolutamente) convergente, e se $|x|^2 > 1$, ou seja, $|x| > 1$, a série é divergente. Se $|x|^2 = 1$, a série fica $1+1+1+\ldots$, claramente divergente. O raio de convergência é 1 e o intervalo de convergência é $]-1,1[$.

Exercício 51-2 Dê o intervalo de convergência da série, em cada caso:

(a) $\sum \frac{x^{3n}}{(2n)^n}$. (b) $\sum (-1)^n n^2 x^{2n}$. (c) $\sum \frac{(-1)^n 2^{2n} x^{2n}}{2n}$.

Respostas dos exercícios do §51

51-1 (a) 1; $]-1,1[$. (b) 1; $]8,10[$. (c) 1; $]-10,-8[$. (d) 1/2; $]-1/2,1/2[$.
(e) 2; $]-2,2[$. (f) ∞; $\mathbb{R}$. (g) ∞; $\mathbb{R}$. (h) 1; $]-1,1[$.
(i) 2; $]-1,3[$. (j) 1; $[-1,1[$. (l) 1; $[-1,1]$. (m) 5; $]-5,5[$.
(n) 1/2; $]-1/2,1/2[$. (o) ∞; $\mathbb{R}$. (p) ∞; $\mathbb{R}$.

51-2 (a) $\mathbb{R}$. (b) $]-1,1[$. (c) $[-1/2,1/2]$.

§52- REPRESENTAÇÃO DE FUNÇÃO POR SÉRIE DE POTÊNCIAS

(A) Funções dadas por uma série de potências

Sendo $g(x)=\sum_{n=N}^{\infty} c_n (x-a)^n$, a função g se chama **função soma** da série $\sum_{n\geq N} c_n (x-a)^n$.

Exemplo 52-1 Sabemos (Exemplo 48-1) que:

$$\frac{1}{1-x}=1+x+x^2+x^3+\ldots+x^n+\ldots$$

o intervalo de convergência sendo dado por $|x|<1$. Portanto, a função soma g da série é dada por $g(x)=1/(1-x)$, $|x|<1$. ◄

Exemplo 52-2 Mostraremos como obter somas de séries a partir de uma série geométrica, utilizando manipulações algébricas.
(a) Substituindo x por $-x$ na expressão do exemplo anterior, obtemos, para $|-x|<1$, ou seja, para $|x|<1$:

$$\frac{1}{1+x}=1-x+x^2-x^3+\ldots+(-1)^n x^n+\ldots$$

(b) Substituindo x por x^2 na expressão anterior, vem, para $|x^2|<1$, ou seja, $|x|<1$, que:

$$\frac{1}{1+x^2}=1-x^2+x^4-x^6+\ldots+(-1)^n x^{2n}+\ldots$$

(c) Multiplicando por x^3 a expressão anterior, vem, então, para $|x|<1$, que:

$$\frac{x^3}{1+x^2}=x^3-x^5+x^7-x^9+\ldots+(-1)^n x^{2n+3}+\ldots$$ ◄

Podemos interpretar cada resultado do exemplo como uma representação da função soma em série de potências, de acordo com a seguinte convenção:

Representar (ou desenvolver) uma função *f* em série de potências em torno de *a* significa achar uma série de potências em torno de a cuja soma coincide com f em algum intervalo contendo a no seu interior. Quando isso ocorre, f é dita **analítica em *a***. O maior intervalo nessas condições é chamado **intervalo de validade da representação (ou do desenvolvimento)**.

Exemplo 52-3 Sendo $f(x) = \dfrac{1}{3+4x}$, represente f em série de potências em torno de 0.

Resolução. Temos:

$$\frac{1}{3+4x} = \frac{1}{3(1+\frac{4x}{3})} = \frac{1}{3[1-(-\frac{4x}{3})]} = \frac{1}{3}[1+(-\frac{4x}{3})+(-\frac{4x}{3})^2+...+(-\frac{4x}{3})^n+...]$$

$$= \frac{1}{3}[1-\frac{4x}{3}+\frac{4^2x^2}{3^2}+...+(-1)^n\frac{4^nx^n}{3^n}+...] = \frac{1}{3}-\frac{4x}{3^2}+\frac{4^2x^2}{3^3}+...+(-1)^n\frac{4^nx^n}{3^{n+1}}+...$$

o intervalo de convergência sendo dado por $|-\frac{4x}{3}|<1$, ou seja, por $|x|<\frac{3}{4}$, que é o domínio de validade da representação. ◄

Exercício 52-1 Desenvolva f em série de potências em torno de 0 e dê o domínio de validade do desenvolvimento.

(a) $f(x)=\dfrac{x}{1-x}$. (b) $f(x)=\dfrac{x^2}{1-x}$. (c) $f(x)=\dfrac{x}{1+x}$. (d) $f(x)=\dfrac{x^6}{1+x}$.

(e) $f(x)=\dfrac{x^3}{1-x^2}$. (f) $f(x)=\dfrac{1}{1-2x}$. (g) $f(x)=\dfrac{x}{16+x^2}$. (h) $f(x)=\dfrac{1-x}{1+x}$.

Veremos agora propriedades importantes da função soma de uma série de potências, as quais nos permitem derivar e integrar a série termo a termo, como ocorre para polinômios. As demonstrações serão omitidas.

Teorema de derivação e integração de séries de potências.

Seja $f(x)=\sum_{n=0}^{\infty}c_n(x-a)^n$ e J o interior (suposto não-vazio) do intervalo de convergência da série correspondente. Então:

(a) f é derivável em J (logo, contínua em J) e, nesse intervalo, tem-se:

$$f'(x)=\sum_{n=1}^{\infty}nc_n(x-a)^{n-1}$$

(b) Uma primitiva de f em J é $\displaystyle\int f(x)dx = \sum_{n=0}^{\infty}c_n\frac{(x-a)^{n+1}}{n+1}$.

As séries $\sum_{n\geq 0}c_n(x-a)^n$, $\sum_{n\geq 1}nc_n(x-a)^{n-1}$ e $\sum_{n\geq 0}c_n\dfrac{(x-a)^{n+1}}{n+1}$ têm raios de convergências iguais.

Observação. No enunciado, a série dada tem primeiro índice 0; porém, a derivação e integração termo a termo valem para uma série de potências tendo como índice inicial um inteiro positivo qualquer.

Exemplo 52-4 Desenvolva f em série de potências em torno de 0, nos casos:

(a) $f(x) = \dfrac{1}{(1+x)^2}$. (b) $f(x) = \operatorname{arctg} x$.

Resolução.

(a) Vimos, no Exemplo 52-2, que:

$$\frac{1}{1+x} = 1 - x + x^2 - x^3 + \ldots + (-1)^n x^n + \ldots \qquad |x| < 1$$

Derivando ambos os membros, vem, de acordo com o item (a) do teorema de derivação e integração de séries de potências:

$$-\frac{1}{(1+x)^2} = -1 + 2x - 3x^2 + \ldots + (-1)^n nx^{n-1} + \ldots \qquad |x| < 1$$

Logo:

$$\frac{1}{(1+x)^2} = 1 - 2x + 3x^2 - \ldots + (-1)^{n+1} nx^{n-1} + \ldots \qquad |x| < 1$$

(b) Vimos, no Exemplo 52-2, que:

$$\frac{1}{1+x^2} = 1 - x^2 + x^4 - x^6 + \ldots + (-1)^n x^{2n} + \ldots \qquad |x| < 1$$

Portanto, de acordo com o item (b) do resultado citado, temos:

$$\int \frac{1}{1+x^2}\,dx = x - \frac{x^3}{3} + \frac{x^5}{5} - \frac{x^7}{7} + \ldots + (-1)^n \frac{x^{2n+1}}{2n+1} + \ldots \qquad |x| < 1$$

Como a função arco-tangente é uma primitiva de $1/(1+x^2)$, existe uma constante C tal que:

$$\operatorname{arctg} x = x - \frac{x^3}{3} + \frac{x^5}{5} - \frac{x^7}{7} + \ldots + (-1)^n \frac{x^{2n+1}}{2n+1} + \ldots + C \qquad |x| < 1$$

Fazendo $x = 0$, e lembrando que arctg $0 = 0$, resulta $0 = C$. Portanto:

$$\operatorname{arctg} x = x - \frac{x^3}{3} + \frac{x^5}{5} - \frac{x^7}{7} + \ldots + (-1)^n \frac{x^{2n+1}}{2n+1} + \ldots \qquad |x| < 1$$

Observações.

(1) O teorema de derivação e integração de séries de potências garante que a série original, a derivada e a integrada têm, todas, o mesmo raio de convergência, mas não diz nada sobre o que ocorre nas eventuais extremidades do intervalo de convergência. No item (a) do exemplo anterior, a série inicial considerada e sua derivada têm o mesmo intervalo de convergência, a saber, $]-1,1[$; já no item (b), a série original tem intervalo de convergência $]-1,1[$, ao passo que a série integrada tem intervalo de convergência $[-1,1]$ pois, para $x=-1$ e para $x=1$ temos séries alternadas convergentes, pelo Critério de Leibniz (§50(A)).

(2) A determinação do domínio de validade de um desenvolvimento em série de potências não é tão simples. No item (b) do exemplo anterior, o desenvolvimento da função arco-tangente foi estabelecido em $]-1,1[$, já que as contas foram feitas a partir da série geométrica. Porém, a série correspondente tem, como vimos, intervalo de convergência $[-1,1]$. Acontece que $[-1,1]$ é o intervalo de validade do desenvolvimento. Este fato, difícil de provar com o que dispomos, decorre, por ser a função arco-tangente contínua, do seguinte resultado:

> Se f é contínua no intervalo de convergência I de uma série de potências e coincide, no interior de I, com a função soma g da série, então f e g coincidem em I.

(Este resultado é uma conseqüência do Teorema de Abel, que não enunciaremos. N. H. Abel, matemático norueguês, viveu de 1802 a 1829.)

Em particular, por ser arctg $1=\pi/4$, temos:

$$\frac{\pi}{4}=1-\frac{1}{3}+\frac{1}{5}-\frac{1}{7}+\ldots+(-1)^n\frac{1}{2n+1}+\ldots$$

Exercício 52-2 Represente f em série de potências em torno de 0, e dê o raio de convergência.

(a) $f(x)=\dfrac{1}{(1-x)^2}$. (b) $f(x)=\dfrac{1}{(1-x)^3}$. (c) $f(x)=\dfrac{1}{(1-x)^4}$. (d) $f(x)=\ln(1+x)$.

(e) $f(x)=\ln(1+x^2)$. (f) $f(x)=\ln(1-x)$. (g) $f(x)=\ln(\dfrac{1-x^2}{1+x^2})$. (h) $f(x)=\dfrac{x}{(1+x^2)^2}$.

(B) Séries de Taylor e Maclaurin

Na seção anterior conseguimos representar algumas funções em série de potências, com base essencialmente no conhecimento da soma de uma série geométrica, através do uso de algumas manipulações algébricas e do importante resultado a respeito da derivação e integração termo a termo de uma série de potências. É natural, então, procurarmos saber quais funções podem ser representadas assim e como obter a representação. Se, em um intervalo aberto, tem-se:

$$f(x) = c_0 + c_1(x-a) + c_2(x-a)^2 + c_3(x-a)^3 ... + c_n(x-a)^n + ... \qquad (\clubsuit)$$

vemos imediatamente que $f(a) = c_0 = 0!c_0$. Pelo último resultado da seção anterior, podemos derivar termo a termo:

$$f'(x) = c_1 + 2c_2(x-a) + 3c_3(x-a)^2 ... + nc_n(x-a)^{n-1} + ...$$

Logo, $f'(a) = c_1 = 1!c_1$. Derivando de novo:

$$f''(x) = 2c_2 + 2.3c_3(x-a) ... + (n-1)nc_n(x-a)^{n-2} + ...$$

obtemos $f''(a) = 2c_2 = 2!c_2$. Derivando de novo:

$$f'''(x) = 2.3c_3 + ... + (n-2)(n-1)nc_n(x-a)^{n-3} + ...$$

resulta que $f'''(a) = 2.3c_3 = 3!c_3$. Em geral, obtém-se que $f^{(n)}(a) = n!c_n$, o que mostra que os coeficientes da série estão determinados por *f* e pela escolha de *a*. Portanto, se (♣) vale, necessariamente $c_n = f^{(n)}(a)/n!$. A série correspondente recebe nome especial:

A série $\sum_{n \geq 0} \frac{f^{(n)}(a)}{n!}(x-a)^n$ chama-se **série de Taylor da função *f* em torno de *a***, que, no caso $a = 0$, é também chamada **série de Maclaurin da função *f***.

Portanto:

Se uma função tem desenvolvimento em série de potências em torno de a, esta série é necessariamente sua série de Taylor em torno de a.

Para desenvolver uma função *f* em série de Taylor, usaremos a seguinte estratégia (uma outra será vista na próxima seção):

(a) Achamos a série de Taylor de f e calculamos o raio de convergência.

(b) Buscamos uma equação diferencial ordinária que f verifica e consideramos condições iniciais que determinam f como solução dessa equação.

(c) Sendo g a soma da série, mostramos que g verifica a mesma equação diferencial, com as mesmas condições iniciais. Então, $f(x) = g(x)$ para todo x no interior do intervalo de convergência (nos eventuais extremos há necessidade de um exame adicional).

Exemplo 52-5 Desenvolva em série de Maclaurin a função *f* dada por $f(x) = e^x$.

Resolução.

Aplicando o roteiro acima, temos:

(a) $f'(x) = e^x$, $f''(x) = e^x$, etc., e todas essas derivadas calculadas em 0 dão 1. Assim,

$$\sum_{n\geq 0}\frac{f^{(n)}(0)}{n!}x^n=\sum_{n\geq 0}\frac{1}{n!}x^n=1+x+\frac{x^2}{2!}+\frac{x^3}{3!}+\ldots+\frac{x^n}{n!}+\ldots$$

série que é convergente para todo x real (o raio de convergência da série é infinito, como vimos no Exemplo 51-1(b)).

(b) A função f é solução da equação diferencial $y'=y$, cuja solução geral é $y=Ae^x$ (Exercício 42-6(a)). Para determinar a constante, basta impor a condição inicial $f(0)=e^0=1$. Portanto, f é a única solução da equação diferencial que verifica esta condição inicial.

(c) Sendo:

$$g(x)=1+x+\frac{x^2}{2!}+\frac{x^3}{3!}+\ldots+\frac{x^n}{n!}+\ldots$$

temos:

$$g'(x)=1+\frac{2x}{2!}+\frac{3x^2}{3!}+\ldots+\frac{nx^{n-1}}{n!}+\ldots=1+x+\frac{x^2}{2!}+\frac{x^3}{3!}+\ldots+\frac{x^n}{n!}+\ldots=g(x)$$

Como $g(0)=1$, então, pelo que dissemos em (b), devemos ter $f(x)=g(x)$, para todo x real, ou seja:

$$e^x=1+x+\frac{x^2}{2!}+\frac{x^3}{3!}+\ldots+\frac{x^n}{n!}+\ldots$$

Observações.

(1) Fazendo, na fórmula anterior, $x=1$, obtemos o seguinte resultado para o número e:

$$e=2+\frac{1}{2!}+\frac{1}{3!}+\ldots+\frac{1}{n!}+\ldots$$

(2) Podemos nos utilizar do resultado obtido no exemplo anterior para obter outros desenvolvimentos como, por exemplo:

$$e^{-x}=1-x+\frac{x^2}{2!}-\frac{x^3}{3!}+\ldots+(-1)^n\frac{x^n}{n!}+\ldots$$

$$e^{x^2}=1+x^2+\frac{x^4}{2!}+\frac{x^6}{3!}+\ldots+\frac{x^{2n}}{n!}+\ldots$$

válidos para todo x real, obtidos por substituição, no desenvolvimento da função exponencial, de x por $-x$ e por x^2, respectivamente.

Exercício 52-3 Obtenha o desenvolvimento em série de Maclaurin da função f:

(a) $f(x) = e^{-x^2}$. (b) $f(x) = e^{2x}$. (c) $f(x) = a^x$, $(a > 0, a \neq 1)$.

Exercício 52-4 Utilizando a parte (a) do exercício anterior, ache uma primitiva em $\mathbb{R}$ da função f dada por $f(x) = e^{-x^2}$ como soma de uma série de potências. Esta primitiva não é uma função elementar (veja o Aviso no §25(A)).

Vamos pedir para você repetir o que fizemos no exemplo anterior, no caso da função seno. Para ajudá-lo, recordaremos que a função seno é a única solução da equação diferencial $y''+y=0$ que verifica as condições iniciais $y(0)=0$ e $y'(0)=1$ (a solução geral da equação é $y = A\,\text{sen}\,x + B\cos x$ (Exercício 44-5(e)); impondo $y(0)=0$, resulta $B=0$, e impondo $y'(0)=1$ resulta $A=1$, ou seja, $y = \text{sen}\,x$).

Exercício 52-5
(a) Obtenha a representação da função seno em série de Maclaurin.
(b) Utilizando a parte (a), obtenha, por derivação, a representação da série de Maclaurin da função co-seno.

Exercício 52-6 Lembremos que as funções seno hiperbólico e co-seno hiperbólico são dadas respectivamente por $\text{sh}\,x = (e^x - e^{-x})/2$ e $\text{ch}\,x = (e^x + e^{-x})/2$ e que $(\text{sh}\,x)' = \text{ch}\,x$, $(\text{ch}\,x)' = \text{sh}\,x$. Vale o seguinte (Exercício 44-7(b)): a função seno hiperbólico é a única função que verifica a equação diferencial $y''-y=0$ e as condições iniciais $y(0)=0$ e $y'(0)=1$. Com estas informações, obtenha a representação da função seno hiperbólico em série de Maclaurin, e em seguida a da função co-seno hiperbólico.

Exercício 52-7 Usando a representação obtida no Exemplo 52-4, escreva e^{x-a} em potências de $x-a$. Em seguida, use a propriedade $e^{x-a} = e^x/e^a$ para obter o desenvolvimento de e^x em série de Taylor em torno de a.

Observação. O exercício anterior mostrou que, para a função exponencial, foi possível obter o seu desenvolvimento de Taylor a partir do desenvolvimento de Maclaurin. A mesma coisa se passa com a função seno, usando o seguinte truque, onde, para facilitar, escrevemos $x - a = X$:

$$\text{sen}\,x = \text{sen}(X + a) = \text{sen}\,X \cos a + \cos X\,\text{sen}\,a$$

$$= [X - \frac{X^3}{3!} + \frac{X^5}{5!} - \ldots]\cos a + [1 - \frac{X^2}{2!} + \frac{X^4}{4!} - \ldots]\,\text{sen}\,a$$

$$= [X\cos a - \frac{X^3}{3!}\cos a + \frac{X^5}{5!}\cos a - \ldots] + [\text{sen}\,a - \frac{X^2}{2!}\,\text{sen}\,a + \frac{X^4}{4!}\,\text{sen}\,a - \ldots]$$

$$= \text{sen}\,a + X\cos a - \frac{X^2}{2!}\,\text{sen}\,a - \frac{X^3}{3!}\cos a + \frac{X^4}{4!}\,\text{sen}\,a + \frac{X^5}{5!}\cos a - \ldots$$

Portanto, para todo x real, tem-se:

$$\operatorname{sen} x = \operatorname{sen} a + (x-a)\cos a - \frac{(x-a)^2}{2!}\operatorname{sen} a - \frac{(x-a)^3}{3!}\cos a + \frac{(x-a)^4}{4!}\operatorname{sen} a + \ldots$$

Derivando, obtém-se:

$$\cos x = \cos a - (x-a)\operatorname{sen} a - \frac{(x-a)^2}{2!}\cos a + \frac{(x-a)^3}{3!}\operatorname{sen} a + \frac{(x-a)^4}{4!}\cos a - \ldots$$

Exercício 52-8

(a) Mostre que $\operatorname{sh}(X+a) = \operatorname{sh} X \operatorname{ch} a + \operatorname{ch} X \operatorname{sh} a$ (parta do segundo membro, usando as definições).

(b) Obtenha o desenvolvimento em série de Taylor em torno de a da função seno hiperbólico.

(c) Obtenha o desenvolvimento em série de Taylor em torno de a da função co-seno hiperbólico.

Exemplo 52-6 Citaremos, sem demonstração, o desenvolvimento da chamada **série binomial**: sendo $c \neq 0$ um número real fixo:

$$(1+x)^c = C_0 + C_1 x + C_2 x^2 + \ldots + C_n x^n + \ldots = \sum_{n\geq 0} C_n x^n$$

onde C_n, chamado **coeficiente binomial**, é dado por:

$$C_n = \frac{c(c-1)(c-2)\ldots(c-(n-1))}{n!}, \text{ se } n \geq 1 \qquad \text{e} \qquad C_0 = 1$$

a validade do desenvolvimento sendo informada a seguir.

- No caso em que c é um número inteiro positivo N, os coeficientes se anulam para $n \geq N+1$, e a série é essencialmente o desenvolvimento conhecido como **Binômio de Newton**, do qual são exemplos $(1+x)^2 = 1+2x+x^2$, $(1+x)^3 = 1+3x+3x^2+x^3$. Neste caso, o desenvolvimento vale para todo x real.
- Suponhamos que c não é inteiro positivo.
  Se $c \leq -1$, o desenvolvimento vale para $-1 < x < 1$.
  Se $-1 < c < 0$, o desenvolvimento vale para $-1 < x \leq 1$.
  Se $c > 0$, o desenvolvimento vale para $-1 \leq x \leq 1$.

Exemplo 52-7 Sendo $f(x) = \dfrac{1}{\sqrt{1-x}}$, obtenha o desenvolvimento em série de Maclaurin de f e dê o intervalo de validade.

Resolução.

Temos $f(x) = (1-x)^{-1/2}$. Usaremos a fórmula acima, com $c = -1/2$ e $-x$ em vez de x. Calculemos C_n, para $n \geq 1$:

$$C_n = \frac{(-\frac{1}{2})(-\frac{1}{2}-1)(-\frac{1}{2}-2)...(-\frac{1}{2}-(n-1))}{n!} = \frac{(-\frac{1}{2})(-\frac{3}{2})(-\frac{5}{2})...(-\frac{2n-1}{2})}{n!}$$

$$= \frac{(-1)^n \frac{1.3.5.....(2n-1)}{2^n}}{n!} = (-1)^n \frac{1.3.5.....(2n-1)}{n!2^n}$$

Portanto:

$$\frac{1}{\sqrt{1-x}} = \sum_{n\geq 0} C_n(-x)^n = 1 + \sum_{n\geq 1} (-1)^n \frac{1.3.5.....(2n-1)}{n!2^n}(-1)^n x^n$$

$$= 1 + \frac{1}{2}x + \frac{3}{8}x^2 + \frac{5}{16}x^3 + ...$$

Segundo informação dada no exemplo anterior, o desenvolvimento é válido, por ser $-1 < c = -1/2 < 0$, para $-1 < -x \leq 1$, relação equivalente a $1 > x \geq -1$, que define o intervalo $[-1,1[$. ◄

Exercício 52-9 Obtenha a representação da função *f* em série de Maclaurin.

(a) $f(x) = \sqrt{1+x}$. (b) $f(x) = \sqrt{1-x}$. (c) $f(x) = \frac{1}{\sqrt{4-x}}$. (d) $f(x) = \frac{1}{\sqrt[3]{1+x^3}}$.

Exercício 52-10

(a) Sendo $f(x) = \frac{1}{\sqrt{1-x^2}}$, obtenha a representação da função *f* em série de Maclaurin e dê o intervalo de validade. Você pode usar o fato de que a série $1 + \sum_{n\geq 1} \frac{1.3.....(2n-1)}{n!2^n(2n+1)}$ é convergente.

(b) Utilizando a parte (a), obtenha uma representação da função arco-seno em série de Maclaurin e dê o intervalo de validade.

Exercício 52-11 Sendo $f(x) = \sqrt{x^3}$, obtenha o desenvolvimento de *f* em série de Taylor em torno de 1 e dê o intervalo de validade.
Ajuda. $x = 1 + (x-1)$.

Para referência, listamos desenvolvimentos em série de Maclaurin que aparecem neste parágrafo e o intervalo de validade:

(a) $e^x = 1 + x + \frac{x^2}{2!} + \frac{x^3}{3!} + ... + \frac{x^n}{n!} + ...$; $\mathbb{R}$.

(b) $\text{sen}\, x = x - \frac{x^3}{3!} + \frac{x^5}{5!} ... + \frac{(-1)^n x^{2n+1}}{(2n+1)!} + ...$; $\mathbb{R}$.

(c) $\cos x = 1 - \dfrac{x^2}{2!} + \dfrac{x^4}{4!} ... + \dfrac{(-1)^n x^{2n}}{(2n)!} + ...$; $\mathbb{R}$.

(d) $\operatorname{sh} x = x + \dfrac{x^3}{3!} + \dfrac{x^5}{5!} ... + \dfrac{x^{2n+1}}{(2n+1)!} + ...$; $\mathbb{R}$.

(e) $\operatorname{ch} x = 1 + \dfrac{x^2}{2!} + \dfrac{x^4}{4!} ... + \dfrac{x^{2n}}{(2n)!} + ...$; $\mathbb{R}$.

(f) $\operatorname{arctg} x = x - \dfrac{x^3}{3} + \dfrac{x^5}{5} - \dfrac{x^7}{7} + ... + (-1)^n \dfrac{x^{2n+1}}{2n+1} + ...$; $[-1,1]$.

(g) $(1+x)^c = \sum_{n\geq 0} C_n x^n$, onde $C_n = \dfrac{c(c-1)(c-2)...(c-(n-1))}{n!}$, se $n \geq 1$, e $C_0 = 1$;

- $]-1,1[$ se $c \leq -1$,
- $]-1,1]$ se $-1 < c < 0$,
- $[-1,1]$ se $c > 0$, não inteiro positivo.

(h) $\operatorname{arcsen} x = x + \sum_{n\geq 1} \dfrac{1.3.....(2n-1)}{n!\,2^n(2n+1)} x^{2n+1}$; $[-1,1]$.

(i) $\ln(1+x) = x - \dfrac{x^2}{2} + \dfrac{x^3}{3} - ... + (-1)^{n-1} \dfrac{x^n}{n} + ...$; $]-1,1]$.

Observações.

(1) Não é verdade que uma função que admite derivadas de todas as ordens (diz-se **função infinitamente derivável**) tem necessariamente um desenvolvimento em série de Taylor em torno de um ponto do seu domínio. Pode-se provar que a função f dada por $f(x) = e^{-1/|x|}$ se $x \neq 0$ e $f(0) = 0$ tem derivadas de qualquer ordem nulas em $a = 0$, de modo que a série de Maclaurin em qualquer intervalo aberto centrado em 0 tem por soma a função nula. Ora, f evidentemente não se anula em todos os pontos desse intervalo, e, portanto, não pode ser representada por sua série de Maclaurin.

(2) Para informação do leitor, existem os conceitos de multiplicação e de divisão de séries, os quais, no entanto, não vamos abordar.

(C) Aproximação de funções por polinômios

Quando se trata de fazer cálculos, é conveniente aproximar uma função por um polinômio. Suponha que f tenha um desenvolvimento em série de potências em torno de a. É natural então escolher uma soma parcial, que é um polinômio, como aproximação da função. O erro cometido é dado pela diferença entre f e a função polinomial. Com isso em mente, introduzimos as seguintes definições:

Se f é uma função com derivadas até a ordem n no ponto a, o polinômio p_n, dado por:

$$p_n(x) = f(a) + \frac{f'(a)}{1!}(x-a) + \ldots + \frac{f^{(n)}(a)}{n!}(x-a)^n$$

chama-se **polinômio de Taylor de ordem *n* de *f* em torno de *a*.** A função r_n definida pela relação:

$$f(x) = p_n(x) + r_n(x)$$

chama-se **resto de ordem *n* de *f* em torno de *a*.**

Note que a definição dada não pressupõe que f seja representada por uma série de potências em torno de a.

O que queremos é substituir f por p_n para calcular valores aproximados de f, isto é, temos que $f(x) = p_n(x) + r_n(x)$ e queremos fazer uma aproximação:

$$f(x) \cong p_n(x)$$

em um sentido que passamos a esclarecer. Vamos supor x dado. Uma situação é escolher n e delimitar o erro para que a aproximação tenha sentido, o que será ilustrado no Exemplo 52-8. Isto porque afirmações como $1 \cong 1{,}02$ ou $1 \cong 10$ carecem de sentido, se não dermos a precisão envolvida. Outra situação é prefixar o erro máximo e achar n para que isso ocorra, o que será ilustrado no Exemplo 52-9.

Para termos alguma sensibilidade do que ocorre, representamos, na Figura 52-1, a função exponencial, dada por $f(x) = e^x$, e os seus polinômios de Taylor de ordens 1, 2 e 3 em torno de 0, dados por $p_1(x) = 1 + x$, $p_2(x) = 1 + x + \frac{x^2}{2!}$, $p_3(x) = 1 + x + \frac{x^2}{2!} + \frac{x^3}{3!}$ (eles foram escritos a partir do desenvolvimento $e^x = 1 + x + \frac{x^2}{2!} + \frac{x^3}{3!} + \ldots + \frac{x^n}{n!} + \ldots$). Vemos um ponto importante: a aproximação de f por p_1 só é interessante para x próximo de 0. A aproximação de f por p_2 é melhor, mas também só é interessante para x próximo de 0. Uma discussão sobre isso é feita na seção 11 do Capítulo 6 da seguinte referência: KAPLAN, W. e LEWIS, D. J. *Cálculo e Álgebra Linear.* Rio de Janeiro, LTC, 1973.

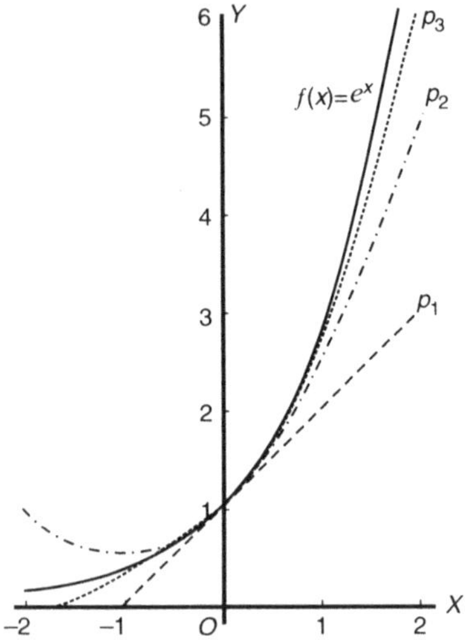

Polinômios de Taylor da função exponencial

Figura 52-1

Um resultado importante, cuja demonstração omitiremos, é o seguinte:

Teorema de Taylor, com resto na forma de Lagrange. Suponhamos que f seja uma função com derivadas contínuas até a ordem $n+1$ no intervalo aberto I contendo a. Então, para cada x de I, existe c entre a e x tal que:

$$f(x)=f(a)+\frac{f'(a)}{1!}(x-a)+...+\frac{f^{(n)}(a)}{n!}(x-a)^n+\frac{f^{(n+1)}(c)}{(n+1)!}(x-a)^{n+1} \qquad (\blacklozenge)$$

ou seja, sendo $f(x)=p_n(x)+r_n(x)$, tem-se $r_n(x)=\dfrac{f^{(n+1)}(c)}{(n+1)!}(x-a)^{n+1}$.

(Uma melhor notação para c é c_x, para sublinhar o fato de que c depende de x.)

Aproximação pela diferencial. O teorema acima fica, para $n=1$:

$$f(x)=f(a)+f'(a)(x-a)+r_1(x), \qquad r_1(x)=\frac{1}{2}f''(c)(x-a)^2 \qquad (\blacklozenge_1)$$

e a aproximação utilizada é:

$$f(x)\cong f(a)+f'(a)(x-a), \text{ com erro } r_1(x)=\frac{1}{2}f''(c)(x-a)^2, \ c \text{ entre } a \text{ e } x. \qquad (\heartsuit)$$

Portanto, estamos aproximando a função pela reta tangente ao seu gráfico no ponto $(a, f(a))$, uma vez que $p_1(x)=f(a)+f'(a)(x-a)$. Na Figura 52-2 damos uma interpretação geométrica de $(\blacklozenge_1)$.

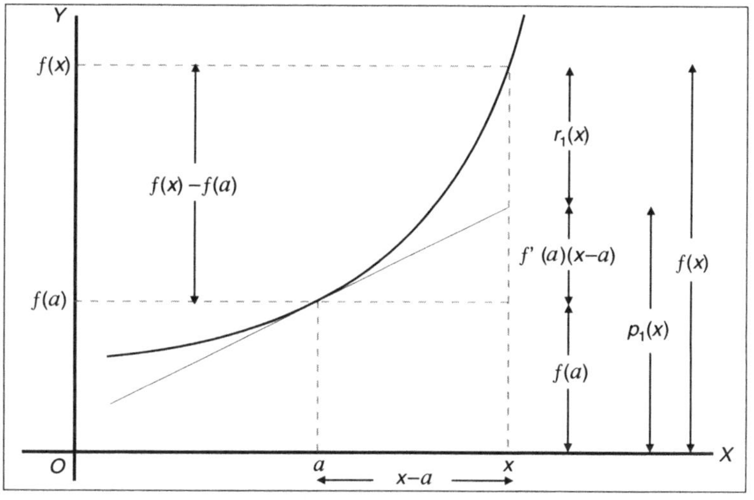

Figura 52-2

Exemplo 52-8 Sendo $f(x)=\sqrt{x}$, utilize o polinômio de Taylor de ordem 1 de *f* em torno de $a=1$ para calcular um valor aproximado de $\sqrt{1{,}3}$. Delimite o erro cometido nessa aproximação.

Resolução.
As derivadas de *f* envolvidas são até a ordem 2 (confira, por favor):

$$f(x)=\sqrt{x} \qquad f'(x)=\frac{1}{2\sqrt{x}} \qquad f''(x)=-\frac{1}{4\sqrt{x^3}}$$

e como $f(1)=\sqrt{1}=1$, $f'(1)=\dfrac{1}{2\sqrt{1}}=\dfrac{1}{2}$, $f''(c)=-\dfrac{1}{4\sqrt{c^3}}$, (♥) fica, após cálculos,

$$\sqrt{x}\cong\frac{1}{2}(x+1), \qquad r_1(x)=-\frac{(x-1)^2}{8\sqrt{c^3}}$$

c entre 1 e x. Fazendo $x=1{,}3$:

$$\sqrt{1{,}3}\cong 1{,}15, \qquad r_1(1{,}3)=-\frac{0{,}01125}{\sqrt{c^3}}, \qquad 1<c<1{,}3$$ ∢

Para delimitar o erro, precisamos nos livrar de c. Para isso, notemos que, como $c>1$, tem-se $1/\sqrt{c^3}<1$. Assim:

$$|r_1(1{,}3)| = \frac{0{,}01125}{\sqrt{c^3}} < 0{,}01125$$

Observação. A desigualdade obtida acima equivale a $-0{,}01125 < r_1(1{,}3) < 0{,}01125$, ou seja, a $-0{,}01125 < \sqrt{1{,}3} - 1{,}15 < 0{,}01125$; portanto:

$$1{,}13875 < \sqrt{1{,}3} < 1{,}16125$$

o que nos mostra, em particular, que $\sqrt{1{,}3} = 1{,}1\ldots$. Uma calculadora nos dá $\sqrt{1{,}3} = 1{,}140175\ldots$.

Exercício 52-12 Usando (♥), calcule, delimitando o erro:
(a) $\sqrt{25{,}01}$. (b) $\sqrt{25{,}0001}$. (c) $\sqrt{1{,}001}$. (d) $(1{,}98)^3$.

Observação. Recordemos (§34(G)) que a diferencial df de uma função f é dada por $df(x,h) = f'(x)h$. A parcela $f'(a)(x-a)$ em ($♦_1$) é, então, igual a $df(a, x-a)$.

De (♥) temos $f(x) - f(a) \cong f'(a)(x-a)$. Na notação de Leibniz, esta relação é escrita:

$$\Delta y \cong df$$

onde Δy é a variação da função correspondente a uma variação de x. A aproximação (♥) é referida como *aproximação pela diferencial*, pois equivale a aproximar a variação da função pela diferencial.

Cálculo aproximado com precisão prefixada. Trata-se de calcular o valor aproximado de uma função f com uma precisão previamente estipulada. Usaremos a fórmula de Taylor com resto na forma de Lagrange, para escrever:

$$f(x) \cong f(a) + \frac{f'(a)}{1!}(x-a) + \ldots + \frac{f^{(n)}(a)}{n!}(x-a)^n,$$

com erro: (♠)

$$r_n(x) = \frac{f^{(n+1)}(c)}{(n+1)!}(x-a)^{n+1}, \; c \text{ entre } a \text{ e } x$$

Exemplo 52-9 Calcule $e^{0,1}$ com erro, em módulo, inferior a 10^{-3}.

Resolução.
Sendo $f(x) = e^x$, temos $f^{(n)}(x) = e^x$. Escolheremos $a = 0$. Temos $f^{(n)}(0) = 1$; logo, por (♠):

$$e^x = f(x) \cong f(0) + \frac{f'(0)}{1!}x + \ldots + \frac{f^{(n)}(0)}{n!}x^n = 1 + \frac{x}{1!} + \frac{x^2}{2!} + \ldots + \frac{x^n}{n!}$$

com erro $r_n(x) = \dfrac{e^c}{(n+1)!}x^{n+1}$, c entre 0 e x. Em particular, para $x = 0{,}1$, temos:

$$e^{0,1} \cong 1 + \frac{0{,}1}{1!} + \frac{0{,}1^2}{2!} + \ldots + \frac{0{,}1^n}{n!}, \quad \text{com erro } r_n(0{,}1) = \frac{e^c}{(n+1)!}0{,}1^{n+1}, \quad 0 < c < 0{,}1$$

Para nos livrarmos de c, notemos que, como $e < 4$ (§21(A)), tem-se $e^c < 4^c$, e como $c < 0{,}1 < 1$, tem-se $4^c < 4$. Assim, $e^c < 4$. Além disso, $0{,}1^{n+1} < 1$. Portanto:

$$|\, r_n(0{,}1) \,| = \left| \frac{e^c}{(n+1)!}0{,}1^{n+1} \right| = \frac{e^c}{(n+1)!}0{,}1^{n+1} < \frac{4}{(n+1)!}$$

Para que $|\, r_n(0{,}1) \,| < 10^{-3}$, basta impor $\dfrac{4}{(n+1)!} < 10^{-3}$, ou seja, $(n+1)! > 4000$. Usando uma calculadora, vemos que $6! = 720$, $7! = 5040$. O menor n que satisfaz é dado por $n+1 = 7$, ou seja, $n = 6$. Portanto, com erro em módulo inferior a 10^{-3}, temos:

$$e^{0,1} \cong 1 + \frac{0{,}1}{1!} + \frac{0{,}1^2}{2!} + \frac{0{,}1^3}{3!} + \frac{0{,}1^4}{4!} + \frac{0{,}1^5}{5!} + \frac{0{,}1^6}{6!}$$

Observação. Você deve estar frustrado por apresentarmos uma resposta com contas por fazer. Porém, é bom que você saiba que, ao fazer as contas, temos erros de arredondamento em cada parcela que se propagam e que podem conduzir a resultados errados. Este tipo de questão é estudado em Análise Numérica. No caso da soma acima, usando uma calculadora, obtemos: $e^{0,1} \cong 1{,}1051709$.

Exercício 52-13 Calcule, usando $e < 3$:

(a) O número de Euler e, com erro em módulo menor do que 10^{-5}.

(b) e^2, com erro em módulo menor do que 10^{-5}.

(c) $\sqrt{e}$, com erro em módulo menor do que $0{,}5.10^{-4}$.

Exemplo 52-10 Considere a função seno. Temos:

$$\begin{array}{ll} f(x) = \text{sen}\, x & f(0) = 0 \\ f'(x) = \cos x & f'(0) = 1 \\ f''(x) = -\text{sen}\, x & f''(0) = 0 \\ f'''(x) = -\cos x & f'''(0) = -1 \end{array}$$

e, como $f''''(x) = \text{sen}\, x = f(x)$, o padrão $0,1,0,-1$ se repete. Assim:

$$p_1(x) = f(0) + \frac{f'(0)}{1!}x = 0 + x = x$$

$$p_2(x) = f(0) + \frac{f'(0)}{1!}x + \frac{f''(0)}{2!}x^2 = 0 + x + 0 = x$$

$$p_3(x) = f(0) + \frac{f'(0)}{1!}x + \frac{f''(0)}{2!}x^2 + \frac{f'''(0)}{3!}x^3 = 0 + x + 0 - \frac{1}{6}x^3 = x - \frac{1}{6}x^3$$

$$p_4(x) = f(0) + \frac{f'(0)}{1!}x + \frac{f''(0)}{2!}x^2 + \frac{f'''(0)}{3!}x^3 + \frac{f''''(0)}{4!}x^4 = 0 + x + 0 - \frac{1}{6}x^3 + 0 = x - \frac{1}{6}x^3$$

Vemos que $p_1 = p_2$, $p_3 = p_4$. Se continuarmos, veremos que, sendo n ímpar, tem-se $p_n = p_{n+1}$. Quanto ao erro, como as derivadas de f são ou seno, ou co-seno, ou seus opostos, o módulo de qualquer derivada é ≤ 1. Assim:

$$|r_n(x)| = \left|\frac{f^{(n+1)}(c)}{(n+1)!}x^{n+1}\right| = \frac{|f^{(n+1)}(c)|}{(n+1)!}|x|^{n+1} \leq \frac{1}{(n+1)!}|x|^{n+1}$$

Não é difícil ver que:

$$\operatorname{sen} x \cong x - \frac{x^3}{3!} + \frac{x^5}{5!} - \frac{x^7}{7!} + \ldots + (-1)^n \frac{x^{2n+1}}{(2n+1)!} + 0 + r_{2n+2}(x)$$

Portanto:

$$\operatorname{sen} x \cong x - \frac{x^3}{3!} + \frac{x^5}{5!} - \frac{x^7}{7!} + \ldots + (-1)^n \frac{x^{2n+1}}{(2n+1)!},$$

com delimitação de erro $|r_{2n+2}(x)| \leq \frac{|x|^{2n+3}}{(2n+3)!}$.

De modo análogo:

$$\cos x \cong 1 - \frac{x^2}{2!} + \frac{x^4}{4!} - \frac{x^6}{6!} + \ldots + (-1)^n \frac{x^{2n}}{(2n)!},$$

com delimitação de erro $|r_{2n+1}(x)| \leq \frac{|x|^{2n+2}}{(2n+2)!}$.

Exemplo 52-11 Calcule sen 1 com erro, em módulo, inferior a 10^{-5}.

Resolução. Utilizando a desigualdade do resto em torno de 0 para o seno, no ponto $x = 1$, vem que:

$$|r_{2n+2}(1)| \leq \frac{1}{(2n+3)!}$$

Impondo que o segundo membro seja menor do que 10^{-5}, resulta que:

$$\frac{1}{(2n+3)!} < 10^{-5} \qquad \therefore \qquad (2n+3)! > 10^5$$

Por tentativa, e com auxílio de uma calculadora, obtemos o menor n que satisfaz, que é $n = 4$. Portanto:

$$\operatorname{sen} 1 \cong 1 - \frac{1}{3!} + \frac{1}{5!} - \frac{1}{7!} + \frac{1}{9!} \cong 0{,}841471$$

(usando uma calculadora, $\operatorname{sen} 1 = 0{,}841470\ldots$)

Exercício 52-14 Calcule:

(a) $\operatorname{sen}(0{,}1)$, com erro em módulo inferior a 10^{-5}.

(b) $\operatorname{sen}(0{,}2)$, com erro inferior em módulo a 10^{-7}.

(c) $\cos(\frac{\pi}{180})$, com erro em módulo inferior a 10^{-3}.

(d) $\cos(\frac{\pi}{18})$, com erro em módulo inferior a 10^{-3}.

Desenvolvimento de uma função em série de potências. Mostraremos um modo alternativo ao usado na seção (B) para desenvolver uma função série de potências. Observe que, sendo $f(x) = p_n(x) + r_n(x)$, p_n o polinômio de Taylor de ordem n de f em torno de a, tem-se, para um x fixo, que $f(x) = \lim_{n\to\infty} p_n(x)$ se e somente se $\lim_{n\to\infty} r_n(x) = 0$, ou seja:

$$f(x) = \sum_{n=0}^{\infty} \frac{f^{(n)}(a)}{n!}(x-a)^n \text{ se e somente se } \lim_{n\to\infty} r_n(x) = 0 \qquad (\bigstar)$$

Vimos, no Teorema de Taylor com resto na forma de Lagrange (seção (C)), que:

$$r_n(x) = \frac{f^{(n+1)}(c)}{(n+1)!}(x-a)^{n+1}, \ c \text{ entre } a \text{ e } x$$

onde c depende de x. Se existir uma constante positiva M tal que, no intervalo fechado de extremidades a e x, se tenha $|f^{(n)}(x)| \leq M$, para todo índice n, então:

$$|r_n(x)| = \frac{|f^{(n+1)}(c)|}{(n+1)!}|x-a|^{n+1} \leq M\frac{|x-a|^{n+1}}{(n+1)!} \to 0 \quad \text{se} \quad n \to \infty$$

(usamos a observação após o Exercício 49-3), o que acarreta $\lim_{n\to\infty} r_n(x) = 0$. Por ($\bigstar$), temos $f(x) = \sum_{n=0}^{\infty} \frac{f^{(n)}(a)}{n!}(x-a)^n$. Destaquemos:

Se existe $M > 0$ tal que, no intervalo fechado de extremidades a e x, se verifica $|f^{(n)}(t)| \leq M$, para todo índice n, então $f(x) = \sum_{n=0}^{\infty} \frac{f^{(n)}(a)}{n!}(x-a)^n$.

Aplicaremos o resultado acima para duas funções, tomando $a = 0$.

- $f(x) = e^x$. Para cada x real, temos:

$$|f^{(n)}(t)| = |e^t| = e^t \begin{cases} \leq e^x & \text{se } 0 \leq t \leq x \\ \leq 1 & \text{se } x \leq t \leq 0 \end{cases}$$

pois a função exponencial é crescente. No primeiro caso, e^x faz o papel de M e, no segundo, 1 é que faz isso. Podemos escrever então, para todo x real:

$$e^x = 1 + x + \frac{x^2}{2!} + \frac{x^3}{3!} + \ldots + \frac{x^n}{n!} + \ldots$$

- $f(x) = \operatorname{sen} x$. Neste caso, $M = 1$, pois $f^{(n)}(t)$ é $\pm \operatorname{sen} x$ ou $\pm \cos x$; logo, $|f^{(n)}(t)| \leq 1$. Podemos escrever então, para todo x real:

$$\operatorname{sen} x = x - \frac{x^3}{3!} + \frac{x^5}{5!} \ldots + \frac{(-1)^n x^{2n+1}}{(2n+1)!} + \ldots$$

Esperamos ter mostrado a você o caminho para desenvolver uma função em série de potências, usando o Teorema de Taylor.

Exercício 52-15 Mostre a validade do desenvolvimento:

$$\cos x = 1 - \frac{x^2}{2!} + \frac{x^4}{4!} \ldots + \frac{(-1)^n x^{2n}}{(2n)!} + \ldots$$

Respostas dos exercícios do §52

52-1 O intervalo que aparece ao lado da série é o conjunto de validade do desenvolvimento.

(a) $\sum_{n\geq 0} x^{n+1}$; $]-1,1[$. (b) $\sum_{n\geq 0} x^{n+2}$; $]-1,1[$. (c) $\sum_{n\geq 0} (-1)^n x^{n+1}$; $]-1,1[$.

(d) $\sum_{n\geq 0} (-1)^n x^{n+6}$; $]-1,1[$. (e) $\sum_{n\geq 0} x^{2n+3}$; $]-1,1[$. (f) $\sum_{n\geq 0} 2^n x^n$; $]-\frac{1}{2},\frac{1}{2}[$.

(g) $\sum_{n\geq 0} (-1)^n \frac{x^{2n+1}}{16^{2n+1}}$; $]-4,4[$. (h) $1 + \sum_{n\geq 1} (-1)^n 2x^n$; $]-1,1[$.

52-2

(a) $\sum_{n\geq 1} nx^{n-1}$; $\mathbb{R}=1$. (b) $\sum_{n\geq 2} \frac{n(n-1)}{2}x^{n-2}$; $\mathbb{R}=1$.

(c) $\sum_{n\geq 3} \frac{n(n-1)(n-2)}{6}x^{n-3}$; $\mathbb{R}=1$. (d) $\sum_{n\geq 0} \frac{(-1)^n x^{n+1}}{n+1}$; $\mathbb{R}=1$.

(e) $\sum_{n\geq 0} \frac{(-1)^n x^{2n+2}}{n+1}$; $\mathbb{R}=1$. (f) $\sum_{n\geq 0} \frac{-x^{n+1}}{n+1}$; $\mathbb{R}=1$.

(g) $\sum_{n\geq 0} -\frac{(-1)^n+1}{n+1}x^{2n+2}$; $R=1$. (h) $\sum_{n\geq 1} (-1)^{n-1} nx^{2n-1}$; $\mathbb{R}=1$.

52-3 (a) $e^{-x^2} = 1 - x^2 + \frac{x^4}{2!} - \frac{x^6}{3!} + \ldots + (-1)^n \frac{x^{2n}}{n!} + \ldots$ (x real qualquer)

(b) $e^{2x} = 1 + 2x + \frac{2^2x^2}{2!} + \frac{2^3x^3}{3!} + \ldots + \frac{2^n x^n}{n!} + \ldots$ (x real qualquer)

(c) $a^x = 1 + x\ln a + \frac{x^2 \ln^2 a}{2!} + \ldots + \frac{x^n \ln^n a}{n!} + \ldots$ (x real qualquer)

52-4 $\int e^{-x^2} dx = x - \frac{x^3}{1!3} + \frac{x^5}{2!5} - \ldots + (-1)^n \frac{x^{2n+1}}{n!(2n+1)} + \ldots$, para qualquer x real. Qualquer outra primitiva se obtém desta somando uma constante.

52-5

(a) $\text{sen}\, x = 0 + x + 0 - \frac{x^3}{3!} + 0 + \frac{x^5}{5!} \ldots + 0 + \frac{(-1)^n x^{2n+1}}{(2n+1)!} + 0 + \ldots$

$= x - \frac{x^3}{3!} + \frac{x^5}{5!} \ldots + \frac{(-1)^n x^{2n+1}}{(2n+1)!} + \ldots$ válida para todo x real.

(b) $\cos x = 1 + 0 - \frac{x^2}{2!} + 0 + \frac{x^4}{4!} + 0 \ldots + 0 + \frac{(-1)^n x^{2n}}{(2n)!} + 0 + \ldots = 1 - \frac{x^2}{2!} + \frac{x^4}{4!} \ldots + \frac{(-1)^n x^{2n}}{(2n)!} + \ldots$

válida para todo x real.

52-6 $\text{sh}\, x = x + \frac{x^3}{3!} + \frac{x^5}{5!} \ldots + \frac{x^{2n+1}}{(2n+1)!} + \ldots$ $\text{ch}\, x = 1 + \frac{x^2}{2!} + \frac{x^4}{4!} \ldots + \frac{x^{2n}}{(2n)!} + \ldots$ ambas válidas para todo x real.

52-7 $e^{x-a} = 1 + (x-a) + \frac{(x-a)^2}{2!} + \frac{(x-a)^3}{3!} + \ldots + \frac{(x-a)^n}{n!} + \ldots$ (x real qualquer)

$e^x = e^a + e^a(x-a) + e^a \frac{(x-a)^2}{2!} + e^a \frac{(x-a)^3}{3!} + \ldots + e^a \frac{(x-a)^n}{n!} + \ldots$ (x real qualquer)

52-8 (b) $\operatorname{sh} x = \operatorname{sh} a + (x-a)\operatorname{ch} a + \dfrac{(x-a)^2}{2!}\operatorname{sh} a + \dfrac{(x-a)^3}{3!}\operatorname{ch} a + \dfrac{(x-a)^4}{4!}\operatorname{sh} a + \dots$

(x real qualquer)

(c) $\operatorname{ch} x = \operatorname{ch} a + (x-a)\operatorname{sh} a + \dfrac{(x-a)^2}{2!}\operatorname{ch} a + \dfrac{(x-a)^3}{3!}\operatorname{sh} a + \dfrac{(x-a)^4}{4!}\operatorname{ch} a \dots$ (x real qualquer)

52-9

(a) $1 + \dfrac{x}{2} + \sum_{n\geq 2} (-1)^{n+1} \dfrac{1.3.....(2n-3)}{n!\,2^n} x^n, \ -1 \leq x \leq 1.$

(b) $1 - \dfrac{x}{2} - \sum_{n\geq 2} \dfrac{1.3.....(2n-3)}{n!\,2^n} x^n, \ -1 \leq x \leq 1.$

(c) $\dfrac{1}{2} + \sum_{n\geq 1} \dfrac{1.3.....(2n-1)}{n!\,2^{3n+1}} x^n, \ -4 \leq x < 4.$

(d) $1 + \sum_{n\geq 1} (-1)^n \dfrac{1.4.7\,....(3n-2)}{n!\,3^n} x^{3n}, \ -1 < x \leq 1.$

52-10 (a) $1 + \sum_{n\geq 1} \dfrac{1.3.....(2n-1)}{n!\,2^n} x^{2n}, \ -1 < x < 1.$ (b) $x + \sum_{n\geq 1} \dfrac{1.3.....(2n-1)}{n!\,2^n(2n+1)} x^{2n+1}, \ -1 \leq x \leq 1.$

52-11 $1 + \dfrac{3}{2}(x-1) + \dfrac{3}{8}(x-1)^2 + 3\sum_{n\geq 3} \dfrac{(-1)^n 1.3.....(2n-5)}{n!\,2^n}(x-1)^n, \ 0 \leq x \leq 2.$

52-12 (a) Para $a = 5$, $\sqrt{25{,}01} \cong 5{,}001$; o erro em valor absoluto é menor do que 10^{-7}.

(b) Para $a = 5$, $\sqrt{25{,}0001} \cong 5{,}00001$; o erro em valor absoluto é menor do que 10^{-11}.

(c) Para $a = 1$, $\sqrt{1{,}001} \cong 1{,}0005$; o erro em valor absoluto é menor do que $1{,}25.10^{-7}$.

(d) Para $a = 2$, $(1{,}98)^3 \cong 7{,}76$; o erro em valor absoluto é menor do que 0,0024.

52-13 (a) $e \cong 1 + \dfrac{1}{1!} + \dfrac{1}{2!} + \dfrac{1}{3!} + \dfrac{1}{4!} + \dfrac{1}{5!} + \dfrac{1}{6!} + \dfrac{1}{7!} + \dfrac{1}{8!} \cong 2{,}7182815$; usando calculadora, $e = 2{,}71828182\dots$.

(b) $e^2 \cong 1 + \dfrac{2}{1!} + \dfrac{2^2}{2!} + \dfrac{2^3}{3!} + \dfrac{2^4}{4!} + \dfrac{2^5}{5!} + \dfrac{2^6}{6!} + \dfrac{2^7}{7!} + \dfrac{2^8}{8!} + \dfrac{2^9}{9!} + \dfrac{2^{10}}{10!} + \dfrac{2^{11}}{11!} + \dfrac{2^{12}}{12!}$

$\cong 7{,}38905457$; usando calculadora, $e^2 = 7{,}38905609\dots$.

(c) $\sqrt{e} \cong 1 + \dfrac{1}{1!2} + \dfrac{1}{2!4} + \dfrac{1}{3!8} + \dfrac{1}{4!16} + \dfrac{1}{5!32} + \dfrac{1}{6!64} \cong 1{,}648720$; usando calculadora,

$\sqrt{e} = 1{,}648721\dots$.

52-14 (a) $\operatorname{sen}(0{,}1) \cong 0{,}1 - \dfrac{(0{,}1)^3}{3!} = 0{,}0998\bar{3}.$ (b) $\operatorname{sen}(0{,}2) \cong 0{,}2 - \dfrac{(0{,}2)^3}{3!} + \dfrac{(0{,}2)^5}{5!} = 0{,}1987\bar{3}.$

(c) $\cos(\dfrac{\pi}{180}) \cong 1.$ (d) $\cos(\dfrac{\pi}{18}) \cong 1 - \dfrac{(\pi/18)^2}{2!} = 0{,}9847\dots$.

Exercícios suplementares para o Capítulo 10

1. *Decida se a seqüência (a_n) é convergente ou divergente, e dê o limite, quando convergente:*

(a) $a_n = 3n^4+2$. (b) $a_n = 4n^3-7$. (c) $a_n = -2n^5+5n$.

(d) $a_n = \dfrac{1}{4n^4+3}$. (e) $a_n = \dfrac{3n^3-2n}{7n^3+5n+3}$. (f) $a_n = \dfrac{n^2}{2n^4-5}$.

(g) $a_n = \cos(\dfrac{2n-3}{n^2})$. (h) $a_n = \dfrac{3}{e^{n^2-2n}}$. (i) $a_n = \operatorname{arctg}(3n^5+n^2-1)$.

(j) $a_n = (\dfrac{n}{n+1})^{\frac{n}{2}}$. (l) $a_n = \dfrac{n^5-2n}{n^3+n+1}$. (m) $a_n = \sqrt[3]{\dfrac{3n^3-1}{2n^3+2}}$.

(n) $a_n = \dfrac{3^n}{2^n+5^n}$. (o) $a_n = (\cos n)\operatorname{sen}(\dfrac{3}{n^2+2})$ (p) $a_n = \operatorname{arctg}(\dfrac{2n^3+2n}{2n^3-2n})$.

(q) $a_n = \dfrac{\sqrt[3]{n^2+4}}{\sqrt{n^3+1}}$. (r) $a_n = 2^{\frac{3n-1}{5n+4}}$. (s) $a_n = \ln(\dfrac{n^3+8n-7}{2n^3-1})$.

(t) $a_n = \operatorname{arcsen}(\dfrac{-n^3-2n+7}{2n^3+5n+10})$. (u) $a_n = n\operatorname{tg}(\dfrac{1}{n})$. (v) $a_n = (\dfrac{n}{n+1})^{3n+2}$.

2. *Decida se a seqüência (a_n) é convergente ou divergente, e dê o limite, quando convergente:*

(a) $a_n = 5^n$. (b) $a_n = 3^{2n-2}$. (c) $a_n = \dfrac{3^n+4}{5^n}$. (d) $a_n = \dfrac{(-1)^n}{2^n}$.

(e) $a_n = (-1)^n 2^n$. (f) $a_n = \dfrac{(-1)^n+4^n}{3^n}$. (g) $a_n = \dfrac{1}{2n+1}+\dfrac{1}{3^n}$. (h) $a_n = 3(-1)^n$.

(i) $a_n = \dfrac{5.3^n}{2^n+4^n}$. (j) $a_n = \sqrt{2a_{n-1}}$, $a_1 = \sqrt{2}$. (l) $a_n = a_{n-1} + 2^{-n}$, $a_1 = 1/2$.

(m) $a_{n+1}^3 = 3(\sqrt[3]{a_n})$, $a_1 = \sqrt[3]{3}$.

3. *Calcule a soma das seguintes séries geométricas:*

(a) $\dfrac{4}{5}+\dfrac{4}{15}+\dfrac{4}{45}+\ldots$ (b) $\dfrac{1}{4}-\dfrac{1}{8}+\dfrac{1}{16}-\dfrac{1}{32}+\ldots$ (c) $\dfrac{4}{3}+\dfrac{2}{3}+\dfrac{1}{3}+\dfrac{1}{6}+\dfrac{1}{18}+\ldots$

(d) $1-\dfrac{2}{5}+\dfrac{4}{25}-\dfrac{8}{125}+\ldots$ (e) $\dfrac{1}{5}-\dfrac{1}{10}+\dfrac{1}{15}-\dfrac{1}{30}+\ldots$ (f) $1+\dfrac{1}{\sqrt{2}}+\dfrac{1}{2}+\dfrac{1}{2\sqrt{2}}+\ldots$

4. *Calcule a soma da série dada:*

(a) $\sum_{n\geq 0} 3(\dfrac{5}{6})^n$. (b) $\sum_{n\geq 2} \dfrac{(-1)^n}{4^n}$. (c) $\sum_{n\geq 1} (-1)^{n+1}(\dfrac{2}{5})^n$.

(d) $\sum_{n\geq 3} \dfrac{3^{n+1}}{4^n}$. (e) $\dfrac{9}{7}-\dfrac{3}{7}+\dfrac{1}{7}-\dfrac{1}{21}+\dfrac{1}{63}-\dfrac{1}{189}+\ldots$

5. *Escrever os seguintes números como quociente de inteiros:*

(a) $1,\overline{14}$. (b) $3,0\overline{3}$. (c) $0,4\overline{125}$. (d) $3,\overline{9}$.

6. *Calcule:*

(a) $\sum_{n=0}^{+\infty} \frac{1+(-1)^n}{4^n}$. (b) $\sum_{n=1}^{+\infty} (\frac{2}{5^n} + \frac{7(-1)^n}{3^n})$.

7. *Decida se a série é convergente ou divergente.*

(a) $\sum \frac{1}{n^2+3}$. (b) $\sum \frac{1}{n^2-3}$. (c) $\sum \frac{n^2-2n+1}{3n^4+7n-2}$. (d) $\sum \frac{1}{3n-1}$.

(e) $\sum \frac{1}{4n+3}$. (f) $\sum \frac{2n^2+3}{5n^3-2n-2}$. (g) $\sum \cos(\frac{1}{n})$. (h) $\sum \frac{\sqrt[4]{n^3}}{3n^5-2n+1}$.

(i) $\sum \frac{\sqrt[3]{n^2+1}}{\sqrt[6]{3n^9+n-2}}$. (j) $\sum \frac{1}{(\ln n)^p}$.

8. *Recordemos que se* $\lim_{x \to a} (a_n / b_n) = \infty$ *e* $\sum b_n$ *é divergente, então* $\sum a_n$ *é divergente (§49(B)). Usando a série harmônica como comparação, aplique o resultado para provar que são divergentes as séries* $\sum \frac{1}{\ln(n)}$ *e* $\sum \frac{\ln(n)}{n}$.

9. *Decida se a série é convergente ou divergente:*

(a) $\sum \frac{3n}{5^n}$. (b) $\sum \frac{n^2}{5^n}$. (c) $\sum \frac{\sqrt[4]{3n+1}}{5^n}$.

(d) $\sum \frac{5^n}{n^5}$. (e) $\sum \frac{5^n(2n+3)}{n!}$. (f) $\sum \frac{3^n n}{(2n)!}$.

(g) $\sum \frac{(2n)!}{(2n)^n}$. (h) $\sum \frac{3n+1}{4^n(n!)}$. (i) $\sum \frac{3^n n}{7^n}$.

10. *Decida se a série é convergente ou divergente:*

(a) $\sum \frac{3^n}{(2n)^n}$. (b) $\sum (\frac{4n}{5n+2})^n$. (c) $\sum (\frac{5n}{3n+4})^n$.

(d) $\sum \frac{n}{3^n}$. (e) $\sum (\frac{3n^2+1}{5n+2})^n$. (f) $\sum (\frac{n^3+2}{n^2+1})^{3n}$.

(g) $\sum \frac{\ln^n(n+1)}{\ln^{2n}(3n)}$. (h) $\sum (\frac{3n+1}{10})^n$. (i) $\sum 3^n n^{2n} \operatorname{sen}^{2n}(1/n)$.

11. *Verifique se as seguintes séries são convergentes:*

(a) $\sum (-1)^n \frac{1}{e^n}$. (b) $\sum \frac{\cos(n\pi)}{3n}$. (c) $\sum (-1)^n$.

(d) $\sum(-1)^n \frac{n}{e^n}$. (e) $\sum \frac{(-1)^n}{\sqrt[4]{3n^2+1}}$. (f) $\sum sen(\frac{n\pi}{2})$.

(g) $\sum(-1)^{n+1} \frac{n+1}{3n^2+1}$. (h) $\sum \frac{(-1)^{n-1}}{\sqrt[4]{n+1}}$. (i) $\sum \frac{cos(n\pi)}{\sqrt{n}+2}$.

12. *Decida se a série é convergente ou divergente. No caso de convergência, diga se a convergência é absoluta ou condicional.*

(a) $\sum \frac{(-1)^n}{\sqrt{3n+2}}$. (b) $\sum \frac{(-1)^{n+1}}{n^2-2n+3}$. (c) $\sum \frac{cos(n+1)\pi}{ln(n)}$.

(d) $\sum \frac{(-1)^n}{\sqrt[4]{n^3+1}}$. (e) $\sum \frac{(-1)^n}{\sqrt[4]{2n^7-1}}$. (f) $\sum \frac{(-1)^{n+1} ln(n+1)}{2n+2}$.

(g) $\sum \frac{1}{n} sen[(2n+1)\frac{\pi}{2}]$. (h) $\sum \frac{(-1)^n n}{n^2+1}$. (i) $\sum \frac{(-1)^n}{[ln(n)]^{ln(n)}}$.

Ajuda. *Para (c) e (f), use o Exercício 8. Para (i), compare com uma série harmônica conveniente.*

13. *Decida se a série é convergente ou divergente.*

(a) $\sum \frac{(-1)^n}{3n+11}$. (b) $\sum \frac{n^2-3n+8}{\sqrt{3n^8+2}}$. (c) $\sum \frac{\sqrt{n}}{3n^2-1}$.

(d) $\sum(\frac{1}{2}+\frac{1}{n})^n$. (e) $\sum \frac{n+1}{\sqrt{3n^2+2}}$. (f) $\sum \frac{2^n}{2^n+n}$.

(g) $\sum \frac{(n+1)^{2n}}{(3n^2+2)^n}$. (h) $\sum \frac{n!}{(2n)!}$. (i) $\sum \frac{2^n}{n^2}$.

14. *Para cada série, determine o raio de convergência e o intervalo de convergência.*

(a) $\sum \frac{2^n x^n}{5^n}$. (b) $\sum \frac{7^n (x-1)^n}{3^n}$. (c) $\sum \frac{\sqrt{n}}{3n+1} x^n$.

(d) $\sum \frac{n!}{(3n)!}(x-3)^n$. (e) $\sum n!(x-2)^n$. (f) $\sum \frac{(x+4)^n}{n^n}$.

(g) $\sum \frac{\sqrt[4]{2n^3}}{5n} x^n$. (h) $\sum(\frac{3n+1}{2n})^n x^n$. (i) $\sum \frac{(-4)^n}{n!} x^n$.

(j) $\sum(\frac{n}{n+1})^n x^n$. (l) $\sum \frac{n^{18}}{(3n)^n} x^n$. (m) $\sum \frac{(5x)^n}{5n-1}$.

(n) $\sum \frac{3^n}{4^{n+1}}(x-\frac{1}{3})^n$. (o) $\sum \frac{3n}{4n^2+1}(x-2)^n$. (p) $\sum \frac{\sqrt[3]{n^2+1}}{2n^5} x^n$.

(q) $\sum \frac{cos(n\pi)}{n} x^n$. (r) $\sum \frac{n}{n+1} x^n$. (s) $\sum \frac{(-1)^n n}{n+1} x^n$.

15. *Ache uma série de potências em torno de 0 cuja soma f tem a expressão dada e dê o intervalo de convergência.*

(a) $f(x) = \dfrac{2x}{1-x}$. (b) $f(x) = \dfrac{x^3}{1-x}$. (c) $f(x) = \dfrac{1}{1-4x}$.

(d) $f(x) = \dfrac{x}{2-8x}$. (e) $f(x) = \dfrac{1}{1-4x^2}$. (f) $f(x) = \dfrac{1+x}{1-x}$.

16. *Represente a função f em série de potências em torno de zero e dê o intervalo de validade:*

(a) $f(x) = \dfrac{1}{(1-2x)^2}$. (b) $f(x) = \dfrac{1}{(1+x)^3}$. (c) $f(x) = \dfrac{x}{(1+x)^4}$.

(d) $f(x) = ln(1+x^3)$. (e) $f(x) = arctg(x^2)$. (f) $f(x) = ln(4+x)$.

(g) $f(x) = \dfrac{1}{1+4x^2}$. (h) $f(x) = ln(1+4x^2)$. (i) $f(x) = arctg(2x)$.

17. *Obtenha o desenvolvimento de Maclaurin da função f dada:*

(a) $f(x) = e^{x/2}$. (b) $f(x) = e^{-3x}$. (c) $f(x) = sen(x/2)$.

18. *Sendo* $f(x) = cos^2 x$, *obtenha o desenvolvimento de Maclaurin da função f.*

Ajuda. $cos^2 x = [1 + cos(2x)]/2$.

19. *Obtenha a representação da função f dada em série de Maclaurin:*

(a) $f(x) = \dfrac{1}{\sqrt{1+x}}$. (b) $f(x) = \dfrac{1}{\sqrt{1+x^2}}$. (c) $f(x) = \sqrt[3]{8-x}$.

20. *Sendo* $f(x) = \sqrt[3]{x}$, *utilize o polinômio de Taylor de ordem 1 de f em torno de* $a = 8$ *a fim de obter um valor aproximado para* $\sqrt[3]{8,3}$. *Delimite o erro cometido nesta aproximação.*

21. *Calcule* $\sqrt[3]{e}$ *com erro em valor absoluto menor do que* 10^{-4}. *Use* $e < 3$.

22. *Calcule:*

(a) $cos 1$ *com erro em valor absoluto inferior a* 10^{-4}.

(b) $cos(0,5)$ *com erro em valor absoluto inferior a* 10^{-5}.

(c) $cos(\pi/7)$ *com erro em valor absoluto inferior a* 10^{-5}.

23. *Sejam a e b pertencentes a um intervalo I, com* $a \leq b$. *Se f, g, h são funções contínuas em I tais que para todo x de I se tem* $h(x) \geq 0$ *e* $| f(x) - g(x) | \leq h(x)$, *então* $\left| \int_a^b f(x)dx - \int_a^b g(x)dx \right| \leq \int_a^b h(x)dx$ *(isto é fácil de provar). Usando este resultado, calcule, com erro em valor absoluto inferior a* 10^{-3}:

(a) $\displaystyle\int_0^{1/3} e^{-x^2} dx$. (b) $\displaystyle\int_0^1 cos(x^2) dx$.

Respostas dos exercícios suplementares para o Capítulo 10

1. (a) Divergente. (b) Divergente. (c) Divergente. (d) 0. (e) 3/7. (f) 0.
(g) 1. (h) 0. (i) $\pi/2$. (j) $1/\sqrt{e}$. (l) Divergente. (m) $\sqrt[3]{3/2}$.
(n) 0. (o) 0. (p) $\pi/4$. (q) 0. (r) $2^{3/5}$. (s) $-\ln 2$.
(t) $-\pi/6$. (u) 0. (v) e^{-3}.

2. (a) Divergente. (b) Divergente. (c) 0. (d) 0. (e) Divergente. (f) Divergente.
(g) 0. (h) Divergente. (i) 0. (j) 2. (l) 1. (m) $\sqrt{3}$.

3. (a) 6/5. (b) 1/6. (c) 8/3. (d) 5/7. (e) $2/15$. (f) $2+\sqrt{2}$.

4. (a) 18. (b) 1/20. (c) 2/7. (d) 81/16. (e) $27/28$.

5. (a) $113/99$. (b) $91/30$. (c) $1021/2475$. (d) 4.

6. (a) 32/15. (b) –5/4.

7. (a) Convergente. (b) Convergente. (c) Convergente. (d) Divergente . (e) Divergente.
(f) Divergente. (g) Divergente. (h) Convergente. (i) Divergente. (j) Divergente.

9. (a) Convergente. (b) Convergente. (c) Convergente. (d) Divergente . (e) Convergente.
(f) Convergente. (g) Divergente. (h) Convergente. (i) Convergente.

10. (a) Convergente. (b) Convergente. (c) Divergente. (d) Convergente. (e) Divergente.
(f) Divergente. (g) Convergente. (h) Divergente. (i) Divergente.

11. (a) Convergente. (b) Convergente. (c) Divergente. (d) Convergente. (e) Convergente.
(f) Divergente. (g) Convergente. (h) Convergente. (i) Convergente.

12. (a) Condicionalmente convergente. (b) Absolutamente convergente.
(c) Condicionalmente convergente. (d) Condicionalmente convergente.
(e) Absolutamente convergente. (f) Condicionalmente convergente.
(g) Condicionalmente convergente. (h) Condicionalmente convergente.
(i) Absolutamente convergente.

13. (a) Convergente. (b) Convergente. (c) Convergente. (d) Convergente.
(e) Divergente. (f) Divergente. (g) Convergente. (h) Convergente.
(i) Divergente.

14. (a) 5/2; $]-5/2,5/2[$. (b) 3/7; $]4/7,10/7[$. (c) 1; $[-1,1[$. (d) ∞; $\mathbb{R}$.
(e) 0 ; $\{2\}$. (f) ∞; $\mathbb{R}$. (g) 1 ; $[-1,1[$. (h) 2/3 ; $]-2/3,2/3[$.
(i) ∞; $\mathbb{R}$. (j) 1 ; $]-1,1[$. (l) ∞; $\mathbb{R}$. (m) 1/5; $[-1/5,1/5[$.
(n) $4/3$; $]-1,5/3[$. (o) 1; $]1,3[$. (p) 1; $[-1,1]$. (q) 1; $]-1,1]$.
(r) 1; $[-1,1[$. (s) 1; $]-1,1]$.

15. (a) $\sum_{n\geq 0} 2x^{n+1}$; $]-1,1[$. (b) $\sum_{n\geq 0} x^{n+3}$; $]-1,1[$. (c) $\sum_{n\geq 0} 4^n x^n$; $]-1/4,1/4[$.

(d) $\frac{1}{2}\sum_{n\geq 0} 4^n x^{n+1}$; $]-1/4,1/4[$. (e) $\sum_{n\geq 0} 4^n x^{2n}$; $]-1/2,1/2[$. (f) $1+2\sum_{n\geq 1} x^n$; $]-1,1[$.

16.

(a) $\sum_{n\geq 1} 2^{n-1} n x^{n-1}$; $]-1/2,1/2[$. (b) $\frac{1}{2}\sum_{n\geq 2}(-1)^n n(n-1)x^{n-2}$; $]-1,1[$.

(c) $\frac{1}{6}\sum_{n\geq 3}(-1)^{n+1} n(n-1)(n-2)x^{n-2}$; $]-1,1[$. (d) $\sum_{n\geq 0}\frac{(-1)^n x^{3n+3}}{n+1}$; $]-1,1]$.

(e) $\sum_{n\geq 0}\frac{(-1)^n x^{4n+2}}{2n+1}$; $[-1,1]$. (f) $\sum_{n\geq 0}\frac{(-1)^n x^{n+1}}{4^{n+1}(n+1)}$; $]-4,4]$.

(g) $\sum_{n\geq 0}(-1)^n 4^n x^{2n}$; $]-\frac{1}{2},\frac{1}{2}[$. (h) $2\sum_{n\geq 0}(-1)^n 4^{n+1} x^{2n+1}$; $]-\frac{1}{2},\frac{1}{2}[$.

(i) $2\sum_{n\geq 0}(-1)^n 2^{2n}\frac{x^{2n+1}}{2n+1}$; $[-\frac{1}{2},\frac{1}{2}]$.

17. (a) $\sum_{n\geq 0}\frac{x^n}{2^n n!}$. (b) $\sum_{n\geq 0}\frac{(-1)^n 3^n x^n}{n!}$. (c) $\sum_{n\geq 0}\frac{(-1)^n x^{2n+1}}{2^{2n+1}(2n+1)!}$.

18. $1+\sum_{n\geq 1}\frac{(-1)^n 2^{2n-1} x^{2n}}{(2n)!}$.

19. (a) $1+\sum_{n\geq 1}\frac{(-1)^n 3.5.7...(2n-1)}{2^n n!}x^n$, $-1<x\leq 1$.

(b) $1+\sum_{n\geq 1}\frac{(-1)^n 3.5.7...(2n-1)}{2^n n!}x^{2n}$, $-1<x\leq 1$.

(c) $2-\sum_{n\geq 1}\frac{2.5.8...(3n-4)}{3^n 2^{3n-1} n!}x^n$, $-8\leq x\leq 8$.

20. $\sqrt[3]{8{,}3}\cong 2{,}025$. *O erro é, em valor absoluto, menor ou igual a 0,0003125.*

21. $\sqrt[3]{e}\cong 1+\frac{1}{3}+\frac{1}{2!3^2}+\frac{1}{3!3^3}+\frac{1}{4!3^4}+\frac{1}{5!3^5}$.

22. (a) $1-\frac{1}{2!}+\frac{1}{4!}-\frac{1}{6!}$. (b) $1-\frac{1}{2!2^2}+\frac{1}{4!2^4}-\frac{1}{6!2^6}$. (c) $1-\frac{\pi^2}{2!7^2}+\frac{\pi^4}{4!7^4}-\frac{\pi^6}{6!7^6}$.

23. (a) $26/81$. (b) $1954/2160$.

Capítulo 11

Noções de Análise Vetorial

§53- INTEGRAIS DE LINHA

(A) As curvas que vamos considerar

Intuitivamente, uma curva é o resultado de uma deformação suave (sem bicos) de um fio elástico retilíneo, deformação que pode curvá-lo e esticá-lo. O fio retilíneo é modelizado por um intervalo I, e a deformação por uma função **r** tendo I por domínio, e que, por razões técnicas, é suposta de classe C^1, tomando valores em $\mathbb{R}^3$ (às vezes em $\mathbb{R}^2$), cuja imagem é a curva. Você deve estar lembrado que foi assim que definimos curva no §30(B), onde **r** foi chamada de curva parametrizada e interpretada como movimento de uma partícula. Para integrar uma função sobre uma curva, vamos exigir mais de **r**.

- Vamos supor $I = [a,b]$ $(a < b)$.
- Quando a curva não é fechada, quer dizer, $\mathbf{r}(a) \neq \mathbf{r}(b)$, exigiremos que a curva seja percorrida apenas uma vez quando t varia em $[a,b]$, isto é, a instantes diferentes correspondem pontos diferentes da curva, caso em que os matemáticos dizem que **r** é **injetora**. Quando a curva é fechada, quer dizer, $\mathbf{r}(a) = \mathbf{r}(b)$, esta condição é exigida em $[a,b[$.
- Para evitar bicos, exigiremos que a velocidade vetorial $d\mathbf{r}/dt$ não se anule em $]a,b[$.

Registremos (ilustrações são dadas na Figura 53-1):

(a) Uma **curva parametrizada** em $\mathbb{R}^n$ é uma função **r** de classe C^1, com valores $\mathbf{r}(t)$ em $\mathbb{R}^n$, tendo por domínio um intervalo I. A variável t é referida como **parâmetro**. Se $I = [a,b]$, $\mathbf{r}(a)$ e $\mathbf{r}(b)$ chamam-se, respectivamente, **ponto inicial** e **ponto final** de **r**. Se $\mathbf{r}(a) = \mathbf{r}(b)$, **r** é dita fechada.

(b) Uma **curva lisa simples** é a imagem C de uma curva parametrizada **r** de domínio $[a,b]$ tal que:

- **r** é injetora ou, se $\mathbf{r}(a) = \mathbf{r}(b)$, **r** é injetora em $[a,b[$.
- $\dfrac{d\mathbf{r}}{dt}$ não se anula em $]a,b[$.

Nessas condições, **r** é chamada de **parametrização** da curva lisa simples. No caso em que **r** é injetora, $\boldsymbol{m} = \mathbf{r}(a)$ e $\boldsymbol{n} = \mathbf{r}(b)$ são chamados de **extremidades** de C. No caso em que **r** é fechada, C também é dita **fechada**.

Atenção. Por economia, usaremos a palavra **curva** para designar uma curva lisa simples. Desse modo, a noção de curva só como imagem de uma curva parametrizada de classe C^1, dada no §30(B), fica sem efeito.

Se $\boldsymbol{p}$ é um ponto de uma curva para a qual existe uma parametrização $\mathbf{r}$ com $\mathbf{r}(t)=\boldsymbol{p}$ e $\dfrac{d\mathbf{r}}{dt}(t)\neq\mathbf{0}$, a reta determinada por $\boldsymbol{p}$ e $\dfrac{d\mathbf{r}}{dt}(t)$ se chama **reta tangente a C em p**. Qualquer vetor da forma $k\dfrac{d\mathbf{r}}{dt}(t)$, k um número real não-nulo, é chamado **vetor tangente a C em p**.

Observações.
(1) Pode-se provar que os conceitos de extremidade e de reta tangente anteriormente definidos independem da parametrização escolhida da curva.
(2) Consideraremos apenas curvas em $\mathbb{R}^2$ e em $\mathbb{R}^3$.

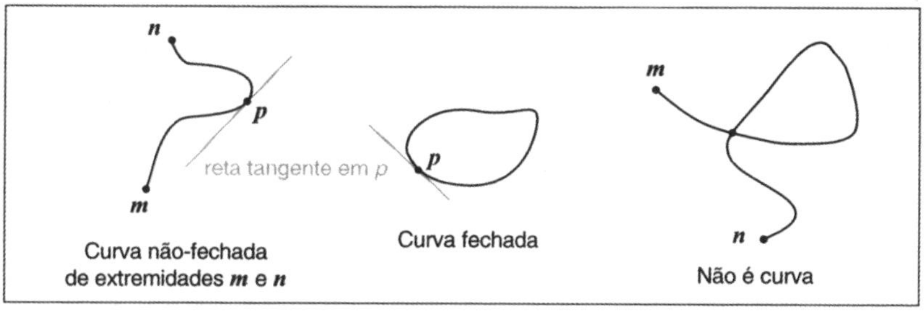

Figura 53-1

Exemplo 53-1
(a) Sendo $y=f(x)$, $a\leq x\leq b$, onde f é de classe C^1, o gráfico de f é uma curva em $\mathbb{R}^2$, uma parametrização sendo $\mathbf{r}(x)=(x,f(x))$, onde x faz o papel de t. Se $\mathbf{r}(x_1)=\mathbf{r}(x_2)$, ou seja, $(x_1,f(x_1))=(x_2,f(x_2))$, temos $x_1=x_2$; logo, $\mathbf{r}$ é injetora. Além disso:

$$\frac{d\mathbf{r}}{dx}(x)=(1,\frac{df}{dx}(x))\neq\mathbf{0}$$

(b) Um segmento de reta é uma curva. Se $\boldsymbol{p}_1=(x_1,y_1,z_1)$ e $\boldsymbol{p}_2=(x_2,y_2,z_2)$ são suas extremidades, uma parametrização é dada por:

$$\begin{aligned}\mathbf{r}(t)=\boldsymbol{p}_1+t(\boldsymbol{p}_2-\boldsymbol{p}_1) &= (x_1,y_1,z_1)+t(x_2-x_1,y_2-y_1,z_2-z_1)\\ &= (x_1+t(x_2-x_1),y_1+t(y_2-y_1),z_1+t(z_2-z_1)),\ \ 0\leq t\leq 1\end{aligned}$$

Deixaremos a verificação para você.

(c) Uma circunferência é uma curva fechada. Considerada em $\mathbb{R}^2$, com centro na origem e raio a, uma parametrização é dada, como vimos no Exemplo 30-3, por $\mathbf{r}(t)=(a\cos t,a\operatorname{sen}t)$, $0\leq t\leq 2\pi$.

(B) Comprimento de curva

Dada uma curva parametrizada $\mathbf{r}$ de domínio $[a,b]$, e interpretando-a como movimento, queremos achar, para cada t do intervalo, o espaço percorrido $s(t)$ desde o instante a até o instante t. Indiquemos por Δs o espaço percorrido entre os instantes t e $t+\Delta t$, isto é, $\Delta s = s(t+\Delta t) - s(t)$ e seja $\Delta\mathbf{r} = \mathbf{r}(t+\Delta t) - \mathbf{r}(t)$. Como é de se esperar que s não decresça, Δs e Δt têm, quando não-nulos, mesmo sinal. Portanto:

$$\frac{\Delta s}{\Delta t} = \left|\frac{\Delta s}{\Delta t}\right| = \frac{|\Delta s|}{\|\Delta\mathbf{r}\|}.\frac{\|\Delta\mathbf{r}\|}{|\Delta t|} = \frac{|\Delta s|}{\|\Delta\mathbf{r}\|}.\left\|\frac{\Delta\mathbf{r}}{\Delta t}\right\|$$

Na Figura 53-2, onde interpretamos $\mathbf{r}(t)$ como vetor, ilustramos, para $\Delta t > 0$, $\Delta\mathbf{r}$ e Δs. Agora usamos a intuição: para Δt pequeno, o quociente $|\Delta s|/\|\Delta\mathbf{r}\|$ (comprimento do arco sobre comprimento da corda) fica próximo de 1. Dessa forma:

$$\lim_{\Delta t\to 0}\frac{\Delta s}{\Delta t} = \lim_{\Delta t\to 0}\left(\frac{|\Delta s|}{\|\Delta\mathbf{r}\|}.\left\|\frac{\Delta\mathbf{r}}{\Delta t}\right\|\right) = \lim_{\Delta t\to 0}\frac{|\Delta s|}{\|\Delta\mathbf{r}\|}\lim_{\Delta t\to 0}\left\|\frac{\Delta\mathbf{r}}{\Delta t}\right\|$$

ou seja:

$$\frac{ds}{dt} = \left\|\frac{d\mathbf{r}}{dt}\right\|$$

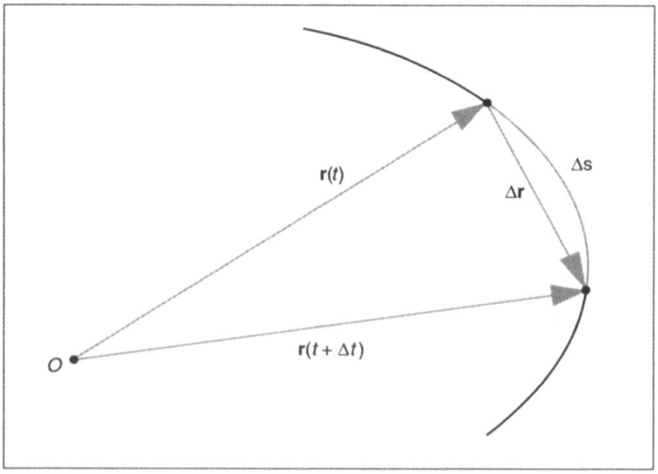

Figura 53-2

Daí resulta que o espaço percorrido durante o movimento todo é:

$$L = \int_a^b \left\|\frac{d\mathbf{r}}{dt}\right\| dt$$

No caso de uma curva, fica claro, do ponto de vista intuitivo, que tomada uma parametrização dela, o espaço percorrido nos dá o comprimento da curva.

Sendo **r** uma parametrização de domínio $[a,b]$ de uma curva C, a função s, dada por:

$$s(t) = \int_a^t \| \frac{d\mathbf{r}}{dt}(t) \| \, dt, \quad a \le t \le b$$

chama-se **função comprimento de arco** de C.

O **comprimento** da curva C é o número:

$$L = s(b) = \int_a^b \| \frac{d\mathbf{r}}{dt} \| \, dt \qquad (\clubsuit)$$

Observações.

(1) Pode-se provar que a definição de L independe da parametrização de C.

(2) Pelo Primeiro Teorema Fundamental do Cálculo (§19(A)):

$$\frac{ds}{dt}(t) = \| \frac{d\mathbf{r}}{dt}(t) \| \qquad (\blacklozenge)$$

que é positivo em $]a,b[$, e, portanto:

s é crescente.

Exemplo 53-2 Calcule o comprimento de uma circunferência de raio a.

Resolução.

Como o comprimento de uma circunferência não depende de sua posição, podemos considerá-la no plano xy, com centro na origem, para a qual uma parametrização é dada por $x = a\cos t, \quad y = a\,\text{sen}\, t, \quad 0 \le t \le 2\pi$. Então:

$$\mathbf{r}(t) = (a\cos t, a\,\text{sen}\, t) \qquad \frac{d\mathbf{r}}{dt} = (-a\,\text{sen}\, t, a\cos t)$$

$$\| \frac{d\mathbf{r}}{dt} \| = \sqrt{[-a\,\text{sen}\, t)]^2 + [a\cos t]^2} = \sqrt{a^2(\text{sen}^2 t + \cos^2 t)} = \sqrt{a^2} = a.$$

O comprimento é:

$$L = \int_0^{2\pi} a\,dt = 2\pi a$$

Exercício 53-1 Calcule o comprimento da curva, nos casos:

(a) $x = 3\cos t, \quad y = 3\,\text{sen}\, t, \quad z = 4t, \quad 0 \le t \le 2\pi$.

(b) $x = 1 + 2t, \; y = 3t, \; z = 2 - t, \; 0 \le t \le 1$.

(c) $x = e^{-t}$, $y = e^{t}$, $z = \sqrt{2}t$, $0 \leq t \leq \ln 5$.

(d) $x = t$, $y = \sqrt{2}t^2/2$, $z = t^3/3$, $0 \leq t \leq 2$.

(e) $y = \sqrt{x^3}$, $0 \leq x \leq 4/3$.

(f) $y = \ln(\cos x)$, $0 \leq x \leq \pi/3$.

(C) Integral de linha de um campo escalar

Um **campo escalar** é uma função com valores reais, cujo domínio é um subconjunto de $\mathbb{R}^n$.

Introduziremos a seguir o conceito de integral de linha de um campo escalar. Para motivar a definição, calculemos a massa de um fio metálico cuja posição é idealizada por uma curva C e cuja densidade linear é dada pela função contínua f que a cada ponto $\boldsymbol{p}$ do fio associa a densidade linear $f(\boldsymbol{p})$ nesse ponto (portanto, f é um campo escalar). Tomemos uma parametrização $\mathbf{r}$ de C de domínio $[a,b]$. Dividindo $[a,b]$ através dos pontos $a = t_0 < t_1 < \ldots < t_n = b$, obtemos sobre C os pontos $\boldsymbol{p}_0 = \mathbf{r}(t_0)$, $\boldsymbol{p}_1 = \mathbf{r}(t_1)$, ..., $\boldsymbol{p}_n = \mathbf{r}(t_n)$ (acompanhe na Figura 53-3).

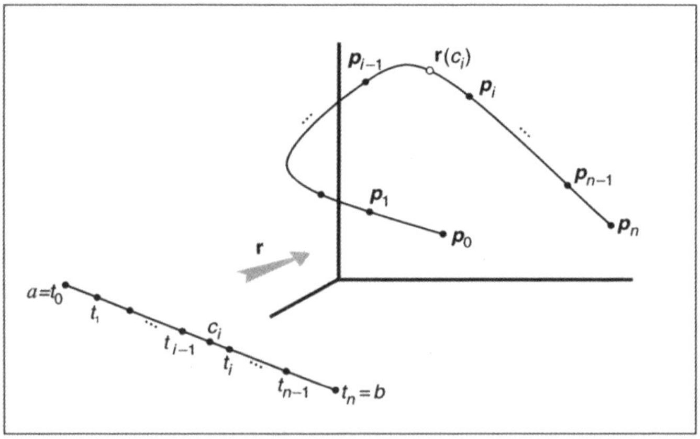

Figura 53-3

O comprimento do arco de extremidades $\boldsymbol{p}_{i-1}$ e $\boldsymbol{p}_i$ é $\Delta s_i = s(t_i) - s(t_{i-1})$. Indicando $\Delta t_i = t_i - t_{i-1}$, temos, usando o Teorema do Valor Médio (§15(A)), que $\Delta s_i = \dfrac{ds}{dt}(c_i)\Delta t_i$, onde $t_{i-1} < c_i < t_i$. Supondo a densidade nesse arco constante e igual a $f(\mathbf{r}(c_i))$, a sua massa é aproximadamente $f(\mathbf{r}(c_i))\,\Delta s_i = f(\mathbf{r}(c_i))\dfrac{ds}{dt}(c_i)\Delta t_i$. Assim, a massa do fio é aproximadamente $\sum_{i=1}^{n} f(\mathbf{r}(c_i))\dfrac{ds}{dt}(c_i)\Delta t_i$. Esta é uma soma de Riemann da função que a cada t de

$[a,b]$ associa $f(\mathbf{r}(t))\dfrac{ds}{dt}(t)$, de modo que, por um argumento já usado várias vezes, a massa é $\int_a^b f(\,\mathbf{r}(t))\dfrac{ds}{dt}(t)dt$. Este número é definido como a integral de linha do campo escalar f ao longo de C. Destaquemos a definição, onde usaremos (♦):

Sendo f um campo escalar contínuo cujo domínio contém a curva C, a **integral de f ao longo de C**, indicada por $\int_C fds$, ou $\int_C f\,(\boldsymbol{p})ds$, é:

$$\int_C fds = \int_a^b f\,(\mathbf{r}(t))\frac{ds}{dt}(t)dt \;=\; \int_a^b f\,(\mathbf{r}(t))\left\|\frac{d\mathbf{r}}{dt}\right\| dt$$

onde $\mathbf{r}$, de domínio $[a,b]$, é uma parametrização de C.

O símbolo $ds = \left\|\dfrac{d\mathbf{r}}{dt}\right\| dt$ é tradicionalmente chamado **elemento de comprimento de arco**, ou **deslocamento infinitesimal escalar ao longo da curva**.

Observações.
(1) Pode-se provar que, na definição acima, qualquer outra parametrização de C conduz ao mesmo número, o que justifica o aparecimento, no símbolo da integral de linha, da letra C.
(2) Se f é constante, tomando o valor 1, o último membro da fórmula acima é o comprimento L de C; assim:

$$L = \int_C ds$$

Sendo K uma reunião de curvas, a integral de um campo escalar contínuo f cujo domínio contém K é definido como a soma das integrais de f ao longo de cada curva e indicado por $\int_K fds$.

Exemplo 53-3 Calcule a massa do fio metálico $y = x^2$, $0 \le x \le 1$, cuja densidade linear é dada por $f(x,y) = 8\sqrt[8]{x^2 y^3}$.

Resolução.
Tomando a parametrização obtida fazendo $x = t$, temos:

$\mathbf{r}(t) = (t,t^2)$, $0 \le t \le 1$. $\qquad f(\mathbf{r}(t)) = f(t,t^2) = 8\sqrt[8]{t^2(t^2)^3} = 8\,|\,t\,| = 8t$

$\dfrac{d\mathbf{r}}{dt} = (1,2t) \qquad \left\|\dfrac{d\mathbf{r}}{dt}\right\| = \sqrt{1+4t^2}$

Portanto, a massa é:

$$\int_C f ds = \int_a^b f(\mathbf{r}(t)) \| \frac{d\mathbf{r}}{dt} \| dt = \int_0^1 8t\sqrt{1+4t^2}\, dt$$

$$= \int_0^1 \sqrt{1+4t^2}\, d(1+4t^2) = \frac{2}{3}(1+4t^2)^{3/2} \Big|_0^1 = \frac{2}{3}(5^{3/2}-1) \quad \prec$$

Exercício 53-2 Calcule:

(a) $\int_C (3x^2y+6)ds$, C parametrizada por $\mathbf{r}(t) = (\cos t,\ \operatorname{sen} t)$, $0 \le t \le \pi$.

(b) A massa do fio metálico $y = x^3/27$, $0 \le x \le 3$, de densidade $f(x, y) = 2(x^3 + y)$.

(c) A massa do fio retilíneo OA, O a origem, $A = (1,1)$, a densidade dada por $f(x, y) = 3xy$.

(d) $\int_C (x^2 + y^2)ds$, C parametrizada por $x = 2\cos t$, $y = 2\operatorname{sen} t$, $0 \le t \le 2\pi$.

(e) $\int_C (x^2 - y^2)ds$, C sendo a circunferência $x^2 + y^2 = 4$.

(f) $\int_C (x^2 + y^2)^{-1} ds$, C descrita por $\mathbf{r}(t) = 2\cos t\,\mathbf{i} + 2\operatorname{sen} t\,\mathbf{j}$, $0 \le t \le 2\pi$.

(g) $\int_C 2\sqrt{x^2 + y^2}\, ds$, C parametrizada por $x = e^t \cos t$, $y = e^t \operatorname{sen} t$, $0 \le t \le \ln 2$.

Exercício 53-3 Calcule:

(a) $\int_C x \operatorname{sen} z ds$, C parametrizada por $\mathbf{r}(t) = (\cos t,\ \operatorname{sen} t,\ t)$, $0 \le t \le 2\pi$.

(b) $\int_C (12x + 54z)ds$, C parametrizada por $x = t$, $y = t^2$, $z = t^3$, $0 \le t \le 1$.

A integral de linha de um campo escalar ao longo de uma curva é conveniente nas aplicações que envolvem conceitos que dependem somente da curva, como é o caso da massa e do centro de massa de um fio. No entanto, existem aplicações nas quais a consideração de uma curva parametrizada é mais adequada do que a de uma curva. Por exemplo, se quisermos calcular o espaço percorrido por uma partícula, queremos permitir que a partícula possa parar e voltar sobre a trajetória. Outro exemplo é o do trabalho, que veremos na seção (E). Para situações como as duas últimas citadas, a noção que convém considerar é a seguinte:

Sendo **r** uma curva parametrizada de domínio $[a,b]$ que toma valores no domínio do campo escalar contínuo f, **a integral de f ao longo de r**, indicada por $\int_{\mathbf{r}} f ds$, ou $\int_{\mathbf{r}} f(p) ds$, é:

$$\int_{\mathbf{r}} f ds = \int_a^b f(\mathbf{r}(t)) \frac{ds}{dt}(t) dt = \int_a^b f(\mathbf{r}(t)) \| \frac{d\mathbf{r}}{dt} \| dt$$

Como vemos, quando **r** é parametrização de uma curva C, a integral acima é a integral ao longo de C definida anteriormente. Todos os exemplos e exercícios vistos até agora servem como exemplos e exercícios da noção recém-definida. Como novidade, você pode, por exemplo, considerar **r** constante, caso em que a velocidade vetorial é nula, e, portanto, a integral de linha ao longo de **r** é também nula.

(D) Campos de vetores

Um **campo de vetores** em um subconjunto D de $\mathbb{R}^n$ é uma função **F** que a cada p de D associa um vetor $\mathbf{F}(p)$.

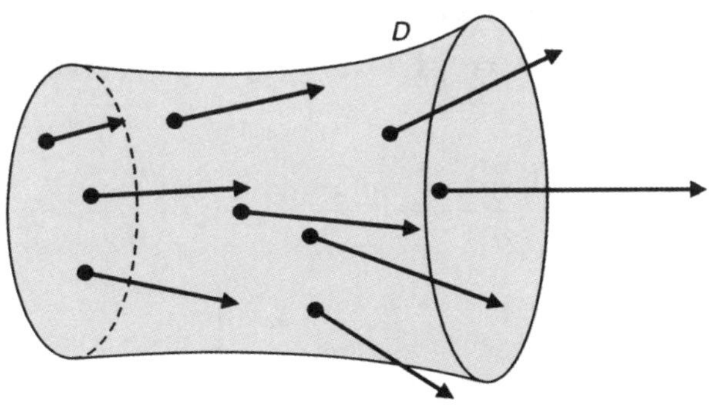

Um campo de vetores

Figura 53-4

Se D é um subconjunto de $\mathbb{R}^2$ ou de $\mathbb{R}^3$, obtemos uma imagem visual sugestiva de um campo de vetores representando o vetor $\mathbf{F}(p)$ por uma flecha começando no ponto p (Figura 53-4). Campos de vetores surgem naturalmente nas ciências: campo elétrico, campo magnético, campo de forças, campo de velocidades etc.

Escrevendo $\mathbf{F}(p) = M(p)\mathbf{i} + N(p)\mathbf{j} + P(p)\mathbf{k}$ (se $n = 3$), as funções M, N e P são chamadas **funções componentes** de **F**. Um adjetivo é atribuído a **F** (contínuo, de classe

C^1 etc.) se esse adjetivo pode ser atribuído às funções componentes. O mesmo vale para um campo de vetores em $\mathbb{R}^n$.

Um campo de vetores importante é o **campo gradiente** ∇f de uma função f, do qual uma outra notação é **grad** f, que foi considerado em vários parágrafos:

$$\textbf{grad}\, f = \nabla f = \frac{\partial f}{\partial x}\,\mathbf{i} + \frac{\partial f}{\partial y}\,\mathbf{j} + \frac{\partial f}{\partial z}\,\mathbf{k}$$

Dado um campo de vetores $\mathbf{F} = M\,\mathbf{i} + N\,\mathbf{j} + P\,\mathbf{k}$, cujos componentes têm derivadas parciais de ordem 1, a ele associamos um campo escalar, o **divergente de F**, indicado por div **F** ou $\nabla \bullet \mathrm{F}$, e um campo de vetores, o **rotacional** de **F**, indicado por **rot F** ou $\nabla \wedge \mathbf{F}$, definidos respectivamente por:

$$\text{div}\,\mathbf{F} = \nabla \bullet \mathrm{F} = \frac{\partial M}{\partial x} + \frac{\partial N}{\partial y} + \frac{\partial P}{\partial z}$$

$$\textbf{rot F} = \nabla \wedge \mathbf{F} = \begin{vmatrix} \mathbf{i} & \mathbf{j} & \mathbf{k} \\ \dfrac{\partial}{\partial x} & \dfrac{\partial}{\partial y} & \dfrac{\partial}{\partial z} \\ M & N & P \end{vmatrix} = \left(\frac{\partial P}{\partial y} - \frac{\partial N}{\partial z}\right)\mathbf{i} - \left(\frac{\partial P}{\partial x} - \frac{\partial M}{\partial z}\right)\mathbf{j} + \left(\frac{\partial N}{\partial x} - \frac{\partial M}{\partial y}\right)\mathbf{k}$$

Exemplo 53-4 Calcule o divergente e o rotacional de **F**, sendo:

$$\mathbf{F}(x, y, z) = xy^2z\,\mathbf{i} + (x + y)\,\mathbf{j} + (x^3 - yz)\,\mathbf{k}$$

Resolução.

$$\text{div}\mathbf{F}(x, y, z) = \nabla \bullet \mathrm{F}\,(x, y, z) = \frac{\partial(xy^2z)}{\partial x} + \frac{\partial(x + y)}{\partial y} + \frac{\partial(x^3 - yz)}{\partial z} = y^2z + 1 - y$$

$$\textbf{rotF}\,(x, y, z) = \nabla \wedge \mathbf{F}(x, y, z) = \begin{vmatrix} \mathbf{i} & \mathbf{j} & \mathbf{k} \\ \dfrac{\partial}{\partial x} & \dfrac{\partial}{\partial y} & \dfrac{\partial}{\partial z} \\ xy^2z & x + y & x^3 - yz \end{vmatrix}$$

$$= \left(\frac{\partial(x^3 - yz)}{\partial y} - \frac{\partial(x + y)}{\partial z}\right)\mathbf{i} - \left(\frac{\partial(x^3 - yz)}{\partial x} - \frac{\partial(xy^2z)}{\partial z}\right)\mathbf{j} + \left(\frac{\partial(x + y)}{\partial x} - \frac{\partial(xy^2z)}{\partial y}\right)\mathbf{k}$$

$$= -z\,\mathbf{i} - (3x^2 - xy^2)\,\mathbf{j} + (1 - 2xyz)\,\mathbf{k}$$

Exercício 53-4 Calcule o divergente e o rotacional do campo **F**:

(a) $\mathbf{F}(x, y, z) = x\mathbf{i} + y\mathbf{j} + z\mathbf{k}$. (b) $\mathbf{F}(x, y, z) = x^2\mathbf{i} + xy^3\mathbf{j} + xyz\mathbf{k}$.

(c) $\mathbf{F}(x,y,z) = x^2\mathbf{i} + \text{sen}(xy)\,\mathbf{j}$. (d) $\mathbf{F}(x,y,z) = e^x\mathbf{i} - \ln(xyz)\,\mathbf{j} + z\mathbf{k}$.

(e) $\mathbf{F}(x,y,z) = \dfrac{x}{y}\mathbf{i} + \dfrac{y}{x}\mathbf{j} + \dfrac{x}{z}\mathbf{k}$. (f) $\mathbf{F}(x,y,z) = \dfrac{\mathbf{r}}{r}$, sendo $\mathbf{r} = x\mathbf{i} + y\mathbf{j} + z\mathbf{k}$, $r = \|\mathbf{r}\|$.

(E) Integral de linha de um campo de vetores

Como motivação para introduzir a integral de linha de um campo de vetores, calcularemos o trabalho τ realizado por um campo contínuo de forças **F** sobre uma partícula submetida a um movimento. No caso de **F** ser constante e o deslocamento ser retilíneo, dado pelo vetor **d**, o trabalho é definido por **F•d** (Figura 53-5(a)). No caso geral, quando a partícula tem um movimento **r** (uma curva parametrizada) de domínio $[a,b]$ e **F** não é necessariamente constante, dividimos o intervalo de tempo em subintervalos determinados por $a = t_0 < t_1 < \ldots < t_n = b$. Faremos as seguintes aproximações, relativas ao subintervalo $[t_{i-1}, t_i]$, onde $\Delta t_i = t_i - t_{i-1}$ (Figura 53-5(b)):

- $\dfrac{d\mathbf{r}}{dt}(t_{i-1}) \cong \dfrac{\mathbf{r}(t_i) - \mathbf{r}(t_{i-1})}{t_i - t_{i-1}} \quad \therefore \quad \mathbf{r}(t_i) - \mathbf{r}(t_{i-1}) \cong \dfrac{d\mathbf{r}}{dt}(t_{i-1})\Delta t_i$
- trabalho realizado $\cong \mathbf{F}(\mathbf{r}(t_{i-1})) \bullet (\mathbf{r}(t_i) - \mathbf{r}(t_{i-1})) \cong \mathbf{F}(\mathbf{r}(t_{i-1})) \bullet \dfrac{d\mathbf{r}}{dt}(t_{i-1})\Delta t_i$

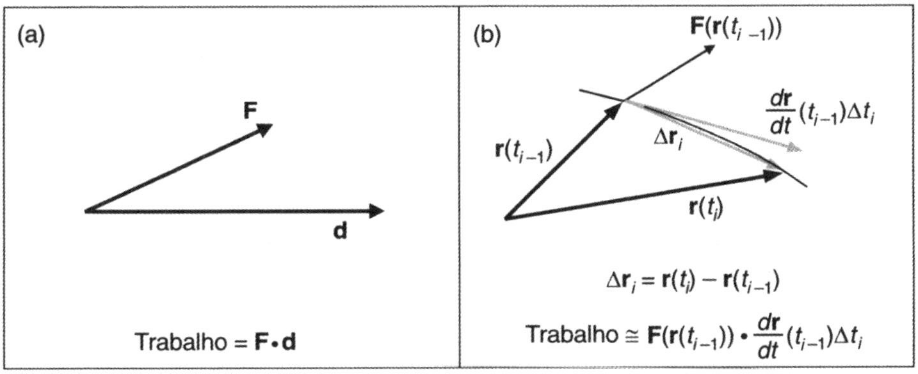

Figura 53-5

Assim:

$$\tau \cong \sum_{i=1}^{n} \mathbf{F}(\mathbf{r}(t_{i-1})) \bullet \frac{d\mathbf{r}}{dt}(t_{i-1})\Delta t_i$$

que é uma soma de Riemann da função que a cada t de $[a,b]$ associa $\mathbf{F}(\mathbf{r}(t)) \bullet \dfrac{d\mathbf{r}}{dt}(t)$, o que nos leva a definir, por um argumento usado várias vezes:

$$\tau = \int_a^b \mathbf{F}(\mathbf{r}(t)) \bullet \frac{d\mathbf{r}}{dt}(t)dt$$

Usaremos esta última expressão para definir a integral de linha de **F**.

Sendo **r** uma curva parametrizada de domínio $[a, b]$ que toma valores no domínio do campo de vetores contínuo **F**, **a integral de linha de F ao longo de r**, indicada por $\int_{\mathbf{r}} \mathbf{F} \bullet d\mathbf{s}$, é:

$$\int_{\mathbf{r}} \mathbf{F} \bullet d\mathbf{s} = \int_a^b \mathbf{F}(\mathbf{r}(t)) \bullet \frac{d\mathbf{r}}{dt}(t)dt$$

O símbolo $d\mathbf{s} = \frac{d\mathbf{r}}{dt}dt$ é chamado **deslocamento infinitesimal vetorial ao longo de r**.

Exemplo 53-5 Sendo $\mathbf{F}(x, y, z) = xyz\,\mathbf{i} + \mathbf{j} + (x^3 - yz)\,\mathbf{k}$, calcule $\int_{\mathbf{r}} \mathbf{F} \bullet d\mathbf{s}$, sendo:

(a) $\mathbf{r}(t) = t\mathbf{i} + t^2\mathbf{j} + t\mathbf{k},\ 0 \le t \le 1$.

(b) $\mathbf{r}(t) = (t, t, t),\ 0 \le t \le 1$.

Resolução.

(a) Temos:

$$\mathbf{r}(t) = t\mathbf{i} + t^2\mathbf{j} + t\mathbf{k} = (t, t^2, t) \qquad \frac{d\mathbf{r}}{dt} = (1, 2t, 1)$$

$$\mathbf{F}(\mathbf{r}(t)) = \mathbf{F}(t, t^2, t) = t.t^2.t\mathbf{i} + \mathbf{j} + (t^3 - t^2.t)\mathbf{k} = t^4\mathbf{i} + \mathbf{j} + (t^3 - t^3)\mathbf{k} = (t^4, 1, 0)$$

$$\mathbf{F}(\mathbf{r}(t)) \bullet \frac{d\mathbf{r}}{dt}(t) = (t^4, 1, 0) \bullet (1, 2t, 1) = t^4 + 2t + 0 = t^4 + 2t$$

Logo,

$$\int_{\mathbf{r}} \mathbf{F} \bullet d\mathbf{s} = \int_0^1 \mathbf{F}(\mathbf{r}(t)) \bullet \frac{d\mathbf{r}}{dt}(t)dt = \int_0^1 (t^4 + 2t)dt = \left(\frac{t^5}{5} + 2\frac{t^2}{2}\right)\Bigg|_0^1 = \frac{6}{5}$$

(b) Temos:

$$\mathbf{r}(t) = (t, t, t) \qquad \frac{d\mathbf{r}}{dt}(t) = (1, 1, 1)$$

$$\mathbf{F}(\mathbf{r}(t)) = \mathbf{F}(t, t, t) = t.t.t\mathbf{i} + \mathbf{j} + (t^3 - t.t)\mathbf{k} = t^3\mathbf{i} + \mathbf{j} + (t^3 - t^2)\mathbf{k} = (t^3, 1, t^3 - t^2)$$

$$\mathbf{F}(\mathbf{r}(t)) \bullet \frac{d\mathbf{r}}{dt} = (t^3, 1, t^3 - t^2) \bullet (1,1,1) = t^3 + 1 + t^3 - t^2 = 2t^3 - t^2 + 1$$

Logo,

$$\int_{\mathbf{r}} \mathbf{F} \bullet d\mathbf{s} = \int_0^1 \mathbf{F}(\mathbf{r}(t)) \bullet \frac{d\mathbf{r}}{dt}(t)dt = \int_0^1 (2t^3 - t^2 + 1)dt = (2\frac{t^4}{4} - \frac{t^3}{3} + t)\Big|_0^1 = \frac{7}{6}$$ ≺

Exercício 53-5 Calcule $\int_{\mathbf{r}} \mathbf{F} \bullet d\mathbf{s}$, sendo:

(a) $\mathbf{F}(x, y, z) = x\,\mathbf{i} + y\mathbf{j} + z\mathbf{k}$; $\mathbf{r}(t) = (\text{sen}t, \cos t, t)$, $0 \le t \le 2\pi$.

(b) $\mathbf{F}(x, y, z) = (x^2 - y^2)\,\mathbf{i} + 2xy\mathbf{j}$; $\mathbf{r}(t) = t^2\mathbf{i} + t^3\mathbf{j} + 3\mathbf{k}$, $0 \le t \le 1$.

(c) $\mathbf{F}(x, y, z) = 2y\,\mathbf{i} - 2x\,\mathbf{j} + 2z\mathbf{k}$; $\mathbf{r}(t) = (\text{sen}t, \cos t, 2t)$, $0 \le t \le \pi$.

(d) $\mathbf{F}(x, y, z) = 15(x^2\,\mathbf{i} + xy\,\mathbf{j} + \mathbf{k})$; $\mathrm{r}(t) = t\mathbf{i} + t^2\,\mathbf{j} + \mathbf{k}$, $0 \le t \le 1$.

Para o que se segue, a seguinte noção é fundamental:

Um **campo tangente unitário** em uma curva C (seção (A)) é uma função $\mathbf{T}$ que a cada $\boldsymbol{p}$ de C associa um vetor tangente a C em $\boldsymbol{p}$, de tamanho 1. Quando existe tal campo, diz-se que a curva admite um campo tangente unitário.

Intuitivamente, uma curva é orientável quando se pode escolher, sobre ela, um sentido de percurso. Uma vez escolhido este sentido de percurso, a curva fica orientada. Do ponto de vista matemático, pode-se caracterizar uma orientação através de um campo tangente unitário que varia continuamente ao longo da curva, isto é, um campo contínuo:

Uma curva C é **orientável** se ela admite um campo tangente unitário $\mathbf{T}$ contínuo, chamado de **orientação** de C. Neste caso, $-\mathbf{T}$ também é uma orientação de C, dita oposta de $\mathbf{T}$.

Por um argumento de continuidade, pode-se provar que:

Uma curva orientável só tem duas orientações.

Uma **curva orientada** é uma curva orientável C, munida de uma de suas duas orientações. A curva orientada é indicada por C_{or}. Sendo C_{or} uma curva orientada por $\mathbf{T}$, a curva orientada munindo C da orientação oposta $-\mathbf{T}$ é indicada por $-C_{\text{or}}$.

Na Figura 53-6(a) ilustramos uma curva orientável, com suas duas orientações. Na Figura 53-6(b) indicamos estas curvas orientadas pelo sentido de percurso, prática mais cômoda, que adotaremos.

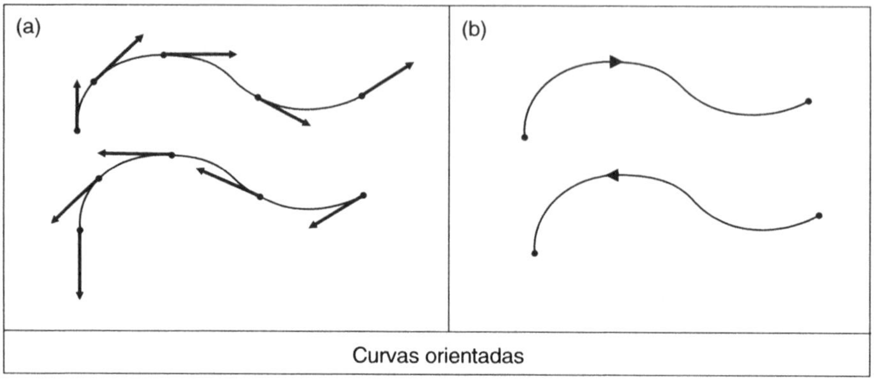

Figura 53-6

Para tentar construir um campo tangente unitário em uma curva C, tomamos uma parametrização $\mathbf{r}$ de C. Sendo $[a,b]$ seu domínio e indicando $\mathbf{v}_\mathbf{r} = d\mathbf{r}/dt$, que é tangente a ela (§30(B)), definimos $\mathbf{T}_\mathbf{r}$ do seguinte modo: se $\boldsymbol{p}$ não é uma extremidade, sendo t o único número de $]a,b[$ tal que $\mathbf{r}(t) = \boldsymbol{p}$:

$$\mathbf{T}_\mathbf{r}(\boldsymbol{p}) = \mathbf{T}_\mathbf{r}(\mathbf{r}(t)) = \frac{\mathbf{v}_\mathbf{r}(t)}{\| \mathbf{v}_\mathbf{r}(t) \|} \qquad (\heartsuit)$$

Nas extremidades $\mathbf{v}_\mathbf{r}$ pode se anular. Se a curva é orientada, e $\mathbf{r}(a) \neq \mathbf{r}(b)$, é razoável que existam os limites laterais do segundo membro de ($\heartsuit$) para $t \to a+$ e $t \to b-$: são os respectivos valores, nas extremidades de C, do campo que orienta C; se $\mathbf{r}(a) = \mathbf{r}(b)$, tais limites devem ser iguais. Isto nos leva a exigir esta condição para $\mathbf{r}$, que permite então definir $\mathbf{T}_\mathbf{r}$ nas extremidades de C. Obtemos assim uma orientação para C. Esta discussão torna plausível o seguinte:

Condição de orientabilidade. Uma curva C é orientável se e somente se existe uma parametrização $\mathbf{r}$ de C, de domínio $[a,b]$, que verifica, sendo $\mathbf{v}_\mathbf{r} = d\mathbf{r}/dt$:

(a) Se $\mathbf{r}(a) \neq \mathbf{r}(b)$, existem os limites laterais:

$$\lim_{t \to a+} = \frac{\mathbf{v}_\mathbf{r}(t)}{\| \mathbf{v}_\mathbf{r}(t) \|} \quad \text{e} \quad \lim_{t \to b-} = \frac{\mathbf{v}_\mathbf{r}(t)}{\| \mathbf{v}_\mathbf{r}(t) \|}$$

(b) Se $\mathbf{r}(a) = \mathbf{r}(b)$, além da existência, os limites são iguais.

Caso afirmativo, as duas orientações de C são $\mathbf{T}_\mathbf{r}$ e $-\mathbf{T}_\mathbf{r}$, sendo $\mathbf{T}_\mathbf{r}$ como definido anteriormente. Para qualquer outra parametrização $\bar{\mathbf{r}}$ de C pode-se construir $\mathbf{T}_{\bar{\mathbf{r}}}$, que coincide com um desses dois campos.

Observação. Se $\mathbf{v_r}$ não se anula, os limites laterais acima existem e valem, respectivamente, $\dfrac{\mathbf{v_r}(a)}{\|\mathbf{v_r}(a)\|}$ e $\dfrac{\mathbf{v_r}(b)}{\|\mathbf{v_r}(b)\|}$. Neste caso, a orientabilidade fica garantida pela condição $\mathbf{r}(a) \neq \mathbf{r}(b)$ (curva não-fechada) e por $\mathbf{v_r}(a) = \mathbf{v_r}(b)$, caso $\mathbf{r}(a) = \mathbf{r}(b)$ (curva fechada).

Seja C_{or} a curva orientada munindo C da orientação $\mathbf{T}$. Uma parametrização de C_{or} é uma parametrização $\mathbf{r}$ de C tal que $\mathbf{T_r} = \mathbf{T}$. Se $[a,b]$ é o domínio de $\mathbf{r}$ e C não é fechada, $\boldsymbol{p} = \mathbf{r}(a)$ é o **ponto inicial** e $\boldsymbol{q} = \mathbf{r}(b)$ é o **ponto final** da curva orientada (prova-se que estas noções independem da parametrização da curva orientada).

Exemplo 53-6

(a) Sendo $\mathbf{r}(t) = (e^t, t, t^2)$, $3 \le t \le 5$, temos $\mathbf{v_r}(t) = (e^t, 1, 2t)$, que certamente não se anula. Como $\mathbf{r}(3) \neq \mathbf{r}(5)$, podemos concluir, pela observação anterior, que é orientável a curva para a qual $\mathbf{r}$ é uma parametrização.

(b) A circunferência $x^2 + y^2 = a^2$ $(a > 0)$ tem parametrização $\mathbf{r}$ dada por $\mathbf{r}(\theta) = (a\cos\theta, a\,\text{sen}\,\theta)$, $0 \le \theta \le 2\pi$, cuja velocidade vetorial $\mathbf{v_r}(\theta) = (-a\,\text{sen}\,\theta, a\cos\theta)$ tem comprimento $\|\mathbf{v_r}(\theta)\| = a \neq 0$, o que mostra que tal velocidade não se anula. Além disso, $\mathbf{r}(0) = \mathbf{r}(2\pi)$, $\mathbf{v_r}(0) = (0, a) = \mathbf{v_r}(2\pi)$. Pela observação anterior, a circunferência é orientável. ≺

Observação. O trecho de cardióide dado em coordenadas polares por $r = 1 + \cos\theta$, $0 \le \theta \le \pi$, é uma curva que pode ser parametrizada lembrando as equações $x = r\cos\theta$, $y = r\,\text{sen}\,\theta$: $\mathbf{r}(\theta) = ((1+\cos\theta)\cos\theta, (1+\cos\theta)\,\text{sen}\,\theta)$. Após cálculos, obtém-se $\mathbf{v_r}(\theta) = (-\text{sen}(2\theta) - \text{sen}\,\theta, \cos(2\theta) + \cos\theta)$ e $\|\mathbf{v_r}(\theta)\| = 2\cos(\theta/2)$. Portanto, a velocidade vetorial se anula somente em π. Pode-se verificar, por exemplo, usando uma regra de L'Hôpital, que $\mathbf{v_r}(\theta)/\|\mathbf{v_r}(\theta)\|$ tende a $(1,0)$ para $\theta \to \pi -$. Assim, a curva é orientável.

Sendo C_{or} a curva orientada obtida munindo C da orientação $\mathbf{T}$, $\mathbf{r}$ uma parametrização de C_{or} de domínio $[a,b]$ e $\mathbf{F}$ um campo contínuo cujo domínio contém C, temos:

$$\int_{\mathbf{r}} \mathbf{F} \bullet d\mathbf{s} = \int_a^b \mathbf{F}(\mathbf{r}(t)) \bullet \frac{d\mathbf{r}}{dt}(t)dt = \int_a^b \mathbf{F}(\mathbf{r}(t)) \bullet \left\| \frac{d\mathbf{r}}{dt}(t) \right\| \mathbf{T_r}(\mathbf{r}(t))dt$$

$$= \int_a^b \mathbf{F}(\mathbf{r}(t)) \bullet \mathbf{T_r}(\mathbf{r}(t)) \left\| \frac{d\mathbf{r}}{dt}(t) \right\| dt = \int_C \mathbf{F} \bullet \mathbf{T_r} ds = \int_C \mathbf{F} \bullet \mathbf{T} ds \qquad (\spadesuit)$$

onde usamos (♥) na segunda igualdade e, na penúltima, a definição de integral de linha de um campo escalar vista na seção (C). Esta fórmula nos diz que, se tomarmos outra parametrização da curva orientada para calcular a integral de linha ao longo dela, o último membro é o mesmo, o que torna válida a seguinte definição:

Seja C_{or} uma curva orientada e $\mathbf{F}$ um campo contínuo de vetores cujo domínio contém C. A **integral de linha de F ao longo de C_{or}**, indicada por $\int_{C_{\text{or}}} \mathbf{F} \bullet d\mathbf{s}$, é:

$$\int_{C_{\text{or}}} \mathbf{F} \bullet d\mathbf{s} = \int_{\mathbf{r}} \mathbf{F} \bullet d\mathbf{s} \qquad (\bigstar)$$

onde $\mathbf{r}$, de domínio [a,b], é uma parametrização de C_{or}.

Observações.

(1) Pelos cálculos feitos acima, temos:

$$\int_{C_{\text{or}}} \mathbf{F} \bullet d\mathbf{s} = \int_{C} \mathbf{F} \bullet \mathbf{T} ds = \int_{a}^{b} \mathbf{F}(\mathbf{r}(t)) \bullet \frac{d\mathbf{r}}{dt}(t) dt \qquad (\bigstar\bigstar)$$

onde $\mathbf{r}$ é uma parametrização de C_{or} (portanto, que produz a orientação $\mathbf{T}$).

(2) Como já dissemos, a definição independe da parametrização da curva orientada, o que é justificado pela primeira igualdade de (★★).

(3) Resulta, da primeira igualdade de (★★), que:

$$\int_{-C_{\text{or}}} \mathbf{F} \bullet d\mathbf{s} = -\int_{C_{\text{or}}} \mathbf{F} \bullet d\mathbf{s}$$

(4) Tudo o que fizemos para campos e curvas em $\mathbb{R}^3$ tem versões óbvias para campos e curvas em $\mathbb{R}^2$.

Exemplo 53-7 Calcule $\int_{C_{\text{or}}} \mathbf{F} \bullet d\mathbf{s}$, sendo $\mathbf{F}(x, y) = (x^2 + y^2)\mathbf{i} + \mathbf{j}$, C a circunferência de centro na origem e raio 3, orientada no sentido anti-horário.

Resolução. Uma parametrização de C que dá a orientação especificada é definida por $\mathbf{r}(\theta) = (3\cos\theta, 3\operatorname{sen}\theta)$, $0 \le \theta \le 2\pi$. Temos:

$$\frac{d\mathbf{r}}{d\theta}(\theta) = (-3\operatorname{sen}\theta, 3\cos\theta)$$

$$\mathbf{F}(\mathbf{r}(\theta)) = \mathbf{F}(3\cos\theta, 3\operatorname{sen}\theta) = [(3\cos\theta)^2 + (3\operatorname{sen}\theta)^2]\mathbf{i} + \mathbf{j} = 9\mathbf{i} + \mathbf{j}$$

$$\mathbf{F}(\mathbf{r}(\theta)) \bullet \frac{d\mathbf{r}}{d\theta}(\theta) = (9,1) \bullet (-3\operatorname{sen}\theta, 3\cos\theta) = -27\operatorname{sen}\theta + 3\cos\theta$$

$$\int_{C_{or}} \mathbf{F} \bullet d\mathbf{s} = \int_{\mathbf{r}} \mathbf{F} \bullet d\mathbf{s} = \int_0^{2\pi} \mathbf{F}(\mathbf{r}(\theta)) \bullet \frac{d\mathbf{r}}{d\theta}(\theta)d\theta$$

$$= \int_0^{2\pi} (-27\operatorname{sen}\theta + 3\cos\theta)d\theta = (27\cos\theta + 3\operatorname{sen}\theta)\Big|_0^{2\pi} = 0 \qquad \prec$$

Exercício 53-6 Calcule $\int_{C_{or}} \mathbf{F} \bullet d\mathbf{s}$, onde $F(x, y, z) = 2y\,\mathbf{i} - 2x\mathbf{j} + 2z\mathbf{k}$ e C é a curva de extremidades $A = (0,0,1)$ a $B = (1,1,1)$ descrita a seguir, orientada de A a B:

(a) Segmento de reta. (b) Parábola $y = x^2$, $z = 1$.

Nas aplicações, aparece uma outra notação para a integral de linha, que é sugerida pela seguinte manipulação formal:

Partindo da definição do símbolo $d\mathbf{s}$ anteriormente definido e sendo $\mathbf{r} = x\mathbf{i} + y\mathbf{i} + z\mathbf{k}$, temos:

$$d\mathbf{s} = \frac{d\mathbf{r}}{dt}dt = \left(\frac{dx}{dt}\mathbf{i} + \frac{dy}{dt}\mathbf{j} + \frac{dz}{dt}\mathbf{k}\right)dt = dx\,\mathbf{i} + dy\mathbf{j} + dz\mathbf{k}$$

Se $\mathbf{F} = M\mathbf{i} + N\mathbf{j} + P\mathbf{k}$, vem, então:

$$\mathbf{F} \bullet d\mathbf{s} = (M\mathbf{i} + N\mathbf{j} + P\mathbf{k}) \bullet (dx\mathbf{i} + dy\mathbf{j} + dz\mathbf{k}) = Mdx + Ndy + Pdz$$

o que leva às seguintes notações alternativas:

$$\int_{\mathbf{r}} \mathbf{F} \bullet d\mathbf{s} = \int_{\mathbf{r}} Mdx + Ndy + Pdz \qquad \int_{C_{or}} \mathbf{F} \bullet d\mathbf{s} = \int_{C_{or}} Mdx + Ndy + Pdz$$

Neste caso, para calcular a integral, substituímos $x = x(t)$, $y = y(t)$ e $z = z(t)$ $(a \le t \le b)$ em $M(x, y, z)$, $N(x, y, z)$ e $P(x, y, z)$ e, em lugar de dx, dy e dz, escrevemos as respectivas derivadas, pois:

$$\mathbf{F}(\mathbf{r}(\mathbf{t})) \bullet \frac{d\mathbf{r}}{dt}(t) = M\frac{dx}{dt} + N\frac{dy}{dt} + P\frac{dz}{dt}$$

onde M, N e P estão calculadas em $(x(t), y(t), z(t))$, e $\frac{dx}{dt}$, $\frac{dy}{dt}$ e $\frac{dz}{dt}$ em t. Em seguida, integra-se de a a b.

Exemplo 53-8 Calcule $\int_{C_{or}} ydx + xydy + dz$, onde C_{or} é parametrizada por:

$$x = e^t,\ y = e^{-t},\ z = \ln(1+t), \quad 0 \le t \le e-1.$$

Resolução. Temos:

$$\frac{dx}{dt} = e^t \qquad \frac{dy}{dt} = -e^{-t} \qquad \frac{dz}{dt} = \frac{1}{1+t}$$

Logo:

$$\int_{C_{or}} ydx + xydy + dz = \int_0^{e-1} (e^{-t}.e^t + e^t e^{-t}(-e^{-t}) + \frac{1}{1+t})dt = \int_0^{e-1} (1 - e^{-t} + \frac{1}{1+t})dt$$

$$= (t + e^{-t} + \ln|1+t|)\Big|_0^{e-1} = e - 1 + e^{1-e} + \ln e - (0 + e^{-0} + \ln|1|)$$

$$= e + e^{1-e} - 1$$

Exercício 53-7 Calcule:

(a) $\int_{C_{or}} 2zdx + 2xdy + 2ydz$, C_{or} parametrizada por $x = 3t,\ y = 4t,\ z = 5t,\ 0 \le t \le 1$.

(b) $\int_{C_{or}} -dx + ydz$, C_{or} parametrizada por $x = t^3,\ y = t^2,\ z = t^4,\ 1 \le t \le 2$.

(c) $\int_{\mathbf{r}} yzdx + xzdy + xydz$, **r** dada por $x = t,\ y = t^2,\ z = t^3,\ 0 \le t \le 1$.

Examinaremos agora a questão de independência de caminho. Se você observar o Exemplo 53-5, notará que as duas curvas parametrizadas têm o mesmo ponto inicial (0,0,0) e o mesmo ponto final $(1,1,1)$, mas as integrais de linha do campo **F** ao longo delas são diferentes. Pode-se então formular a seguinte

Pergunta. Em que condições um campo de vetores **F** tem a propriedade de independência de caminho em um conjunto *D*?

Sendo **F** um campo de vetores e *D* um subconjunto do seu domínio, dizemos que **a integral de linha de F independe do caminho em *D*** se, dados quaisquer pontos $\boldsymbol{p}_1$ e $\boldsymbol{p}_2$ de *D*, a integral de linha de **F** ao longo de qualquer curva parametrizada em *D*, tendo $\boldsymbol{p}_1$ como ponto inicial e $\boldsymbol{p}_2$ como ponto final, só depende desses pontos.

A pergunta feita acima é mais natural quando se pensa na integral de linha como trabalho: em que condições um campo de forças é tal que o trabalho realizado de um ponto $\boldsymbol{p}_1$ até um ponto $\boldsymbol{p}_2$ independe do caminho que vai de $\boldsymbol{p}_1$ a $\boldsymbol{p}_2$, quaisquer que sejam estes pontos? O teorema seguinte é a chave da resposta.

Teorema Fundamental do Cálculo para integrais de linha de campos de vetores. Se f é de classe C^1 no aberto D e $\mathbf{r}$ é uma curva parametrizada de domínio $[a,b]$ com valores em D, com $\mathbf{r}(a)=\boldsymbol{p}_1$ e $\mathbf{r}(b)=\boldsymbol{p}_2$, então:

$$\int_{\mathbf{r}} \nabla f \bullet d\mathbf{s} = f(\boldsymbol{p}_2) - f(\boldsymbol{p}_1)$$

Em particular, se $\mathbf{r}$ é fechada, $\int_{\mathbf{r}} \nabla f \bullet d\mathbf{s} = 0.$

De fato:

$$\int_{\mathbf{r}} \nabla f \bullet d\mathbf{s} = \int_a^b \nabla f(\mathbf{r}(t)) \bullet \frac{d\mathbf{r}}{dt}(t)dt = \int_a^b \frac{d}{dt} f(\mathbf{r}(t))dt$$

$$= f(\mathbf{r}(t))\Big|_a^b = f(\mathbf{r}(b)) - f(\mathbf{r}(a)) = f(\boldsymbol{p}_2) - f(\boldsymbol{p}_1)$$

Na segunda igualdade usamos uma regra da cadeia (§34(D)) e, na seguinte, o Segundo Teorema Fundamental do Cálculo (§19(B)).

Um campo de vetores **F** para o qual existe f de classe C^1 tal que, em um domínio D, tem-se $\nabla f = \mathrm{F}$, é chamado de **campo gradiente** (ou **campo conservativo**) em D; neste caso, f chama-se **função potencial em *D*** para **F**.

O teorema acima nos assegura o seguinte:

A integral de linha de um campo gradiente em D independe do caminho em D.

Observações.

(1) O nome conservativo vem da Mecânica. Para um campo conservativo de forças, ao longo de qualquer movimento de uma partícula provocado exclusivamente por esse campo, a energia mecânica é constante, isto é, *se conserva*. Procure os detalhes com seu professor de Física.

(2) Somando-se uma constante a uma função potencial de um campo de vetores, obtém-se novamente uma função potencial para ele. Isto é óbvio, pois o gradiente de uma constante é nulo. Se o domínio do campo é um aberto conexo, vale a recíproca: duas funções potenciais do campo diferem por uma constante (§34(D)).

O problema que se coloca agora é: dado **F**, decidir se, para ele, existe ou não uma função potencial f em algum domínio e, em caso positivo, achá-la. Para ter uma idéia do problema, suponhamos que $\mathbf{F} = M\mathbf{i} + N\mathbf{j} + P\mathbf{k}$ tenha função potencial f, isto é, $\nabla f = \mathrm{F}$. Então:

$$\frac{\partial f}{\partial x}\mathbf{i} + \frac{\partial f}{\partial y}\mathbf{j} + \frac{\partial f}{\partial z}\mathbf{k} = M\mathbf{i} + N\mathbf{j} + P\mathbf{k} \qquad \therefore \qquad \frac{\partial f}{\partial x} = M \qquad \frac{\partial f}{\partial y} = N \qquad \frac{\partial f}{\partial z} = P$$

Derivando a primeira igualdade em y e a segunda em x, vem:

$$\frac{\partial^2 f}{\partial y \partial x} = \frac{\partial M}{\partial y} \qquad \frac{\partial^2 f}{\partial x \partial y} = \frac{\partial N}{\partial x}$$

Supondo f como no teorema de Schwarz (§36(B)), temos igualdade das derivadas mistas; logo, necessariamente, $\frac{\partial M}{\partial y} = \frac{\partial N}{\partial x}$. Com procedimento idêntico, obtém-se $\frac{\partial M}{\partial z} = \frac{\partial P}{\partial x}$ e $\frac{\partial N}{\partial z} = \frac{\partial P}{\partial y}$. Portanto:

$$\mathbf{rot\,F} = \nabla \wedge \mathbf{F} = \begin{vmatrix} \mathbf{i} & \mathbf{j} & \mathbf{k} \\ \frac{\partial}{\partial x} & \frac{\partial}{\partial y} & \frac{\partial}{\partial z} \\ M & N & P \end{vmatrix} = (\frac{\partial P}{\partial y} - \frac{\partial N}{\partial z})\,\mathbf{i} - (\frac{\partial P}{\partial x} - \frac{\partial M}{\partial z})\,\mathbf{j} + (\frac{\partial N}{\partial x} - \frac{\partial M}{\partial y})\,\mathbf{k} = \mathbf{0}$$

Conclusão:

Se **F** tem função potencial em um domínio, seu rotacional é nulo (ou, como se costuma dizer, **F** é **irrotacional**) nesse domínio.

Que bom seria se **rot F** $= \mathbf{0}$ em um domínio nos garantisse que **F** tem função potencial nele. Mas isto não vale em geral, por culpa (quem diria!) desse domínio. Para domínios especiais, chamados **domínios simplesmente conexos** (veja a seção (F)), se **rot F** $= \mathbf{0}$, então **F** tem função potencial. Para o momento, diremos que são domínios simplesmente conexos:

- $\mathbb{R}^3$.
- Um conjunto obtido de $\mathbb{R}^3$ por supressão de um número finito de pontos.
- Cada um dos dois conjuntos obtidos de $\mathbb{R}^3$ por supressão de um plano.

Registremos:

Se **rot F** $= \mathbf{0}$ no domínio simplesmente conexo D, onde **F** é de classe C^1, então **F** admite função potencial em D.

Exemplo 53-9 Sendo $\mathbf{F}(x, y, z) = yz\,\mathbf{i} + xz\,\mathbf{j} + xy\,\mathbf{k}$,

(a) mostre que **F** tem função potencial;

(b) ache uma função potencial para **F**;

(c) calcule $\int_{C_{or}} \mathbf{F} \bullet d\mathbf{s}$, onde C_{or} tem ponto inicial (1,2,3) e final (4,5,6).

Resolução.

(a) Temos:

$$\textbf{rot F} = \begin{vmatrix} \mathbf{i} & \mathbf{j} & \mathbf{k} \\ \dfrac{\partial}{\partial x} & \dfrac{\partial}{\partial y} & \dfrac{\partial}{\partial z} \\ yz & xz & xy \end{vmatrix} = \left(\frac{\partial(xy)}{\partial y} - \frac{\partial(xz)}{\partial z}\right)\mathbf{i} - \left(\frac{\partial(xy)}{\partial x} - \frac{\partial(yz)}{\partial z}\right)\mathbf{j} + \left(\frac{\partial(xz)}{\partial x} - \frac{\partial(yz)}{\partial y}\right)\mathbf{k}$$

$$= (x - x)\,\mathbf{i} - (y - y)\,\mathbf{j} + (z - z)\,\mathbf{k} = 0$$

Como o domínio de **F** é $\mathbb{R}^3$, que nos foi dito ser um domínio simplesmente conexo, então **F** tem função potencial.

(b) Procuremos f tal que $\nabla f = \mathbf{F}$, ou seja, $\dfrac{\partial f}{\partial x}\mathbf{i} + \dfrac{\partial f}{\partial y}\mathbf{j} + \dfrac{\partial f}{\partial z}\mathbf{k} = yz\,\mathbf{i} + xz\,\mathbf{j} + xy\,\mathbf{k}$.

Logo:

$$\frac{\partial f}{\partial x} = yz \qquad \frac{\partial f}{\partial y} = xz \qquad \frac{\partial f}{\partial z} = xy \qquad (\star)$$

Uma função que verifica a primeira equação é obtida integrando-se em x (considerando y e z constantes) o segundo membro yz e somando uma função que depende só de y e z:

$$f(x, y, z) = \int yz\,dx + g(y, z) = yzx + g(y, z) \qquad (\star\star)$$

(você pode comprovar isto calculando $\partial f/\partial x$). Desta relação vem que $\partial f/\partial y = \partial(yzx)/\partial y + \partial g/\partial y = zx + \partial g/\partial y$, substituindo na segunda equação de ($\star$), obtemos:

$$zx + \frac{\partial g}{\partial y} = xz \qquad \therefore \qquad \frac{\partial g}{\partial y} = 0$$

Esta última relação é satisfeita se $g(y, z) = h(z)$, ou seja, se g só depende de z. Então ($\star\star$) fica

$$f(x, y, z) = yzx + h(z)$$

Desta relação vem $\partial f/\partial z = yx + h'(z)$; substituindo na terceira equação de ($\star$), obtemos:

$$yx + h'(z) = xy \qquad \therefore \qquad h'(z) = 0$$

Esta última relação é satisfeita se h for função constante. A mais simples é a função nula. Neste caso, a expressão anterior de f fica:

$$f(x, y, z) = yzx$$ ◄

(c) Usando o teorema fundamental do Cálculo para integrais de linha, temos:

$$\int_{C_{or}} \mathbf{F} \bullet d\mathbf{s} = \int_{\mathbf{r}} \nabla f \bullet d\mathbf{s} = f(4,5,6) - f(1,2,3) = 4.5.6 - 1.2.3 = 114$$

Exemplo 53-10 Sendo $\mathbf{F}(x, y, z) = (x+z)\,\mathbf{i} - (y+z)\,\mathbf{j} + (x-y)\,\mathbf{k}$, ache uma função potencial para **F**.

Resolução. Deixaremos para você verificar que o rotacional dele é nulo, fato que acarreta, por ser seu domínio $\mathbb{R}^3$ um domínio simplesmente conexo, que existe uma função potencial f para ele. Procedemos como no item (b) do exemplo anterior. Devemos ter $\nabla f = \mathbf{F}$, isto é:

$$\frac{\partial f}{\partial x}\mathbf{i} + \frac{\partial f}{\partial y}\mathbf{j} + \frac{\partial f}{\partial z}\mathbf{k} = (x+z)\,\mathbf{i} - (y+z)\,\mathbf{j} + (x-y)\,\mathbf{k}$$

de onde resulta o sistema:

$$\frac{\partial f}{\partial x} = x + z \qquad \frac{\partial f}{\partial y} = -y - z \qquad \frac{\partial f}{\partial z} = x - y$$

Considerando a primeira equação, escrevemos:

$$f(x, y, z) = \int (x+z)dx + g(y, z) = \frac{1}{2}x^2 + zx + g(y, z)$$

Considerando esta expressão na segunda equação do sistema, vem:

$$\frac{\partial g}{\partial y} = -y - z$$

Esta equação está verificada se g é da forma:

$$g(y, z) = \int (-y - z)dy + h(z) = -\frac{1}{2}y^2 - zy + h(z)$$

Logo, a expressão de f fica:

$$f(x, y, z) = \frac{1}{2}x^2 + zx - \frac{1}{2}y^2 - zy + h(z)$$

Substituindo na terceira equação do sistema, resulta:

$$x - y + h'(z) = x - y \qquad \therefore \qquad h'(z) = 0$$

e podemos tomar h como sendo a função nula. A expressão de f fica:

$$f(x, y, z) = \frac{1}{2}x^2 + zx - \frac{1}{2}y^2 - zy$$

Exercício 53-8 Decida se o campo de vetores dado é um campo gradiente. Caso afirmativo, ache uma função potencial.

(a) $\mathbf{F}(x,y,z) = x\mathbf{i} + y\mathbf{j} + z\mathbf{k}$.

(b) $\mathbf{F}(x,y,z) = z\mathbf{i} + y\mathbf{j} + z\mathbf{k}$.

(c) $\mathbf{F}(x,y,z) = a\mathbf{i} + b\mathbf{j} + c\mathbf{k}$, a, b, c constantes.

(d) $\mathbf{F}(x,y,z) = yz\mathbf{i} + xz\mathbf{j} + (xy+2z)\mathbf{k}$.

(e) $\mathbf{F}(x,y,z) = 2xy\mathbf{i} + (x^2+z)\mathbf{j} + (1+y)\mathbf{k}$.

(f) $\mathbf{F}(x,y,z) = (2xy^3+z)\mathbf{i} + 3x^2y^2\mathbf{j} + x\mathbf{k}$.

(g) $\mathbf{F}(x,y,z) = y^3\mathbf{i} + 3xy^2\mathbf{j} + \cos z\mathbf{k}$.

(h) $\mathbf{F}(x,y,z) = e^{xy}\,(y\mathbf{i} + x\mathbf{j})$.

(i) $\mathbf{F}(x,y,z) = \dfrac{2}{1+x^2+y^2+z^2}\,(x\mathbf{i} + y\mathbf{j} + z\mathbf{k})$.

(j) $\mathbf{F}(x,y,z) = \dfrac{1}{1+(x+y)^2}(\mathbf{i} + \mathbf{j})$.

Exercício 53-9

(a) Sendo $\mathbf{F}(x,y,z) = k\,\dfrac{\mathbf{r}}{\|\mathbf{r}\|^3}$, onde $k \neq 0$ é uma constante e $\mathbf{r} = x\,\mathbf{i} + y\,\mathbf{j} + z\,\mathbf{k}$, mostre que $\mathbf{F}$ é um campo gradiente e ache uma função potencial.

(b) Calcule o trabalho efetuado pela força de atração de uma partícula de massa M, fixa na origem, sobre uma partícula de massa m, em um deslocamento seu desde um ponto distante d_1 de O até um ponto distante d_2 de O. A força de atração é dada por:

$$\mathbf{F}(x,y,z) = -\frac{GMm}{r^2}\,\frac{\mathbf{r}}{\|\mathbf{r}\|}$$

onde G é a constante de gravitação universal e $r = \|\mathbf{r}\|$.

As considerações que fizemos para campos de vetores dependendo de três variáveis x, y e z têm suas contrapartidas para campos que dependem de duas variáveis x e y. Neste caso, a condição do rotacional nulo se reduz, sendo $\mathbf{F} = M\mathbf{i} + N\mathbf{j}$, à seguinte:

$$\frac{\partial M}{\partial y} = \frac{\partial N}{\partial x} \qquad (\cdot\!\vdots\!\cdot)$$

Esta condição, verificada em um domínio simplesmente conexo, permite concluir que existe função potencial para o campo. Os domínios simplesmente conexos de $\mathbb{R}^2$ são abertos conexos (§34(D)) que não têm "buracos", de modo que o conjunto obtido de $\mathbb{R}^2$ por supressão de um ou mais pontos não é simplesmente conexo.

Exemplo 53-11

(a) Calcule $\int_{C_{or}} \mathbf{F} \bullet d\mathbf{s}$, sendo $\mathbf{F}(x, y) = \dfrac{y}{x^2 + y^2}\,\mathbf{i} - \dfrac{x}{x^2 + y^2}\,\mathbf{j}$ e C a circunferência de centro na origem e raio 1, orientada no sentido anti-horário.

(b) Sendo $\mathbf{F}(x, y) = (4x + 2y^2)\,\mathbf{i} + 4xy\,\mathbf{j}$, mostre que $\mathbf{F}$ é um campo gradiente e ache uma função potencial.

Resolução.

(a) Podemos parametrizar C por $\mathbf{r}(t) = (\cos t, \text{sen}\, t) = \cos t\,\mathbf{i} + \text{sen}\, t\,\mathbf{j}$, $0 \le t \le 2\pi$ (Exemplo 30-3(b)). Temos:

$$\frac{d\mathbf{r}}{dt} = \left(\frac{d\cos t}{dt}, \frac{d\,\text{sen}\, t}{dt}\right) = (-\text{sen}\, t, \cos t)$$

$$\mathbf{F}(\mathbf{r}(t)) = \mathbf{F}(\cos t, \text{sen}\, t) = \frac{\text{sen}\, t}{\cos^2 t + \text{sen}^2 t}\,\mathbf{i} - \frac{\cos t}{\cos^2 t + \text{sen}^2 t}\,\mathbf{j} = (\text{sen}\, t, -\cos t)$$

$$\mathbf{F}(\mathbf{r}(t)) \bullet \frac{d\mathbf{r}}{dt}(t) = (\text{sen}\, t, -\cos t) \bullet (-\text{sen}\, t, \cos t) = -\text{sen}^2 t - \cos^2 t = -1$$

Logo:

$$\int_{C_{or}} \mathbf{F} \bullet d\mathbf{s} = \int_0^{2\pi} \mathbf{F}(\mathbf{r}(t)) \bullet \frac{d\mathbf{r}}{dt}(t)\,dt = \int_0^{2\pi} (-1)\,dt = -2\pi$$ ◄

(b) Temos $M(x, y) = 4x + 2y^2$, $N(x, y) = 4xy$. Então $\partial M/\partial y = 4y$ e $\partial N/\partial x = 4y$; logo, (•⁜•) se verifica. Como $\mathbb{R}^2$ é simplesmente conexo, $\mathbf{F}$ tem função potencial, ou seja, é um campo gradiente. Para determinar uma função potencial f, devemos ter $\nabla f = \mathbf{F}$:

$$\frac{\partial f}{\partial x}\,\mathbf{i} + \frac{\partial f}{\partial y}\,\mathbf{j} = (4x + 2y^2)\,\mathbf{i} + 4xy\,\mathbf{j}$$

de onde resulta o sistema:

$$\frac{\partial f}{\partial x} = 4x + 2y^2 \qquad \frac{\partial f}{\partial y} = 4xy$$

Uma função que satisfaz a primeira equação é:

$$f(x, y) = \int (4x + 2y^2)\,dx + g(y) = 2x^2 + 2y^2 x + g(y)$$

Substituindo na segunda equação, vem:

$$4yx + g'(y) = 4xy \qquad \therefore \qquad g'(y) = 0$$

Esta relação é satisfeita se tomarmos como g a função nula. Isto, na expressão de f acima, fornece:

$$f(x, y) = 2x^2 + 2y^2x \qquad \prec$$

Observação. É essencial, para garantir que existe uma função potencial para um campo que satisfaz (✣) em um domínio D, que este seja simplesmente conexo. De fato, o item (a) do exemplo anterior nos mostra um campo que satisfaz (✣), como você pode verificar, cujo domínio não é simplesmente conexo, para o qual não existe uma função potencial. De fato, se existe uma, como a curva de integração é fechada, o Teorema Fundamental do Cálculo para integrais de linha fornece o valor 0 para a integral proposta, o que contradiz o valor achado -2π.

Exercício 53-10 Calcule:

(a) $\int_{\mathbf{r}} \mathbf{F} \bullet d\mathbf{s}$, sendo $\mathbf{F}(x, y) = x^2\,\mathbf{i} - xy\,\mathbf{j}$, $\mathbf{r}$ dada por $x = \cos t$, $y = \operatorname{sen} t$, $0 \le t \le \pi$.

(b) $\int_{C_{or}} \mathbf{F} \bullet d\mathbf{s}$, sendo $\mathbf{F}(x, y) = 2y\,\mathbf{i} + 4\mathbf{y}\,\mathbf{j}$, C a parábola $y = x^2$, orientada de $A = (1,1)$ a $B = (2,4)$.

(c) $\int_{C_{or}} 2xydx + (x^2 + y^2)dy$, C_{or} parametrizada por $x = t^2$, $y = t^3$, $0 \le t \le 1$.

Exercício 53-11 Decida se o campo de vetores dado é um campo gradiente. Caso afirmativo, ache uma função potencial.

(a) $\mathbf{F}(x, y) = x^2\,\mathrm{i} + y^2\,\mathrm{j}$.

(b) $\mathbf{F}(x, y) = 3x^2y\,\mathrm{i} + x^3\,\mathrm{j}$.

(c) $\mathbf{F}(x, y) = e^x \cos y\,\mathbf{i} - e^x \operatorname{sen} y\,\mathbf{j}$.

(d) $\mathbf{F}(x, y) = (e^{x+y} + \cos(x-y))\,\mathbf{i} + (e^{x+y} - \cos(x-y))\,\mathbf{j}$.

(e) $\mathbf{F}(x, y) = (2x\cos y - y^2 \operatorname{sen} x)\,\mathbf{i} + (2y\cos x - x^2 \operatorname{sen} y)\,\mathbf{j}$.

(f) $\mathbf{F}(x, y) = \dfrac{2xy}{1 + x^4y^2}\,\mathbf{i} + \dfrac{1 + x^4y^2 + x^2}{1 + x^4y^2}\,\mathbf{j}$.

(F) Complementos

1. ***Domínio simplesmente conexo.*** Um **laço** em um conjunto A é a imagem de uma função contínua $\mathbf{r}$ tendo $[a,b]$ por domínio, com valores em A, tal que $\mathbf{r}(a) = \mathbf{r}(b)$. Um **domínio simplesmente conexo** D de $\mathbb{R}^n$ é um subconjunto de $\mathbb{R}^n$ que verifica as duas condições seguintes, enunciadas sem qualquer pretensão de rigor matemático:

- D é aberto conexo (§34(D)).
- Todo laço contido em D pode ser deformado continuamente (isto é, sem rupturas) a um ponto, sem sair de D.

Estas condições são obviamente verificadas para $\mathbb{R}^n$, que é, pois, um domínio simplesmente conexo. Para $n \geq 3$, qualquer subconjunto de $\mathbb{R}^n$ obtido por supressão de um número finito de pontos é um domínio simplesmente conexo. Já no caso de $\mathbb{R}^2$, tal propriedade não vale, pois um laço que envolva um "buraco" não pode ser deformado continuamente a um ponto sem passar pelo "buraco". No caso de $\mathbb{R}^3$, se suprimirmos uma reta, o conjunto obtido não é simplesmente conexo, pois um laço que envolva esta reta não pode ser deformado continuamente a um ponto sem sair do conjunto (no processo de deformação, vai existir um instante em que o laço passa pela reta, e aí ele não fica contido no domínio). Um aberto conexo com forma de abacate sem caroço é um domínio simplesmente conexo, mas um com forma de maçã furada por um cilindro (fazendo um túnel nela) já não é. No caso de $\mathbb{R}^2$, podemos dizer, e esperamos que você concorde, que os domínios simplesmente conexos são os abertos conexos sem buracos. Na Figura 53-7 ilustramos alguns casos.

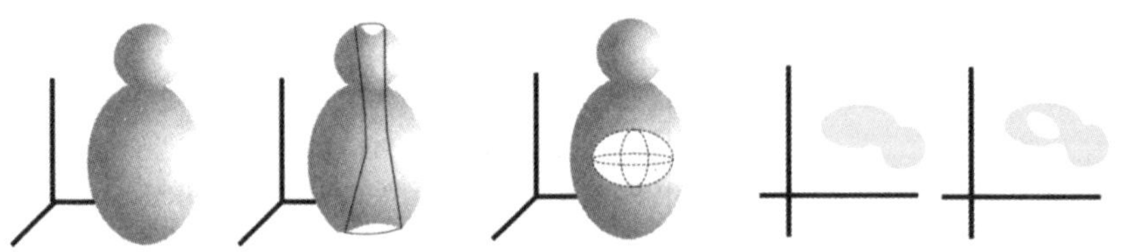

Figura 53-7

2. ***Independência de caminho.*** O seguinte resultado vale:

Seja **F** um campo de vetores contínuo no aberto D de $\mathbb{R}^3$. As seguintes condições são equivalentes (isto é, qualquer uma implica as demais):

(a) **F** é um campo gradiente.

(b) A integral de linha de **F** independe do caminho em D.

(c) $\int_{\mathbf{r}} \mathbf{F} \bullet d\mathbf{s} = 0$, qualquer que seja **r** fechada com valores em D.

Se D for um domínio simplesmente conexo, pode-se acrescentar às condições acima a seguinte:

(d) $\mathbf{rot}\, \mathbf{F} = \mathbf{0}$.

(Note que (a) implica (b) decorre do teorema fundamental do Cálculo para integrais de linha.) O resultado vale se D é subconjunto de $\mathbb{R}^2$, caso em que a condição (d) deve ser trocada por $\dfrac{\partial M}{\partial y} = \dfrac{\partial N}{\partial x}$, onde $\mathbf{F} = M\mathbf{i} + N\mathbf{j}$.

3. ***Propriedades do gradiente, do divergente e do rotacional.*** Citamos, sem demonstração, as seguintes propriedades (a e b são números reais; f e g são campos escalares, **F** e **G** campos de vetores, admitindo derivadas parciais de ordem suficiente):

(a) $\nabla(af + bg) = a\nabla f + b\nabla g$.

(b) $\nabla(fg) = f\,\nabla g + g\nabla f$.

(c) $\nabla \bullet (a\mathbf{F} + b\mathbf{G}) = a\nabla \bullet \mathbf{F} + b\nabla \bullet \mathbf{G}$.

(d) $\nabla \bullet (f\,\mathbf{F}) = f\,\nabla \bullet \mathbf{F} + \nabla f \bullet \mathbf{F}$.

(e) $\nabla \wedge (a\mathbf{F} + b\mathbf{G}) = a\nabla \wedge \mathbf{F} + b\nabla \wedge \mathbf{G}$.

(f) $\nabla \wedge (f\,\mathbf{F}) = f\,\nabla \wedge \mathbf{F} + \nabla f \wedge \mathbf{F}$.

(g) $\nabla \bullet (\mathbf{F} \wedge \mathbf{G}) = -\mathbf{F} \bullet (\nabla \wedge \mathbf{G}) + \mathbf{G} \bullet (\nabla \wedge \mathbf{F})$.

(h) $\nabla \wedge (\nabla f) = \mathbf{0}$.

(i) $\nabla \bullet (\nabla \wedge \mathbf{F}) = 0$.

Respostas dos exercícios do §53

53-1

(a) 10π. (b) $\sqrt{14}$. (c) 24/5. (d) 14/3. (e) 56/27. (f) $\ln(2+\sqrt{3})$.

53-2

(a) $6\pi + 2$. (b) $28(2\sqrt{2} - 1)$. (c) $\sqrt{2}$. (d) 16π. (e) 0. (f) π. (g) $3\sqrt{2}$.

53-3 (a) 0. (b) $14^{3/2} - 1$.

53-4

(a) div**F** $(x, y, z) = 3$. rot**F** $(x, y, z) = 0$.

(b) div**F** $(x, y, z) = 2x + 3xy^2 + xy$. rot**F** $(x, y, z) = xz\,\mathbf{i} - yz\,\mathbf{j} + y^3\mathbf{k}$.

(c) div**F** $(x, y, z) = 2x + x\cos(xy)$. rot**F** $(x, y, z) = y\cos(xy)\,\mathbf{k}$.

(d) div**F** $(x, y, z) = e^x + 1 - \dfrac{1}{y}$. rot**F** $(x, y, z) = \dfrac{1}{z}\mathbf{i} - \dfrac{1}{x}\mathbf{k}$.

(e) div**F** $(x, y, z) = \dfrac{1}{y} + \dfrac{1}{x} - \dfrac{x}{z^2}$. rot**F** $(x, y, z) = -\dfrac{1}{z}\mathbf{j} + (\dfrac{x}{y^2} - \dfrac{y}{x^2})\,\mathbf{k}$.

(f) div**F** $(x, y, z) = \dfrac{2}{r}$. rot**F** $(x, y, z) = \mathbf{0}$.

53-5

(a) $2\pi^2$. (b) 5/6. (c) $2\pi + 4\pi^2$. (d) 11.

53-6

(a) 0. (b) $-2/3$.

53-7

(a) 47. (b) 35. (c) 1.

53-8

(a) $f(x,y,z) = (x^2+y^2+z^2)/2$. (b) Não é campo gradiente.

(c) $f(x,y,z) = ax+by+cz$. (d) $f(x,y,z) = xyz+z^2$.

(e) $f(x,y,z) = x^2y+z+yz$. (f) $f(x,y,z) = x^2y^3+xz$.

(g) $f(x,y,z) = xy^3 + \operatorname{sen} z$. (h) $f(x,y,z) = e^{xy}$.

(i) $f(x,y,z) = \ln(1+x^2+y^2+z^2)$. (j) $f(x,y,z) = \operatorname{arctg}(x+y)$.

53-9 (a) $f(x,y,z) = -\dfrac{k}{r}$. (b) $GMm(\dfrac{1}{d_2} - \dfrac{1}{d_1})$.

53-10 (a) $-4/3$. (b) $104/3$. (c) $4/3$.

53-11

(a) $f(x,y) = (x^3+y^3)/3$. (b) $f(x,y) = x^3y$.

(c) $f(x,y) = e^x \cos y$. (d) $f(x,y) = e^{x+y} + \operatorname{sen}(x-y)$.

(e) $f(x,y) = x^2\cos y + y^2 \cos x$. (f) $f(x,y) = \operatorname{arctg}(x^2y) + y$.

§54- INTEGRAIS DE SUPERFÍCIE

(A) As superfícies que vamos considerar

Intuitivamente, uma superfície é obtida de uma lâmina bidimensional plana, por uma deformação suave (sem quinas nem bicos) que pode curvá-la e esticá-la. A lâmina pode ser modelizada por um conjunto D bidimensional, e a deformação por uma função σ, tendo D por domínio, tomando valores em $\mathbb{R}^3$, cuja imagem é a superfície. Escrevendo $\sigma(u,v) = (x(u,v), y(u,v), z(u,v))$, obtemos funções reais x, y e z, de domínio D, chamadas **funções componentes** de σ, que, por razões técnicas, serão supostas de classe C^1 (§34(F)), caso em que σ é dita de classe C^1. u e v são referidos como **parâmetros**. A Figura 54-1(a) ilustra.

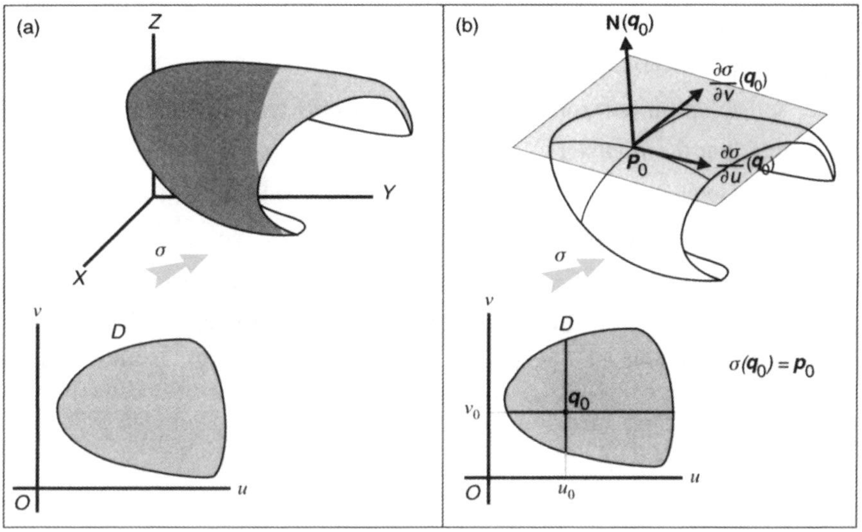

Figura 54-1

• Para simplificar a nossa vida, tomaremos D como uma **região simples**, esta definida como uma região de tipo (I) ou tipo (II) (§37(B)), que, recordamos, são dadas por:

Tipo (I): $a \le x \le b,$ $g_1(x) \le y \le g_2(x)$

Tipo (II): $h_1(y) \le x \le h_2(y)$ $c \le y \le d$

onde as funções citadas são contínuas. Nesses casos, o **interior** de D é o conjunto dado pelas desigualdades obtidas das anteriores pela substituição de todos os sinais $\le$ por $<$, e a **fronteira** de D é o conjunto obtido tirando de D o seu interior (é a curva que "limita" D).

• Vamos querer que a parametrização "percorra" a superfície apenas uma vez. Na verdade, basta que isso ocorra no interior de D, pois a fronteira de D será levada em um conjunto de área nula, o que, para os nossos propósitos de integração, é irrelevante. Exigiremos, então, que σ seja **injetora** no interior de D, quer dizer, pontos distintos do interior são levados em pontos distintos por σ. Além disso, para evitar auto-interseção envolvendo ponto que provém do interior de D, impomos que se $\boldsymbol{q}_1$ está no interior de D e $\boldsymbol{q}_2$ na fronteira de D, tem-se $\sigma(\boldsymbol{q}_1) \neq \sigma(\boldsymbol{q}_2)$. Esta última condição está automaticamente verificada se σ é injetora.

• Para evitar quinas e bicos, especializaremos ainda mais a parametrização. Inicialmente, introduzimos as seguintes notações, sendo σ como acima:

$$\frac{\partial\sigma}{\partial u} = \left(\frac{\partial x}{\partial u}, \frac{\partial y}{\partial u}, \frac{\partial z}{\partial u}\right) \qquad \frac{\partial\sigma}{\partial v} = \left(\frac{\partial x}{\partial v}, \frac{\partial y}{\partial v}, \frac{\partial z}{\partial v}\right)$$

Considere (u_0, v_0) de D. A curva parametrizada, definida em um intervalo conveniente contendo u_0, que a u associa (u, v_0), tem traço retilíneo, paralelo ao eixo Ou, e dá margem à curva parametrizada que a u associa $\sigma\ (u, v_0)$, cujo traço, referido como **curva v constante**, está na superfície e passa pelo ponto $\boldsymbol{p}_0 = \sigma\ (u_0, v_0)$ (Figura 54-1(b)). A velocidade desta curva parametrizada é obtida derivando as componentes de $\sigma\ (u, v_0)$ em relação a u e calculando em $u = u_0$, ou seja, é $(\partial\sigma/\partial u)(u_0, v_0)$. Analogamente, considerando a curva parametrizada que a v associa $\sigma\ (u_0, v)$, referida como **curva u constante**, obtemos o vetor tangente $(\partial\sigma/\partial v)(u_0, v_0)$. Tais vetores, supostos não-nulos, são tangentes à superfície em $\boldsymbol{p}_0 =\ (u_0, v_0)$ (Figura 54-1(b)), de modo que é natural, para termos um plano tangente nesse ponto, impor que esses vetores não sejam nulos nem paralelos, condições que são verificadas se o seu produto vetorial é não-nulo. Usando a notação:

$$\mathbf{N}_\sigma = \frac{\partial\sigma}{\partial u} \wedge \frac{\partial\sigma}{\partial v}$$

que simplificaremos freqüentemente para **N**, vemos que $\mathbf{N}(u_0, v_0)$ é um vetor normal ao plano tangente, sendo natural então dizer que ele é normal à superfície em $\boldsymbol{p}_0$. Para não sermos muito restritivos, imporemos que este produto vetorial não se anule no interior de D.

Eis as definições:

(a) Uma **superfície parametrizada** é uma função σ de classe C^1 (§34(F)), tendo por domínio uma região simples D.

(b) Uma **superfície** é a imagem M de uma superfície parametrizada σ tal que, sendo D seu domínio, tem-se:

- σ é injetora no interior de D; além disso, se $\boldsymbol{q}_1$ está no interior de D, $\boldsymbol{q}_2$ na fronteira de D, tem-se $\sigma(\boldsymbol{q}_1) \neq \sigma(\boldsymbol{q}_2)$.
- $\mathbf{N}_\sigma$ não se anula no interior de D.

Uma tal σ é chamada de **parametrização** de M.

(c) Se $\boldsymbol{\sigma}$ é uma parametrização da superfície M, e $\boldsymbol{p}_0 = \sigma(\boldsymbol{q}_0)$ é tal que $\mathbf{N}_\sigma(\boldsymbol{q}_0) \neq \mathbf{0}$, o **plano tangente** a M em $\boldsymbol{p}_0$ é o plano que passa por $\boldsymbol{p}_0$ e tem esse vetor como vetor normal. Neste caso, um vetor da forma $\alpha\mathbf{N}$, $\alpha \neq 0$, é dito **normal a M em $\boldsymbol{p}_0$**.

Observação. Pode-se provar que o plano tangente a uma superfície em um ponto independe da parametrização usada para defini-lo, desde que ele provenha de um ponto interior do domínio dessa parametrização.

Exemplo 54-1

(a) Se $z = f(x, y)$, f sendo de classe C^1, tendo por domínio uma região simples D, o gráfico da função f é uma superfície, e uma parametrização é dada por $\sigma\ (x, y) = (x, y, f(x, y))$, x no papel de u, y no de v (Figura 54-2(a)). De fato:

- σ é injetora pois, se $\sigma\ (x, y) = \sigma\ (x', y')$, isto é, $(x, y, f(x, y)) = (x', y', f(x', y'))$, então a igualdade das duas primeiras componentes nos dá $x = x'$ e $y = y'$:
- Por outro lado:

$$\mathbf{N} = \frac{\partial \sigma}{\partial x} \wedge \frac{\partial \sigma}{\partial y} = (1,0,\frac{\partial f}{\partial x}) \wedge (0,1,\frac{\partial f}{\partial y}) = \begin{vmatrix} \mathbf{i} & \mathbf{j} & \mathbf{k} \\ 1 & 0 & \dfrac{\partial f}{\partial x} \\ 0 & 1 & \dfrac{\partial f}{\partial y} \end{vmatrix} = -\frac{\partial f}{\partial x}\mathbf{i} - \frac{\partial f}{\partial y}\mathbf{j} + \mathbf{k}$$

certamente não se anula em D. ∢

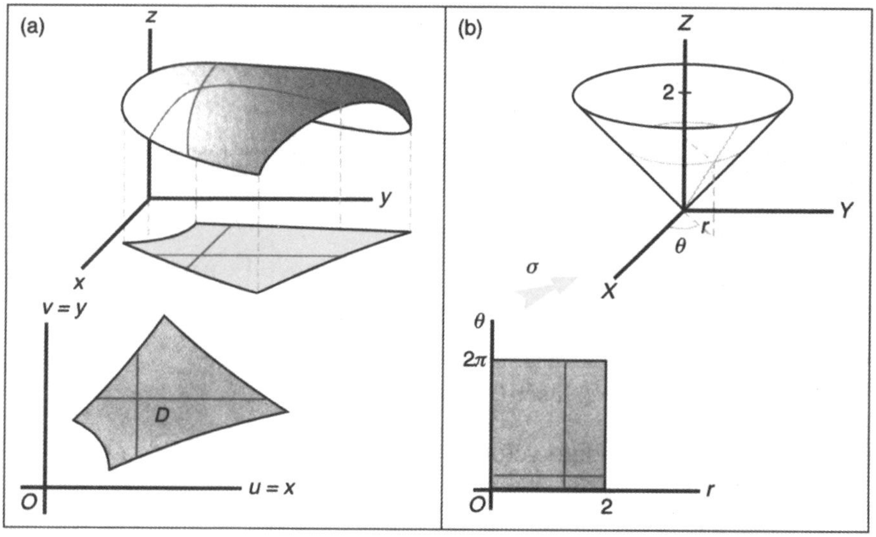

Figura 54-2

(b) Mostraremos que o gráfico da função dada por $z = \sqrt{x^2 + y^2}$, com domínio sendo o círculo $x^2 + y^2 \leq 4$, é uma superfície. Ela pode ser parametrizada usando coordenadas cilíndricas (§40(C)). Lembrando que $x = r\cos\theta$, $y = r\,\text{sen}\,\theta$, temos, substituindo na equação dada, que $z = r$, e, na desigualdade dada, que $r^2 \leq 4$, donde $0 \leq r \leq 2$. Podemos tomar então $\sigma\ (r,\theta) = (r\cos\theta, r\,\text{sen}\,\theta, r)$, $0 \leq r \leq 2$, $0 \leq \theta \leq 2\pi$, desigualdades que definem D (Figura 54-2(b)), cujo interior é dado por $0 < r < 2$, $0 < \theta < 2\pi$. Mostremos que σ é uma parametrização do gráfico da função.

- Suponhamos $\sigma\ (r,\theta) = \sigma\ (r',\theta')$, isto é, $(r\cos\theta, r\,\text{sen}\,\theta, r) = (r'\cos\theta', r'\text{sen}\,\theta', r')$, que equivale a $r\cos\theta = r'\cos\theta'$, $r\,\text{sen}\,\theta = r'\text{sen}\,\theta'$, $r = r'$, ou seja, a:

$$r\cos\theta = r\cos\theta' \qquad r\,\mathrm{sen}\,\theta = r\,\mathrm{sen}\,\theta' \qquad r = r'$$

Se (r,θ) está no interior de D, temos $r \neq 0$; logo, estas equações equivalem a:

$$\mathrm{sen}\,\theta = \mathrm{sen}\,\theta' \qquad \cos\theta = \cos\theta' \qquad r = r'$$

Se (r',θ') também está no interior, as duas primeiras equações nos dão $\theta = \theta'$, e assim, σ é injetora no interior de D.

Se (r',θ') não está no interior, devido à terceira equação (r',θ') e (r,θ) estão na mesma vertical; então, necessariamente $\theta' = 0$ ou $\theta' = 2\pi$, casos nos quais as duas primeiras equações nos dão $\mathrm{sen}\,\theta = 0$, $\cos\theta = 1$, o que é impossível, pois $0 < \theta < 2\pi$.

- Por outro lado, temos (omitindo o ponto (r,θ) onde se calcula, para aliviar a notação):

$$\frac{\partial\sigma}{\partial r} = (\frac{\partial x}{\partial r}, \frac{\partial y}{\partial r}, \frac{\partial z}{\partial r}) = (\frac{\partial(r\cos\theta)}{\partial r}, \frac{\partial(r\,\mathrm{sen}\,\theta)}{\partial r}, \frac{\partial r}{\partial r}) = (\cos\theta, \mathrm{sen}\,\theta, 1)$$

$$\frac{\partial\sigma}{\partial\theta} = (\frac{\partial x}{\partial\theta}, \frac{\partial y}{\partial\theta}, \frac{\partial z}{\partial\theta}) = (\frac{\partial(r\cos\theta)}{\partial\theta}, \frac{\partial(r\,\mathrm{sen}\,\theta)}{\partial\theta}, \frac{\partial r}{\partial\theta}) = (-r\,\mathrm{sen}\,\theta, r\cos\theta, 0)$$

$$\mathbf{N} = \frac{\partial\sigma}{\partial r} \wedge \frac{\partial\sigma}{\partial\theta} = \begin{vmatrix} \mathbf{i} & \mathbf{j} & \mathbf{k} \\ \cos\theta & \mathrm{sen}\,\theta & 1 \\ -r\,\mathrm{sen}\,\theta & r\cos\theta & 0 \end{vmatrix} = -r\cos\theta\,\mathbf{i} - r\,\mathrm{sen}\,\theta\,\mathbf{j} + r\,\mathbf{k}$$

$$\|\mathbf{N}\| = \sqrt{(-r\cos\theta)^2 + (-r\,\mathrm{sen}\,\theta)^2 + r^2} = r\sqrt{2}$$

Portanto, vemos que o produto vetorial não se anula no interior de D. ◄

Observações.

(1) No caso (a) do exemplo anterior, $-\frac{\partial f}{\partial x}\mathbf{i} - \frac{\partial f}{\partial y}\mathbf{j} + \mathbf{k}$ é normal à superfície, o que é consistente com o que obtivemos no §34(B) e na última observação do §34(D).

(2) A verificação do segundo item sobre σ, do ponto de vista formal, pode ser evitada nos casos em que a geometria da parametrização é evidente. Isto ocorre no caso (b) do exemplo visto. Se você imaginar o retângulo D se movendo, enrolando-se de modo que o lado superior se aproxime do inferior, e ao mesmo tempo se afunilando até se transformar na superfície cônica, quando então os referidos lados coincidem, dando o segmento de geratriz no semiplano $x \geq 0$ do plano xz, a referida condição passa a ser evidente. Nos exercícios, você pode usar este procedimento alternativo.

Exercício 54-1 Mostre que são superfícies os conjuntos dados por:

(a) $z = x^2 + y^2$, $x^2 + y^2 \leq 1$.

(b) $x + y + z = 1$, $|x| \leq 1$, $|y| \leq 1$.

(c) $z = 1$, $1 \leq x \leq 2$, $x^2 \leq y \leq x^3$.

Exercício 54-2 Uma parametrização da superfície esférica $x^2 + y^2 + z^2 = a^2$ $(a > 0)$ se obtém usando coordenadas esféricas (§40(D)), com $\rho = a$: $x = a\,\text{sen}\,\phi\cos\theta$, $y = a\,\text{sen}\,\phi\,\text{sen}\,\theta$. Substituindo na equação dada, resulta $z = a\cos\phi$, onde levamos em conta a escolha $0 \leq \theta \leq 2\pi$, $0 \leq \phi \leq \pi$ (Figura 54-3(a)).

(a) Mostre que a superfície esférica é uma superfície no sentido introduzido nesta seção.

(b) Com a parametrização indicada, não é possível determinar vetores normais à superfície em dois pontos, $(0,0,a)$ e $(0,0,-a)$. Mostre que em tais pontos existem vetores normais, usando as mesmas equações da parametrização anterior, com $0 \leq \theta \leq \pi$, $-\pi \leq \phi \leq \pi$, para cobrir tais pontos.

Exercício 54-3 Prove que o subconjunto de $\mathbb{R}^3$ dado por $x^2 + y^2 = 1$, $0 \leq z \leq 3$, é uma superfície.

Ajuda. Use coordenadas cilíndricas.

Exercício 54-4 Sendo $y = f(x)$, f de classe C^1, tendo domínio dado por $a \leq x \leq b$, o conjunto obtido pela rotação, em torno de Ox, do gráfico de f, é conhecido como **superfície de rotação em torno de Ox**. Dê uma condição suficiente para que ela seja uma superfície no nosso sentido, usando a parametrização indicada na Figura 54-3(b), onde os parâmetros são x e θ.

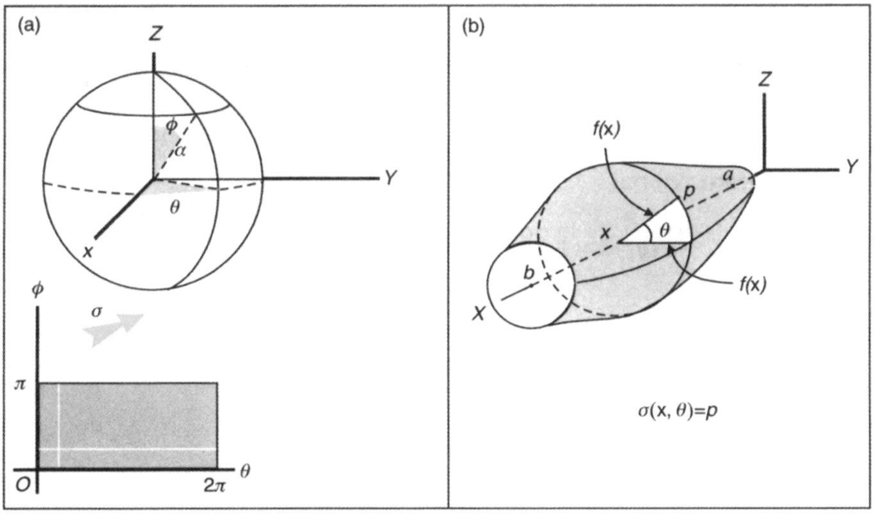

Figura 54-3

(B) Área de uma superfície

Para motivar a fórmula que dá a área de uma superfície M, vamos supor, para simplificar, que ela tem uma parametrização σ cujo domínio D é retangular, de lados paralelos aos eixos. Subdividimos D em regiões retangulares $D_1, \ldots, D_n$ através de curvas parametrizadas u constante e v constante, as quais, através da parametrização, fornecem uma subdivisão da superfície em "regiões retangulares curvilíneas" $\sigma(D_1), \ldots, \sigma(D_n)$, conforme mostra a Figura 54-4.

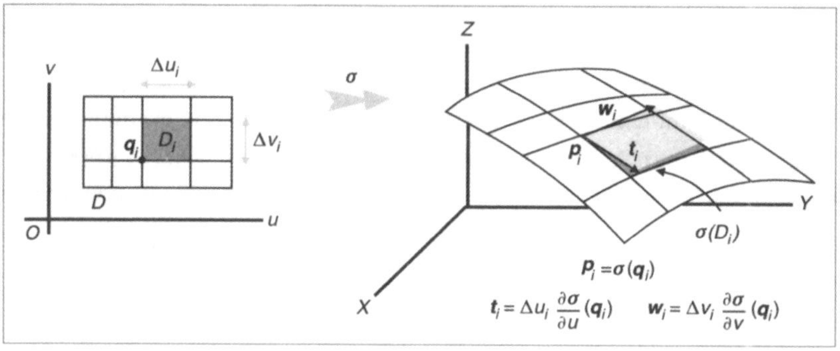

Figura 54-4

Sendo Δu_i e Δv_i as dimensões de D_i, a área de $\sigma(D_i)$ será aproximada pela área do paralelogramo determinado pelos vetores $\Delta u_i(\partial\sigma/\partial u)$ e $\Delta v_i(\partial\sigma/\partial v)$, as derivadas parciais calculadas em $\boldsymbol{q}_i$, vértice inferior esquerdo de D_i. Isto porque tais vetores são tangentes em $\boldsymbol{p}_i = \sigma(\boldsymbol{q}_i)$ aos "lados" de $\sigma(D_i)$ e seus comprimentos são aproximações dos comprimentos respectivos desses lados (em termos físicos, temos, por exemplo, que $\|\partial\sigma/\partial u\|\Delta u_i$ é o tamanho da velocidade vetorial suposta constante vezes o tempo decorrido Δu_i, ou seja, uma aproximação do espaço percorrido, este último sendo o comprimento de um "lado" de $\sigma(D_i)$). A área do paralelogramo é, como vimos em §30(A), dada pelo tamanho do seu produto vetorial:

$$\| \Delta u_i \frac{\partial\sigma}{\partial u}(\boldsymbol{q}_i) \wedge \Delta v_i \frac{\partial\sigma}{\partial v}(\boldsymbol{q}_i) \| = \| \frac{\partial\sigma}{\partial u}(\boldsymbol{q}_i) \wedge \frac{\partial\sigma}{\partial v}(\boldsymbol{q}_i) \| . | \Delta u_i \Delta v_i | = \| \mathbf{N}(\boldsymbol{q}_i) \| . A(D_i)$$

Logo:

$$A(\sigma(D_i)) \cong \| \mathbf{N}(\boldsymbol{q}_i) \| . A(D_i) \qquad (\clubsuit)$$

Temos então, para a área de M:

$$A(M) = A(\sigma(D_1)) + \ldots + A(\sigma(D_n)) \cong \| \mathbf{N}(\boldsymbol{q}_1) \| . A(D_1) + \ldots + \| \mathbf{N}(\boldsymbol{q}_n) \| . A(D_n)$$

O segundo membro é uma soma de Riemann da função que a cada $\boldsymbol{q}$ de D associa $\| \mathbf{N}(\boldsymbol{q}) \|$, de modo que, por um argumento bastante usado por nós, definimos:

A área de uma superfície M é:

$$A(M) = \iint_D \| \mathbf{N} \| \, dA = \iint_D \| \frac{\partial\sigma}{\partial u} \wedge \frac{\partial\sigma}{\partial v} \| \, dA$$

onde σ é uma parametrização de M, de domínio D.

Observação. Pode-se provar que a definição de área independe da parametrização de M.

Antes de um exemplo, determinaremos uma expressão para o integrando, útil para seu cálculo. Usando a identidade vetorial $\|\mathbf{u} \wedge \mathbf{v}\|^2 = \|\mathbf{u}\|^2\|\mathbf{v}\|^2 - (\mathbf{u} \bullet \mathbf{v})^2$ (§30(A)), vem:

$$\left\|\frac{\partial\sigma}{\partial u} \wedge \frac{\partial\sigma}{\partial v}\right\|^2 = \left\|\frac{\partial\sigma}{\partial u}\right\|^2 \left\|\frac{\partial\sigma}{\partial v}\right\|^2 - \left(\frac{\partial\sigma}{\partial u} \bullet \frac{\partial\sigma}{\partial v}\right)^2 = \left(\frac{\partial\sigma}{\partial u} \bullet \frac{\partial\sigma}{\partial u}\right)\left(\frac{\partial\sigma}{\partial v} \bullet \frac{\partial\sigma}{\partial v}\right) - \left(\frac{\partial\sigma}{\partial u} \bullet \frac{\partial\sigma}{\partial v}\right)^2$$

Sendo $E = \dfrac{\partial\sigma}{\partial u} \bullet \dfrac{\partial\sigma}{\partial u}$, $F = \dfrac{\partial\sigma}{\partial u} \bullet \dfrac{\partial\sigma}{\partial v}$, $G = \dfrac{\partial\sigma}{\partial v} \bullet \dfrac{\partial\sigma}{\partial v}$, tem-se:

$$\|\mathbf{N}\| = \left\|\frac{\partial\sigma}{\partial u} \wedge \frac{\partial\sigma}{\partial v}\right\| = \sqrt{EG - F^2}$$

Exemplo 54-2 Calcule a área de uma superfície esférica de raio a.

Resolução. Tomemos a superfície esférica de equação $x^2 + y^2 + z^2 = a^2$, da qual uma parametrização σ é dada por $\sigma(\theta,\phi) = (a\,\text{sen}\,\phi\cos\theta,\ a\,\text{sen}\,\phi\,\text{sen}\,\theta,\ a\cos\phi)$, cujo domínio D é dado por $0 \le \theta \le 2\pi$, $0 \le \phi \le \pi$ (Exercício 54-2). Temos, omitindo o ponto (θ,ϕ) onde as funções estão calculadas, para aliviar a notação:

$$\frac{\partial\sigma}{\partial\theta} = (-a\,\text{sen}\,\phi\,\text{sen}\,\theta, a\,\text{sen}\,\phi\cos\theta, 0) \qquad \frac{\partial\sigma}{\partial\phi} = (a\cos\phi\cos\theta, a\cos\phi\,\text{sen}\,\theta, -a\,\text{sen}\,\phi)$$

$$E = \frac{\partial\sigma}{\partial\theta} \bullet \frac{\partial\sigma}{\partial\theta} = a^2\,\text{sen}^2\,\phi\,\text{sen}^2\,\theta + a^2\,\text{sen}^2\,\phi\cos^2\theta$$
$$= a^2\,\text{sen}^2\,\phi(\text{sen}^2\,\theta + \cos^2\theta) = a^2\,\text{sen}^2\,\phi$$

$$F = \frac{\partial\sigma}{\partial\theta} \bullet \frac{\partial\sigma}{\partial\phi}$$
$$= (-a\,\text{sen}\,\phi\,\text{sen}\,\theta)\,(a\cos\phi\cos\theta) + (a\,\text{sen}\,\phi\cos\theta)\,(a\cos\phi\,\text{sen}\,\theta) + 0.(-a\,\text{sen}\,\phi) = 0$$

$$G = \frac{\partial\sigma}{\partial\phi} \bullet \frac{\partial\sigma}{\partial\phi} = a^2\cos^2\phi\cos^2\theta + a^2\cos^2\phi\,\text{sen}^2\,\theta + a^2\,\text{sen}^2\,\phi$$
$$= a^2\cos^2\phi(\cos^2\theta + \text{sen}^2\,\theta) + a^2\,\text{sen}^2\,\phi = a^2\cos^2\phi + a^2\,\text{sen}^2\,\phi = a^2$$

$$\|\mathbf{N}\| = \sqrt{EG - F^2} = \sqrt{a^4\,\text{sen}^2\,\phi} = |a^2\,\text{sen}\,\phi| = a^2\,\text{sen}\,\phi$$

Portanto:

$$A(M)=\iint_D \|\mathbf{N}\|\,dA=\iint_D \sqrt{EG-F^2}\,dA=\iint_D a^2 \operatorname{sen}\phi\, dA=\int_{\theta=0}^{\theta=2\pi}\left(\int_{\phi=0}^{\phi=\pi} a^2\operatorname{sen}\phi\, d\phi\right)d\theta$$

$$=\int_{\theta=0}^{\theta=2\pi}(-a^2\cos\phi)\Big|_{\phi=0}^{\phi=\pi}d\theta=\int_{\theta=0}^{\theta=2\pi}2a^2 d\theta=4\pi a^2$$

Exercício 54-5 Calcule a área da superfície:

(a) $z=\sqrt{x^2+y^2}$, $x^2+y^2\le 4$ (Exemplo 54-1(b)). (b) $z=\sqrt{x^2+y^2}$, $1\le z\le 3$.

(c) Parte do plano $2x+y+z-4=0$ limitada pela superfície cilíndrica $x^2+y^2=1$.

(d) $x^2+y^2=1$, $0\le z\le 3$ (Exercício 54-3).

Exercício 54-6 Uma rampa em caracol (**helicóide**) é gerada por um segmento de reta de comprimento 1 do qual uma extremidade está no eixo Oz, mantendo-se paralelo ao plano xy, a cota de seus pontos sendo igual à medida do ângulo θ que faz com o eixo Ox, $0\le\theta\le\pi/2$ (Figura 54-5(a)). Mostre que é uma superfície, usando os parâmetros r e θ indicados na figura, e calcule sua área.

Ajuda. $\int\sqrt{x^2+a^2}\,dx=\frac{x}{2}\sqrt{x^2+a^2}+\frac{a^2}{2}\ln(x+\sqrt{x^2+a^2})$.

Exercício 54-7 Calcule a área da superfície gerada pela rotação, em torno de Oz, da circunferência situada no plano yz, de raio 1 e centro (0,3,0) (**toro**). Use os parâmetros θ e ϕ sugeridos na Figura 54-5(b), $0\le\theta\le 2\pi$, $0\le\phi\le 2\pi$.

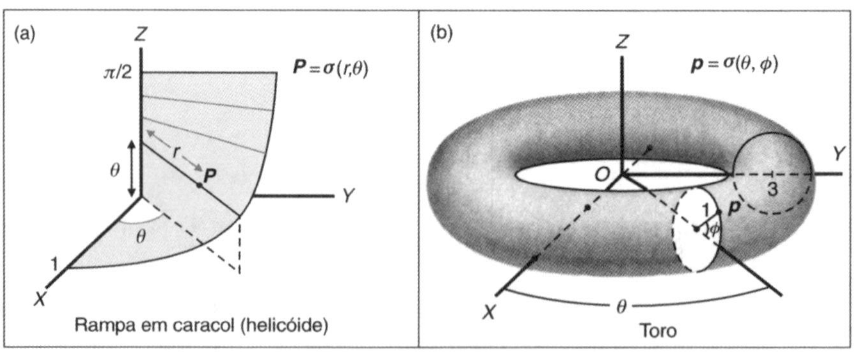

Figura 54-5

(C) Integral de superfície de campo escalar

Para calcular a massa de uma lâmina em forma de uma superfície M, e cuja densidade (superficial) é dada por uma função f, vamos nos colocar na situação descrita no início da seção anterior, em que dividimos M a partir de uma divisão em retângulos D_i do domínio D

de uma parametrização σ de M. Por (♣), a área do retângulo curvilíneo $\sigma(D_i)$ é aproximadamente $\| \mathbf{N}(\boldsymbol{q}_i) \| .A(D_i)$, de modo que sua massa é aproximadamente $f(\sigma(\boldsymbol{q}_i)) \| \mathbf{N}(\boldsymbol{q}_i) \| .A(D_i)$. A massa de M será então aproximada pela soma:

$$\sum_{i=1}^{n} f(\sigma(\boldsymbol{q}_i)) \| \mathbf{N}(\boldsymbol{q}_i) \| .A(D_i)$$

que é uma soma de Riemann da função que a cada $\boldsymbol{q}$ de D associa $f(\sigma(\boldsymbol{q})) \| \mathbf{N}(\boldsymbol{q}) \|$, o que nos leva a calcular a massa por:

$$\iint_D f(\sigma(\boldsymbol{q})) \| \mathbf{N}(\boldsymbol{q}) \| \, dA$$

Sendo f um campo escalar contínuo, cujo domínio contém a superfície M, a **integral de superfície de f ao longo de M**, indicada por $\iint_M f(\boldsymbol{p})dS$, ou $\iint_M f dS$, é definida por:

$$\iint_M f(\boldsymbol{p})dS = \iint_D f(\sigma(\boldsymbol{q})) \| \mathbf{N}(\boldsymbol{q}) \| \, dA$$

onde σ é uma parametrização de M de domínio D.

Observação.
Pode-se provar que a integral de superfície acima independe da parametrização.

Exemplo 54-3 Calcule a massa da lâmina cuja posição é dada por $z = xy$, $x \geq 0$, $y \geq 0$, $x + y \leq 1$, conhecendo sua densidade $f(x, y, z) = 1/\sqrt{1 + x^2 + y^2}$.

Resolução. Tomando x e y como parâmetros (Exemplo 54-1(a)), temos $\sigma(x, y) = (x, y, xy)$, e (verifique, por favor) D é a região limitada pelo triângulo de vértices (0,0), (0,1) e (1,0). Temos:

$$\frac{\partial \sigma}{\partial x} = (1,0,y) \qquad \frac{\partial \sigma}{\partial y} = (0,1,x)$$

$$E = \frac{\partial \sigma}{\partial x} \bullet \frac{\partial \sigma}{\partial x} = 1 + y^2 \quad F = \frac{\partial \sigma}{\partial x} \bullet \frac{\partial \sigma}{\partial y} = xy \qquad G = \frac{\partial \sigma}{\partial y} \bullet \frac{\partial \sigma}{\partial y} = 1 + x^2$$

$$\| \mathbf{N} \| = \sqrt{EG - F^2} = \sqrt{(1 + x^2)(1 + y^2) - (xy)^2} = \sqrt{1 + x^2 + y^2}$$

$$f(\sigma(x, y)) = f(x, y, xy) = \frac{1}{\sqrt{1 + x^2 + y^2}}$$

A massa pedida é:

$$\iint_M f(\boldsymbol{p})dS = \iint_D f(\sigma(\boldsymbol{q})) \| \mathbf{N}(\boldsymbol{q}) \| dA = \iint_D \frac{1}{\sqrt{1 + x^2 + y^2}} \sqrt{1 + x^2 + y^2} dA = \iint_D dA$$

$$= A(D) = \frac{1}{2}.1.1 = \frac{1}{2}$$

Exercício 54-8 Calcule a massa da lâmina M de densidade f:
(a) M é a parte no primeiro oitante da superfície esférica de centro na origem e raio 2; $f(x, y, z) = x + z^2$.
(b) M é dada por $x^2 + y^2 + z^2 = 4, \quad z \geq 1; \quad f(x, y, z) = x^2 + y^2 + z^2$.

Exercício 54-9 Calcule $\iint_M f(\boldsymbol{p})dS$, nos casos:

(a) $f(x, y, z) = 9x + 3z$, M dada por $z = \sqrt{x^2 + y^2}, \quad x^2 + y^2 \leq 4$.

(b) $f(x, y, z) = 3x + z$, M sendo o círculo paralelo ao plano xy, de centro $(0,0,2)$ e raio 2.

(c) $f(x, y, z) = x + 3z^2$, M sendo a parte do plano $z = y$ limitada pela superfície $x^2 + y^2 = 9$.

(d) $f(x, y, z) = 2(z^2 + 1)$, M sendo dada por $z = \sqrt{x^2 + y^2}, \quad 1 \leq z \leq 2$.

(e) $f(x, y, z) = 15y^2$, M sendo a parte do parabolóide $z = x^2 + y^2$ dada por $z \leq 1$.

(f) $f(x, y, z) = 3/\sqrt{1 + 2y^2}$, M sendo o gráfico da função g dada por $g(x, y) = x + y^2$, $0 \leq x \leq 1, \quad 0 \leq y \leq 1/3$.

Exercício 54-10 O centro de massa $(\bar{x}, \bar{y}, \bar{z})$ de uma lâmina M de densidade f é definido por: $(\iint_M dm)\bar{x} = \iint_M xdm, \quad (\iint_M dm)\bar{y} = \iint_M ydm, \quad (\iint_M dm)\bar{z} = \iint_M zdm$, onde $dm = fdS$. Se a densidade é constante, o centro de massa independe dela e é chamado **centróide**. Calcule o centróide do hemisfério $z = \sqrt{1 - x^2 - y^2}$.

(D) Integral de superfície de campo de vetores

Para definir integral de superfície de um campo de vetores, vamos precisar da noção de superfície orientada, da mesma forma como, no caso de integral de linha de um campo de vetores, tivemos necessidade de introduzir a noção de curva orientada. Uma superfície orientável é uma superfície com dois lados, como, por exemplo, uma superfície plana ou uma calota esférica. Quando se escolhe um dos lados, tem-se uma superfície orientada.

Tentando explicar melhor, para pintar uma superfície de dois lados com um pincel "atômico", você terá de interromper seu contato com ela se quiser pintar o outro lado. Ora, você deve estar se perguntando, será que existe uma superfície com apenas um lado, que pode ser pintada sem que o pincel perca o contato com ela? A seguinte construção, que recomendamos que você faça, dará uma idéia de uma superfície de apenas um lado, conhecida como **Faixa de Möbius**. Recorte, em uma folha de papel, uma faixa retangular $ABCD$ (Figura 54-6(a)), e depois, dando uma torcida nela (Figura 54-6(b)), cole AB em CD, de modo que A coincida com C e B coincida com D (Figura 54-6(c)). Esta faixa só tem um lado. Tente pintá-la e você verá.

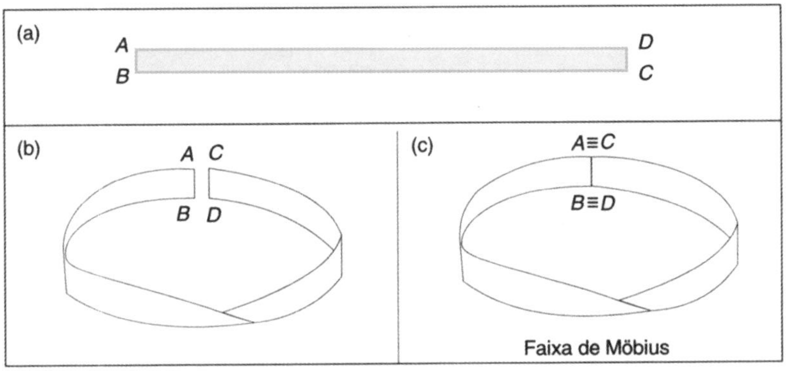

Figura 54-6

Do ponto de vista matemático, uma superfície com dois lados é caracterizada por admitir um campo contínuo **n** de vetores normais unitários. Este campo está associado a um lado. O campo $-\mathbf{n}$ também é um campo contínuo e unitário de vetores normais e está associado ao outro lado. Escolher um lado significa escolher um desses campos, caso em que a superfície é dita orientada (Figura 54-7). Cada campo é chamado de orientação da superfície. Destaquemos:

Um **campo normal unitário** em uma superfície M é uma função **n** que a cada $\boldsymbol{p}$ de M associa um vetor normal a M em $\boldsymbol{p}$, de tamanho 1. Quando existe tal campo, diz-se que a superfície admite um campo normal unitário.

Uma superfície se diz **orientável** se ela admite um campo normal unitário contínuo **n**, chamado de **orientação** da superfície. Neste caso, $-\mathbf{n}$ é outra orientação, dita oposta de **n**.

Por um argumento de continuidade, pode-se provar que:

Uma superfície orientável só tem duas orientações.

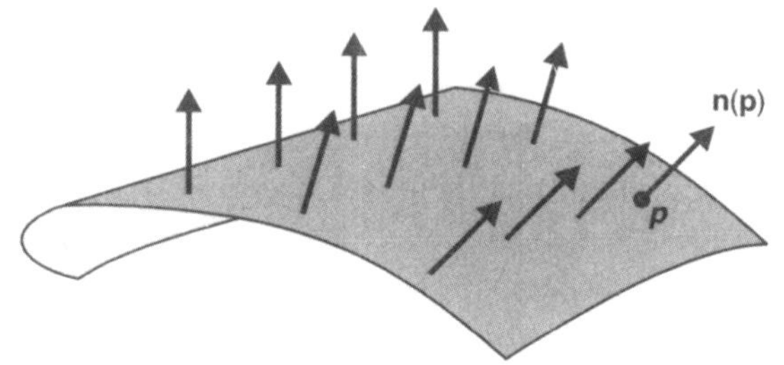

Uma superfície com dois lados, um pintado de cinza-escuro, correspondente ao campo unitário normal **n**, o outro pintado de cinza-claro, correspondente ao campo −**n**.

Figura 54-7

Uma **superfície orientada** é uma superfície M orientável, munida de uma orientação. A superfície orientada é indicada por M_{or}. Se M_{or} é uma superfície orientada por **n**, a superfície orientada munindo M da orientação oposta −**n** é indicada por $-M_{or}$.

Para tentar construir um campo normal unitário em uma superfície M, tomamos uma parametrização σ. Sendo D o seu domínio, definimos $\mathbf{n}_\sigma$ do seguinte modo: se $\boldsymbol{p} = \sigma(\boldsymbol{q})$, onde $\boldsymbol{q}$ está no interior de D, então:

$$\mathbf{n}_\sigma(p) = \frac{\mathbf{N}_\sigma(\boldsymbol{q})}{\| \mathbf{N}_\sigma(\boldsymbol{q}) \|} \qquad (\blacklozenge)$$

Nos pontos de M que provêm da fronteira de D, $\mathbf{N}_\sigma$ pode se anular. Sendo M orientada, pode-se provar, por um argumento de continuidade, que se $\boldsymbol{p} = \sigma(\boldsymbol{q})$, com $\boldsymbol{q}$ na fronteira de D, existe o limite de $\mathbf{N}_\sigma(\bar{\boldsymbol{q}})/\| \mathbf{N}_\sigma(\bar{\boldsymbol{q}}) \|$ para $\bar{\boldsymbol{q}} \to \boldsymbol{q}$, $\bar{\boldsymbol{q}}$ no interior de D, e se há outros pontos da fronteira levados por σ em $\boldsymbol{p}$, os limites correspondentes existem e são todos iguais. Tal limite será adotado como $\mathbf{n}_\sigma(\boldsymbol{p})$. Nessas condições, $\mathbf{n}_\sigma$ constitui uma orientação de M. Isto é parte do seguinte resultado:

Condição de orientabilidade. Uma superfície M é orientável se e somente se ela admite uma parametrização σ de domínio D verificando as seguintes condições:
(a) se $\boldsymbol{p} = \sigma(\boldsymbol{q})$, com $\boldsymbol{q}$ na fronteira de D, existe:

$$\lim_{\bar{q} \to q} \frac{\mathbf{N}_\sigma(\bar{\boldsymbol{q}})}{\| \mathbf{N}_\sigma(\bar{\boldsymbol{q}}) \|}$$

(b) Em pontos da fronteira levados por σ em $\boldsymbol{p}$, os limites correspondentes existem e são todos iguais.

Caso afirmativo, as duas orientações de M são $\mathbf{n}_\sigma$ e $-\mathbf{n}_\sigma$, $\mathbf{n}_\sigma$ como definido anteriormente. Para qualquer outra parametrização $\overline{\sigma}$ de M, pode-se construir $\mathbf{n}_{\overline{\sigma}}$, que coincide com um desses dois campos.

Observação. Se $\mathbf{N}_\sigma$ não se anula, o limite acima existe e vale $\mathbf{N}_\sigma(\boldsymbol{q})/\|\mathbf{N}_\sigma(\boldsymbol{q})\|$. Neste caso, a orientabilidade fica garantida pela condição de que $\mathbf{N}_\sigma/\|\mathbf{N}_\sigma\|$ toma o mesmo valor em pontos da fronteira levados por $\boldsymbol{\sigma}$ em $\boldsymbol{p}$.

Exemplo 54-4 Se uma superfície é dada por uma equação da forma $F(x,y,z)=0$, onde F é de classe C^1, e se em seus pontos o gradiente ∇ F não se anula, como este campo é normal à superfície (§34(D)), ela é orientável, uma orientação sendo $\mathbf{n}=\nabla F/\|\nabla F\|$. Assim, são orientáveis:

- Um elipsóide, que tem por equação $\frac{x^2}{a^2}+\frac{y^2}{b^2}+\frac{z^2}{c^2}=1$ $(a>0,\ b>0,\ c>0)$; em particular, uma superfície esférica é orientável. De fato:

$$\nabla F = (\frac{\partial F}{\partial x},\frac{\partial F}{\partial y},\frac{\partial F}{\partial z}) = (\frac{2x}{a^2},\frac{2y}{b^2},\frac{2z}{c^2})$$

que só se anula em (0,0,0), mas este não pertence ao elipsóide.

- Uma superfície que é gráfico de uma função dada por $z=f(x,y)$, conforme o Exemplo 54-1(a). De fato, basta considerar F dada por $F(x,y,z)=z-f(x,y)$:

$$\nabla F = (\frac{\partial F}{\partial x},\frac{\partial F}{\partial y},\frac{\partial F}{\partial z}) = (-\frac{\partial f}{\partial x},-\frac{\partial f}{\partial y},1)$$

que não se anula. ◄

Exercício 54-11 Admita que partes convenientes dos conjuntos dados a seguir são superfícies (no sentido da definição que demos). Prove que elas são orientáveis (a,b e c são constantes positivas).

(a) $z=\frac{x^2}{a^2}+\frac{y^2}{b^2}$ (**Parabolóide elítico**). (b) $z=\frac{x^2}{a^2}-\frac{y^2}{b^2}$ (**Parabolóide hiperbólico**).

(c) $\frac{x^2}{a^2}+\frac{y^2}{b^2}-\frac{z^2}{c^2}=1$ (**Hiperbolóide de uma folha**).

(d) $\frac{x^2}{a^2}-\frac{y^2}{b^2}-\frac{z^2}{c^2}=1$ (**Hiperbolóide de duas folhas**)

Seja M_{or} a superfície orientada munindo a superfície M da orientação $\mathbf{n}$. Uma **parametrização de M_{or}** é uma parametrização $\boldsymbol{\sigma}$ de M tal que $\mathbf{n}_\sigma=\mathbf{n}$, caso em que se diz que

σ preserva a orientação de M_{or}. Se uma parametrização de M produz a orientação oposta de M_{or}, diz-se que ela **inverte a orientação de M_{or}.**

Agora, veremos a noção de integral de superfície de um campo vetorial. Para facilitar a exposição das idéias, chamaremos a orientação escolhida para a superfície de **orientação positiva**, e o lado correspondente de **lado positivo** da superfície orientada. O outro lado é o **lado negativo**.

Para motivar a definição de integral de superfície de um campo vetorial, considere um fluido em movimento tal que a velocidade vetorial $\mathbf{v}$ de cada partícula só depende da posição em que ela se encontra: em qualquer instante t, se a partícula está na posição $\boldsymbol{p}$, sua velocidade vetorial é $\mathbf{v} = \mathbf{F}(\boldsymbol{p})$. $\mathbf{F}$ é, então, um campo de velocidades. Tomemos uma superfície M_{or}, orientada pelo campo normal unitário $\mathbf{n}$. Fixemos um instante t.

Objetivo. Achar o fluxo de fluido (em um instante t) através da superfície orientada M_{or}, que é, falando imprecisamente, o volume por unidade de tempo que atravessa M do lado negativo para o positivo menos o que passa do lado positivo para o negativo (o fluxo, precisamente, é dado pela fórmula que obteremos adiante).

Para isso, tomemos uma parametrização σ de M_{or}, de domínio D. Como na situação descrita para a integral de superfície de um campo escalar (seção (C)), dividimos M em regiões retangulares curvilíneas, através de uma divisão de D em regiões retangulares D_i. Sendo $\boldsymbol{q}_i$ o vértice inferior esquerdo de D_i, e $\boldsymbol{p}_i = \sigma(\boldsymbol{q}_i)$, substituímos $\sigma(D_i)$ pelo paralelogramo determinado por $\boldsymbol{p}_i$ e pelos vetores $\mathbf{t}_i = \Delta u_i \dfrac{\partial \sigma}{\partial u}(\boldsymbol{q}_i)$ e $\mathbf{w}_i = \Delta v_i \dfrac{\partial \sigma}{\partial v}(\boldsymbol{q}_i)$ (Figura 54-4).

Calcularemos aproximadamente o fluxo através de $\sigma(D_i)$ da seguinte maneira. Considerando o intervalo de tempo de t a $t + \Delta t$, construímos os paralelepípedos congruentes (I) e (II), tendo o referido paralelogramo como base comum e arestas laterais determinadas por $\mathbf{v}_i \Delta t$, onde $\mathbf{v}_i = \mathbf{F}(\sigma(\boldsymbol{q}_i))$ (Figura 54-8).

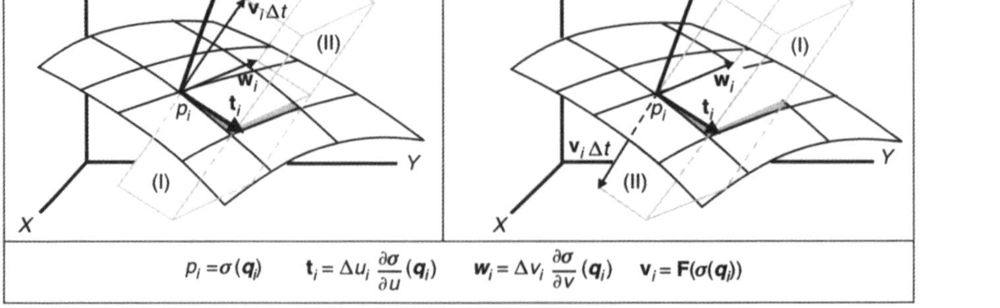

$p_i = \sigma(\boldsymbol{q}_i)$ $\mathbf{t}_i = \Delta u_i \frac{\partial \sigma}{\partial u}(\boldsymbol{q}_i)$ $\mathbf{w}_i = \Delta v_i \frac{\partial \sigma}{\partial v}(\boldsymbol{q}_i)$ $\mathbf{v}_i = \mathbf{F}(\sigma(\boldsymbol{q}_i))$

Figura 54-8

Considerando, no paralelepípedo (I), a velocidade do fluido constante e igual a $\mathbf{v}_i$, então o fluido que se encontra nele no instante t vai se deslocando uniformemente no decorrer do tempo até ocupar, no instante $t + \Delta t$, a posição de (II). Portanto, no caso mostrado na referida figura, o volume de fluido que atravessa $\sigma(D_i)$ no intervalo de tempo considerado é aproximadamente igual ao volume do paralelepípedo (II), que é dado, conforme vimos no §30(A), a menos de sinal, por:

$$\begin{aligned}\mathbf{t}_i \wedge \mathbf{w}_i \bullet \mathbf{v}_i \Delta t &= \Delta u_i \frac{\partial \sigma}{\partial u}(\boldsymbol{q}_i) \wedge \Delta v_i \frac{\partial \sigma}{\partial v}(\boldsymbol{q}_i) \bullet \mathbf{F}(\sigma(\boldsymbol{q}_i))\, \Delta t \\ &= \mathbf{F}(\sigma(\boldsymbol{q}_i)) \bullet \frac{\partial \sigma}{\partial u}(\boldsymbol{q}_i) \wedge \frac{\partial \sigma}{\partial v}(\boldsymbol{q}_i) \Delta u_i \Delta v_i \Delta t \\ &= \mathbf{F}(\sigma(\boldsymbol{q}_i)) \bullet \mathbf{N}(\boldsymbol{q}_i) A(D_i)\, \Delta t\end{aligned}$$

Dividindo por Δt, obtemos $\mathbf{F}(\sigma(\boldsymbol{q}_i)) \bullet \mathbf{N}(\boldsymbol{q}_i) A(D_i)$, uma aproximação do volume por unidade de tempo que atravessa $\sigma(D_i)$, a menos de sinal. Esta expressão é adequada para ser considerada como (aproximação de) fluxo pois, quando o produto escalar é positivo, o fluido atravessa do lado negativo para o positivo (Figura 54-8(a)), e, quando é negativo, ocorre o contrário (Figura 54-8(b)). Portanto, o fluxo do fluido no instante t é aproximadamente $\sum_{i=1}^{N} \mathbf{F}(\sigma(\boldsymbol{q}_i)) \bullet \mathbf{N}(\boldsymbol{q}_i) A(D_i)$. Esta é uma soma de Riemann da função que a cada $\boldsymbol{q}$ de D associa $\mathbf{F}((\sigma(\boldsymbol{q})) \bullet \mathbf{N}(\boldsymbol{q})$, de modo que é natural dizer que o fluxo no instante t é:

$$\iint_D \mathbf{F}(\sigma(\boldsymbol{q})) \bullet \mathbf{N}(\boldsymbol{q})\, dA = \iint_D \mathbf{F}(\sigma(\boldsymbol{q})) \bullet \mathbf{n}(\sigma(\boldsymbol{q})) \| \mathbf{N}(\boldsymbol{q}) \|\, dA = \iint_M \mathbf{F} \bullet \mathbf{n}\, dS$$

onde usamos (♦) na primeira igualdade e, na segunda, a definição de integral de superfície de campo escalar vista na seção (C). Note que, como estamos supondo que a velocidade independe do tempo, tal fluxo é o mesmo em qualquer instante.

Sendo M_{or} uma superfície orientada, $\mathbf{F}$ um campo de vetores contínuo, cujo domínio contém a superfície M, a **integral de superfície de F ao longo de M_{or}**, indicada por $\iint_{M_{or}} \mathbf{F} \bullet d\mathbf{S}$, é definida por:

$$\iint_{M_{or}} \mathbf{F} \bullet d\mathbf{S} = \iint_D \mathbf{F}(\sigma(\boldsymbol{q})) \bullet \mathbf{N}(\boldsymbol{q})\, dA \qquad (♥)$$

onde σ é uma parametrização de M_{or}. Esta integral também é chamada de **fluxo de F através de M**.

Observações.

(1) Pelos cálculos feitos, temos:

$$\iint_{M_{or}} \mathbf{F} \bullet d\mathbf{S} = \iint_{M} \mathbf{F} \bullet \mathbf{n}\, dS = \iint_{D} \mathbf{F}(\sigma(\boldsymbol{q})) \bullet \mathbf{N}(\boldsymbol{q})\, dA \qquad (\heartsuit\heartsuit)$$

onde σ é uma parametrização de M_{or} (portanto, que produz a orientação **n**).

(2) A definição dada independe da parametrização de M_{or}, conforme decorre da primeira igualdade de ($\heartsuit\heartsuit$), pois qualquer uma produz o mesmo **n**, e a integral de campo escalar em M tem esta propriedade (seção (C)).

(3) Resulta, da primeira igualdade de ($\heartsuit\heartsuit$), que:

$$\iint_{-M_{or}} \mathbf{F} \bullet d\mathbf{S} = -\iint_{M_{or}} \mathbf{F} \bullet d\mathbf{S}$$

pois, se uma parametrização de M_{or} produz **n**, uma que inverte orientação produz $-\mathbf{n}$.

Exemplo 54-5 Sendo $\mathbf{F}(x, y, z) = xz\mathbf{i} + 2\mathbf{j} + 4y\mathbf{k}$, calcule o fluxo do campo de vetores **F** através da superfície M dada por $z = x^2 + y^2$, $z \leq 4$, orientada por um campo unitário **n** cuja terceira componente é negativa.

Resolução. Usando coordenadas cilíndricas (§40(C)), para as quais $x = r\cos\theta$, $y = r\,\text{sen}\,\theta$, temos, substituindo na equação dada, que $z = r^2$, e na desigualdade dada $r^2 \leq 4$, donde $0 \leq r \leq 2$. Tomaremos $\sigma(r,\theta) = (r\cos\theta, r\,\text{sen}\,\theta, r^2)$, $0 \leq r \leq 2$, $0 \leq \theta \leq 2\pi$. Temos:

$$\frac{\partial\sigma}{\partial r} = (\cos\theta, \text{sen}\,\theta, 2r) \qquad \frac{\partial\sigma}{\partial\theta} = (-r\,\text{sen}\,\theta, r\cos\theta, 0)$$

$$\mathbf{N} = \frac{\partial\sigma}{\partial r} \wedge \frac{\partial\sigma}{\partial\theta} = \begin{vmatrix} \mathbf{i} & \mathbf{j} & \mathbf{k} \\ \cos\theta & \text{sen}\,\theta & 2r \\ -r\,\text{sen}\,\theta & r\cos\theta & 0 \end{vmatrix} = -2r^2\cos\theta\,\mathbf{i} - 2r^2\,\text{sen}\,\theta\,\mathbf{j} + r\,\mathbf{k}$$

$$= (-2r^2\cos\theta, -2r^2\,\text{sen}\,\theta, r)$$

Como $r \geq 0$, σ inverte a orientação. Portanto, o fluxo pedido é:

$$\iint_{M_{or}} \mathbf{F} \bullet d\mathbf{S} = -\iint_{D} \mathbf{F}(\sigma(\boldsymbol{q})) \bullet \mathbf{N}(\boldsymbol{q})\, dA$$

Continuemos:

$$\mathbf{F}(\sigma(r,\theta)) = \mathbf{F}(r\cos\theta, r\,\text{sen}\,\theta, r^2) = r\cos\theta.r^2\mathbf{i} + 2\mathbf{j} + 4r\,\text{sen}\,\theta\,\mathbf{k} = (r^3\cos\theta, 2, 4r\,\text{sen}\,\theta)$$

$$\mathbf{F}(\sigma(r,\theta)) \bullet \mathbf{N}(r,\theta) = (r^3\cos\theta, 2, 4r\,\text{sen}\,\theta) \bullet (-2r^2\cos\theta, -2r^2\,\text{sen}\,\theta, r) = -2r^5\cos^2\theta$$

Finalmente:

$$-\iint_D \mathbf{F}(\sigma(q)) \bullet \mathbf{N}(q)\,dA = \iint_D 2r^5\cos^2\theta\,dA = \int_{\theta=0}^{\theta=2\pi} \left(\int_{r=0}^{r=2} 2r^5\cos^2\theta\,dr \right) d\theta$$

$$= \int_{\theta=0}^{\theta=2\pi} \left(\frac{2r^6}{6}\cos^2\theta \Bigg|_{r=0}^{r=2} \right) d\theta = \int_{\theta=0}^{\theta=2\pi} \frac{64}{3}\cos^2\theta\,d\theta$$

$$= \int_{\theta=0}^{\theta=2\pi} \frac{64}{3}\left(\frac{1+\cos(2\theta)}{2}\right) d\theta = \frac{32}{3}\int_{\theta=0}^{\theta=2\pi} (1+\cos(2\theta))\,d\theta$$

$$= \frac{32}{3}\left(\theta + \frac{1}{2}\text{sen}(2\theta)\right) \Bigg|_{\theta=0}^{\theta=2\pi} = \frac{64\pi}{3}$$

◄

Exercício 54-12 Calcule o fluxo do campo de vetores **F** através da superfície M, orientada por um campo normal unitário **n**, como especificado:

(a) $\mathbf{F}(x,y,z) = -6x\mathbf{i} - 6y\mathbf{j} - 2z\mathbf{k}$; M é dada por $z = 4 - x^2 - y^2$, $z \geq 0$, a terceira componente de **n** sendo positiva.

(b) $\mathbf{F}(x,y,z) = 6y\mathbf{j}$; M é dada por $x^2 + y^2 = 2$, $0 \leq x$, $0 \leq y$, $0 \leq z \leq 5$, sendo $\mathbf{n} \bullet \mathbf{i} > 0$.

(c) $\mathbf{F}(x,y,z) = x\mathbf{i} + y\mathbf{j} + z\mathbf{k}$; M é a superfície esférica de centro na origem e raio 2, orientada por **n** apontando para o exterior.

(d) $\mathbf{F}(x,y,z) = a\mathbf{i} + b\mathbf{j} + c\mathbf{k}$, a,b e c constantes; M a superfície do item anterior.

(e) $\mathbf{F}(x,y,z) = x\mathbf{i} + y\mathbf{j} + z\mathbf{k}$; M é a região quadrada de vértices (1,0,0), (1,1,0), (1,1,1), (1,0,1), $\mathbf{n} = \mathbf{i}$.

(f) $\mathbf{F}(x,y,z) = x\mathbf{i} - z\mathbf{j} + y\mathbf{k}$; M é a região triangular de vértices (2,0,0), (0,2,0),(0,0,2), orientada por **n** com componentes positivas.

(g) $\mathbf{F}(x,y,z) = 3x\mathbf{i} - 2\mathbf{j} + (z+2)\mathbf{k}$; M é uma superfície contida no plano xy, de área 5.

Exercício 54-13 Calcule $\iint_{M_{or}} \mathbf{F} \bullet d\mathbf{S}$, nos casos:

(a) $\mathbf{F}(x,y,z) = 2x\mathbf{i} + 4y\mathbf{j} + 4z\mathbf{k}$; M é a parte no primeiro oitante do plano $x + y + z = 1$, orientada por **n**, sendo $\mathbf{n} = (1/\sqrt{3}, 1/\sqrt{3}, 1/\sqrt{3})$.

(b) $\mathbf{F}(x,y,z) = z\mathbf{i} + (x^2 - y)\mathbf{j} + x\mathbf{k}$; M é a região do plano $x + 2y + z = 5$ dada por $1 \leq x \leq 2$, $3 \leq y \leq 4$, orientada por **n** com terceira componente negativa.

(c) $\mathbf{F}(x,y,z) = -z^2\mathbf{i} - \mathbf{k}$; M é a superfície esférica de centro na origem e raio 1, orientada por **n** apontando para dentro de M.

(d) $\mathbf{F}(x, y, z) = -3z\mathbf{i} + 6xy\mathbf{j} + 15\mathbf{k}$; M é a parte no primeiro oitante da superfície esférica $x^2 + y^2 + z^2 = 4$ orientada pela normal exterior $\mathbf{n}$ (isto é, que aponta para fora de M).

(e) $\mathbf{F}(x, y, z) = x^2\mathbf{i} + y^2\mathbf{j} + z^2\mathbf{k}$; M é a superfície esférica de centro (0,0,1) raio 1, orientada por $\mathbf{n}$ apontando para fora de M.
Ajuda. Tome coordenadas esféricas com origem no centro da superfície, para escrever $x = a \operatorname{sen}\phi \cos\theta$, $y = a \operatorname{sen}\phi \operatorname{sen}\theta$, $z - 1 = a\cos\phi$.

(f) $\mathbf{F}(x, y, z) = x\mathbf{i} + (z - y)\mathbf{j} - z^2\mathbf{k}$; M é a parte da superfície cilíndrica $(x-1)^2 + y^2 = 1$ dada por $1 \le z \le 3$, orientada por $\mathbf{n}$ se afastando do eixo da superfície cilíndrica.

Finalizamos esta seção com a seguinte definição:

A integral de um campo vetorial F ao longo de uma superfície parametrizada σ é definida por:

$$\iint_\sigma \mathbf{F} \bullet d\mathbf{S} = \iint_D \mathbf{F}(\sigma(\boldsymbol{q})) \bullet \mathbf{N}(\boldsymbol{q})\, dA$$

Desse modo, (♥) fica, sendo σ uma parametrização de M_{or},

$$\iint_{M_{or}} \mathbf{F} \bullet d\mathbf{S} = \iint_\sigma \mathbf{F} \bullet d\mathbf{S}$$

Respostas dos exercícios do §54

54-4 $\sigma(x,\theta) = (x, f(x)\cos\theta, f(x)\operatorname{sen}\theta)$, $a \le x \le b$, $0 \le \theta \le 2\pi$. É suficiente que f não se anule em $]a,b[$.

54-5 (a) $4\sqrt{2}\pi$. (b) $8\sqrt{2}\pi$. (c) $\sqrt{6}\pi$. (d) 6π.

54-6 $[\sqrt{2} + \ln(1 + \sqrt{2})]\pi/4$.

54-7 $12\pi^2$.

54-8 (a) $14\pi/3$. (b) 16π.

54-9 (a) $16\sqrt{2}\pi$. (b) 8π. (c) $243\pi\sqrt{2/4}$. (d) $21\pi\sqrt{2}$. (e) $(25\sqrt{5}+1)\pi/8$. (f) $\sqrt{2}$.

54-10 $(0,0,1/2)$.

54-12 (a) -112π. (b) 15π. (c) 32π. (d) 0. (e) 1. (f) 4/3. (g) 10.

54-13 (a) 5/3. (b) 13/3. (c) 0. (d) $-8+21\pi$. (e) $8\pi/3$. (f) 0.

§55- OS TEOREMAS DE GREEN, STOKES E GAUSS

(A) O Teorema de Green

A fim de apresentar o Teorema de Green, necessitamos do conceito de curva poligonal fechada, o qual é ilustrado na Figura 55-1(a) e cuja definição é dada a seguir.

Uma **curva poligonal fechada** é uma reunião de curvas (lisas simples) não-fechadas (§53(A)) distintas, chamadas **lados**, cujas extremidades são chamadas **vértices**, tais que:

(a) Dois lados quaisquer só podem se cortar em vértices.

(b) Cada vértice é comum a exatamente dois lados, caso em que os lados são ditos **adjacentes**.

(c) Dados dois lados quaisquer, existe uma seqüência de lados sucessivamente adjacentes, o primeiro e o último elemento sendo os lados dados.

Notemos que uma curva fechada é uma curva poligonal fechada (Figura 55-1).

Para ilustrar o item (c) da definição acima, considere, na curva com cinco lados da Figura 55-1(a), os lados C_1 e C_4. Uma seqüência como exigida nesse item é (C_1, C_5, C_4).

Observação. Existe o conceito de curva poligonal aberta, o qual não será considerado por não ter relevância no presente estudo.

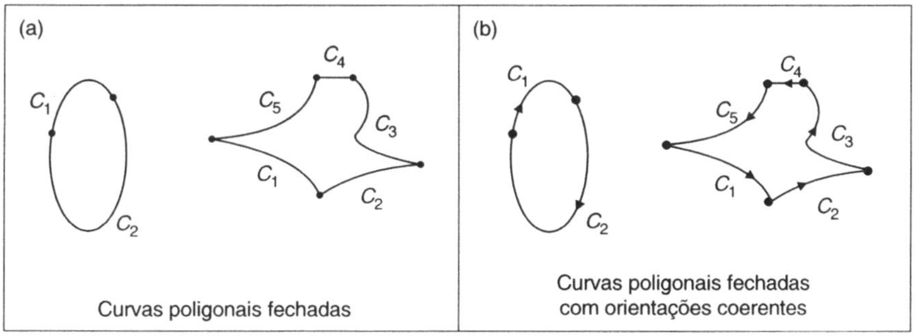

Figura 55-1

Uma curva poligonal fechada, cujos lados são curvas orientáveis, pode ser orientada de muitos modos, de acordo com a orientação escolhida para cada lado (Observação (4), §53(E)). Para uma curva poligonal fechada em $\mathbb{R}^2$, existem duas orientações especiais, que, intuitivamente, correspondem a percursos no sentido anti-horário e horário, referidas como **orientações coerentes**. Cada uma delas é dita **oposta** da outra. Um teorema importante, de conteúdo aparentemente intuitivo mas de difícil demonstração, devido a C. Jordan (matemático francês, 1838-1922), tem a seguinte versão:

Teorema de Jordan. Seja C uma curva poligonal fechada em $\mathbb{R}^2$. Então $\mathbb{R}^2$ fica dividido em três partes, uma das quais é C, outra é uma região limitada, referida como **interior de *C***, e a outra é uma região não-limitada, referida como **exterior de *C*** (Figura 55-2(a)). Cada uma dessas regiões é um aberto conexo (§53(F)) tendo C como fronteira (§34(H)).

Sejam $C_1, C_2, ..., C_n$ curvas poligonais fechadas, cada uma no exterior das restantes, todas no interior de uma curva poligonal fechada C em $\mathbb{R}^2$ (Figura 55-2(b)). A região D obtida eliminando-se os interiores das C_i da reunião de C com seu interior será por nós chamada de **região de Green**. A reunião das curvas $C, C_1, C_2, ..., C_n$ é a **fronteira de *D***, indicada por ∂D (o conceito foi definido no §34(H)). Orientando C no sentido anti-horário, e as restantes no sentido horário, dizemos, para cada curva orientada obtida, que a **orientação é positiva em relação a *D*** e que a **fronteira de *D* está orientada positivamente em relação a *D***. Esta fronteira, assim orientada, é indicada por $\partial D+$.

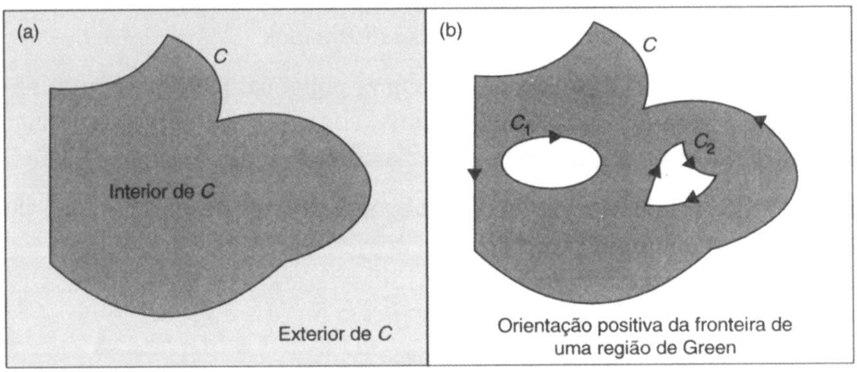

Figura 55-2

Enunciaremos a seguir o importante Teorema de Green (matemático inglês, 1793-1841), que relaciona uma integral de linha com uma integral dupla.

Teorema de Green. Se $\mathbf{F} = P\mathbf{i} + Q\mathbf{j}$ é um campo de classe C^1 na região de Green D, tem-se:

$$\int_{\partial D+} Pdx + Qdy = \iint_D \left(\frac{\partial Q}{\partial x} - \frac{\partial P}{\partial y}\right) dA$$

onde a integral do primeiro membro é a soma das integrais ao longo das curvas poligonais orientadas que formam $\partial D+$.

Na seção (D) diremos algo sobre a demonstração. Uma argumentação de caráter físico pode ser encontrada na referência seguinte: FRALEIGH, J. B. *Calculus with analytic geometry*. Reading, Addison-Wesley Publishing Company, 1980.

Exemplo 55-1

(a) Sendo C_{or} a curva poligonal fechada orientada indicada na Figura 55-3(a), calcule, usando o Teorema de Green, $\int_{C_{or}} (x^3 y^2 + y)dx + xdy$.

(b) Usando o Teorema de Green, calcule $\int_{\partial D+} (2x + y)dx + (x^3 + y^2 \ln y)dy$, sendo D a região entre os quadrados dados respectivamente por $|x| \le 1$, $|y| \le 1$, e $|x| \le 2$, $|y| \le 2$.

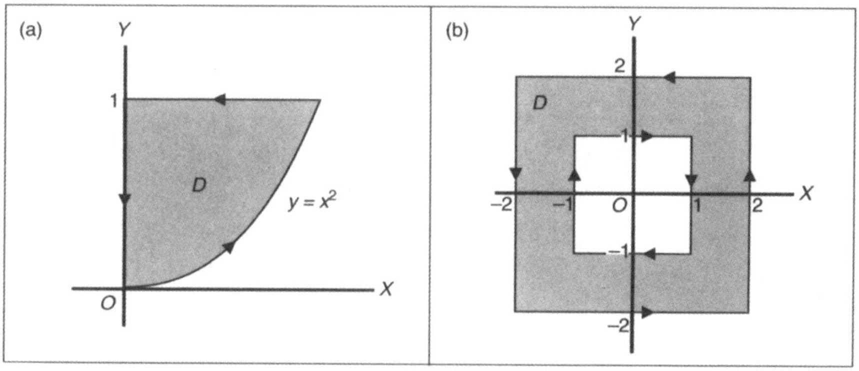

Figura 55-3

Resolução.

(a) Vemos que a região D limitada pela curva é uma região de Green, cuja fronteira está orientada positivamente em relação a D. Temos:

$$P(x, y) = x^3 y^2 + y \quad \therefore \quad \frac{\partial P}{\partial y}(x, y) = 2x^3 y + 1 \qquad Q(x, y) = x \quad \therefore \quad \frac{\partial Q}{\partial x}(x, y) = 1$$

Usando o Teorema de Green, vem:

$$\int_{C_{or}} (x^3 y^2 + y)dx + xdy = \int_{\partial D+} (x^3 y^2 + y)dx + xdy = \iint_D (\frac{\partial Q}{\partial x} - \frac{\partial P}{\partial y})dA = \iint_D (-2x^3 y)\, dA$$

$$= \int_{x=0}^{x=1} (\int_{y=x^2}^{y=1} (-2x^3 y)dy)dx = \int_{x=0}^{x=1} (-x^3 y^2) \Big|_{y = x^2}^{y = 1} dx$$

$$= \int_{x=0}^{x=1} (-x^3 + x^7)dx = (-\frac{x^4}{4} + \frac{x^8}{8}) \Big|_{x=0}^{x=1} = -\frac{1}{8}$$

∢

(b) Temos:

$$P(x,y)=2x+y \quad \therefore \quad \frac{\partial P}{\partial y}(x,y)=1 \qquad Q(x,y)=x^3+y^2\ln y \quad \therefore \quad \frac{\partial Q}{\partial x}(x,y)=3x^2$$

Seja D_1 a região limitada pelo quadrado menor, e D_2 a limitada pelo maior. Usando o Teorema de Green, vem (Figura 55-3(b)):

$$\begin{aligned}
\int_{\partial D+}(2x+y)dx+(x^3+y^2\ln y)dy &= \iint_D \left(\frac{\partial Q}{\partial x}-\frac{\partial P}{\partial y}\right)dA \\
&= \iint_D (3x^2-1)dA = \iint_{D_2-D_1}(3x^2-1)dA \\
&= \int_{x=-2}^{x=2}\left(\int_{y=-2}^{y=2}(3x^2-1)dy\right)dx - \int_{x=-1}^{x=1}\left(\int_{y=-1}^{y=1}(3x^2-1)dy\right)dx \\
&= \int_{x=-2}^{x=2}(3x^2-1)y\,\Big|_{y=-2}^{y=2}dx - \int_{x=-1}^{x=1}(3x^2-1)y\,\Big|_{y=-1}^{y=1} \\
&= \int_{x=-2}^{x=2}4(3x^2-1)dx - \int_{x=-1}^{x=1}2(3x^2-1)dx \\
&= 4(x^3-x)\Big|_{x=-2}^{x=2} - 2(x^3-x)\Big|_{x=-1}^{x=1} = 48
\end{aligned}$$

◄

Observação. No exemplo acima, o cálculo direto das integrais de linha é mais trabalhoso do que o que foi feito, como você pode comprovar.

Exercício 55-1 Calcule, usando o Teorema de Green:

(a) $\int_{C_{or}}\text{arctg}y\,dx+(e^y+xy)dy$, C_{or} sendo o triângulo de vértices (1,0), (2,1) e (3,0), orientado no sentido anti-horário.

(b) $\int_{C_{or}}3x^2dx+(x+2y)dy$, C_{or} sendo o quadrado de vértices (0,0), (0,1), (1,1) e (1,0), orientado no sentido horário.

(c) $\int_{C_{or}}(x^3-2y^3)dx+(2x^3-y^3)dy$, C_{or} sendo a circunferência $x^2+y^2=4$, orientada no sentido horário.

(d) $\int_{\partial D+}12(e^{x^2}+xy)dx+\frac{12y^3}{y^2+1}dy$, D a região limitada pela reta $y=2x$ e pela parábola $y=3-x^2$.

(e) $\int_{\partial D+} 4xy^2dx + 8y\ln x dy$, D a região limitada pelas retas $y = x$, $y = 2x$, $x = 1$ e $x = 2$.

(f) A integral de linha do campo $\mathbf{F}(x, y) = y\mathbf{i} - x\mathbf{j}$ ao longo da reunião das circunferências $x^2 + y^2 = 1$ e $x^2 + y^2 = 4$, a primeira orientada no sentido horário, a segunda no anti-horário.

Vimos uma aplicação do Teorema de Green ao cálculo de integrais de linha. Outra aplicação é o cálculo de área:

Sendo D uma região de Green, tem-se:

$$A(D) = \int_{\partial D+} -ydx = \int_{\partial D+} xdy = \frac{1}{2}\int_{\partial D+} -ydx + xdy$$

Para verificar a primeira, observe que a integral de linha corresponde, na notação que estamos usando, a $P(x, y) = -y$ e $Q(x, y) = 0$. Pelo Teorema de Green, vem:

$$\int_{\partial D+} -ydx = \iint_D \left(\frac{\partial Q}{\partial x} - \frac{\partial P}{\partial y}\right)dA = \iint_D (0-(-1))dA = \iint_D dA = A(D)$$

De modo análogo, prova-se que $A(D) = \int_{\partial D+} xdy$. Somando-se, membro a membro, esta com a anteriormente estabelecida, obtém-se a restante.

Exemplo 55-2 Calcule, usando o Teorema de Green, a área da região D limitada por uma elipse.

Resolução. Tomaremos a elipse $\frac{x^2}{a^2} + \frac{y^2}{b^2} = 1$ $(a > 0, b > 0)$, que pode ser parametrizada fazendo $\frac{x}{a} = \cos t$, $\frac{y}{b} = \operatorname{sen} t$, ou seja, $x = a\cos t$, $y = b\operatorname{sen} t$. Na Figura 55-4(a) damos uma interpretação para t, de modo que fica claro que devemos tomar $0 \le t \le 2\pi$. Então;

$$A(D) = \int_{\partial D+} -ydx = \int_0^{2\pi} -y(t)\frac{dx}{dt}(t)dt = \int_0^{2\pi} -b\operatorname{sen} t.(-a\operatorname{sen} t)dt$$

$$= \int_0^{2\pi} ab\operatorname{sen}^2 t\, dt = \int_0^{2\pi} ab\frac{1-\cos(2t)}{2}dt = \frac{ab}{2}(t - \frac{1}{2}\operatorname{sen}(2t))\Big|_{t=0}^{t=2\pi} = \pi ab \quad \triangleleft$$

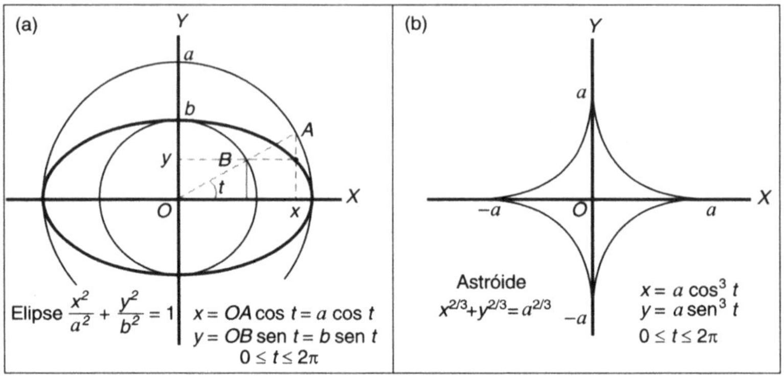

Figura 55-4

Exercício 55-2 Retome o exemplo anterior, usando as outras duas fórmulas para $A(D)$.

Exercício 55-3 Calcule, usando o Teorema de Green, a área da região limitada pela **astróide** $x^{2/3}+y^{2/3}=a^{2/3}$ $(a>0)$, da qual uma parametrização está dada na Figura 55-4(b).

Exercício 55-4 Considere um campo de vetores $\mathbf{F}=P\mathbf{i}+Q\mathbf{j}$ de classe C^1, cujo domínio é um aberto do qual se retirou um ponto $\boldsymbol{p}$. Suponha que $\frac{\partial Q}{\partial x}=\frac{\partial P}{\partial y}$.

(a) Se C é uma curva poligonal fechada orientada coerentemente contendo $\boldsymbol{p}$ no seu interior, pode-se concluir, usando o Teorema de Green, $\int_{C_{or}}\mathbf{F}\bullet d\mathbf{s}=0$?

(b) Sejam C_1 e C_2 curvas poligonais fechadas, ambas orientadas no sentido horário, ou ambas no sentido anti-horário, C_2 contida no interior de C_1, e o interior C_2 contendo $\boldsymbol{p}$. Mostre que $\int_{(C_1)_{or}}\mathbf{F}\bullet d\mathbf{s}=\int_{(C_2)_{or}}\mathbf{F}\bullet d\mathbf{s}$.

(c) Sendo $\mathbf{F}(x,y)=\frac{1}{x^2+y^2}(y\mathbf{i}-x\mathbf{j})$, o campo $\mathbf{F}$ é do tipo em foco, onde $\boldsymbol{p}=(0,0)$ (Exemplo 53-10(a)). Calcule a integral de linha de $\mathbf{F}$ ao longo de um pentadecágono (polígono de quinze lados) regular de centro na origem, orientado no sentido anti-horário.
Ajuda. Aplique (b), escolhendo uma curva conveniente.

(B) O Teorema de Stokes

O Teorema de Stokes (matemático inglês, 1819-1903) é a versão tridimensional do Teorema de Green. A fim de conseguirmos maior generalidade, permitiremos, na definição de superfície, que o domínio D de uma parametrização seja um domínio de Green. Os resultados do §54 permanecem válidos. Por outro lado, queremos considerar o que chamaremos de bordo da superfície, que, em princípio, é a imagem da fronteira do domínio da parametrização. Examinando o caso da superfície cilíndrica $x^2 + y^2 = 1$, $0 \le z \le 1$, da qual uma parametrização é $\sigma(\theta, z) = (\cos\theta, \text{sen}\,\theta, z)$, D dado por $0 \le \theta \le 2\pi$, $0 \le z \le 1$, é geometricamente claro (Figura 55-5) que a imagem da fronteira de D é a reunião das duas circunferências das bases e de um segmento. Ora, este último não tem sentido geométrico nenhum (na verdade, gostaríamos que o bordo fosse apenas a reunião das duas circunferências). Além disso, considerando a parametrização que tem a mesma expressão que a dada, cujo domínio é dado por $-\pi \le \theta \le \pi$, $0 \le z \le 1$, a imagem da fronteira do domínio passa a ser a reunião das mesmas circunferências com outro segmento, diferente do anteriormente obtido. Portanto, a imagem da fronteira do domínio de uma parametrização varia com a parametrização. Podemos remediar estes problemas, impondo que a parametrização seja injetora.

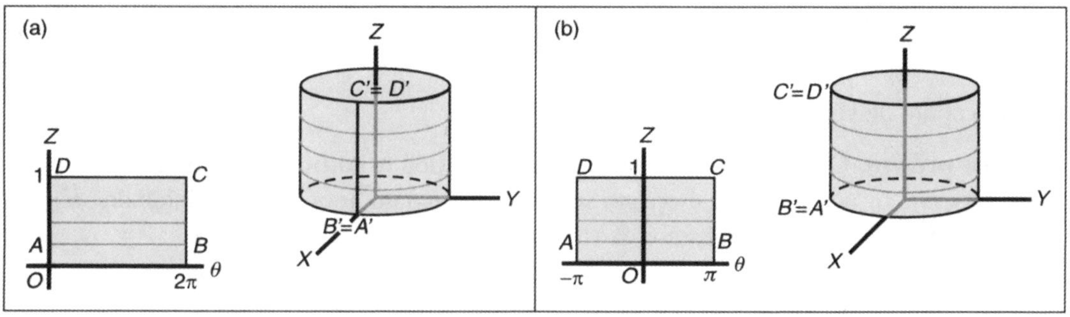

Figura 55-5

Uma superfície orientável M é chamada **superfície de Stokes** se admite uma parametrização injetora de classe C^2 (§36(B)), dita **parametrização da superfície de Stokes**. Sendo D o domínio de uma tal parametrização, o **bordo** de M, indicado por ∂M, é a imagem da fronteira de D.

Observação. Pode-se provar que o bordo independe da parametrização da superfície de Stokes e que se $C_1, C_2, \ldots, C_n$ são as curvas poligonais fechadas que formam o domínio (de Green) de uma parametrização, a imagem de cada uma é uma curva poligonal fechada. Portanto, o bordo é formado por uma reunião de curvas poligonais fechadas, duas a duas sem interseção.

Sendo L uma curva orientada, de parametrização $\mathbf{r}$, contida no domínio de uma parametrização injetora σ de uma superfície, podemos orientar σ (L) usando a parametrização que a t do domínio de $\mathbf{r}$ associa σ ($\mathbf{r}(t)$) (Figura 55-6). Fazendo isso para cada lado de uma curva poligonal, sua imagem por σ, também uma curva poligonal, fica orientada.

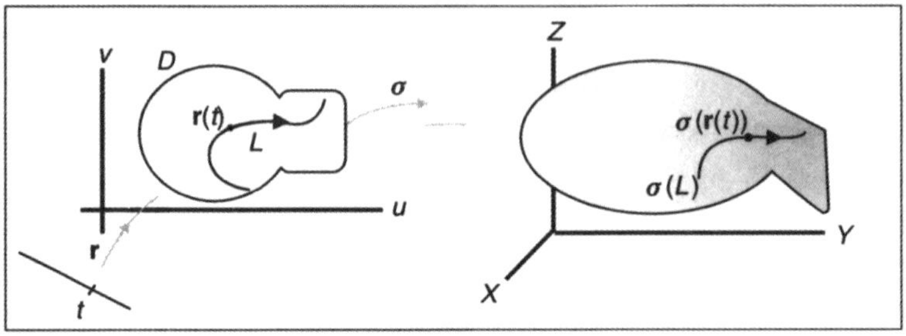

Figura 55-6

Sendo σ parametrização de M_{or} de domínio D (ressaltemos, é uma parametrização que produz a orientação **n** de M), consideramos ∂D orientada positivamente em relação a D. O processo descrito acima permite orientar o bordo ∂M da superfície, a orientação dita **induzida pela orientação de M_{or}**. O bordo orientado assim obtido é indicado por ∂M_{or}.

Do ponto de vista prático, é útil a seguinte regra:

Regra prática. O sentido da orientação induzida por **n** no bordo é o determinado por um observador que, com a cabeça no sentido para o qual aponta **n**, caminhando sobre o bordo, vê a superfície à sua esquerda (Figura 55-7).

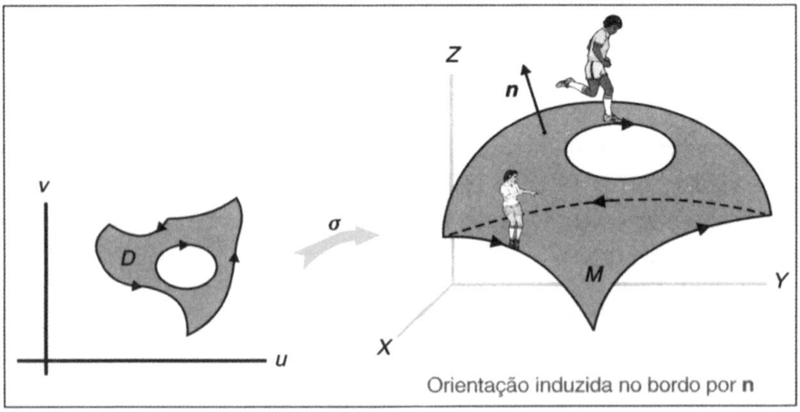

Figura 55-7

Se você tiver dificuldade em imaginar o observador na posição indicada pela regra citada, sugerimos o seguinte procedimento, quando possível: suponha a superfície sendo de borracha, e cada vetor normal um alfinete espetado nela, com cabeça na ponta da flecha. Deforme continuamente esta borracha até ela ficar no plano xy, com cada alfinete coincidindo com **k**. A superfície vira um domínio de Green, e o bordo da superfície se transforma na sua fronteira. Oriente-a como explicamos no Teorema de Green. Retorne à situação original, através de uma deformação "inversa". Você obterá a orientação do bordo induzida pelo campo normal (Figura 55-8).

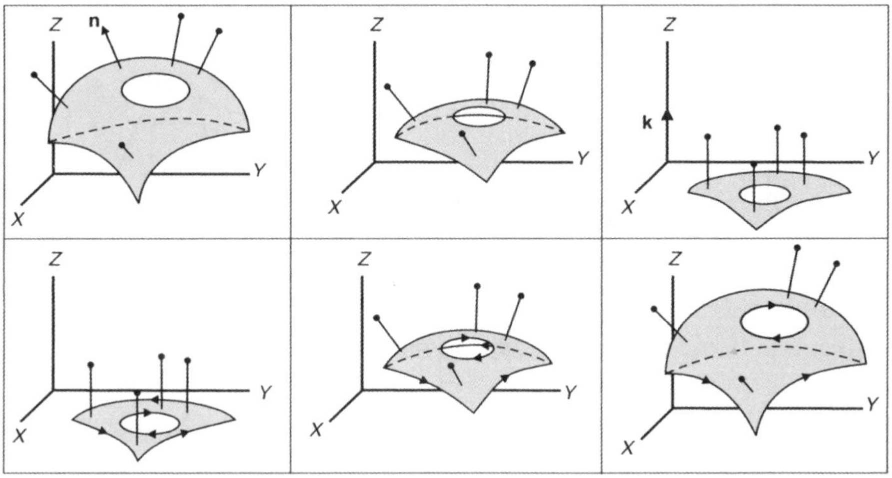

Figura 55-8

Enunciaremos a seguir o célebre Teorema de Stokes, que relaciona uma integral de linha com uma integral de superfície, que, como dissemos no início desta seção, é uma extensão do Teorema de Green para três variáveis.

Teorema de Stokes. Se M_{or} é uma superfície de Stokes, e **F** campo de classe C^1 cujo domínio contém M, tem-se:

$$\iint_{M_{or}} \mathbf{rotF} \bullet d\mathbf{S} = \int_{\partial M_{or}} \mathbf{F} \bullet d\mathbf{s}$$

As seguintes conseqüências desse teorema são imediatas:

(a) Sendo M e **F** como no Teorema de Stokes, com $\mathbf{rotF} = \mathbf{0}$, tem-se: $\displaystyle\int_{\partial M_{or}} \mathbf{F} \bullet d\mathbf{s} = 0.$

(b) Sendo M e N superfícies de Stokes tais que $\partial M_{or} = \partial N_{or}$, tem-se: $\displaystyle\iint_{M_{or}} \mathbf{rotF} \bullet d\mathbf{S} = \iint_{N_{or}} \mathbf{rotF} \bullet d\mathbf{S}.$

Nos exemplos a seguir, vamos aplicar o Teorema de Stokes ora para calcular uma integral de linha, ora para calcular uma integral de superfície.

Exemplo 55-3 Calcule o trabalho realizado pelo campo de forças $\mathbf{F} = y\mathbf{i}+z\mathbf{j} + x\mathbf{k}$ ao longo de um polígono convexo de área 4, situado no plano xy, percorrido uma vez no sentido indicado na Figura 55-9(a).

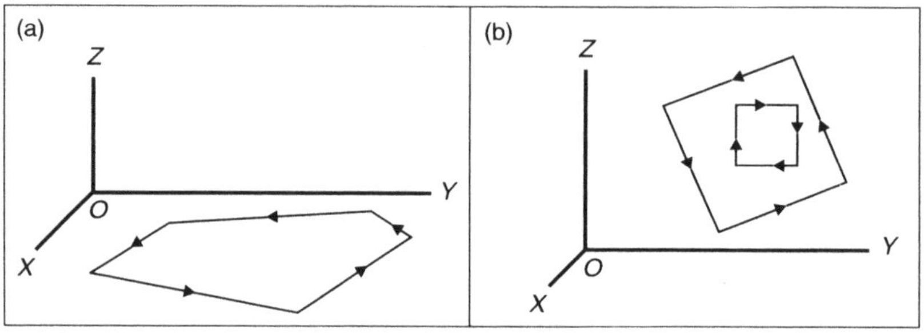

Figura 55-9

Resolução. Um cálculo fácil mostra que $\mathbf{rotF}(x, y, z) = -\mathbf{i}-\mathbf{j}-\mathbf{k}$. O polígono reunido com seu interior é uma superfície M de Stokes, cujo bordo é o polígono. Tomando $\mathbf{n} = \mathbf{k}$ como orientação dessa superfície, a orientação induzida no bordo é a dada. Temos $\mathbf{rotF} \bullet \mathbf{n} = -1$. O trabalho pedido é dado pelo primeiro membro do teorema de Stokes:

$$\int_{\partial M_{or}} \mathbf{F} \bullet d\mathbf{s} = \iint_{M_{or}} \mathbf{rotF} \bullet d\mathbf{S} = \iint_{M} \mathbf{rotF} \bullet \mathbf{n} dS = \iint_{M} (-1) dS = -A(M) = -4 \quad \blacktriangleleft$$

Exercício 55-5 Um quadrado de lado 4 contém um outro de lado 2 no seu interior, ambos no plano yz, orientados como mostra a Figura 55-9(b). Sendo $\mathbf{F}(x, y, z) = (y^2/2, xy, y)$, calcule a integral de $\mathbf{F}$ ao longo da reunião desses quadrados orientados.

Exercício 55-6 A projeção sobre o plano xy de uma elipse orientada em $\mathbb{R}^3$ é uma circunferência de centro na origem e raio 1, orientada no sentido anti-horário em relação a um observador com os pés no plano e cabeça em $z > 0$. Um vetor normal ao plano da elipse é (1,2,2). Sendo $\mathbf{F}(x, y, z) = (y^3 + 3, 12 - x^3, z^3 - 3)/3$, calcule a integral de $\mathbf{F}$ ao longo da elipse orientada.

Exemplo 55-4 Sendo $\mathbf{G}(x, y, z) = -3zx^2\mathbf{j}+2\mathbf{k}$, calcule o fluxo do campo $\mathbf{G}$ através da superfície de Stokes M, orientada por $\mathbf{n}$, como indicado na Figura 55-10(a), cujo bordo é dado por $x^2 + y^2 = 1$, $z = 0$, sabendo que $\mathbf{G} = \mathbf{rotF}$, onde $\mathbf{F}(x, y, z) = -y\mathbf{i} + x\mathbf{j} + zx^3\mathbf{k}$.

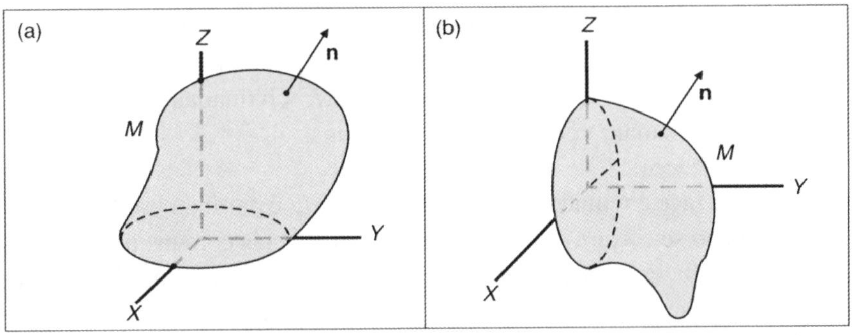

Figura 55-10

Resolução. Para usar o Teorema de Stokes, devemos orientar o bordo no sentido anti-horário, observador com os pés no plano xy e a cabeça em $z>0$: O fluxo pedido é:

$$\iint_{M_{or}} \mathbf{G} \bullet d\mathbf{S} = \iint_{M_{or}} \mathbf{rotF} \bullet d\mathbf{S} = \int_{\partial M_{or}} \mathbf{F} \bullet d\mathbf{s}$$

Uma parametrização de ∂M_{or} é dada por $\mathbf{r}(\theta) = (\cos\theta, \operatorname{sen}\theta, 0)$, $0 \le \theta \le 2\pi$. Então:

$$\int_{\partial M_{or}} \mathbf{F} \bullet d\mathbf{s} = \int_0^{2\pi} \mathbf{F}(\mathbf{r}(\theta)) \bullet \frac{d\mathbf{r}}{d\theta}(\theta)\, d\theta = \int_0^{2\pi} (-\operatorname{sen}\theta, \cos\theta, 0.\cos^3\theta) \bullet (-\operatorname{sen}\theta, \cos\theta, 0)\, d\theta$$

$$= \int_0^{2\pi} (\operatorname{sen}^2\theta + \cos^2\theta)\, d\theta = \int_0^{2\pi} d\theta = 2\pi$$

que é o fluxo pedido. ◄

Observação. O exemplo ficaria mais interessante se não fosse dado que $\mathbf{G} = \mathbf{rotF}$. Pode-se provar que em certos domínios, como um paralelepípedo, ou $\mathbb{R}^3$, onde $\mathbf{G}$ é de classe C^1, existe $\mathbf{F}$ tal que $\mathbf{G} = \mathbf{rotF}$ se e somente se $\operatorname{div}\mathbf{G} = 0$. E a demonstração ensina como achar $\mathbf{F}$ (veja, por exemplo, a seção 5.25 da 1ª edição do livro *Calculus*, de autoria de T. M. Apostol). Estas questões estão fora dos objetivos deste livro.

Exercício 55-7 Sendo $\mathbf{F}(x, y, z) = x\mathbf{i} + y^2\mathbf{j} + y^2z\mathbf{k}$, calcule o fluxo do rotacional de $\mathbf{F}$ através da superfície de Stokes orientada por $\mathbf{n}$, como ilustrado na Figura 55-10(b), a curva no plano xz sendo a elipse $4x^2 + z^2 = 4$.

Uma superfície esférica, uma superfície cúbica e uma superfície cilíndrica não são superfícies de Stokes. Mas são reuniões de superfícies de Stokes. O Teorema de Stokes se estende a esses casos. Para obter uma formulação geral, introduzimos o conceito de superfície poliedral, que é uma reunião de superfícies de Stokes, coladas adequadamente. A definição é um tanto elaborada, razão pela qual não achamos que você deva memorizá-la. Tenha em mente, como modelo, um poliedro da Geometria Euclidiana, eventualmente sem algumas faces.

Um subconjunto M de $\mathbb{R}^3$ é uma **superfície poliedral (de Stokes)** se existe um número finito de superfícies de Stokes contidas em M, chamadas **faces** de M, e um número finito de curvas não-fechadas contidas em M, chamadas **arestas** de M, cujas extremidades são chamadas **vértices** de M, tais que:
(a) M é reunião das faces.
(b) O bordo de cada face é reunião de arestas; cada aresta é parte do bordo de alguma face.
(c) Duas faces ou não se cortam ou se cortam segundo arestas comuns ou vértices comuns.
(d) Chamando duas faces de **adjacentes** se tem uma aresta comum, dadas duas faces de M, existe uma seqüência finita de faces começando por uma e terminando por outra, quaisquer duas consecutivas sendo adjacentes.
(e) Dadas duas faces de M com um vértice comum, existe uma seqüência finita de faces começando por uma e terminando por outra, todas tendo o vértice em comum, sendo duas consecutivas adjacentes.

Exemplo 55-5 Vamos nos limitar a citar exemplos de superfícies poliedrais, sem verificar as condições da definição acima, pois isso está fora dos nossos propósitos.

• O conjunto representado na Figura 55-11(a), uma superfície cúbica deformada sem a tampa de cima, é uma superfície poliedral. Para ilustrar o item (d) da definição anterior, considere as faces (I) e (III); uma seqüência possível de faces requerida nesse item é, nessa ordem, (I), (II), (III).

• Uma superfície esférica é uma superfície poliedral, uma possível discriminação de faces, arestas e vértices sendo ilustrada na Figura 55-11(b) (4 faces, 4 arestas e 2 vértices). Uma mais econômica, formada de dois hemisférios, não foi usada, pois as parametrizações de que dispomos não conferem a um hemisfério a condição de ser uma superfície de Stokes. Para ilustrar o item (e) da definição anterior, considere as faces (I) e (IV); uma seqüência possível de faces requerida nesse item é, nessa ordem, (I), (II), (IV).

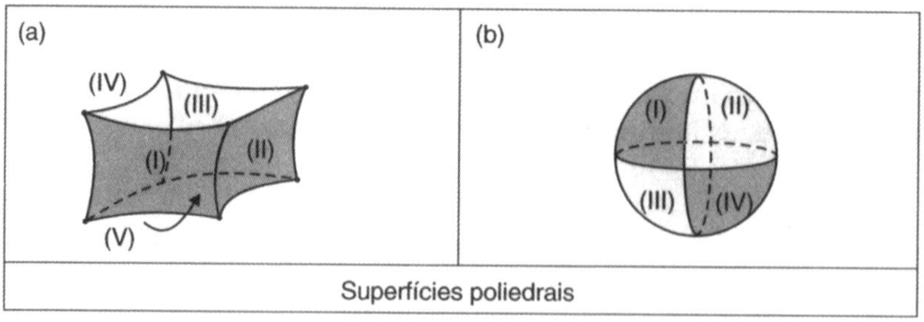

Figura 55-11

Exercício 55-8 Desenhe uma figura ilustrando uma possível discriminação de faces, arestas e vértices, que conferem ao conjunto dado a condição de ser uma superfície poliedral.
(a) Tetraedro. (b) Cilindro com duas tampas. (c) Toro (Exercício 54-7).

O **bordo** de uma superfície poliedral é a reunião das arestas que não são comuns a duas faces.

Observação. Pode-se provar que a noção de bordo está bem definida, isto é, independe do modo como se discriminam faces, arestas e vértices.

Uma superfície poliedral é **fechada** se seu bordo é vazio.

Exemplo 55-6
(a) Na Figura 55-11(a), o bordo é formado pelas quatro arestas "superiores".
(b) Uma superfície esférica é fechada.

Pode-se considerar a integral de um campo escalar contínuo ao longo de uma superfície poliedral do modo usual; prova-se que, para um dado campo escalar, ela só depende da superfície.

A fim de poder enunciar o Teorema de Stokes para superfícies poliedrais, é necessário orientá-la. Isto é feito orientando as superfícies de Stokes que a compõem de um modo especial, conforme passaremos a explicar. Para que você possa entender, descreveremos o processo no caso específico do cubo sem a tampa superior, mostrado na Figura 55-12(a).

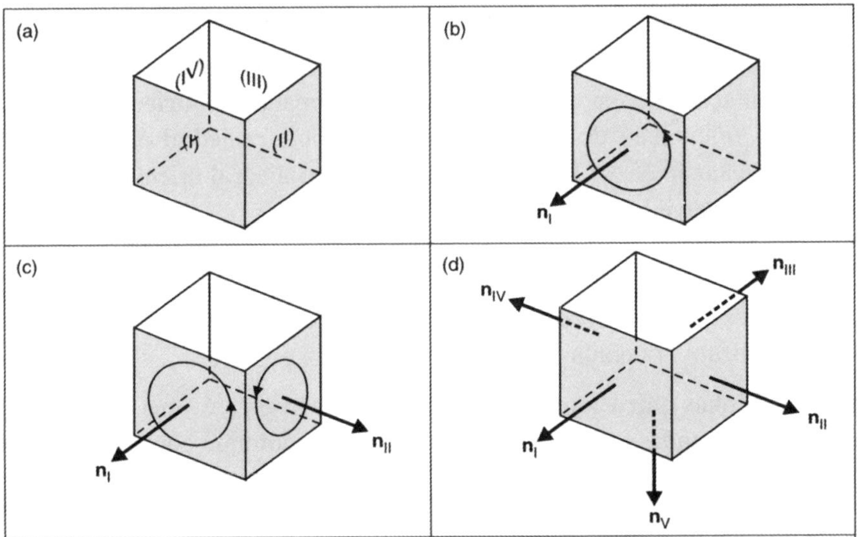

Uma orientação coerente do cubo sem tampa

Figura 55-12

- Escolhemos uma das faces, no caso a face (I), tomamos uma orientação $\mathbf{n}_I$ dela e consideramos a orientação induzida no bordo dessa face (Figura 55-12(b)), onde, para maior clareza, indicamos o sentido de percurso, em vez de explicitá-lo em cada lado.
- Escolhemos uma face que lhe é adjacente, por exemplo (II). Orientamos o bordo desta, de maneira que a orientação da aresta comum seja oposta à orientação que esta ares-

ta tinha pela orientação da face (I). Agora, tomamos a orientação $\mathbf{n}_{II}$ da face (II) que induz esta orientação do bordo de (II) (Figura 55-12(c)).

• Repetimos agora o procedimento: escolhemos uma face adjacente a (II), por exemplo, a face (III), orientamos seu bordo de modo que a aresta comum a estas duas faces seja percorrida em sentido contrário ao sentido da orientação que ela tinha pela orientação da face (II). Agora, tomamos a orientação $\mathbf{n}_{III}$ da face (III) que induz esta orientação do bordo de (III).

• Escolhendo a face (IV), obtemos, repetindo o processo, a orientação $\mathbf{n}_{IV}$ dessa face.

• Para a face restante, (V), o processo pode ser repetido sem problemas, para se obter a orientação $\mathbf{n}_V$ (Figura 55-12(d)).

O fato de as arestas estarem coerentemente orientadas para se aplicar o procedimento no último passo não foi uma questão de sorte. Esta coerência vai subsistir sempre, graças às condições da definição de superfície poliedral. Obtemos, assim, uma orientação da superfície.

Note que, com a construção descrita, o bordo da superfície poliedral ficou orientado. Esta orientação é dita orientação induzida pela orientação da superfície poliedral. Se partirmos da orientação oposta na face (I), obteremos uma outra orientação da superfície poliedral, em que as orientações em cada face são opostas da que foi obtida na primeira escolha. Então a orientação induzida no bordo também será a oposta da obtida anteriormente. Em uma superfície poliedral, estas são as únicas orientações coerentes.

O processo de orientação de uma superfície poliedral M anteriormente explicado produz uma orientação na superfície poliedral, chamada de **orientação coerente**. A correspondente orientação do bordo ∂M da superfície poliedral é dita **orientação induzida** pela orientação de M. Indicando a superfície poliedral orientada por M_{or}, o bordo orientado desse modo é indicado por ∂M_{or}.

Em uma superfície poliedral existem apenas duas orientações coerentes.

Agora estamos preparados para enunciar o Teorema de Stokes para uma superfície poliedral coerentemente orientada.

Teorema de Stokes para superfícies poliedrais. Se M_{or} é uma superfície poliedral coerentemente orientada, e $\mathbf{F}$ campo de classe C^1 cujo domínio contém M, tem-se:

$$\iint_{M_{or}} \mathbf{rotF} \bullet d\mathbf{S} = \int_{\partial M_{or}} \mathbf{F} \bullet ds$$

onde a integral do segundo membro deve ser interpretada como 0 se a superfície for fechada e, caso contrário, como a soma das integrais ao longo das superfícies orientadas que formam ∂M_{or}.

Talvez seja interessante para você olhar a demonstração desse teorema no caso particular da Figura 55-13, que representa uma superfície poliedral orientada coerentemente, com apenas duas faces adjacentes M_1 e M_2 tendo C como aresta comum.

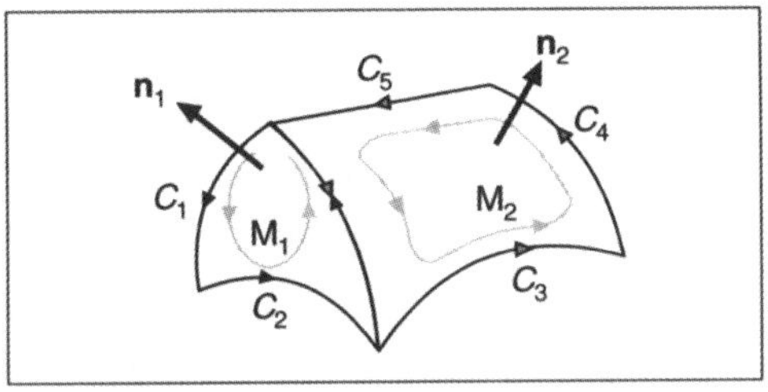

Figura 55-13

Aplicando o Teorema de Stokes às superfícies orientadas $(M_1)_{\text{or}}$ e $(M_2)_{\text{or}}$, temos a notação das curvas e respectivas orientações dadas na Figura 55-13:

$$\iint_{(M_1)_{\text{or}}} \mathbf{rotF} \bullet d\mathbf{S} = \int_{\partial(M_1)_{\text{or}}} \mathbf{F} \bullet d\mathbf{s} = \int_{(C_1)_{\text{or}}} \mathbf{F} \bullet d\mathbf{s} + \int_{(C_2)_{\text{or}}} \mathbf{F} \bullet d\mathbf{s} + \int_{C_{\text{or}}} \mathbf{F} \bullet d\mathbf{s}$$

$$\iint_{(M_2)_{\text{or}}} \mathbf{rotF} \bullet d\mathbf{S} = \int_{\partial(M_2)_{\text{or}}} \mathbf{F} \bullet d\mathbf{s} = \int_{(C_3)_{\text{or}}} \mathbf{F} \bullet d\mathbf{s} + \int_{(C_4)_{\text{or}}} \mathbf{F} \bullet d\mathbf{s} + \int_{(C_5)_{\text{or}}} \mathbf{F} \bullet d\mathbf{s} + \int_{-C_{\text{or}}} \mathbf{F} \bullet d\mathbf{s}$$

Somaremos, agora, membro a membro, as duas igualdades acima. A soma dos primeiros membros dá a integral ao longo de M. Lembrando que:

$$\int_{C_{\text{or}}} \mathbf{F} \bullet d\mathbf{s} + \int_{-C_{\text{or}}} \mathbf{F} \bullet d\mathbf{s} = 0$$

observando que $\partial M = C_1 + C_2 + C_3 + C_4 + C_5$ e que as orientações destas curvas dão sobre ∂M a orientação induzida pela orientação de M, o resultado da soma acima referida é:

$$\iint_{M_{\text{or}}} \mathbf{rotF} \bullet d\mathbf{S} = \int_{\partial M_{\text{or}}} \mathbf{F} \bullet d\mathbf{s}$$

e assim fica provado, neste caso especial, o Teorema de Stokes.

As seguintes conseqüências desse teorema são imediatas:

(a) Sendo M e $\mathbf{F}$ como no Teorema de Stokes, com $\mathbf{rotF} = \mathbf{0}$, tem-se:

$$\int_{\partial M_{\text{or}}} \mathbf{F} \bullet d\mathbf{s} = 0.$$

(b) Sendo M e N superfícies poliedrais tais que $\partial M_{\text{or}} = \partial N_{\text{or}}$, tem-se:

$$\iint_{M_{\text{or}}} \mathbf{rotF} \bullet d\mathbf{S} = \iint_{N_{\text{or}}} \mathbf{rotF} \bullet d\mathbf{S}.$$

Exemplo 55-7 Sendo $\mathbf{F}(x,y,z) = xy\mathbf{i} + z^2\mathbf{j} + (3z + y)\mathbf{k}$, calcule o fluxo do rotacional de **F** através da superfície poliedral M mostrada na Figura 55-14(a), que é um cubo sem a tampa superior (tal fluxo é, por definição, a soma dos fluxos através de cada superfície que compõe M). A orientação é dada pela normal exterior (aponta para fora).

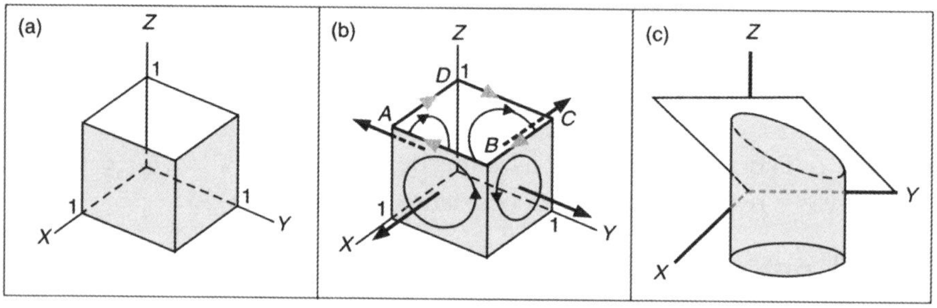

Figura 55-14

Resolução. Mostraremos duas maneiras de resolver este exercício.

Primeira maneira de resolver. O fluxo pedido é, pelo Teorema de Stokes, igual à integral de **F** ao longo do bordo orientado de M. Uma parametrização do segmento orientado AB, de A a B (portanto, em sentido contrário ao que devemos considerar no cálculo da integral de linha) é $\mathbf{r}(t) = (1, t, 1)$, $0 \le t \le 1$. Portanto, a integral de linha de **F** ao longo do segmento AB orientado como na Figura 55-14(b) é:

$$-\int_0^1 \mathbf{F}(\mathbf{r}(t)) \bullet \frac{d\mathbf{r}}{dt}(t)dt = -\int_0^1 \mathbf{F}(1,t,1) \bullet (0,1,0)dt = -\int_0^1 (t,1,3+t) \bullet (0,1,0)dt = -\int_0^1 dt = -1$$

De modo análogo, obtêm-se as integrais de linha de **F** ao longo dos segmentos orientados (como na referida figura) BC, CD e DA, que são, respectivamente, 1/2, 1 e 0. Portanto:

$$\iint_{M_{or}} \mathbf{rotF} \bullet d\mathbf{S} = \int_{\partial M_{or}} \mathbf{F} \bullet d\mathbf{s} = -1 + \frac{1}{2} + 1 + 0 = \frac{1}{2} \qquad \blacktriangleleft$$

Segunda maneira de resolver. Pela conseqüência (b) do Teorema de Stokes, podemos substituir a superfície poliedral M pela superfície poliedral N, formada pelo quadrado $ABCD$ reunido com seu "interior". Para que a orientação do bordo de N coincida com o de M, devemos tomar o campo que orienta N como sendo $-\mathbf{k}$. Um cálculo fácil nos fornece $\mathbf{rotF}(x,y,z) = (1-2z, 0, -x)$. Assim:

$$\iint_{M_{or}} \mathbf{rotF} \bullet d\mathbf{S} = \iint_{N_{or}} \mathbf{rotF} \bullet d\mathbf{S} = \iint_{N_{or}} \mathbf{rotF} \bullet (-\mathbf{k})dS = \iint_{N_{or}} (1-2z, 0, -x) \bullet (0,0,-1)dS$$

$$= \iint_{N_{or}} xdS = \int_{x=0}^{x=1} \left(\int_{y=0}^{y=1} xdy \right) dx = \int_{x=0}^{x=1} (xy) \Big|_{y=0}^{y=1} dx = \int_{x=0}^{x=1} xdx = \frac{1}{2}$$ ◄

Exercício 55-9 Sendo $\mathbf{F}(x, y, z) = (x + y^2 + 5y)\mathbf{i} + 2(z + xy)\mathbf{j} + x^2\mathbf{k}$, calcule o fluxo do rotacional de **F** através da superfície poliedral M, com a orientação descrita:

(a) M é a superfície cilíndrica $x^2 + y^2 = 1$, $0 \leq z \leq 1$, reunida com a circunferência $x^2 + y^2 = 1$, $z = 0$; a orientação é dada pela normal exterior (aponta para fora).

(b) M é a superfície poliedral do item (a), reunida com a tampa superior $x^2 + y^2 = 1$, $z = 1$.

(c) M é a superfície lateral de uma pirâmide de vértice no semiplano $z > 0$, cuja base é o quadrado $0 \leq x \leq 1$, $0 \leq y \leq 1$, $z = 0$; a orientação é dada pela normal interior (aponta para dentro).

(d) M é dada por $x^2 + 2y^2 + z^2 \leq 1$; a orientação é dada pela normal exterior.

(e) M é como no item anterior; a orientação é dada pela normal interior.

(f) M, mostrada na Figura 55-14(c), contém sua base, mas é aberta na parte superior. A parte de M que está no plano $z = x$ mostrado é uma circunferência de raio 2; a orientação é a orientação coerente tal que, na base inferior, vale **k**.

O resultado que estabeleceremos a seguir decorre do Teorema de Stokes e permite dar uma interpretação física para o rotacional. Para isso, quando **F** é um campo de velocidades de um fluido, consideramos a integral de linha $\int_{C_{or}} \mathbf{F} \bullet d\mathbf{s} = \int_{C} \mathbf{F} \bullet \mathbf{T} ds$ como uma medida da concordância da circulação do fluido com C_{or}: nos pontos onde $\mathbf{F}\bullet\mathbf{T} > 0$ há concordância, naqueles em que $\mathbf{F}\bullet\mathbf{T} < 0$ não há, e aqueles nos quais $\mathbf{F}\bullet\mathbf{T} = 0$ "votam em branco". Por esta razão, costuma-se chamar a integral de linha de **circulação de F ao longo de *C***. A Figura 55-15(a) e (b), onde se representam trajetórias das partículas, chamadas de **linhas de corrente**, pretende ilustrar o comentário que acabamos de fazer.

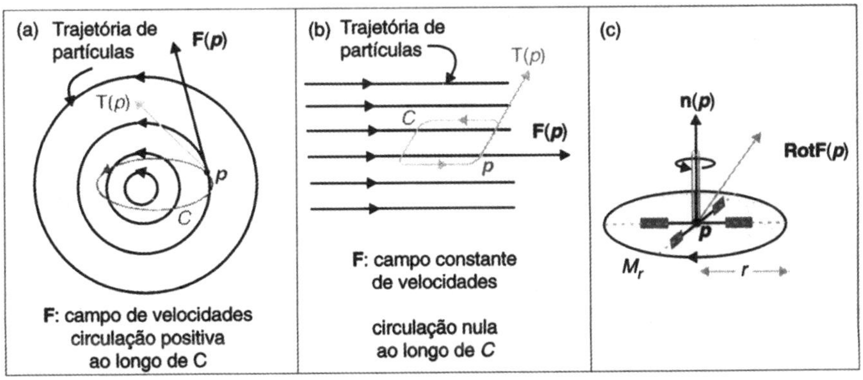

Figura 55-15

Agora, o resultado anteriormente anunciado. Fixado um ponto $\boldsymbol{p}$, considere um círculo M_r de centro nesse ponto e raio r, escolha uma orientação $\mathbf{n}$ para M_r (Figura 55-15(c)). O Teorema de Stokes fica, neste caso:

$$\iint_{M_r} \mathbf{rotF} \bullet \mathbf{n} dS = \int_{\partial(M_r)_{\text{or}}} \mathbf{F} \bullet d\mathbf{s}$$

Supondo o rotacional aproximadamente constante em M_r, igual a $\mathbf{rotF}(\boldsymbol{p})$, o primeiro membro é aproximadamente:

$$\mathbf{rotF}(\boldsymbol{p}) \bullet \mathbf{n}(\boldsymbol{p}) \iint_{M_r} dS = \mathbf{rotF}(\boldsymbol{p}) \bullet \mathbf{n}(\boldsymbol{p}) A(M_r)$$

onde $A(M_r) = \pi r^2$. A aproximação é tanto melhor quanto menor for r, de modo que é razoável escrever o seguinte resultado, que pode ser provado:

Sendo M_r um círculo de centro $\boldsymbol{p}$ e raio r, $\mathbf{n}$ uma orientação de M_r, e $\mathbf{F}$ como no Teorema de Stokes, tem-se:

$$\mathbf{rotF}(\boldsymbol{p}) \bullet \mathbf{n}(\boldsymbol{p}) = \lim_{r \to 0} \frac{1}{A(M_r)} \int_{\partial(M_r)_{\text{or}}} \mathbf{F} \bullet d\mathbf{s}$$

Novamente considere $\mathbf{F}$ um campo de velocidades de um fluido. A função que aparece no segundo membro é interpretada como circulação por unidade de área, de modo que o primeiro membro dá uma medida da circulação por unidade de área no ponto $\boldsymbol{p}$. Imagine que $\mathbf{rotF}(\boldsymbol{p}) \neq \mathbf{0}$ e que este vetor e $\mathbf{n}(\boldsymbol{p})$ não sejam ortogonais. Então o primeiro membro da fórmula acima é não-nulo; logo, o segundo também não é. De acordo com o significado de circulação, podemos dizer que se colocarmos uma minúscula roda com pás no ponto $\boldsymbol{p}$, cujo eixo coincide com $\mathbf{n}(\boldsymbol{p})$, do modo indicado na Figura 55-15(c), espera-se um movimento dessa roda. Claramente, se o eixo é paralelo ao vetor $\mathbf{rotF}(\boldsymbol{p})$, tem-se maior intensidade do movimento das pás.

(C) O Teorema de Gauss

O Teorema de Gauss (matemático alemão, 1777-1855) relaciona uma integral de superfície com uma integral de volume. Necessitaremos da seguinte versão tridimensional do Teorema de Jordan (seção (A)):

Seja M uma superfície poliedral fechada. Então $\mathbb{R}^3$ fica dividido em três partes, uma das quais é M, outra é uma região limitada, referida como **interior de *M***, e a outra é uma região não-limitada, referida como **exterior de *M***. Cada uma dessas regiões é um aberto conexo (§53(F)), tendo M como fronteira.

(Você pode entender fronteira do ponto de vista intuitivo, embora tal conceito tenha sido definido no §34(H).)

Sendo G o interior de uma superfície poliedral fechada, esta, por ser fronteira de G, é indicada por ∂G. Munindo-a da orientação coerente dada pela normal exterior, a superfície poliedral orientada resultante é indicada por ∂G_{ext} (Figura 55-16(a)).

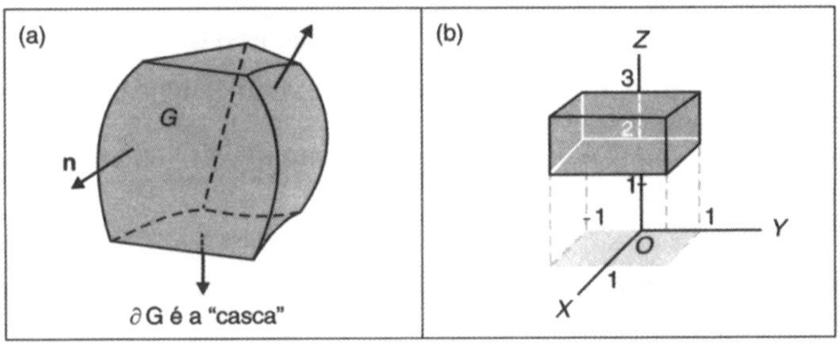

Figura 55-16

Teorema de Gauss (ou **Teorema da Divergência**). Sendo $\mathbf{F}$ um campo de vetores de classe C^1 cujo domínio contém a reunião G de uma superfície poliedral fechada e seu interior, tem-se:

$$\iint_{\partial G_{\text{ext}}} \mathbf{F} \bullet d\mathbf{S} = \iiint_{G} \text{div}\mathbf{F}\, dV$$

Exemplo 55-8 Sendo $\mathbf{F}(x, y, z) = x^3\mathbf{i} - 2z\mathbf{j} + yz\mathbf{k}$, calcule o fluxo de $\mathbf{F}$ através da fronteira do paralelepípedo G definido por $0 \le x \le 1$, $-1 \le y \le 1$, $2 \le z \le 3$ (Figura 55-16(b)), orientada pela normal exterior.

Resolução. Temos:

$$\text{div}\mathbf{F}(x, y, z) = \frac{\partial x^3}{\partial x} + \frac{\partial(-2z)}{\partial y} + \frac{\partial(yz)}{\partial z} = 3x^2 + y$$

O fluxo pedido é dado pelo primeiro membro da fórmula do teorema citado. Usando-a, vem:

$$\iint_{\partial G_{\text{ext}}} \mathbf{F} \bullet d\mathbf{S} = \iiint_{G} \text{div}\mathbf{F}\, dV = \iiint_{G} (3x^2 + y)\, dV = \iint_{D} \left(\int_{z=2}^{z=3} (3x^2 + y)dz \right) dA$$

$$= \iint_{D} (3x^2 + y)z \Big|_{z=2}^{z=3} dA = \iint_{D} (3x^2 + y)dA = \int_{x=0}^{x=1} \left(\int_{y=-1}^{y=1} (3x^2 + y)dy \right) dx$$

$$= \int_{x=0}^{x=1} (3x^2 y + \frac{1}{2} y^2) \Bigg|_{y=-1}^{y=1} dx = \int_{x=0}^{x=1} 6x^2 dx = (6\frac{x^3}{3}) \Bigg|_{x=0}^{x=1} = 2$$

onde D é a região retangular dada por $0 \le x \le 1, \ -1 \le y \le 1$. ◄

Exercício 55-10 Calcule, usando o Teorema de Gauss, o fluxo de **F** através da superfície poliedral M, orientada pela normal exterior:

(a) $\mathbf{F}(x, y, z) = 2zy\mathbf{i} + xz\mathbf{j} + z\mathbf{k}$; M é a fronteira do cubo dado por $0 \le x \le 2, 0 \le y \le 2, 0 \le z \le 2$.

(b) $\mathbf{F}(x, y, z) = 2x\mathbf{i} + xz\mathbf{j} + z\mathbf{k}$; M é a superfície esférica de centro na origem e raio 1.

(c) $\mathbf{F}(x, y, z) = 12xy\mathbf{i} + \dfrac{12}{e^z + z^2 + 1}\mathbf{j} + 3y^3\mathbf{k}$; M é a fronteira do tetraedro de vértices (0,0,0), (1,0,0), (0,4,0) e (0,0,2).

(d) $\mathbf{F}(x, y, z) = (y + 2z)\mathbf{i} + (\dfrac{1}{x} + z^3)\mathbf{j} + z^3\mathbf{k}$; M é a fronteira da região entre as superfícies esféricas de centros na origem e raios 3 e 5.

Exercício 55-11 Seja **F** dado por $\mathbf{F}(x, y, z) = x\mathbf{i} + y\mathbf{j} + z\mathbf{k}$.

(a) Calcule o fluxo de **F** através da caixa cúbica que é fronteira do cubo $0 \le x \le 1, \ 0 \le y \le 1, \ 0 \le z \le 1$, orientada com a normal exterior.

(b) Repita o item anterior, removendo a tampa superior da caixa e aproveitando o resultado obtido nesse item.

Exercício 55-12

(a) Sendo $\boldsymbol{q}$ um ponto de $\mathbb{R}^3$, suponha que o campo de vetores **F** é de classe C^1em $\mathbb{R}^3 - \{\boldsymbol{q}\}$, com div**F** = 0. M e N são superfícies poliedrais tais que $\boldsymbol{q}$ está no interior de M, e M está no interior de N. Mostre que o fluxo de **F** através de M é igual ao fluxo de **F** através de N, ambas orientadas pela normal exterior.

(b) Aplique o resultado do item anterior para calcular o fluxo do campo **F** dado por $\mathbf{F}(\boldsymbol{p}) = \boldsymbol{p}/\| \boldsymbol{p} \|^3$ através de uma superfície poliedral que contém a origem no seu interior, orientada pela normal exterior.

Exercício 55-13 Calcule o fluxo do campo **F** dado no item (b) do exercício anterior, através de uma superfície poliedral em cujo exterior está a origem.

Exercício 55-14 Em Eletrostática, a carga total contida no interior G de uma superfície poliedral M é dada por:

$$Q = \iiint_G \rho \, dV$$

onde ρ é a densidade de carga (carga por unidade de volume). Uma lei da Eletrostática diz que se **E** é um campo eletrostático, ele verifica a equação div**E** $= \rho$. Prove a seguinte **Lei de Gauss**: O fluxo de **E** através de M, orientada pela normal exterior, é igual à carga total no interior de M.

Assim como o Teorema de Stokes permitiu uma interpretação física para o rotacional (seção anterior), o Teorema de Gauss faz o mesmo para o divergente. Com argumento análogo ao visto para o rotacional, podemos nos convencer da seguinte fórmula:

Sendo G_r uma esfera de centro $\boldsymbol{p}$ e raio r, **F** como no Teorema de Gauss, tem-se:

$$\mathbf{divF}(\boldsymbol{p}) = \lim_{r\to 0} \frac{1}{V(G_r)} \iint_{\partial(G_r)_{\text{ext}}} \mathbf{F} \bullet d\mathbf{S}$$

onde $V(G_r)$ é o volume da esfera, ou seja, $4\pi r^3/3$.

Se **F** é o campo de velocidades de um fluido, a função que aparece no segundo membro é o fluxo através de ∂G_r, orientada pela normal exterior, por unidade de volume. Então div**F**($\boldsymbol{p}$) pode ser interpretado como o fluxo por unidade de volume no ponto $\boldsymbol{p}$. Assim, se div**F**($\boldsymbol{p}$) > 0, há um fluxo para fora para r suficientemente pequeno. Neste caso, $\boldsymbol{p}$ é referido como **fonte** do movimento do fluido. Se div**F**($\boldsymbol{p}$) < 0, por motivos agora óbvios, $\boldsymbol{p}$ é referido como **sorvedouro**.

(D) Complemento

O Teorema de Green, visto na seção (A), envolve os conceitos de orientação horária e anti-horária, que foram apresentados intuitivamente. Isto impede uma demonstração rigorosa desse teorema. No entanto, vale a pena ver como são feitos os cálculos para se chegar ao resultado, no caso particular de regiões que são simultaneamente de tipo (I) e (II) (§37(B)), com definições modificadas de modo a serem regiões de Green:

Tipo (I). É dada por $a \le x \le b$, $g_1(x) \le y \le g_2(x)$, com $g_1(x) < g_2(x)$, se $a < x < b$.

Tipo (II). É dada por $h_1(y) \le x \le h_2(y)$, $c \le y \le d$, com $h_1(y) < h_2(y)$, se $c < y < d$,

onde as funções citadas são, agora, supostas de classe C^1 (Figura 55-17(a)). No que se segue, estas notações serão mantidas. O enunciado, para o caso em foco, é:

Teorema de Green (caso especial**).** Se $\mathbf{F} = P\mathbf{i} + Q\mathbf{j}$ é um campo de classe C^1 na região D simultaneamente de tipo (I) e (II) como acima, tem-se:

$$\int_{\partial D+} Pdx + Qdy = \iint_D \left(\frac{\partial Q}{\partial x} - \frac{\partial P}{\partial y}\right) dA$$

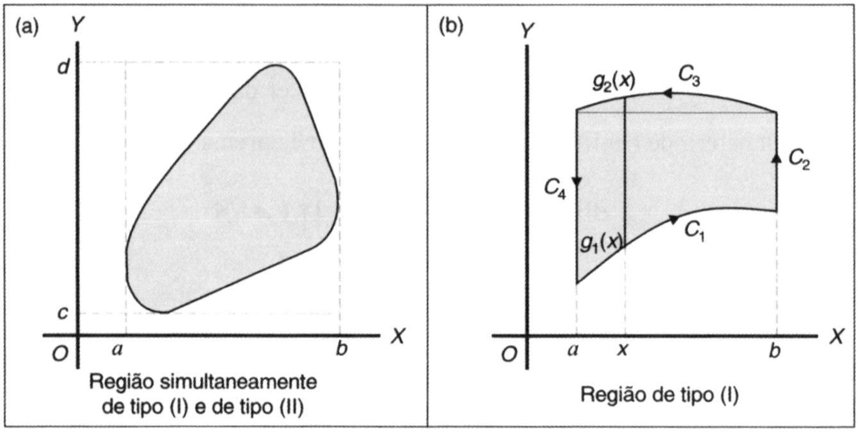

Figura 55-17

Lema.

(a) Sendo P de classe C^1 em uma região D de tipo (I) como acima, tem-se:

$$\int_{\partial D+} P dx = \iint_D \left(-\frac{\partial P}{\partial y}\right) dA$$

(b) Sendo Q de classe C^1 em uma região D de tipo (II) como acima, tem-se:

$$\int_{\partial D+} Q dy = \iint_D \frac{\partial Q}{\partial x} dA$$

Para o item (a), considere $(C_i)_{\text{or}}$, $i=1,2,3,4$, como mostrado na Figura 55-17 (b), de parametrizações dadas a seguir:

$$(C_1)_{\text{or}}: (x, g_1(x)); \qquad (C_2)_{\text{or}}: (b, y); \qquad -(C_3)_{\text{or}}: (x, g_2(x)); \qquad -(C_4)_{\text{or}}: (a, y)$$

onde x percorre $[a,b]$ e y, no caso da Segunda, percorre $[g_1(b), g_2(b)]$, e da última, $[g_1(a), g_2(a)]$. Notemos, desde já, que $\int_{(C_2)_{\text{or}}} P dx = 0 = \int_{(C_4)_{\text{or}}} P dx$, pois nestes casos x é constante (verifique, por favor). Temos:

$$\iint_D \left(-\frac{\partial P}{\partial y}\right) dA = \int_{x=a}^{x=b} \left(\int_{y=g_1(x)}^{y=g_2(x)} \left(-\frac{\partial P}{\partial y}(x,y) dy\right) dx = \int_{x=a}^{x=b} \left(-P(x,y) \right) \Big|_{y=g_1(x)}^{y=g_2(x)} \right) dx$$

$$= \int_{x=a}^{x=b} (P(x, g_1(x)) - P(x, g_2(x)))\, dx = \int_{x=a}^{x=b} P(x, g_1(x))\, dx - \int_{x=a}^{x=b} P(x, g_2(x))\, dx$$

$$= \int_{(C_1)_{or}} Pdx - \int_{-(C_3)_{or}} Pdx = \int_{(C_1)_{or}} Pdx + \int_{(C_3)_{or}} Pdx$$

$$= \int_{(C_1)_{or}} Pdx + \int_{(C_2)_{or}} Pdx + \int_{(C_3)_{or}} Pdx + \int_{(C_4)_{or}} Pdx = \int_{\partial D+} Pdx$$

(usamos, na segunda igualdade, a fórmula (♣) do §19(B)).

Uma argumentação semelhante, que convidamos você a elaborar, nos convence da validade do item (b).

Pela hipótese do Teorema de Green anterior, as duas fórmulas do lema valem, as quais, somadas membro a membro, fornecem o resultado desse teorema.

Respostas dos exercícios do §55

55-1 (a) $\frac{1}{3} - \frac{\pi}{2} + \ln 2$. (b) -1. (c) -48π. (d) 128. (e) -27. (f) -6π.

55-3 $3\pi a^2/8$.

55-4 (a) Não. (c) -2π.

55-5 12.

55-6 $-\pi/2$.

55-7 0.

55-8 Figura 55-18 (veja a figura na próxima página).

55-9 (a) 5π. (b) 0. (c) 5. (d) 0. (e) 0. (f) $-20\pi/\sqrt{2}$.

55-10 (a) 8. (b) 4π. (c) 16. (d) $2305{,}6\pi$.

55-11 (a) 3. (b) 2.

55-12 (b) 4π.

55-13 0.

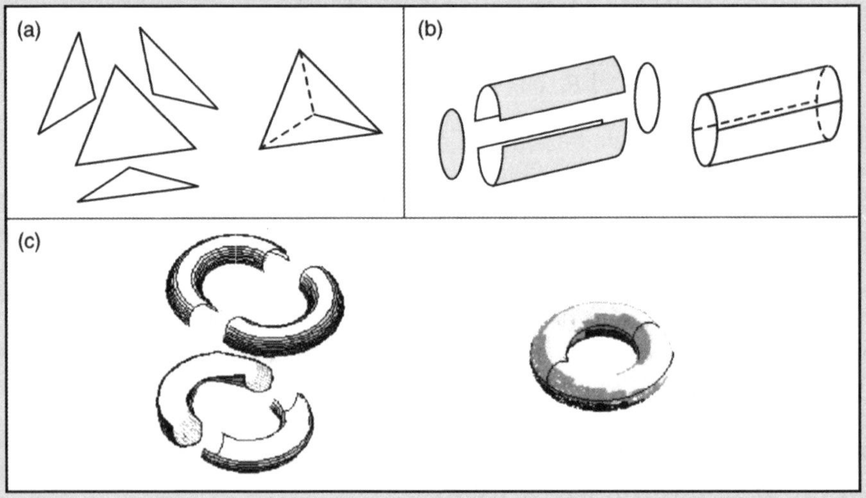

Figura 55-18

Exercícios suplementares para o Capítulo 11

1. Calcule $\int_C e^{3x-2y}\,ds$, onde C é a curva parametrizada por $x=2t$, $y=2t+1$, $0 \le t \le 1$.

2. Calcule $\int_C \frac{2}{y^3}\,ds$, sendo C parametrizada por $\mathbf{r}(t) = (\ln(et), \frac{1}{t})$, $1 \le t \le 3$.

3. Sendo $\mathbf{F}(x,y) = (3xy, 2+x)$ e $\mathbf{r}(t) = (2\cos t, 2\operatorname{sen} t)$, $0 \le t \le \frac{\pi}{4}$, calcule $\int_r \mathbf{F} \bullet d\mathbf{s}$.

4. Calcule $\int_{C_{or}} 2x\,dx + 4y^3\,dy$, sendo C_{or} o arco de elipse $\frac{x^2}{4} + y^2 = 1$, $y \ge 0$, percorrido de $(2,0)$ a $(-2,0)$.

5. Sendo $\mathbf{F}(x,y) = (3x^2y^2 + 5x^4)\mathbf{i} + (2x^3y + \frac{1}{1+y^2})\mathbf{j}$, utilize uma função potencial de $\mathbf{F}$ para calcular $\int_{C_{or}} \mathbf{F} \bullet d\mathbf{s}$, onde C_{or} é parametrizada por $\mathbf{r}(t) = (\cos^3 t, \operatorname{sen}^3 t)$, $0 \le t \le \pi/2$.

6. Calcule $\int_{C_{or}} xe^{y^2}\,dx + z\,dy + (3x+7)\,dz$, onde C_{or} é a curva parametrizada por $\mathbf{r}(t) = (t, t, t^2)$, $0 \le t \le 3$.

7. *Sendo* $\boldsymbol{F}(x,y,z) = x\boldsymbol{i} + z^2\boldsymbol{j} + (z+3)\boldsymbol{k}$, *C a interseção da superfície cilíndrica* $x^2 + y^2 = 4$ *com o plano* $z = x + 3$, *orientada de maneira que sua projeção no plano xy tem sentido anti-horário, calcule* $\int_{C_{or}} \boldsymbol{F} \bullet d\mathbf{s}$.

8. *Calcule a área da superfície cilíndrica* $x^2+y^2=9$, *limitada pelos planos* $z = 3 + y$ *e* $z = 8$.

9. *Calcule* $\iint_M (3z + xy)dS$, *sendo M a parte do plano* $z=2x+y+2$, *com* $0 \leq x \leq 1$ *e* $2 \leq y \leq 4$.

10. *Calcule* $\iint_{M_{or}} \boldsymbol{F} \bullet d\mathbf{S}$, *sendo* $\boldsymbol{F}(x,y,z) = 4\boldsymbol{k}$ *e M a calota esférica dada por* $x^2+y^2+(z-2)^2=4$, *com* $z \geq 3$, *orientada com vetor normal de terceira componente* ≥ 0.

11. *Calcule* $\iint_{M_{or}} \boldsymbol{F} \bullet d\mathbf{S}$, *sendo* $\boldsymbol{F}(x,y,z) = (x+2y)\boldsymbol{i}+z^2\boldsymbol{k}$, *e M a região cilíndrica* $x^2+(y-1)^2=1$, $1 \leq z \leq 2$, *orientada com campo normal se afastando do eixo da superfície.*

12. *Usando o teorema de Green, calcule* $\int_{C_{or}} (x^2 + y)dx + 3xydy$, *sendo C o triângulo de vértices (0,0), (4,8), (8,0), orientado no sentido anti-horário.*

13. *Usando o teorema de Green, calcule* $\int_{\partial D_+} [-3x^2y + (1+x^2)^{-1}]dx + (\text{sen } y + 3xy^2)\,dy$, *sendo D a região do primeiro quadrante entre as circunferências* $x^2+y^2=4$ *e* $x^2 + y^2 = 9$.

14. *Calcule* $\int_{\partial D_+} \frac{-y}{x^2+y^2}dx + \frac{x}{x^2+y^2}dy$, *sendo D a região do plano entre os gráficos das funções* $y=x^2-1$ *e* $y=1-x^2$. ***Ajuda.*** *Você não pode aplicar o teorema de Green, mas saber que* $\frac{\partial}{\partial y}\left(\frac{-y}{x^2+y^2}\right)=\frac{\partial}{\partial x}\left(\frac{x}{x^2+y^2}\right)$ *permite trocar a curva dada por outra mais conveniente.*

15. *Calcule* $\int_{\partial M_{or}} \boldsymbol{F} \bullet ds$, *sendo* $\boldsymbol{F}(x,y,z) = (2x+4y)\boldsymbol{i} - 2z\boldsymbol{j} + y\boldsymbol{k}$ *e M a superfície do paralelepípedo* $-1 \leq x \leq 1$, $0 \leq y \leq 2$, $3 \leq z \leq 5$, *sem a tampa inferior, orientado com normal "exterior".*

16. *Calcule* $\iint_{M_{or}} \mathbf{rot}\, \boldsymbol{F} \bullet d\mathbf{S}$, *sendo* $\boldsymbol{F}(x,y,z) = zy\boldsymbol{i} + y\boldsymbol{j} - y^3x^3\boldsymbol{k}$, *e M a superfície cilíndrica* $x^2 + y^2 = 4$, $2 \leq z \leq 6$, *orientada com normal que "aponta" para o eixo Oz.*

17. *Calcule* $\iint_{M_{or}} \mathbf{rot}\, \boldsymbol{F} \bullet d\mathbf{S}$, *sendo* $\boldsymbol{F}(x,y,z) = 3y^2\boldsymbol{i}$, *e M dada por* $(x-1)^2 + (y-1)^2 + z^2 = 2$, $z \geq 0$, *orientada com normal de componente segundo* **k** *maior ou igual a 0.*

18. *Calcule* $\iint_{M_{or}} \boldsymbol{F} \bullet d\mathbf{S}$, *sendo* $\boldsymbol{F}(x,y,z) = x\boldsymbol{i} + y\boldsymbol{j} + z\boldsymbol{k}$ *e S o tetraedro de vértices (0,0,1), (2,0,1), (0,4,1) e (0,0,6), sem a tampa inferior, orientado com normal que se "afasta" do eixo Oz.*

19. *Sendo* $\boldsymbol{F}(x,y,z) = 2x\boldsymbol{i} + y\boldsymbol{j} + z\boldsymbol{k}$ *e G a região limitada pelo elipsóide*
$x^2 + 16y^2 + 16z^2 = 16$, *use o Teorema de Gauss para calcular* $\iint_{\partial G_{ext}} \boldsymbol{F} \bullet d\mathbf{S}$.

20. *Calcule o fluxo do campo* $\boldsymbol{F}$ *através da superfície poliedral que é fronteira da região dada por* $x^2+y^2+(z-1)^2 \le 1$, $z \ge 1$, *orientada com normal exterior, sendo* $\boldsymbol{F}(x,y,z) = x^3\boldsymbol{i} + y^3\boldsymbol{j} + z^3\boldsymbol{k}$.

21. *Sendo* C_{or} *parametrizada por* $x = 2cos^2 t$, $y = \sqrt{2}sen(2t)$, $z = 2sen^2 t$, $0 \le t \le \pi$, *use o Teorema de Stokes para calcular* $\int_{C_{or}} ydx + zdy + xdz$,

22. *Seja C uma elipse de semieixos 3 e 4, situada no plano* $y = z$, *cujo centro tem ordenada* $\sqrt{2}$. *Sendo* $\boldsymbol{F}(x,y,z) = y\boldsymbol{i} + x\boldsymbol{j} + xy\boldsymbol{k}$, *calcule os possíveis valores de* $\int_{C_{or}} \boldsymbol{F} \bullet d\mathbf{s}$.

23. *Sendo* $\boldsymbol{F}(x,y,z) = cx^2y^3\boldsymbol{i} + (x - cz)\boldsymbol{j} + sh(xyz)\boldsymbol{k}$, *c uma constante, determine c sabendo que é nulo o fluxo do rotacional de* $\boldsymbol{F}$ *através da superfície* $4x^2 + y^2 + 4(z-1)^2 = 4$, $z \ge 1$, *com uma de suas orientações.*

24. *Sejam* $\boldsymbol{u}$ *um vetor cuja soma das componentes é 3 e* $\boldsymbol{F}(x,y,z) = \boldsymbol{u} \wedge (x\boldsymbol{i} + y\boldsymbol{j} + z\boldsymbol{k})$. *Dê os possíveis valores de* $\int_{C_{or}} \boldsymbol{F} \bullet d\mathbf{s}$, *sendo C uma circunferência de raio 4 situada no plano* $x + y + z = 1$.

25. *Usando o Teorema de Stokes, calcule* $\left| \int_{C_{or}} -3z^2ydx + (x^3 + 3xy^2)dy + 3(x^2 + y^2)dz \right|$, *C sendo a circunferência de centro* $(0,0,1)$, *raio 1, paralela ao plano xy, com uma de suas orientações.*

26. *Sendo* $\boldsymbol{F}(x,y,z) = x\boldsymbol{i} + y\boldsymbol{j} + z\boldsymbol{k}$, *use o Teorema de Gauss para calcular o fluxo de* $\boldsymbol{F}$ *através da superfície que limita o sólido* $x + y + z \le 1$, $x \ge 0$, $y \ge 0$, $z \ge 0$, *orientada com a normal exterior.*

27. *Um sólido homogêneo em forma de cubo tem aresta medindo 2 e centro* $(2,3,5)$. *Sendo* $\boldsymbol{F}(x,y,z) = (x^2 + z^2)\boldsymbol{i} + (3xy + 2z)\boldsymbol{j} + xz\boldsymbol{k}$, *calcule o fluxo de* $\boldsymbol{F}$ *através da superfície do cubo, com a normal exterior.*

28. *Seja M uma superfície poliedral fechada e* $\boldsymbol{n}$ *a normal exterior, e seja* δ *a medida do ângulo entre* $\boldsymbol{n}$ *e um vetor fixo* $\boldsymbol{u}$. *Prove que* $\iint_M cos\delta \, dS = 0$.

Respostas dos exercícios suplementares para o Capítulo 11

1. $\sqrt{2}(1-e^{-2})$.	**7.** 24π.	**13.** $195\pi/8$.	**19.** $64\pi/3$.	**25.** $9\pi/2$.
2. $4(5\sqrt{10} - \sqrt{2})/3$.	**8.** 30π.	**14.** 2π.	**20.** $47\pi/10$.	**26.** $1/2$.
3. $1 + \pi/2$.	**9.** $39\sqrt{6}$.	**15.** -16.	**21.** $-2\sqrt{2}\pi$.	**27.** 96.
4. 0.	**10.** 12π.	**16.** -16π.	**22.** $\pm 12\pi$.	
5. $-1 + \pi/4$.	**11.** π.	**17.** -12π.	**23.** 2.	
6. $(e^9 + 251)/2$.	**12.** 224.	**18.** 24.	**24.** $\pm 32\sqrt{3}\pi$.	

Bibliografia

1. APOSTOL, T. M. *Calculus*. New York: Blaisdell Publishing Company, 1962.

2. MARSDEN, J. E. e TROMBA, A. J. *Cálculo vectorial* (3ª edição). Wilmington, Addison-Wesley Iberoamericana, 1991.

3. MARSDEN, J. E.e TROMBA, A. J.; WEINSTEIN, A. *Basic Multivariable calculus*. New York, W. H. Freeman and Company, 1993.

4. ROGERS JUNIOR, H. *Multivariable calculus with vectors*. Upper Saddle River, Prentice-Hall, 1999.